通风与空调工程施工及质量验收标准实施问题与解答

TONGFENG YU KONGTIAO GONGCHENG SHIGONG JI ZHILIANG YANSHOU BIAOZHUN SHISHI WENTI YU JIEDA

史新华　编

中国计划出版社

北　京

图书在版编目（CIP）数据

通风与空调工程施工及质量验收标准实施问题与解答/
史新华编. -- 北京 : 中国计划出版社, 2023.1
ISBN 978-7-5182-1502-7

Ⅰ. ①通… Ⅱ. ①史… Ⅲ. ①通风设备－建筑安装－
工程施工－工程验收－中国－问题解答②空气调节设备－
建筑安装－工程施工－工程验收－中国－问题解答 Ⅳ.
①TU83-44

中国版本图书馆CIP数据核字(2022)第252173号

责任编辑：沈 建 封面设计：韩可斌
责任校对：王 巍 责任印制：李 晨

中国计划出版社出版发行
网址：www.jhpress.com
地址：北京市西城区木樨地北里甲 11 号国宏大厦 C 座 3 层
邮政编码：100038 电话：（010）63906433（发行部）
北京市科星印刷有限责任公司印刷

787mm×1092mm 1/16 28 印张 638 千字
2023 年 1 月第 1 版 2023 年 1 月第 1 次印刷

定价：86.00 元

前　言

通风与空调工程具有很强的专业性，相关专业人员除了学习和掌握该专业的基础理论知识外，还要求从事通风与空调工程专业技术人员充分熟悉和掌握相应的施工技术标准。

正确理解和应用好工程专业技术标准内容，是保证工程质量的首要条件。

目前，国家已发布的有关通风与空调工程的专业技术标准有《民用建筑供暖通风与空气调节设计规范》GB 50736—2012、《通风与空调工程施工规范》GB 50738—2011、《建筑工程施工质量验收统一标准》GB 50300—2013、《通风与空调工程施工质量验收规范》GB 50243—2016、《建筑防烟排烟系统技术标准》GB 51251—2017、《建筑节能工程施工质量验收标准》GB 50411—2019，以及《建筑节能与可再生能源利用通用规范》GB 55015—2021、《建筑与市政工程施工质量控制通用规范》GB 55032—2022 和《消防设施通用规范》GB 55036—2023 等强制性标准；在执行这些标准时，由于对标准条文理解上的偏差，以及各标准在同一内容表述方式上有所区别，导致实施过程中存在许多问题。

《通风与空调工程施工及质量验收标准实施问题与解答》一书结合以上标准，对实施过程中存在的问题逐个进行分析，给出解决方法和措施，以帮助读者正确理解和应用标准。

本书主要从通风与空调工程应用实践入手，以贯彻国家现行标准为指导思想，将通风与空调工程专业涉及的设计规范、专业技术规范、施工规范、质量验收规范、全文强制通用规范等统一起来，针对容易误解的问题进行详细分析和讲解。

本书也对标准中存在的问题进行了探讨。与同类书籍相比，本书有以下显著特点：

（1）可操作性强。本书各章以实际工作中遇到的问题、案例的形式逐个说明有关问题的解决方法，附录给出资料填写样表，供读者快速学以致用。

（2）章节划分清晰。解答问题按通风与空调工程工程施工工序逐章列出，便于读者查阅。

（3）内容全面。本书将涉及通风与空调工程的国家现行标准分门别类逐条列出，并进行分析，便于读者更好地学习和掌握标准条文内涵，是一本准确掌握标准使用的工具书。

本书在编写过程中得到了中国施工企业管理协会的大力支持，丁颖超、张伯丰两位同志也对本书的编制给予了帮助；编写中也参考了其他标准和专著，在此一并表示感谢。

由于编者水平有限，加之时间较紧，书中难免存在疏漏和不妥之处，望广大读者批评指正。

编　者

2022 年 11 月

前言

目　录

问题与解答

第一章 质量管理

001 质量管理体系与质量保证体系有何不同？

【规范条文】

《建筑与市政工程施工质量控制通用规范》GB 55032—2022

2.0.1 工程项目施工应建立项目质量管理体系，明确质量责任及质量职责，建立质量责任追溯制度。

《建筑工程施工质量验收统一标准》GB 50300—2013

3.0.1 施工现场应具有健全的质量管理体系、相应的施工技术标准、施工质量检验制度和综合施工质量水平评定考核制度。施工现场质量管理可按本标准附录A的要求进行检查记录。

《通风与空调工程施工规范》GB 50738—2011

3.2.1 通风与空调工程施工现场应建立相应的质量管理体系，并应包括下列内容：

1 岗位责任制；

2 技术管理责任制；

3 质量管理责任制；

4 工程质量分析例会制。

3.2.2 施工现场应建立施工质量控制和检验制度，并应包括下列内容：

1 施工组织设计（方案）及技术交底执行情况检查制度；

2 材料与设备进场检验制度；

3 施工工序控制制度；

4 相关工序间的交接检验以及专业工种之间的中间交接检查制度；

5 施工检验及试验制度。

【问题解答】

工程质量管理体系与工程质量保证体系不是一个概念，工程质量保证体系包含工程质量管理体系。

工程质量管理体系、工程质量控制和检验制度和施工技术标准，三者共同组成项目部工程质量保证体系。

工程质量管理体系，重在行为和管理；工程质量控制和检验制度，重在措施和方法；施工技术标准，重在依据和目标。

一、工程质量管理体系

工程质量管理体系是指在工程项目质量方面指挥和控制组织的管理体系，是由项目部建立的、为实现质量目标所必需的、系统的质量管理责任制系统的集成。工程质量管理体系是将施工资源与施工过程相结合，以过程管理方法进行的系统管理，根据施工项目部特点选用若干体系要素加以组合。

工程质量管理体系一般由与管理活动、资源提供、过程控制及检验与试验、分析与改进等活动相关的过程管理制度组成，可以理解为涵盖了从施工方案制定、技术交底、进场检验、施工过程控制、检测与试验、交付验收等全过程的策划、实施、监控、纠正与改进活动等全方位的质量管理要求，以文件化的方式，成为项目部质量管理的工作制度。所有施工技术管理措施的落实，施工质量的最终结果是否符合施工计划目标，都要靠有效的质量责任制度和管理制度来保证。

加强制度建设，用行之有效的管理制度约束施工人员的行为，是提高工程管理水平、加强施工队伍建设的根本所在和重中之重。施工项目部要建立相应的管理制度保证工程目标的实现。

工程质量管理体系是从约束管理人员的质量管理行为着手，主要包括以下几个方面的管理制度：

1. 岗位责任制

岗位责任制是指根据项目部各工作岗位的工作性质和业务特点，明确规定其职责、权限，并按照规定的工作标准进行考核及奖惩而建立起来的制度。

2. 技术管理责任制

项目部各岗位在技术管理上所明确的职责和权限，并进行工作目标考核及建立奖惩制度。

3. 质量管理责任制

项目部各岗位在质量管理方面所明确的职责和权限，并进行工作目标考核及建立奖惩制度。

4. 工程质量分析例会制

为了保证项目工程质量目标的实现，使项目部管理层及时准确地掌握项目质量情况，科学地搞好项目质量管理即建立的定期召开的质量分析会制度。

质量分析例会制度应明确定期开会的时间、参会人员、会议议题和内容，并签到与记录会议内容，形成会议文件，并保管好。

二、工程质量控制和检验制度

工程项目部要制定工程质量控制和检验制度，主要包括以下五个方面的内容：

1）对施工方案和技术交底的落实情况进行检查。检查是否按施工方案、技术交底的内容执行，这是管理的重点；技术方案再好，也要重在落实，这是提高工程质量的前提。

2）用于施工安装工程的材料、半成品、成品、建筑构配件、器具和设备应进行进场检验。进场检验不能徒有形式，要认真把好第一道关，这是保证工程质量的关键。

3）施工过程的工序质量控制。做好每道工序的自检、互检及隐蔽工程检验等是保证工程质量的重要方法。

4）做好工序间及专业工种之间的交接检查，这是保证质量连续性的重要手段。

5）保证安全性及使用功能，是质量目标的最终体现。及时做好各种检测与试验，是保证施工质量的重要措施。

三、施工技术标准

施工技术标准包含施工图纸、国家标准、行业标准、地方标准及设计要求遵循的团体标准，以及经批准确认有效的施工组织设计、施工方案、专项方案等，这些共同组成施工现场的技术标准，是施工的依据。

002 施工员职责有哪些？

【规范条文】

《建筑与市政工程施工现场专业人员职业标准》JGJ/T 250—2011

2.0.10 施工员

在建筑与市政工程施工现场，从事施工组织策划、施工技术与管理，以及施工进度、成本、质量和安全控制等工作的专业人员。

3.1.3 建筑与市政工程施工现场专业人员应具备下列职业素养：

1 具有社会责任感和良好的职业操守，诚实守信，严谨务实，爱岗敬业，团结协作；

2 遵守相关法律法规、标准和管理规定；

3 树立安全至上、质量第一的理念，坚持安全生产、文明施工；

4 具有节约资源、保护环境的意识；

5 具有终生学习理念，不断学习新知识、新技能。

3.1.4 建筑与市政工程施工现场专业人员工作责任，可按下列规定分为“负责”“参与”两个层次。

1 “负责”表示行为实施主体是工作任务的责任人和主要承担人。

2 “参与”表示行为实施主体是工作任务的次要承担人。

3.1.5 建筑与市政工程施工现场专业人员教育培训的目标要求，专业知识的认知目标要求分为“了解”“熟悉”“掌握”三各层次。

1 “掌握”是最高水平要求，包括能记忆所列知识，并能对所列知识加以叙述和概括，同时能运用知识分析和解决实际问题。

2 “熟悉”是次高水平要求，包括能记忆所列知识，并能对所列知识加以叙述和概括。

3 “了解”是最低水平要求，其内涵是对所列知识有一定的认识和记忆。

3.2.1 施工员的工作职责宜符合表3.2.1的规定。

表3.2.1 施工员的工作职责

项次	分类	主要工作职责
1	施工组织策划	（1）参与施工组织管理策划。 （2）参与制定管理制度。
2	施工技术管理	（3）参与图纸会审、技术核定。 （4）负责施工作业班组的技术交底。 （5）负责组织测量放线、参与技术复核。
3	施工进度成本控制	（6）参与制定并调整施工进度计划、施工资源需求计划，编制施工作业计划。 （7）参与做好施工现场组织协调工作，合理调配生产资源；落实施工作业计划。 （8）参与现场经济技术签证、成本控制及成本核算。 （9）负责施工平面布置的动态管理。
4	质量安全环境管理	（10）参与质量、环境与职业健康安全的预控。 （11）负责施工作业的质量、环境与职业健康安全过程控制，参与隐蔽、分项、分部和单位工程的质量验收。 （12）参与质量、环境与职业健康安全问题的调查，提出整改措施并监督落实。
5	施工信息资料管理	（13）负责编写施工日志、施工记录等相关施工资料。 （14）负责汇总、整理和移交施工资料。

3.2.2 施工员应具备表3.2.2规定的专业技能。

表3.2.2 施工员应具备的专业技能

项次	分类	专业技能
1	施工组织策划	（1）能够参与编制施工组织设计和专项施工方案。
2	施工技术管理	（2）能够识读施工图和其他工程设计、施工等文件。 （3）能够编写技术交底文件，并实施技术交底。 （4）能够正确使用测量仪器，进行施工测量。
3	施工进度成本控制	（5）能够正确划分施工区段，合理确定施工顺序。 （6）能够进行资源平衡计算，参与编制施工进度计划及资源需求计划，控制调整计划。 （7）能够进行工程量计算及初步的工程计价。

表 3.2.2（续）

项次	分类	专业技能
4	质量安全环境管理	（8）能够确定施工质量控制点，参与编制质量控制文件、实施质量交底。 （9）能够确定施工安全防范重点，参与编制职业健康安全与环境技术文件、实施安全和环境交底。 （10）能够识别、分析、处理施工质量缺陷和危险源。 （11）能够参与施工质量、职业健康安全与环境问题的调查分析。
5	施工信息资料管理	（12）能够记录施工情况，编制相关工程技术资料。 （13）能够利用专业软件对工程信息资料进行处理。

3.2.3　施工员应具备表 3.2.3 规定的专业知识。

表 3.2.3　施工员应具备的专业知识

项次	分类	专业知识
1	通用知识	（1）熟悉国家工程建设相关法律法规。 （2）熟悉工程材料的基本知识。 （3）掌握施工图识读、绘制的基本知识。 （4）熟悉工程施工工艺和方法。 （5）熟悉工程项目管理的基本知识。
2	基础知识	（6）熟悉相关专业的力学知识。 （7）熟悉建筑构造、建筑结构和建筑设备的基本知识。 （8）熟悉工程预算的基本知识。 （9）掌握计算机和相关资料信息管理软件的应用知识。 （10）熟悉施工测量的基本知识。
3	岗位知识	（11）熟悉与本岗位相关的标准和管理规定。 （12）掌握施工组织设计及专项施工方案的内容和编制方法。 （13）掌握施工进度计划的编制方法。 （14）熟悉环境与职业健康安全管理的基本知识。 （15）熟悉工程质量管理的基本知识。 （16）熟悉工程成本管理的基本知识。 （17）了解常用施工机械机具的性能。

【问题解答】

“施工员”也称为“工长”，各个企业赋予“施工员”的职责有所不同。有些企业“施工员”与“技术员”的职责没有明确的界限，只设“施工员”或“技术员”岗位。还有些企业则有“施工员”和“技术员”两个岗位，“技术员”主要从事技术管理等工作，“施工员”主要负责进度协调等工作。岗位职责主要体现在施工组织策划、施工技术管理、施工进度控制、施工成本控制、质量管理、职业健康环境、施工信息资料管理等方面。

一、参与施工组织管理策划工作

施工组织管理策划主要指施工组织管理实施规划（施工组织设计）的编制，由项目经理负责组织，技术负责人实施，施工员参与。

施工组织是根据批准的建设计划、设计文件（施工图）和工程承包合同，对通风与空调工程任务从开工到竣工交付使用所进行的计划、组织、控制等活动的统称。施工组织管理是以科学的方法对工程进行计划、组织、控制的过程。包括：

1）创造良好的施工条件，保证施工顺利进行。

2）选择最优施工方案，争取最佳经济效果。

3）缩短施工周期，降低物资消耗。

4）保证工程质量和生产安全，创造优质服务和社会信誉。

施工组织管理策划是对施工组织管理过程的决策与谋划，对施工各个要素进行分析，确保目标的实现。在施工之前，应编制施工组织设计，同时也应进行施工组织策划。

施工组织管理策划与施工组织设计的区别见表 1–1。

表 1–1 施工组织管理策划与施工组织设计的区别

项目	区别	
	施工组织策划	施工组织设计
要解决的问题	如何管好项目工程	如何做好项目工程
编写目的	业主满意，企业盈利	交付业主满意的产品
覆盖的管理范围	工期、质量、环境安全、范围、风险、采购、人力资源、信息	工期、质量、环境安全、成本
编写的侧重点	确定各项管理目标和实现目标的路线，强调可控性	合理组织施工，确保质量安全，强调可操作性
采用的工作方法	技术与经济相结合的方法	以技术为主
编制内容	内容详细，针对性更强	较为概括，更加全面广泛

二、参与制定管理制度

施工现场的管理制度是指项目实施过程中在管理思想、管理组织、管理人才、管理方法、管理手段等方面的安排，管理制度实施的意义在于约束项目实施的过程行为。

项目管理制度包括规章制度和责任制度。编制时，应具有科学性、有效性，起到保证项目的正常运转和职工的合法利益不受侵害的作用。

项目实施过程中涉及的管理制度主要分为两个层级：第一个层级是企业的管理制度；第二个层级是项目部根据项目特点、参与施工各方的要求等制定的项目管理制度。通风与空调工程施工员有参与制定项目管理制度的权利和义务。

规章制度包括工作内容、范围和工作程序、方式，如管理细则、行政管理制度、生产经营管理制度等。

责任制度包括工作职责、职权和利益的界限及其关系，如组织机构与管理职责制度、人力资源与劳务管理制度、劳动工资与劳动待遇管理制度等。

施工现场制定的项目管理制度有安全生产管理制度、技术质量管理制度、人员管理制度、材料管理制度、机械管理制度、职业健康及环境保护制度、成本管理制度等。包括以下内容：

1）项目管理责任制度。

2）项目管理策划制度。

3）采购与投标管理制度。

4）合同管理制度。

5）专业、劳务分包管理。

6）设计与技术管理制度。

7）进度管理制度。

8）质量管理制度。

9）成本管理制度。

10）安全生产管理制度。

11）机械使用及维护管理制度。

12）绿色建造与环境管理制度。

13）信息管理与知识管理制度。

14）沟通管理制度。

15）风险管理制度。

16）资源管理制度。

17）管理绩效评价制度。

三、参与图纸会审、技术核定

1. 图纸会审

图纸会审是工程各参建单位（建设单位、监理单位、施工单位）在收到设计院施工图设计文件后，熟悉图纸，审查施工图中存在的问题及不合理情况，并提交设计院进行处理的一项重要活动。

图纸会审由建设单位负责组织，通过图纸会审可以使各参建单位特别是施工单位熟悉设计图纸、领会设计意图、掌握工程特点及难点，找出需要解决的技术难题并拟定解决方案，从而将因设计缺陷而存在的问题消灭在施工之前。

图纸会审的一般程序：建设方或监理方主持人发言→设计方图纸交底→施工方、监理方代表提问题→逐条研究→形成会审记录文件→签字、盖章后生效。

在项目设计图纸会审过程中，设计单位应充分、细致地向项目参建单位介绍设计人员的主导思想、构思和要求，采用的设计规范，确定的防火等级，基础、结构、内外装修及机电设备设计，对主要建筑材料、构配件和设备的要求，所采用的节能、节水、节材及环境保护的具体技术要求以及施工中应特别注意的事项，以便于项目参建单位充分理解其设计意图。

在图纸会审过程中，通风与空调工程施工员应针对设计中存在的问题及时提出意见并进行沟通，对已解决的问题及时形成文字记录；对还未解决的问题，应明确解决责任方，并给出解决日期。

通风与空调工程图纸会审主要有以下几个方面的内容：

1）施工图是否符合国家现行的有关技术标准、全文强制通用规范、经济政策等有关规定。

2）设计图纸与说明是否齐全。

3）施工的技术设备条件是否满足设计要求，当采取特殊的施工技术措施时，现有的技术力量及现场条件有无困难，能否保证工程质量和安全施工的要求。

4）有关特殊技术或新材料的要求，其品种、规格、数量能否满足需要及工艺规定要求。

5）建筑结构与安装工程的设备和管线的接合部位是否符合技术要求。

6）通风与空调专业的管道、设备与其他专业之间有无矛盾。

7）图纸及说明是否齐全、清楚、明确，图纸上标注的尺寸、坐标、标高及地上、地下工程等有无遗漏和矛盾。

8）有无设备参数表，设计参数是否齐全、明晰。

9）图中所要求的条件能否满足，新材料、新技术的应用有无问题。

10）材料来源有无保证，连接方式是否可行。

11）管道、设备、运输道路与建筑物之间或相互间有无矛盾，布置是否合理，是否满足设计功能要求。

2. 技术核定

技术核定是在工程施工过程中因图纸出现问题，产生疑问采用的修正、修改、补充的一种核定方式，涉及工程技术方面的问题答疑，实际上就是对工程技术的确认。

核定内容应正确、填写清楚、绘图清晰，变更内容要写明变更部位、图别、图号、轴线位置、原设计和变更后的内容和要求等。

工程洽商包括技术洽商和商务洽商。工程技术洽商也称技术核定单。

技术核定是项目技术负责人针对某个施工环节提出具体的方案、方法、工艺、措施等建议，经发包方和有关单位共同核定并确认的一项技术管理工作。涉及图纸内容改变的技术核定单内容要改绘到施工图上，与图纸内容改变无关的商务洽商不必反映到施工图上。项目技术负责人在项目施工过程中，应与设计单位设计人员保持联系，对不满足现场施工要求的施工图及时提出修改，填写技术核定单并办理相应手续。施工员应及时了解技术核定内容，并参与技术核定工作。当出现以下情况时，应由项目技术负责人以技术核定单（或工程洽商技术联系单）形式，向设计单位或建设单位提出修改申请：

1）经过会审后的施工图，在施工过程中发现施工图仍有差错或与实际情况不符。

2）因施工条件发生变化与施工图的规定不符。

3）材料、半成品、设备等与原设计要求不符。

4）新工艺、新技术以及职工提出的合理化建议等受到采纳，需要修改设计时。

技术核定单应当以审查通过的施工图设计文件作为依据，其内容应当符合法律、法规、规章和国家及当地现行的规范标准的要求。技术核定单应当在事发前核定，并明确技术核定的事由。技术核定单应当由项目技术负责人填写，上级技术管理部门负责人审核。填写人和审核人应当在技术核定单上签字。

监理单位应当由相关专业监理工程师对技术核定单内容进行审核，总监理工程师审批。审核人和审批人应当在技术核定单上签字。

设计单位应当由相关专业的设计人员对技术核定单内容进行校核，设计项目负责人审批。校核人和审批人应当在技术核定单上签字。

建设单位应当由项目负责人对技术核定单的内容进行审核。审核人应当在技术核定单上签字。

技术核定单应当加盖施工单位、监理单位和建设单位项目部门公章，加盖设计单位技术专用章。

四、负责施工作业班组的技术交底

项目部应做到对项目实现逐级交底，保证各工序施工前各项交底清晰，各级管理人员能清楚自身负责的工作内容和要求，各操作人员能清楚所操作工序的工艺、质量、安全等要求及其标准。

技术交底是一项经常性的工作，等同于企业管理标准中的作业指导书，是具体指导施工活动的操作性技术文件。

1. 技术交底的分类

技术交底记录应包括施工组织设计交底、专项施工方案技术交底、分项工程施工技术交底、“四新”（新材料、新产品、新技术、新工艺）技术交底和设计变更技术交底。主要内容应具体，达到施工规范、规程、质量标准的要求。各项交底应有文字记录，必要时附图示，交底双方签认应齐全。

2. 施工组织设计交底

重点和大型工程施工组织设计交底应由施工企业的技术负责人把主要设计要求、施工措施以及重要事项对项目主要管理人员进行。其他工程施工组织设计交底应由项目技术负责人进行。

3. 专项施工方案技术交底

专项施工方案技术交底应由项目技术负责人负责。项目技术负责人在各分部分项工程施工前，应向项目经理部各管理人员、作业层骨干等进行交底。

项目技术负责人可通过召集会议形式或现场授课形式进行技术交底，技术交底的内容可纳入施工组织设计、施工方案中，也可单独形成交底文件。

项目技术负责人应对下列内容进行技术交底：

1）设计文件重点及设计变更洽商情况，设计修改、变更的具体内容和应注意的关键部位。

2）施工技术关键性的问题，新操作方法和有关技术规定，拟采取的技术组织措施，主要施工方法和施工程序安排。

3）各种材料的品种、规格、等级及要求，材料的试验、检验项目。

4）施工图纸上必须注意的尺寸，如轴线、标高、预留孔洞、预埋件镶入构件的位置、规格、大小、数量等。

5）总分包配合协作的要求，设备安装与土建、装修、电气等专业交叉作业的要求。

6）国家、建设单位及企业对该工程的工期、质量、成本、安全等的要求。

7）保证进度、质量、安全、成本的技术组织措施。

8）需要做样板的项目，应明确样板间，样板选择应具有代表性，不同材料应分别有样板，交底中对各细部处理应有详细的大样图。

4. 分项工程技术交底

分项工程技术交底应由专业工长对专业施工班组（或专业分包）进行。各专业工长应通过书面形式或配以现场口头讲授形式进行技术交底，技术交底的内容应单独形成交底文件。

技术交底内容包括：

1）施工部位，说明技术交底的范围。

2）施工准备，包括作业人员、主要材料、主要机具准备和作业条件等。

3）施工进度要求。

4）施工工艺，包括工艺流程、施工要点等。

5）控制要点，包括重点部位和关键环节施工要点、质量通病的预防措施等。

6）成品保护，包括对上道工序成品的保护措施、对本道工序成品的保护措施等。

7）质量保证措施。

8）安全注意事项。

9）环境保护措施。

10）质量标准，包括主控项目、一般项目以及质量验收等。

5.“四新”技术交底

“四新”技术交底由项目技术负责人组织有关专业人员向专业工长进行。

6. 设计变更技术交底

设计变更技术交底应由项目技术部门根据变更要求，并结合具体施工步骤、措施及注意事项等对专业工长进行交底。

7. 技术交底审查

项目技术负责人应对各施工工长（或专业工程师）的技术交底进行审查，并签字认可。项目技术负责人应审查技术交底的下列内容：

1）是否符合施工组织设计（施工方案）的要求。

2）是否符合施工图纸的要求。

3）是否符合国家规范、标准和企业操作规程的要求。

4）是否符合合同规定。

5）交底的记录格式是否符合要求。

五、负责组织测量放线、参与技术复核

1. 测量放线

施工员应负责组织测量放线工作，更多的是指土建专业施工员。通风与空调工程施工员在测量方面的责任主要体现在通风与空调专业设备的定位、管线竖向标高、水平位置的定位，支架设置位置的标高、水平位置的定位等方面。

通风与空调工程施工员应做好测量放线工作的实施组织，并应根据技术要求参与测量放线工作成果的技术复核，以确保测量放线定位的准确性。测量放线是在工程施工阶段进行的一项重要工作。

2. 技术复核

技术复核是在项目施工前和施工过程中，对工程的施工质量和管理人员的工作质量自行检查的一项重要工作。项目施工前和施工过程中，项目技术负责人应组织项目相关人员对一些过程进行技术复核，施工员参与技术复核工作。

（1）技术复核范围

1）对项目经理部完成工作的技术复核。

2）对作业层完成的各工序的技术复核。

（2）技术复核流程

技术复核管理流程：编制技术复核计划→组织进行复核→填写复核记录→复核人签字→复核记录存档。

（3）技术复核内容

技术复核主要包括工程定位轴线、标高的检查与复核，设备基础强度的检查与复核等工作。

1）施工技术资料，包括施工组织设计、施工方案、图纸会审、设计变更、变更核定单以及技术交底。

2）预埋件、套管及预留孔位置。

3）翻样检查，包括几何尺寸、节点做法等。

4）设备预留洞位置、标高。

5）楼层 50cm 线（或 1m 线）检查。

6）设备基础，包括位置、标高、尺寸、预留孔、预埋件等。

7）安装设备及配件、半成品的品种、数量、规格、材质。

8）吊装工程中起重设备的强度、稳定性、起重能力及索具、吊具、地锚的受力分析。

9）设备的安装精度与安装误差方向确定的原则，设备的安装程序及进度。

10）管道标高、坡度、受力分析。

11）焊接工序的焊接方法、焊接条件及焊接工艺评定检验。

12）检验试验仪表等级的确定及鉴定。

13）管道及设备严密性及强度试验方法、压力及允许偏差。

14）系统冲洗试验方法及合格标准。

15）管道及设备单机试运行及联合调试方法及合格标准。

16）其他根据工程需要拟定复核项目。

六、参与制定并调整施工进度计划、施工资源需求计划，编制施工作业计划

通风与空调工程施工员应参与制定并调整施工总进度计划、施工资源需求计划，负责编制通风与空调专业的施工作业计划，以明确的任务直接下达给施工班组。

1. 施工进度计划

施工进度计划就是以拟建工程为对象，规定各项工程内容的施工顺序和开工、竣工时间的施工计划。施工进度计划是施工组织设计的中心内容，它要保证建设工程按合同规定的期限交付使用。施工进度计划分为施工总进度计划、单位工程施工进度计划、分部分项工程进度计划和季度（月、旬、周）进度计划四个层次。通风与空调工程进度计划在各层次计划中均应有所体现，只是根据层次不同应依次编制得更加详尽。

2. 施工资源需求计划

施工资源需求计划是在施工进度计划编制完成后，在此基础上根据工序实施的时间要求，编制对应时间点完成该工序所需材料的进场时间要求。例如：根据施工进度获知了某部位的风管制作加工的起始和完成时间，那么此批次风管加工所需材料，如铁皮、角钢等就应对照该时间、数量、技术参数要求，做到加工前必须如期运至加工场地。从而形成了一系列的成品、半成品、设备、附件的资源需求计划。

3. 施工作业计划

施工作业计划也是在基于施工进度计划基础上，为完成进度要求，对施工作业班组工序实施的开始时间、完成时间、工序衔接或搭接编制的作业实施计划。施工作业计划分月施工作业计划和旬施工作业计划。施工作业计划的内容一般由三部分组成：

1）本月（旬）应完成的施工任务，一般以施工进度计划形式表示，确定计划期内应完成的工程项目和实物工程量。

2）完成作业计划任务所需的劳力、材料、半成品、构配件等的需用量。

3）提高劳动生产率的措施和节约措施。

七、参与施工现场组织协调工作，合理调配生产资源，落实施工作业计划

生产资源即生产要素，对于施工项目而言，主要包括劳动力、材料、设备、技术和资金。

通风与空调工程施工员应对施工现场的劳动力、机械、材料调配进行有序组织，并按照现场需求进行协调。进度管理是通风与空调工程施工员非常重要的工作职责之

一。通风与空调工程施工员除负责编制施工作业计划外，还应负责落实施工作业计划，以确保施工作业计划如期完成。

八、参与现场经济技术签证、成本控制及成本核算

1. 经济技术签证

现场经济技术签证内容牵涉面较多，有技术方面的，也有经济方面的。引起签证的原因也很多，如现场突发，且与设计和技术无关的工程问题，如管道埋地敷设时遇到的地下障碍物需清除；如施工过程中发现的与施工技术有关的问题，需更改施工方案；工程项目出现变更等情况。

签证事项大部分是由承包方提出，并提供需签证的书面资料，由现场甲方代表及监理进行核实签证确认。签证单不只是确认工程量，还确认费用，是鉴证确认实际发生的情况，可包括工作量，事件发生的起因、经过、处理结果等内容。

2. 成本控制

成本控制是企业根据一定时期预先建立的成本管理目标，由成本控制主体在其职权范围内，在生产耗费发生以前和成本控制过程中，对各种影响成本的因素和条件采取的一系列预防和调节措施，以保证成本管理目标实现的管理行为。

通风与空调工程施工员应根据成本控制的目标要求，对影响成本的劳动力、材料、设备进行合理调度和调配；采取有效的方法和措施减少或避免窝工；确保材料、设备进场时间合理、适量；在保障安全、质量的前提下节约成本，实现经济效益最大化。

3. 成本核算

成本核算是指在生产和服务提供过程中对所发生的费用进行归集和分配，并按规定的方法计算成本的过程。成本核算是成本管理的重要组成部分，对于企业的成本预测和企业的经营决策等存在直接影响。成本核算是成本管理工作的重要组成部分。

成本核算的正确与否，直接影响企业的成本预测、计划、分析、考核和改进等控制工作，同时也对企业的成本决策和经营决策产生重大影响。

作为通风与空调工程施工员，控制着项目施工一线最基础的生产资料，施工员的工作是为更好地实施成本管理进行成本信息反馈的过程，对企业成本计划的实施、成本水平的控制和目标成本的实现起着至关重要的作用。

办理变更时，施工员要参与现场经济技术签证、成本控制及成本核算等工作。

九、负责施工平面布置的动态管理

根据通风与空调工程施工的不同阶段（一般为主体结构预留预埋阶段、管线设备安装阶段及调试阶段）特点及总承包单位不同时期场地布置要求，通风与空调工程施工员需要对与本专业相关的场地平面布置进行动态管理。

1）库房、加工厂地的布设尽量有利于机械、物资的使用和存放，尽量减少材料、设备在厂区内二次搬运的距离。

2）调整通风与空调专业相关场地布设，满足总承包单位对施工总平面动态管理的要求。

十、参与质量、环境与职业健康安全的预控

项目施工前，应依据企业有关质量、环境与职业健康安全综合管理体系管理手册，结合项目具体情况，编制项目质量、环境和职业健康安全管理计划，对工程项目的质量、环境目标和职业健康安全目标、指标，对施工全过程的质量、职业健康安全和环境管理控制要求进行具体描述，是指导全体员工的行为准则。施工现场质量、环境与职业健康安全是项目部全体员工都必须承担的责任，对于施工现场的通风与空调工程施工员更是需要履行的工作职责。

十一、负责施工作业的质量、环境与职业健康安全过程控制，参与隐蔽、分项、分部和单位工程的质量验收

1. 施工员负责施工作业的质量、环境与职业健康安全过程控制

施工质量控制是在明确的质量方针指导下，通过对施工方案和资源配置的计划、实施、检查和处置，为实现施工质量目标而进行的事前控制、事中控制和事后控制的系统过程。

根据《建筑工程施工质量验收统一标准》GB 50300—2013 的要求，建筑工程的施工质量控制应符合下列规定：

1）建筑工程采用的主要材料、半成品、成品、建筑构配件、器具和设备应进行进场检验。凡涉及安全、节能、环境保护和主要使用功能的重要材料、产品，应按各专业工程施工规范、验收规范和设计文件等规定进行复验，并应经监理工程师检查认可。

2）各施工工序应按施工技术标准进行质量控制，每道施工工序完成后，经施工单位自检符合规定后，才能进行下道工序施工。各专业工种之间的相关工序应进行交接检验，并应记录。

3）对于监理单位提出检查要求的重要工序，应经监理工程师检查认可，才能进行下道工序施工。

环境与职业健康安全过程控制所做的工作就是要按照已经建立的环境管理体系与职业健康安全管理体系的要求，通过培训意识和能力，信息交流，文件管理，执行控制程序，监测、纠正和预防措施，记录等活动推进体系的正常运行。

2. 施工员应参与隐蔽、分项、分部和单位工程的质量验收

隐蔽、分项、分部和单位工程的质量验收是工程施工质量管理的一个重要环节，也是施工员的重要工作职责之一。

施工质量验收项目划分为：单位工程、分部工程、分项工程和检验批。通风与空调工程是单位工程中的一个分部工程。

（1）隐蔽工程质量验收

通风与空调工程的隐蔽工程验收是指对隐蔽在结构内部的带翼片的防水套管、人防密闭套管或绝热的管道及阀部件、吊顶及不进人管井内的管线、设备的检查验收。

（2）工程质量验收程序

1）检验批应由专业监理工程师组织施工单位项目专业质量检查员、专业施工员等

进行验收。

2）分项工程应由专业监理工程师组织施工单位项目专业技术负责人等（施工员参与）进行验收。

3）分部工程应由总监理工程师组织施工单位项目负责人和项目技术、质量负责人等（施工员参与）进行验收。

4）单位工程中的分包工程完工后，分包单位应对所承包的工程项目进行自检，并应按相关标准规定的程序进行验收。验收时，总包单位应派人参加，分包单位应将所分包工程的质量控制资料整理完整后，移交给总包单位。

5）单位工程完工后，施工单位应组织有关人员进行自检，总监理工程师应组织各专业监理工程师对工程质量进行竣工预验收。

6）存在施工质量问题时，应由施工单位及时整改。

7）整改完毕后，由施工单位向建设单位提交工程竣工报告，申请工程竣工验收。

（3）检验批验收

检验批可根据施工、质量控制和专业验收的需要，按工程量、楼层、施工段、变形缝等进行划分。通风与空调工程按设计系统和设备组别划分检验批，对于风管配件制作工程，可按规格、型号、数量来划分检验批；对于设备安装工程，可按设备规格型号、数量来划分检验批；对于管道系统安装工程，可按管道的系统、施工段或楼层来划分检验批。

（4）分项工程质量验收

分项工程可按主要工种、材料、施工工艺、设备类别等进行划分。

（5）分部工程质量验收

分部工程应按下列原则划分：按专业性质、工程部位确定；当分部工程较大或较复杂时，可按材料种类、施工特点、施工程序、专业系统及类别等将分部工程划分为若干子分部工程。

（6）单位工程质量验收

单位工程应按下列原则划分：具备独立施工条件并能形成独立使用功能的建（构）筑物为一个单位工程；对于规模较大的单位工程，可将其能形成独立使用功能的部分划分为一个子单位工程。

十二、参与质量、环境与职业健康安全问题的调查，提出整改措施并监督落实

当工程出现质量、环境与职业健康安全问题时，施工员作为施工现场施工的基层组织者应参与问题的调查，提出整改措施并监督落实。

1. 质量事故报告和参与调查处理

（1）事故报告

工程质量事故发生后，事故现场有关人员应当立即向工程建设单位负责人报告；工程建设单位负责人接到报告后，应于1小时内向事故发生地县级以上人民政府住房和城乡建设主管部门及有关部门报告；同时应按照应急预案采取相应措施。

事故报告应包括下列内容：

1）事故发生的时间、地点、工程项目名称、工程各参建单位名称。

2）事故发生的简要经过、伤亡人数和初步估计的直接经济损失。

3）事故原因的初步判断。

4）事故发生后采取的措施及事故控制情况。

5）事故报告单位、联系人及联系方式。

6）其他应报告的情况。

（2）参与事故调查

事故调查要按规定区分事故的大小，分别由相应级别的人民政府直接或授权委托有关部门组织事故调查组进行调查。未造成人员伤亡的一般事故，县级以上人民政府也可委托事故发生单位组织事故调查组进行调查。事故调查应力求及时、客观、全面，以便为事故的分析与处理提供正确的依据。通风与空调工程施工员需配合调查组接受事故调查，需要配合调查的内容有：

1）事故发生经过和事故救援情况。

2）事故造成的人员伤亡和直接经济损失。

3）事故发生的原因。

（3）质量缺陷的整改措施

施工质量缺陷的整改措施有返修处理、加固处理、返工处理、限制使用、不做处理及报废处理等。通风与空调工程施工员要根据整改措施要求，进行相应整改并落实。

2. 环境与职业健康安全事故的报告和参与调查处理

（1）事故报告

事故发生后，事故现场有关人员应当立即向本单位负责人报告；单位负责人接到报告后，应当于1小时内向事故发生地县级以上人民政府安全监督管理部门和负有安全生产监督管理职责的有关部门报告，并有组织、有指挥地抢救伤员、排除险情；应当防止人为或自然因素的破坏，便于事故原因的调查。

（2）参与事故调查

特别重大事故由国务院或者国务院授权有关部门组织事故调查组进行调查。重大事故、较大事故、一般事故分别由事故发生地省级人民政府、设区的市级人民政府、县人民政府负责调查。省级人民政府、设区的市级人民政府、县级人民政府可以直接组织事故调查组进行调查，也可以授权或者委托有关部门组织事故调查组进行调查。未造成人员伤亡的一般事故，县级人民政府也可以委托事故发生单位组织事故调查组进行调查。

通风与空调工程施工员必须接受事故调查组的询问，如实提供有关情况，并提供相关文件、资料。

（3）环境与职业健康安全事故的整改措施

事故处理秉承“四不放过”原则，具体内容如下：

1）事故原因未查清不放过。

2）事故责任人未受到处理不放过。

3）事故责任人和周围群众没有受到教育不放过。

4）事故没有制定切实可行的整改措施不放过。

必须针对事故发生的原因，提出防止相同或类似事故发生的切实可行的预防措施，通风与空调工程施工员应督促事故整改措施的实施，只有这样才能达到事故调查和处理的最终目的。

十三、负责编写施工日志、施工记录等相关施工资料

1. 负责编写施工日志

施工日志是每个项目管理人员每日都应记录的工作日志，对于通风与空调工程施工员来说，施工日志每日应记录的内容包括：

1）气象情况。

2）施工进度，即：施工项目完成情况（施工部位）、项目检查验收情况、劳动力安排情况、材料、设备到场情况。

3）技术活动，即：施工中存在的问题及解决措施；设计变更及执行情况；建设监理单位及其他管理部门做出的有关技术、质量方面的决定及实施情况；工程特殊要求和施工方法的实施情况；技术交底情况；施工现场技术专题会。

4）安全、文明施工活动，即：现场存在的安全隐患及处理情况、现场安全及文明施工检查情况、现场发生的人员伤亡、设备事故及违章情况。

5）其他问题。

不同施工阶段，施工日志的侧重点应该有所不同。如预留预埋阶段，现场由于预留预埋的工作量通常不多，但施工准备的工作内容相对较重，因而应对施工准备内容进行较为详尽地记录，如材料计划编制、施工方案的确定、专题技术准备会等内容均应记录至施工日志中；主管线、设备安装阶段，应着重记录施工进度、技术活动、安全文明施工活动等情况；在系统调试阶段，应着重记录调试的内容、调试结果、人员组织、系统运行状况等内容。

2. 负责编写施工记录等相关施工资料

工程质量、安全的各种检查、记录统称施工记录。通风与空调工程施工记录主要包括以下内容：

1）各种材质风管及配件的制作。

2）各种材质风管及配件的安装。

3）风阀与部件的制作。

4）风阀与部件的安装。

5）支、吊架制作与安装。

6）空调水系统管道与附件安装。

7）空调制冷剂管道与附件安装。

8）空气处理设备安装。

9）空调冷热源与辅助设备安装。

10）防腐与绝热。

11）监测与控制系统安装。

12）风管强度与严密性试验。

13）风管系统严密性试验。

14）水系统阀门水压试验。

15）水系统管道水压试验。

16）冷凝水管道通水试验。

17）管道冲洗试验。

18）开式水箱（罐）满水试验和换热器及密闭容器水压试验。

19）风机盘管水压试验。

20）制冷系统试验。

21）通风与空调设备电气检测与试验。

22）通风与空调系统试运行及调试等。

十四、负责汇总、整理和移交施工资料

施工资料是全面反应施工过程的详尽资料。由于通风与空调工程施工员全面参与现场施工安装，对施工过程最为熟悉，因此，通风与空调工程施工员应协助资料员做好通风与空调工程施工资料的汇总、整理和移交工作。

施工资料种类较多，发生在工程施工各个阶段，主要包括施工管理资料、施工技术资料、施工物资资料、施工记录、施工试验记录、施工质量验收记录、竣工图纸等。

1. 资料的汇总、整理

通风与空调工程竣工后，施工单位应按照国家标准、相关资料管理规程及建设单位、总包单位的要求进行编制组卷。组卷应遵循以下原则：

1）组卷应遵循通风与空调工程文件资料的形成规律，保持卷内文件资料的内在联系。

2）施工资料应按单位工程进行组卷，根据工程大小及资料的多少等具体情况按通风与空调工程分部、分项进行整理和组卷。

3）竣工图应按照施工图专业序列组卷。

4）专业承包单位的工程资料应单独组卷，当洁净空调等系统为专业承包时，专业承包资料应单独组卷。

5）通风与空调工程分部的验收资料应与单位工程施工验收资料组成一卷。

6）通风与空调工程资料可根据资料数量组成一卷或多卷，单卷厚度一般不超过40mm。

7）案卷应有案卷封面、卷内目录、内容、备考表及封底。

8）案卷应美观、整齐，卷内不应有重复资料。

2. 资料的移交

竣工资料，一般应向城市建设档案馆、建设单位、总包单位、施工单位分别移交。根据移交对象的不同要求，所移交竣工资料的内容及套数会有所不同。

资料移交工作应办理相关移交手续，通风与空调工程施工员应配合总承包单位或建设单位做好资料移交的相关工作。

003 质量员职责有哪些？

【规范条文】

《建筑与市政工程施工现场专业人员职业标准》JGJ/T 250—2011

2.0.11 质量员

在建筑与市政工程施工现场，从事施工质量策划、过程控制、检查、监督、验收等工作的专业人员。

3.3.1 质量员的工作职责宜符合表 3.3.1 的规定。

表 3.3.1 质量员的工作职责

项次	分类	主要工作职责
1	质量计划准备	（1）参与进行施工质量策划。 （2）参与制定质量管理制度。
2	材料质量控制	（3）参与材料、设备的采购。 （4）负责核查进场材料、设备的质量保证资料，监督进场材料的抽样复验。 （5）负责监督、跟踪施工试验，负责计量器具的符合性审查。
3	工序质量控制	（6）参与施工图会审和施工方案审查。 （7）参与制定工序质量控制措施。 （8）负责工序质量检查和关键工序、特殊工序的旁站检查，参与交接检验、隐蔽验收、技术复核。 （9）负责检验批和分项工程的质量验收、评定，参与分部工程和单位工程的质量验收、评定。
4	质量问题处置	（10）参与制定质量通病预防和纠正措施。 （11）负责监督质量缺陷的处理。 （12）参与质量事故的调查、分析和处理。
5	质量资料管理	（13）负责质量检查的记录，编制质量资料。 （14）负责汇总、整理、移交质量资料。

3.3.2 质量员应具备表 3.3.2 规定的专业技能。

表 3.3.2 质量员应具备的专业技能

项次	分类	专业技能
1	质量计划准备	（1）能够参与编制施工项目质量计划。
2	材料质量控制	（2）能够评价材料、设备质量。 （3）能够判断施工试验结果。

表 3.3.2（续）

项次	分类	专业技能
3	工序质量控制	（4）能够识读施工图。 （5）能够确定施工质量控制点。 （6）能够参与编写质量控制措施等质量控制文件，并实施质量交底。 （7）能够进行工程质量检查、验收、评定。
4	质量问题处置	（8）能够识别质量缺陷，并进行分析和处理。 （9）能够参与调查、分析质量事故，提出处理意见。
5	质量资料管理	（10）能够编制、收集、整理质量资料。

3.3.3 质量员应具备表 3.3.3 规定的专业知识。

表 3.3.3 质量员应具备的专业知识

项次	分类	专业知识
1	通用知识	（1）熟悉国家工程建设相关法律法规。 （2）熟悉工程材料的基本知识。 （3）掌握施工图识读、绘制的基本知识。 （4）熟悉工程施工工艺和方法。 （5）熟悉工程项目管理的基本知识。
2	基础知识	（6）熟悉相关专业力学知识。 （7）熟悉建筑构造、建筑结构和建筑设备的基本知识。 （8）熟悉施工测量的基本知识。 （9）掌握抽样统计分析的基本知识。
3	岗位知识	（10）熟悉与本岗位相关的标准和管理规定。 （11）掌握工程质量管理的基本知识。 （12）掌握施工质量计划的内容和编制方法。 （13）熟悉工程质量控制的方法。 （14）了解施工试验的内容、方法和判定标准。 （15）掌握工程质量问题的分析、预防及处理方法。

【问题解答】

质量员的基本工作职责主要体现在质量计划准备、材料质量控制、工序质量控制、质量问题处置、质量资料管理等几个方面。

一、参与进行施工质量策划

工程项目质量管理策划的内容是施工企业各项要求在工程项目的具体应用。策划结果所形成的文件是全面安排项目施工质量管理的文件，是指导施工的主要依据。施工企业需明确规定该文件编制的内容及相关职责、权限。在编制前，有关人员需充分了解工程项目质量管理的要求，包括确保外包（分包）过程受控的要求。

施工质量策划是施工质量管理的一部分，是制定施工质量目标并规定必要的运行过程和相关资源的活动。施工质量策划由项目经理主持，质量员参与。通风与空调工程质量员应参与通风与空调专业施工质量策划活动，并对策划中的总体质量目标、质量目标指标分解等提出意见和建议，还应负责工程质量关键工序和关键控制点的质量策划，并在施工过程中对其进行重点管理和控制。

1. 质量策划思路

质量策划应确保施工的每一个环节都科学合理，总体思路有以下几方面：

1）做好施工前及施工过程中各个阶段的技术准备策划，例如，组织好施工组织设计、施工方案、技术交底、质量计划等技术质量文件的编制等。

2）坚持样板引路，实行工序管理，以工序保分项，以分项保分部，以分部保单位工程。

3）严格检查验收，坚持执行三检制、挂牌制。认真进行工程的预检、隐检，做好检验批、分项、分部及单位工程的验收。

4）制定严格的成品保护措施并监督执行。

5）对工程的保驾护航、回访保修工作策划。例如：做好回访、保修服务的记录，妥善处理好质量投诉，建立质量投诉台账等。

2. 质量策划内容

质量管理策划包括以下内容：

1）质量目标。

2）项目质量管理组织机构和职责。

3）影响工程质量因素和相关设计、施工工艺及施工活动分析。

4）人员、技术、施工机具及设施资源的需求和配置。

5）进度计划及偏差控制措施。

6）施工技术措施和采用新技术、新工艺、新材料、新设备的专项方法。

7）工程设计、施工质量检查和验收计划。

8）质量问题及违规事件的报告和处理。

9）突发事件的应急处置。

10）信息、记录及传递要求。

11）与工程建设相关方的沟通、协调方式。

12）应对风险和机遇的专项措施。

13）质量控制措施。

14）工程施工其他要求。

二、参与制定质量管理制度

质量管理制度应依据国家、行业建设工程法律、法规、规范、标准制定，按照质量管理要求建立，适用于一定范围的质量管理活动，应规定质量管理活动的步骤、程序方法、职责，且应形成文件。

通风与空调工程质量员应参与制定工程项目的现场质量管理制度、质量检验制度、质量统计报表制度、质量事故报告制度、质量文件管理制度等，通过建立健全质量管理体系，确保整个工程项目保质保量完成。

项目质量管理制度主要包括以下内容：

1. 图纸会审制度

在收到设计单位施工图后，由项目总工组织各专业技术人员分专业对设计图纸进行全面细致的熟悉，审查出施工图中存在的问题及不合理情况，并对各专业图纸交圈情况进行核对，将图纸问题做好记录并在设计交底时和设计人员沟通，形成图纸会审记录。

2. 样板引路制度

在每项工作全面展开之前，首先必须进行样板施工。通过样板施工，实现统一做法、统一标准。施工样板包括加工样板、工序样板、细部做法样板、样板间、样板机房等。

在样板施工中应严格执行既定的施工方案，过程中跟踪检查方案的执行情况，考核其是否具有可操作性及针对性，对照成品质量总结既定施工工艺的应用效果，并根据现场状况、工期进度等分析施工中可能会出现的问题，完善施工方案。

3. 样品管理制度

对应用于工程的建筑材料、设备，需根据设计图纸、施工技术标准以及相关要求进行选样，经建设单位、监理单位和施工单位共同签字确认后对样品进行封样，对外观效果有要求的材料同时需由设计单位确认。封样的样品需妥善保管，并作为进场物资验收的重要依据。

4. 挂牌制度

挂牌制度包括材料挂牌、工序挂牌和关键节点挂牌。

1）材料挂牌。进场材料必须挂牌标识，注明材料名称、型号、规格、数量、检验状态、使用部位等。

2）工序挂牌。工序施工时，根据规范、评定标准、工艺要求等将质量控制标准写在牌子上并注明施工责任人、班组、日期。牌子要挂在施工醒目部位，有利于每一名操作工人掌握和理解所施工项目的标准，也便于管理者的监督检查。

3）关键节点挂牌。对关键设计节点现场挂牌，便于操作人员理解和管理人员检查，避免出错。

5. 质量奖罚制度

为强化质量管理，提高管理人员和施工操作人员的质量意识和责任意识，在项目开工前，应制定具有针对性、可操作性的质量奖罚制度，并定期组织质量考核，对违反工程质量管理制度的人，将按不同程度给予批评教育和罚款处理，对发生质量事故的当事人和责任人，将按上级有关规定追究其责任并做出处理。

6. 质量三检制

工序验收严格执行三检制，作业人员在操作过程中必须自检，工序间的交接检验由专业工长组织班组长进行，所有分项工程、隐检、检验批项目必须经专职质检人员质量检验评定合格方可进行下道工序施工。

7. 原材料检验制度

制定原材料进场检验制度，所有进场材料、设备必须按照相关规范要求进行检验或试验，合格后方可使用。严格把好材料进场质量关，进场材料需有合格证书及相关检验报告等质量证明资料，不合格的材料严禁进入施工现场。

8. 质量教育培训制度

在工程开工前及施工过程中，积极开展质量教育、培训活动，使受培训人员掌握一定的质量管理知识，在工作中严格按照项目部的质量管理规定开展工作，使质量管理体系得到切实、有效的运行和完善，实现质量全员管理的目标。

9. 质量分析会制度

以质量例会、专题质量会的形式组织质量分析会。质量分析会应定期进行，可每周召开 1 次，由项目经理主持。针对施工过程中存在的专项质量问题和质量通病召开专题质量分析会，不定期进行，由项目总工主持。

10. 质量否决制度

对施工现场工程质量的管理，严格按照施工规范要求执行，保证每道工序的施工质量符合验收标准。坚持做到每个分项、分部工程施工质量自检自查，严格执行三检制，对不合格的分项、分部工程必须返工处理，执行质量否决制度。

11. 质量评价制度

各工序及最终工程质量均需进行质量评定和质量等级核定，分项工程由施工单位、监理单位检验核定，子分部、分部工程由施工单位、监理单位、设计单位及建设单位检验核定，未经核定或不合格者不得交验。

12. 质量巡检制度

对各分部、分项、工序及进场材料、设备进行定期或不定期巡检，重点关注关键工序、质量通病，以及新技术、新工艺、新材料、新设备的检查，巡检中发现的质量问题应及时采取纠正措施，对有可能造成严重后果或隐患的问题，应下发质量整改通知书，并跟踪落实。

13. 质量汇报制度

为建立良好的工作秩序，以及全面了解项目质量管理情况，依据实际情况实行临时、天、周、月质量工作汇报制度，就各个时间段内完成的工作内容、存在的问题、下阶段工作计划等事宜进行汇报。

14. 成品保护制度

与工程质量相关的所有材料、设备以及工程产品，应分阶段、分专业制订专项成品保护措施，并设专人负责成品保护工作。上、下工序之间需做好交接工作和记录，下道工序对上道工序的工作应避免破坏和污染，确保工程成品得到有效保护，以保证工程质量。

15. 资料管理制度

为确保工程档案的齐全、完整、准确、系统，确保档案案卷合格率，使工程档案管理达到规范要求，项目部应设专人负责收集工程技术、质量等施工资料，并按照工程竣工验收资料的标准分类整理保管好，随时接受各级部门的检查。

三、参与材料、设备的采购

材料、设备是工程施工的物质条件，也是工程质量的基础保障，材料、设备的采购工作应遵循“公开、公平、公正”和“货比三家”的原则，按质、按量、按时以合理价格获得所需的设备。选择合格的供货厂商，就可采购到品质优良、价格合理、交货及时的材料、设备，从而确保工程质量，降低工程成本，加快工程进度。通风与空调工程质量员应了解材料质量、价格、供货周期等相关信息，参与对材料、设备供应商的考核，参与材料、设备的采购过程。

1. 材料、设备采购工作程序

材料、设备采购工作程序及内容如下：

（1）成立采购小组

根据材料和设备的采购难度、技术的复杂程度、预估资金占用量的大小、重要程度及各个采办单位的组织机构的不同，成立设备采购小组，其特点是暂时性、灵活性、针对性。针对特定的材料、设备成立的采购小组目标明确，分工清晰，任务落实，有较高的效率。

（2）需求分析、熟悉市场

对拟采购的材料和设备的技术水平、制造难度、特殊的检查仪表或器材要求、第三方监督检查要求、对监造人员的特殊要求、售后服务的要求等方面做全面、细致的分析。

调查市场情况，重点调查原材料的供给情况、有类似设备的制造业绩的厂商情况、潜在厂商的任务饱和度、类似设备的市场价格或计价方式、类似设备的加工周期、不同的运输方式的费用情况等。

（3）确定采购方式和策略

通过需求分析，在对潜在供货商的调查的基础上，结合项目的总体目标和设备的具体特性，确定采购方式和策略。

1）对潜在供货商的要求。能力调查：调查供货商的技术水平、生产能力，了解供货商的生产周期；地理位置调查：调查供货商的分布，分析供货商的地理位置、交通运输对交货期的影响程度。

2）确定采购策略。在完成需求分析和市场调查的基础上确定采购策略，即采用公开招标、邀请报价还是单独合同谈判的方式进行采购。

对于市场通用产品、没有特殊技术要求、标的金额较大、市场竞争激烈的大宗设备、永久设备，应采用公开招标的方式。

对于拟采购的标的物数量较少、价值较小、制造高度专业化的情况，可以采用邀请报价的方式。

对于拥有专利技术的设备、为使采购的设备与原有设备配套而新增购的设备、负责工艺设计者为保证达到特定的工艺性能或质量要求而提出的特定供货商提供的设备、特殊条件下（如抢修）为了避免时间延误而造成更多花费的设备，宜采用单独合同谈判的方式。

（4）编制采购计划

材料、设备采购计划的主要内容有材料和设备的名称（包括附件、备件），型号、规格、数量、预计单价，技术质量标准等。

材料、设备采购应服务于项目的总体计划，采购计划应结合项目的总体进度计划、施工计划、资金计划进行编制，避免盲目性。例如，可根据项目的总体进度安排，反推材料和设备采购的招标里程碑、订单里程碑、监造计划、检验运输里程碑等，以保证材料和设备能按项目的总体进度计划到达项目指定的地点。

2. 对供货商的审查内容

对供货商的审查重点考虑以下内容：

1）供货商所取得的资质证书要适合制造该类材料、设备。

2）供货商的装备和技术必须具备制造该类材料、设备的能力并可保证产品质量和进度。

3）供货商执行合同的信誉是否良好。

4）供货商经营管理和质保体系运作的状态。

5）供货商上年和当时的财务状态是否良好。

6）供货商当年的生产负荷状态。

7）同型号材料、设备或类似材料、设备的供货业绩。

8）供货商制造场地至建设现场的运输条件是否满足要求。

9）对于已改制或正在改制的供货商，应关注其各方面的变化和法律地位。

10）对于成套商或中间商，应特别关注其货物来源及质量、成套能力、资金状况和执行合同的信誉。

确定工程材料、设备采购供货商后，应签订详细的供货合同，内容包括产地、品牌、等级、数量、价格、型号、供货时间等，按照合同规定保证及时供货。

3. 材料、设备采购评审

收到投标文件后，材料、设备采购小组应在开标后尽快组织相关专家，按招标投标法的规定进行投标文件的评审。评审包括技术评审、商务评审和综合评审。

（1）技术评审

技术评审主要有以下内容：

1）技术评审由相关专业的有资质的专家进行，由项目技术负责人组织评审。

2）技术评审的依据是设备采购招标文件所包括的所有的设备技术文件和供货商的技术标书，并据此对供货商的技术标书进行评审，做出合格、不合格或局部澄清后合格的结论。也可按评分标准进行量化评分。

3）对供货商在评价合格的基础上做横向比较并排出推荐顺序。

（2）商务评审

商务评审主要有以下内容：

1）商务评审由采购工程师负责组织相关专家进行评审。

2）对于技术评审不合格的厂商不再做商务评审。

3）严格按照经过批准的评标办法进行，未列入评标办法的指标不得作为商务评标的评定指标。

4）商务评审的依据是设备采购招标文件（询价商务文件）和厂商的商务报价，对照招标书，逐项对各家商务标的响应性做出评价，重点评审厂商的价格构成是否合理并具有竞争力。

5）对各厂商的商务报价做横向比较并排出推荐顺序。

（3）综合评审

综合评审主要有以下内容：

1）采购经理在技术评审和商务评审的基础上组织综合评审。评审人员由有资质的专家组成，按规定的程序进行评审。

2）综合评审既要考虑技术，也要考虑商务，并从质量、进度、费用、厂商执行合同的信誉、同类产品业绩、交通运输条件等方面综合评价并排出推荐顺序。

3）项目经理依据推荐的供货商排名审批评审结果。对于价格高、制造周期长的重要设备，还需要按程序报请业主（如果合同上有规定的）和上级主管单位审批。

4）如果报价突破已经批准的预算，则需要逐级办理审批手续。

5）最终按经过批准的修正预算进行控制。

4. 设备监造

设备监造是指承担设备监造工作的单位受设备采购单位的委托，按照设备供货合同的要求，坚持客观公正、诚信科学的原则，对工程项目所需设备在制造和生产过程中的工艺流程、制造质量及设备制造单位的质量体系进行监督，并对委托人负责的服务。

设备监造并不减轻制造单位的质量责任，不代替委托人对设备的最终质量验收。监造人员对被监造设备的制造质量承担监造责任。

设备监造是一个监督过程，涉及整个设备的设计和制造过程，验证设备设计、制造中的重要质量特性与订货合同以及规定的适用标准、图纸和专业守则等的符合性。

（1）设备监造大纲

设备监造大纲主要有以下内容：

1）制定监造计划及进行控制和管理的措施。

2）明确设备监造单位：可由本单位自行监造，若委托其他单位监造，则需签订设备监造委托合同。

3）明确设备监造过程：有设备制造全过程监造和制造中重要部位的监造。

4）明确有资格的相应专业技术人员到设备制造现场进行监造工作。

5）明确设备监造的技术要点和验收实施要求。

（2）监造人员要求

监造人员的要求如下：

1）监造人员应具备本专业的丰富技术经验，并熟悉 GB/T 19000—ISO 9000 系列标准和各专业标准。

2）监造人员应专业配套，熟练掌握监造设备合同技术规范、生产技术标准、工艺流程以及补充技术条件的内容。

3）具有质量管理方面的基本知识，能够参与供货合同的制造单位质量体系和设备质量的评定工作。如发生重大事故时，就需要进行质量保证体系审核。

4）掌握所监造设备的生产工艺及影响其质量的因素，熟悉关键工序和质量控制点的要求和必要条件。

5）思想品德好，作风正派，身体健康。具备一定的组织协调能力，有高度的责任感，善于处理问题。

（3）设备监造内容

设备监造的主要内容如下：

1）审查制造单位质量保证体系、施工技术文件和质量验收文件、质量检查验收报告。

2）审查制造单位施工组织设计和进度计划。

3）审查原材料、外购件质量证明书和复验报告。

4）审查设备制造过程中的特种作业文件，审查特种作业人员资质证。

5）现场见证（外观质量、规格尺寸、制造加工工艺等）、停工待检点见证。

（4）监督点的设置

根据设备监造的分类，设置监督控制点，包括对设计过程中与合同要求的差异的处置。主要监督点的设置要求如下：

1）停工待检点：针对设备安全或性能最重要的相关检验、试验而设置，例如重要工序节点、隐蔽工程、关键的试验验收点或不可重复试验验收点。压力容器的水压试验就属于停工待检点。监督人员须按标准规定监视作业，确认该点的工序作业。停工待检点的检查重点之一就是验证作业人员上岗条件要求的质量与符合性。

2）现场见证点：针对设备安全或性能重要的相关检验、试验而设置，监督人员在现场进行作业监视。如因某种原因监督人员未出席，则制造厂可进行此点相应的工序操作，经检验合格后，可转入下道工序，但事后必须将相关的结果交给监督人员审查认可。

3）文件见证点：要求制造厂提供质量符合性的检验记录、试验报告、原材料与配套零部件的合格证明书或质保书等技术文件，使设备采购方确信设备制造相应的工序和试验已处于可控状态。

四、负责核查进场材料、设备的质量保证资料，监督进场材料的抽样复验

施工单位的质量员、材料员应共同对进场工程材料、设备进行监督和检查验收，负责核查进场材料、设备的质量保证资料，对进场材料、设备的质量进行控制，对进场材料的抽样复验进行监督，确保工程质量。

通风与空调专业所使用的设备、管道、阀门、仪表、绝热材料等产品进场时，通风与空调工程质量员应按设计要求对其类型、材质、规格及外观等进行验收，并应对

产品的技术性能参数进行核查，对不合格的材料、设备严禁办理入库手续。

1. 质量保证资料

材料、设备质量保证资料主要包括以下内容：

1）产品清单、品牌、规格、型号、产地等。

2）产品合格证、质量证明书、质保书等。

3）出厂检验报告、型式检验报告、送样检测报告、复检检验报告等。

4）生产厂家的资信证明。

5）消防产品市场准入证明。

6）国家法律法规和相关标准规定的其他质量保证资料。

2. 设备验收

设备验收主要包括以下内容：

（1）核对验证

1）核对设备（含主要部件）的型号、规格、生产厂家、数量等。

2）设备整机、各类单元设备及部件出厂时所带附件、备件的种类、数量等应符合制造商出厂文件的规定和定购时的特殊要求。

3）关键原材料和元器件质量及文件复核，包括关键原材料、协作件、配套元器件的质量及质保书。

4）设备复验报告中的数据与设计要求的一致性。关键零部件和组件的检验、试验报告和记录以及关键的工艺试验报告与检验、试验记录和复核。

5）验证产品与制造商按规定程序审批的产品图样、技术文件及相关标准的规定的符合性。设备与重要设计图纸、文件与技术协议书要求的差异复核，主要制造工艺与设计技术要求的差异复核。

6）购置协议的相关要求是否兑现。

7）变更的技术方案是否落实。

8）查阅设备出厂试验的质量检验的书面文件，应符合设备采购合同的要求。

9）验证监造资料。

10）查阅制造商证明和说明出厂设备符合规定所必需的文件和记录。

（2）外观检查

外观检查应包括但不限于下列内容：安装完整性、管缆布置、工作平台、加工表面、非加工表面、焊接结构件、涂漆、外观、储存、接口、非金属材料、连接件、备件、附件专用工具、包装、运输、各种标识应符合供货商技术文件的规定和采购方的要求，产品标识还应符合相关特定产品标准的规定。

（3）验收程序

1）设备施工现场验收应由业主、监理、生产厂商、施工方有关代表参加。

2）对进场设备包装物的外观检查，要求按进货检验程序规定实施。

3）设备安装前的存放、开箱检查要求按设备存放、开箱检查规定实施，设备验收的具体内容，结合现场的实际，按规定的验收步骤实施。

4）验收进口设备首先应办理报关和通关手续，经商检合格后，再按进口设备的规定进行设备进场验收工作。

3. 进场材料抽样复验

进场材料需要复检的，由监理方见证取样，施工单位送当地技术质量检验部门复检，复检合格后方可准许投入使用。参照《建筑节能工程施工质量验收标准》GB 50411—2019，建筑节能工程使用的材料、设备等，必须符合设计要求及国家有关标准的规定，严禁使用国家明令禁止与淘汰的材料和设备。例如，通风与空调专业风机盘管机组和绝热材料进场时，应对其技术性能参数进行复验，复验应为见证取样送检，从施工现场随机抽取试样，并送至有见证检测资质的检测机构进行检测。

1）风机盘管机组的供冷量、供热量、风量、出口静压、噪声及功率。

检验方法：现场随机抽样送检；核查复验报告。

2）绝热材料的导热系数、密度、吸水率。

检验方法：现场随机抽样送检、核查复验报告。

五、负责监督、跟踪施工试验，负责计量器具的符合性审查

施工试验是按照设计及国家相关标准要求，在施工过程中所进行的各种检测及测试的统称。施工试验数据直观反映机电系统的功能实现情况，在施工中需要加强过程质量控制，以满足施工试验要求。

计量器具的准确性直接反映试验数据的真伪，在使用前质量员应对计量器具的符合性进行审查。

1. 通风与空调施工试验

通风与空调施工试验主要包括以下内容：

1）风管加工强度试验。

2）风管加工严密性试验。

3）现场组装除尘器、空调机漏风检测试验。

4）风管系统强度严密性试验。

5）水管系统强度及严密性试验。

6）灌（满）水试验。

7）吹（冲）洗试验。

8）设备单机试运转试验。

9）各房间室内风量温度测量试验。

10）管网风量平衡试验。

11）空调风系统试运转调试试验。

12）空调水系统试运转调试试验。

13）制冷系统气密性试验。

14）净化空调系统测试试验。

15）防排烟系统联合试运行试验。

2. 计量器具符合性审查

施工试验数据需要使用测量仪器、仪表进行测定，测量仪器、仪表属于现场计量

器具的管理范畴。为加强施工现场计量监督管理，保证计量准确性，确保生产的正常进行，应做好以下工作：

（1）计量器具使用基本要求

1）贯彻执行国家计量法令以及公司计量管理规定，编制本项目的计量管理台账。

2）根据需要提出项目部购置计量标准器具计划。

3）组织开展计量测试，提供计量保证，对项目部计量数据进行收集及监督。

4）积极参加上级单位组织计量人员的培训考核，合格后并持证上岗。

（2）计量器具台账的建立

为保证计量器具的准确使用，应建立完善的使用台账，具体包括以下方面：

1）计量器具管理台账。

2）计量器具周期鉴定台账。

3）计量器具配置申请台账。

4）计量器具封存申请台账。

5）计量器具报废申请台账。

（3）计量器具的配置及标识管理

1）项目部应根据有关管理制度和实际情况，选择和配备适当的计量器具。

2）凡项目所需计量器具统一由计量员负责申请采购，质检员监督审核。

3）各项目部计量员负责对计量器具送检，合格后做好登记和标识等手续。凡未经检定或检定不合格的计量器具，质检人员有权制止使用。

（4）计量器具的周期检定

1）超过计量检定周期的计量器具应由项目部计量员及时负责送检。

2）检定合格的计量器具，由计量员填写合格证标签并张贴在计量器具上。

3）检定不合格的计量器具，调整后应复检，仍不合格者应做报废处理。

（5）计量器具的抽检

1）为保证计量器具的准确度，使其能够更好地为生产服务，计量人员在检定周期内对使用中的计量器具可以进行不定期的抽查检定。

2）每个周期内，按规定抽查计量器具总数的10%，并做好记录。

3）抽查不合格的计量器具应及时收回检修，不得继续使用。

（6）计量器具的日常使用及保养

1）使用部门领用计量器具时，应有严格的审批程序。

2）计量器具一定要严格按照操作规程使用，轻拿轻放，严禁磕、砸、摔等，使用后要保持清洁，并保存好合格证。

3）使用部门应保证计量器具所贴的合格证标签的清晰和完整。

4）要由专人保管、保养、维护，及时清除表面污物，保持数据准确。

5）搬运计量器具时，应根据其特点，采取足够措施保证计量器具在搬运过程中不被损坏或不使其准确度、适用性下降。

6）在计量器具闲置储存期间，应采取足够措施保证设备的准确度、适用性不会下降。

六、参与施工图会审和施工方案审查

施工图会审由建设单位主持，邀请有关单位参加，对设计图纸加以优化和完善，施工方案是施工组织设计的重要内容，是指导现场作业的主要文件之一，质量员应参与施工图会审和施工方案的审查。

1. 施工图会审

施工图会审是指工程各参建单位（建设单位、监理单位、施工单位）在收到设计单位施工图设计文件后，对图纸进行全面细致的熟悉，审查出施工图中存在的问题及不合理情况并提交设计单位进行处理的一项重要活动。

通过施工图会审可以使各参建单位特别是施工单位熟悉设计图纸、领会设计意图、掌握工程特点及难点，找出需要解决的技术难题并拟定解决方案，将因设计缺陷而存在的问题消灭在施工之前。

2. 施工方案审查

施工方案是针对某些特别重要的、技术复杂的，或采用新工艺、新技术的重要分部分项工程或专项工程编制的，施工方案的合理与否直接影响到工程的成本、工期和质量，施工方案的优劣对工程质量有着直接的、决定性的影响。

（1）施工方案编制内容

1）工程概况：介绍施工技术方案包括的工程基本情况，主要包括现场情况、施工工期安排、主要实物量、主要技术参数。

2）编制依据：应针对工程的具体内容和特点进行列举，规范、标准应是现行有效的。

3）施工程序：应明确各工序之间的顺序、平行、交叉等逻辑关系。

4）施工方法：施工方法是施工方案的核心，应优先选择企业成熟的工法或工艺。施工方法应明确工序操作要点、机具选择、检查方法和要求，明确有针对性的技术要求和质量标准。

5）进度计划：应按照施工程序，结合工期安排，合理安排平行、交叉作业。

6）资源配置计划：应依据进度计划进行编制，满足施工工期要求。

7）安全技术措施：提出可能发生的问题并提出防治措施，安全技术措施应有针对性。

8）质量管理措施：制定工序控制点，明确工序质量控制方法。

9）施工平面布置：应明确本方案中预制区域、材料堆场及检（试）验场所等位置。

（2）施工方案审查内容

施工方案审查包括审查编审程序是否符合相关规定，工程质量保证措施是否符合有关标准。具体审查重点如下：

1）施工方案是否具有针对性、指导性、可操作性。

2）现场施工管理机构是否建立了完善的质量保证体系，是否明确了质量要求和目标，是否健全了质量保证体系组织机构及岗位职责，是否配备了相应的管理人员。

3）是否建立了各种质量管理制度和管理程序。

4）施工质量保证措施是否符合现行的规范、标准等，特别是与工程建设强制性标准的符合性。

七、参与制定工序质量控制措施

工序质量是指每道工序完成后的工程产品质量，工序质量控制是指为把工序质量的波动限制在规定的界限内所进行的活动。工序质量控制是利用各种方法和统计工具判断和消除系统因素所造成的质量波动，以保证工序质量的波动限制在要求的界限内。

工程质量是在施工工序中形成的，为了把工程质量从事后检查把关，转向事前控制，达到“以预防为主”的目的，必须加强施工工序的质量控制。质量员应参与工序质量控制措施的制定。

1. 工序质量控制方法

由于工序种类繁多、工序因素复杂，工序质量控制所需要的工具和方法也多种多样，现场工作人员应根据各工序特点，选定既经济又有效的控制方法，避免生搬硬套。

在生产中工序质量控制常采用以下三种方法：一是自我控制，二是工序质量控制点，三是工序诊断调节法。

1）自我控制是操作者通过自检得到数据后，将数据与产品图纸和技术要求相对比，根据数据来判定合格程度，做出是否调整的判断。操作者的自我控制是调动工人搞好产品质量的积极性、确保产品质量的一种有效方法。操作者是第一质量负责人。提高操作者质量意识及质量操作水平是质量控制最根本的方法。

2）工序质量控制点的日常控制应是监视工序能力的波动，检测主导因素的变化，调整主导工序因素的水平。通过监视工序能力的波动可得到主导工序因素变化的信息，然后检测各主导工序因素，对异常变化的主导因素及时进行调整，使工序处于持续稳定的加工状态。

3）按一定的间隔进行抽检，通过样本质量情况的分析和判断，尽快地发现异常，找出原因，采取措施，使工序恢复正常的质量控制方法，称为工序诊断调节法。

2. 施工工序质量控制

工程项目的施工过程是由一系列相互关联、相互制约的工序所构成的，工序质量是基础，直接影响工程项目的整体质量。要控制工程项目施工过程的质量，首先必须控制工序的质量。施工工序质量控制主要包括工序活动条件的控制和工序活动效果的控制两个方面。

（1）工序活动条件的控制

主要是指对影响建筑工程施工工序质量的各因素进行控制，可分为施工准备方面控制和施工过程中对工程施工工序活动条件的控制。

1）施工准备方面控制应从人、机、料、法、环五个方面因素进行控制。例如：对现场材料必须进行取样检验，合格后方可使用。

2）施工过程中对工程施工工序活动条件的控制，主要抓好对投入物监控，对施工操作和工艺过程控制以及其他相关方面控制。

（2）工序活动效果的控制

工序活动效果的控制在实施步骤上分为实测、分析、判断、纠正或认可。

1）实测。也就是采用检测手段，如看、摸、敲、照、靠、吊、量、套，或见证取样，通过试验室测定其质量特性指标。

2）分析。根据实测数据进行整理，达到与标准对比条件。

3）判断。与标准对比判断该建筑工程施工工序产品是否达到规定质量标准。

4）纠正或认可。若发现质量不符合规定质量标准，应采取措施进行整改，若符合则给予认可签认。

3. 施工工序质量措施制定

1）工程施工前，进行技术交底。交底人和被交底班组相互办理签证手续，技术交底的内容包括技术要求、操作方法、质量验收标准、工期要求、安全要求等。

2）当上个分项工程完成后，质量员按规定进行验证，并填写分项工程质量检验评定表，工程质量达到国家规定的验评标准后报业主或监理工程师验证。

3）施工过程中加强工程的技术复核，加强隐蔽工程验收制度，加强班组人员自检、互检。前道工序检查不合格，不准进入下道工序施工，杜绝质量通病。

4）做好半成品、成品的保护工作，制定半成品的保护内容、措施，并指定项目生产经理、施工员组织落实。

4. 施工工序质量控制的内容

进行施工工序质量控制时，应着重于以下方面的工作：

（1）严格遵守工艺规程

施工工艺和操作规程是进行施工操作的依据和法规，是确保工序质量的前提，任何人都必须严格执行，不得违犯。

（2）主动控制工序活动条件的质量

工序活动条件包括的内容较多，主要影响质量的五大因素为：施工操作者、材料、施工机械设备、施工方法和施工环境。只要将这些因素切实有效地控制起来，使它们处于被控制状态，确保工序投入品的质量，避免系统性因素变异发生，就能保证每道工序质量正常、稳定。

（3）及时检验工序活动效果的质量

工序活动效果是评价工序质量是否符合标准的尺度，必须加强质量检验工作，对质量状况进行综合统计与分析，及时掌握质量动态。一旦发现质量问题，随即研究处理，自始至终使工序活动效果的质量满足规范和标准的要求。

（4）设置工序质量控制点

控制点是指为了保证工序质量而需要进行控制的重点、关键部位或薄弱环节，以便在一定时期内、一定条件下进行强化管理，使工序处于良好的控制状态。

八、负责工序质量检查和关键工序、特殊工序的旁站检查，参与交接检验、隐蔽验收技术复核

质量员应在工程质量形成的全过程中进行工序质量的检查、验收与技术质量复核。

对工程质量会产生较大影响的关键部位或薄弱环节、施工技术难度大的部位或环节，对后续施工质量或安全有重要影响的工序或部位、采用新技术新工艺新材料的施工部位等，应严格按方案交底实施，质量员必须旁站监督检查。

1. 工序质量检查

工序检验是指为防止不合格品流入下道工序，而对各道工序加工的产品及影响产品质量的主要工序要素所进行的检验。

工序检验作用是根据检测结果对产品做出判定，即产品质量是否符合标准的要求；根据检测结果对工序做出判定，即工序要素是否处于正常的稳定状态，从而决定该工序是否能继续进行生产。质量员的工作职责就是通过对最基本的每道工序质量和验收各个环节进行技术复核，以检验是否满足预定的质量要求。

2. 关键工序

1）对成品的质量、性能、功能、寿命、可靠性及成本等有直接影响的工序。

2）产品重要质量特性形成的工序。

3）工艺复杂，质量容易波动，对工人技艺要求高或发生问题较多的工序。

工程中关键工序主要是指在施工过程中对工程主要使用功能、安全状况有重要影响的工序。通风与空调工程的关键工序有：阀门安装、管道与设备的防腐与绝热、管道试压、系统调试等。

3. 特殊工序

1）产品质量不能通过后续的测量或监控加以验证的工序。

2）产品质量需进行破坏性试验或采取昂贵方法才能测量或只能进行间接监控的工序。

3）该工序产品仅在产品使用或交付之后，不合格的质量特性才能暴露出来。

工程中特殊工序主要是指施工过程中对工程主要使用功能不能由后续的检测手段和评价方法加以验证的工序。通风与空调工程的特殊工序有：风管咬接、管道焊接等。

4. 交接检验

交接检验是由施工的承接方与完成方经双方检查并对可否继续施工做出确认的活动。通过施工交接检验，可以控制上道工序的质量隐患，形成层层设防的质量保证链。例如通风与空调工程中对设备基础的交接检验，设备基础的承接方和基础的完成方要共同检查基础的内在质量，基础的坐标、标高是否符合图纸要求，基础是否有缺棱、掉角、漏筋、裂纹等现象，还要检查外观尺寸是否满足设备安装的要求，地脚螺栓及预埋件的埋置是否正确等。

5. 隐蔽验收

隐蔽工程是指工程项目建设过程中，某一道工序所完成的工程实物，被后一工序形成的工程实物所隐蔽，而且不可逆向作业的工程。隐蔽工程在隐蔽后如果发生质量问题，还得重新覆盖和掩盖，会造成返工等非常大的损失，所以必须做好隐蔽工程的验收工作。

通风与空调工程隐蔽验收检查内容如下：

1）敷设于竖井内、吊顶内的风道：检查风道的标高、材质、接头、接口严密性，附件、部件安装位置，支、吊、托架安装、固定，活动部件是否灵活可靠、方向正确，风道分支、变径处理是否符合要求，是否已按照设计要求及施工规范规定完成风管的漏风检测等试验。

2）有绝热、防腐要求的风管、空调水管及设备：检查空调水管道的强度严密性、冲洗等试验，绝热形式与做法，绝热材料的材质和规格，防腐处理材料及做法等。

九、负责检验批和分项工程的质量验收、评定，参与分部工程和单位工程的质量验收评定

检验批的质量验收是工程质量验收的基础，是质量过程控制的一项重要验收。检验批和分项工程的质量验收、评定是质量员最主要的工作内容，是分部工程和单位工程验收的前提条件，质量员应参与分部工程和单位工程的质量验收评定。

1. 检验批验收

检验批是指按相同的生产条件或按规定的方式汇总起来供抽样检验用的，由一定数量样本组成的检验体。检验批可根据施工、质量控制和专业验收的需要，按工程量、楼层、施工段、变形缝进行划分。

检验批应由专业监理工程师组织施工单位项目专业质量员、专业工长等进行验收。每道工序完工后，由施工班组进行自检并填写检验批自检记录，由工长组织上下道工序施工班组进行交接检查，并填写交接检记录，并报专职质量员验收，合格后填写检验批验收记录表并报请监理工程师验收。

检验批质量验收合格应符合下列规定：

1）主控项目的质量经抽样检验均应合格。

2）一般项目的质量经抽样检验合格。当采用计数抽样时，合格率应符合有关专业验收规范的规定，且不得存在严重缺陷。

3）具有完整的施工操作依据、质量验收记录。

2. 分项工程验收

分项工程是分部工程的组成部分，是施工图预算中最基本的计算单位，它又是概预算定额的基本计量单位，也称为工程定额子目或工程细目。分项工程可按主要工种、材料、施工工艺、设备类别进行划分。

分项工程应由专业监理工程师组织施工单位项目专业技术负责人等进行验收。

分项工程质量验收合格应符合下列规定：

1）所含检验批的质量均应验收合格。

2）所含检验批的质量验收记录应完整。

3. 分部（子分部）工程验收

分部工程是单位工程的组成部分，分部工程应按下列原则划分：可按专业性质、工程部位确定；当分部工程较大或较复杂时，可按材料种类、施工特点、施工程序、专业系统及类别将分部工程划分为若干子分部工程。

分部工程应由总监理工程师组织施工单位项目负责人和项目技术负责人等进行验收。

分部工程质量验收合格应符合下列规定：

1）所含分项工程的质量均应验收合格。

2）质量控制资料应完整。

3）有关安全、节能、环境保护和主要使用功能的抽样检验结果应符合相应规定。

4）观感质量应符合要求。

4. 单位（子单位）工程验收

单位工程应按下列原则划分：具备独立施工条件并能形成独立使用功能的建筑物或构筑物为一个单位工程；对于规模较大的单位工程，可将其能形成独立使用功能的部分划分为一个子单位工程。

单位工程完工后，施工单位应组织有关人员进行自检。总监理工程师应组织各专业监理工程师对工程质量进行竣工预验收。存在施工质量问题时，应由施工单位整改。整改完毕后，由施工单位向建设单位提交工程竣工报告，申请工程竣工验收。

单位工程质量验收合格应符合下列规定：

1）所含分部工程的质量均应验收合格。

2）质量控制资料应完整。

3）所含分部工程中有关安全、节能、环境保护和主要使用功能的检验资料应完整。

4）主要使用功能的抽查结果应符合相关专业验收规范的规定。

5）观感质量应符合要求。

5. 通风与空调工程的子分部工程、分项工程划分

检验批、分项分部工程和单位工程的划分应符合《建筑工程质量验收统一标准》GB 50300—2013 的规定。

004 资料员职责有哪些？

【规范条文】

《建筑与市政工程施工现场专业人员职业标准》JGJ/T 250—2011

2.0.17 资料员

在建筑与市政工程施工现场，从事施工信息资料的收集、整理、保管、归档、移交等工作的专业人员。

3.9.1 资料员的工作职责宜符合表 3.9.1 的规定。

表 3.9.1 资料员的工作职责

项次	分类	主要工作职责
1	资料计划管理	（1）参与制定施工资料管理计划。 （2）参与建立施工资料管理规章制度。
2	资料收集整理	（3）负责建立施工资料台账，进行施工资料交底。 （4）负责施工资料的收集、审查及整理。

表 3.9.1（续）

项次	分类	主要工作职责
3	资料使用保管	（5）负责施工资料的往来传递、追溯及借阅管理。 （6）负责提供管理数据、信息资料。
4	资料归档移交	（7）负责施工资料的立卷、归档。 （8）负责施工资料的封存和安全保密工作。 （9）负责施工资料的验收与移交。
5	资料信息系统管理	（10）参与建立施工资料管理系统。 （11）负责施工资料管理系统的运用、服务和管理。

3.9.2 资料员应具备表 3.9.2 规定的专业技能。

表 3.9.2 资料员应具备的专业技能

项次	分类	专业技能
1	资料计划管理	（1）能够参与编制施工资料管理计划。
2	资料收集整理	（2）能够建立施工资料台账。 （3）能够进行施工资料交底。 （4）能够收集、审查、整理施工资料。
3	资料使用保管	（5）能够检索、处理、存储、传递、追溯、应用施工资料。 （6）能够安全保管施工资料。
4	资料归档移交	（7）能够对施工资料立卷、归档、验收、移交。
5	资料信息系统管理	（8）能够参与建立施工资料计算机辅助管理平台。 （9）能够应用专业软件进行施工资料的处理。

3.9.3 资料员应具备表 3.9.3 规定的专业知识。

表 3.9.3 资料员应具备的专业知识

项次	分类	专业知识
1	通用知识	（1）熟悉国家工程建设相关法律法规。 （2）了解工程材料的基本知识。 （3）熟悉施工图绘制、识读的基本知识。 （4）了解工程施工工艺和方法。 （5）熟悉工程项目管理的基本知识。
2	基础知识	（6）了解建筑构造、建筑设备及工程预算的基本知识。 （7）掌握计算机和相关资料管理软件的应用知识。 （8）掌握文秘、公文写作基本知识。

表 3.9.3（续）

项次	分类	专业知识
3	岗位知识	（9）熟悉与本岗位相关的标准和管理规定。 （10）熟悉工程竣工验收备案管理知识。 （11）掌握城建档案管理、施工资料管理及建筑业统计的基础知识。 （12）掌握资料安全管理知识。

【问题解答】

资料员有以下基本工作职责：

1）资料员应协助项目经理或技术负责人制定施工资料管理计划，建立施工资料管理规章制度。施工资料是建筑与市政工程在施工过程中形成的资料，包括施工管理资料、施工技术资料、施工进度及造价资料、施工物质资料、施工记录、施工试验记录及检测报告、施工质量验收记录、竣工验收资料等。施工资料管理计划的内容包括资料台账，资料管理流程，资料管理制度以及资料的来源、内容、标准、时间要求、传递途径、反馈的范围、人员及职责和工作程序等。

2）资料员应收集、审查施工员、质量员等项目部其他专业人员以及相关单位移交的施工资料，并整理、组卷，向企业相关部门和建设单位移交归档。施工资料移交的内容包括资料目录，资料编制、审核及审批规定，资料整理归档要求，移交的时间和途径，人员及职责等。

3）资料员应协助企业相关部门建立施工资料管理系统。施工资料管理系统包括资料的准备、收集、标识、分类、分发、编目、更新、归档和检索等。

005 施工日志的作用及填写内容有哪些?

【规范条文】

《工程建设施工企业质量管理规范》GB/T 50430—2017

10.5.7 施工企业应建立和保持施工过程中的质量记录，记录的形成应与工程施工过程同步，包括下列内容：

1 图纸的接收、发放、会审与设计变更的有关记录。

2 施工日记。

3 交底记录。

4 岗位资格证明。

5 工程测量、技术复核、隐蔽工程验收记录。

6 工程材料、构配件和设备的检查验收记录。

7 施工机具、设施、检测设备的验收及管理记录。

8 施工过程检测、检查与验收记录。

9 质量问题的整改、复查记录。

10　项目质量管理策划结果规定的其他记录。

《建筑与市政工程施工现场专业人员职业标准》JGJ/T 250—2011

3.2.1　施工员的工作职责宜符合表 3.2.1 的规定。

表 3.2.1　施工员的工作职责

项次	分类	主要工作职责
1	施工组织策划	（1）参与施工组织管理策划。 （2）参与制定管理制度。
2	施工技术管理	（3）参与图纸会审、技术核定。 （4）负责施工作业班组的技术交底。 （5）负责组织测量放线、参与技术复核。
3	施工进度成本控制	（6）参与制定并调整施工进度计划、施工资源需求计划，编制施工作业计划。 （7）参与做好施工现场组织协调工作，合理调配生产资源；落实施工作业计划。 （8）参与现场经济技术签证、成本控制及成本核算。 （9）负责施工平面布置的动态管理。
4	质量安全环境管理	（10）参与质量、环境与职业健康安全的预控。 （11）负责施工作业的质量、环境与职业健康安全过程控制，参与隐蔽、分项、分部和单位工程的质量验收。 （12）参与质量、环境与职业健康安全问题的调查，提出整改措施并监督落实。
5	施工信息资料管理	（13）负责编写施工日志、施工记录等相关施工资料。 （14）负责汇总、整理和移交施工资料。

《建筑工程资料管理规程》JGJ/T 185—2009

C.1.6　施工单位填写的施工日志应一式一份，并应自行保存。施工日志宜采用表 C.1.6 的格式。

表 C.1.6　施工日志

<table>
<tr><td rowspan="2">工程名称</td><td rowspan="2" colspan="2"></td><td>编号</td><td></td></tr>
<tr><td>日期</td><td></td></tr>
<tr><td>施工单位</td><td colspan="4"></td></tr>
<tr><td colspan="2">天气状况</td><td colspan="2">风力</td><td>最高/最低温度</td></tr>
<tr><td colspan="2"></td><td colspan="2"></td><td></td></tr>
</table>

表 C.1.6（续）

施工情况记录：（施工部位、施工内容、机械使用情况、劳动力情况、施工中存在问题等）
技术、质量、安全工作记录：（技术、质量安全活动、检查验收、技术质量安全问题等）
记录人（签字）

【问题解答】

施工日志也叫施工日记，是在建筑工程整个施工阶段的施工组织管理、施工技术等有关施工活动和现场情况变化的真实的综合性记录，也是处理施工问题的备忘录和总结施工管理经验的基本素材，是工程交竣工验收资料的重要组成部分。

“志”的本义是指记载的文字。施工日志就是从开工至竣工，每天进行书面记录所形成的资料，它记载着施工过程中每天发生的与施工有关的有记述价值的事情。只有对施工日志的理解有一个准确的定位，才能准确地把握施工日志的编写思路。

施工日志可按单位工程、分部工程或施工工区（班组）建立，由专人负责收集、填写记录、保管。施工日志一般由施工员（工长）负责填写。

一、施工日志作用

1）施工日志是一种记录。主要记录的是在施工现场已经发生的与施工活动有关的内容，并对发现的问题进行处理的记录。

2）施工日志是一种证据。它是施工现场对技术、质量、安全、成本等过程控制进行检查的证明。

3）施工日志是工程的记事本，是反映施工生产过程的最详尽的第一手资料。它可以准确、真实、细微地反映出施工情况。

4）施工日志可以起到文件接口的作用，并可以用于追溯出一些其他文件中未能体现的事情。

5）施工日志作为施工企业自留的施工资料，它所记录的因各种原因未能在其他工程文件中显露出来的信息，将来有可能成为判别事情真相的依据。

二、施工日志主要信息

施工日志由施工员（工长）填写并签字，项目经理应定期检查。

施工日志主要信息有以下内容：

1）日期、天气、气温、工程名称、施工部位、施工内容、应用的主要工艺。

2）人员、材料、机械到场及运行情况。

3）材料消耗记录、施工进展情况记录。

4）施工是否正常。

5）外界环境、地质变化情况。

6）有无意外停工。

7）有无质量问题存在。

8）施工安全情况。

9）监理到场及对工程认证和签字情况。

10）有无上级或监理指令及整改情况等。

三、施工日志格式

施工日志应用手工填写，如实记录当天发生的工程施工情况。施工部位应准确，内容齐全。

天气情况需要输入：温度、湿度、气候天气。

具体内容填入人员情况、设备情况、生产情况、质量安全工作记录、备注。

需要注意的是，如果施工当天没有工作，也必须填写施工日志，保持其连续性，不可后补，也不可修正。

施工日志应当使用硬封面、线装的现场笔记本。笔记本的页码需连续编号，且中间不能缺页。做笔记时不应擦掉或涂抹，万一写错了，只需将不正确的信息用线划掉并紧跟其后继续记录即可。任何时候均不应撕掉笔记本中的页面。如果要将某一页作废，那么应该用一个大的“×”在页中做出标记，并标明“作废”字样。

施工日志每天进行记录，而且每个日期都应予以说明。如果某天没有任何作业，应当在当日页面中标记“无作业”或诸如此类的语句。在“无作业”的日期里也应当记录天气状况，以便日后在清偿损失额的诉讼中用来解释为什么会发生“无作业”的情况。

所有的条目均应在其发生的当天做好记录。如果笔记是做在便签上且日后被补进日志中去的，那么这一事实可能会在审查中揭露出来，从而使整个日志的可信度大打折扣。

四、施工日志填写要求

1）施工日志应按单位工程的分部工程填写。

2）记录时间：从开工到竣工验收时止。

3）逐日记载不许中断。

4）按时、真实、详细记录，若中途发生人员变动，应当办理交接手续，保持施工日志的连续性、完整性。

5）所有当天发生的施工情况都应在施工日志中体现；也就是说，任何一个施工记录表格的内容和日期，包括进场检验、试验，过程检验、试验，质量验收记录，各种会议、通知等，都应与施工日志对应。

五、施工日志填写详细内容

施工日记的内容可分为五类：基本内容、工作内容、检验内容、检查内容、其他内容。

1. 基本内容

1）日期、星期、气象、平均温度。平均温度可记为 ××℃～××℃，气象按上午和下午分别记录。

2）施工部位。施工部位应将分部、分项工程名称和轴线、楼层等写清楚。

3）出勤人数、操作负责人。出勤人数一定要分工种记录，并记录工人的总人数，以及工人和机械的工程量。

2. 工作内容

1）当日施工内容及实际完成情况。

2）施工现场有关会议的主要内容。

3）有关领导、主管部门或各种检查组对工程施工技术、质量、安全方面的检查意见和决定。

4）建设单位、监理单位对工程施工提出的技术、质量要求、意见及采纳实施情况。

3. 检验内容

1）隐蔽工程验收情况。应写明隐蔽的内容、部位、分项工程、验收人员、验收结论等。

2）试验情况及结论。

3）材料进场、送检情况。应写明批号、数量、生产厂家以及进场材料的验收情况，以后补上送检后的检验结果。

4. 检查内容

1）质量检查情况：各子分部工程、分项工程质量检查和处理记录，质量问题原因及处理方法。

2）安全检查情况及安全隐患处理（纠正）情况。

3）其他检查情况，如文明施工及场容场貌管理情况等。

5. 其他内容

1）设计变更、技术核定通知及执行情况。

2）施工任务交底、技术交底、安全技术交底情况。

3）停电、停水、停工情况。

4）施工机械故障及处理情况。

5）冬雨季施工准备及措施执行情况。

6）施工中涉及的特殊措施和施工方法、新技术、新材料的推广使用情况。

六、填写施工日志注意问题

1）书写时一定要字迹工整、清晰，最好用仿宋体或正楷字书写。

2）当日的主要施工内容一定要与施工部位相对应。

3）其他检查记录一定要具体详细，不能泛泛而谈。检查记录记得很详细还可代替施工记录。

4）停水、停电一定要记录清楚起止时间，停水、停电时正在进行什么工作，是否造成损失。

七、施工日志填写存在的问题

1）填写不及时。施工日志未按时填写，为检查而做资料。当天发生的事情没有在当天的日志中记载，出现后补现象。很多施工日志采用电子版，基本是复制、粘贴，任意改动；无时效性和真实性。

2）记录内容简单。没有把当天的天气情况、施工的分项工程名称和简单的施工情况等写清楚，工作班组、工作人数和进度等均没有进行详尽记录。

3）内容不齐全、不真实。设备和材料进场批次、数量在日志上找不到记录；捏造不存在的施工内容，由于施工日志未能及时填写，出现大部分内容空缺，记录者就凭空记录与施工现场不相符的内容。

4）内容有涂改。一般情况下，施工日志是不允许涂改的。

006 施工组织设计编制时应注意哪些要点？

【规范条文】

《建筑与市政工程施工质量控制通用规范》GB 55032—2022

3.1.4 施工组织设计和施工方案应根据工程特点、现场条件、质量风险和技术要求编制，并应按规定程序审批后执行，当需变更时应按原审批程序办理变更手续。

《建筑施工组织设计规范》GB/T 50502—2009

3.0.1 施工组织设计按编制对象，可分为施工组织总设计、单位工程施工组织设计和施工方案。

3.0.3 施工组织设计应以下列内容作为编制依据：

1 与工程建设有关的法律、法规和文件；

2 国家现行有关标准和技术经济指标；

3 工程所在地区行政主管部门的批准文件，建设单位对施工的要求；

4 工程施工合同或招标投标文件；

5 工程设计文件；

6 工程施工范围内的现场条件，工程地质及水文地质、气象等自然条件；

7 与工程有关的资源供应情况；

8 施工企业的生产能力、机具设备状况、技术水平等。

3.0.4 施工组织设计应包括编制依据、工程概况、施工部署、施工进度计划、施工准备与资源配置计划、主要施工方法、施工现场平面布置及主要施工管理计划等基本内容。

《建设工程项目管理规范》GB 50326—2017

8.3.4 技术管理规划应是承包人根据招标文件要求和自身能力编制的、拟采用的各种技术和管理措施，以满足发包人的招标要求。项目技术管理规划应明确下列内容：

1 技术管理目标与工作要求；

2 技术管理体系与职责；

3 技术管理实施的保障措施；

4 技术交底要求，图纸自审、会审，施工组织设计与施工方案，专项施工技术，新技术的推广与应用，技术管理考核制度；

5 各类方案、技术措施报审流程；

6 根据项目内容与项目进度需求，拟编制技术文件、技术方案、技术措施计划及责任人；

7 新技术、新材料、新工艺、新产品的应用计划；

8 对设计变更及工程洽商实施技术管理制度；

9 各项技术文件、技术方案、技术措施的资料管理与归档。

【问题解答】

施工组织设计按编制对象，可分为施工组织总设计、单位工程施工组织设计和施工方案。

施工组织设计是根据工程建设任务的要求，研究施工条件、制定施工方案，用以指导施工的技术经济文件，是对施工活动实行科学管理的重要手段。它体现了实现基本建设计划和设计的要求，提供了各阶段的施工准备工作内容，协调施工过程中各施工单位、各施工工种、各项资源之间的相互关系。

施工组织设计适用于单位工程、子单位工程及特大型工程中的重要分部工程。因而，只有特大型工程的通风与空调分部工程需编制通风与空调施工组织设计。

施工方案是依据施工组织设计要求，针对专业工程施工而编制的具体作业文件，是施工组织设计的细化和完善。按施工方案所指导的内容可分为专业工程施工方案和专项工程施工方案两大类。

一、施工组织设计编制原则

施工组织设计的编制必须遵循工程建设程序，并应符合下列原则：

1）符合施工合同或招标文件中有关工程进度、质量、安全、环境保护、造价等方面的要求。

2）积极开发、使用新技术和新工艺，推广应用新材料和新设备。

3）坚持科学的施工程序和合理的施工顺序，采用流水施工和网络计划等方法，科学配置资源，合理布置现场，采取季节性施工措施，实现均衡施工，达到合理的经济技术指标。

4）采取技术和管理措施，推广建筑节能和绿色施工。

5）与质量、环境和职业健康安全三个管理体系有效结合。

二、施工组织设计编制依据

施工组织设计应以下列内容作为编制依据：

1）与工程建设有关的法律、法规和文件。

2）国家现行有关标准和技术经济指标。

3）工程所在地区行政主管部门的批准文件，建设单位对施工的要求。

4）工程施工合同或招标投标文件。

5）工程设计文件。

6）工程施工范围内的现场条件，工程地质及水文地质、气象等自然条件。

7）与工程有关的资源供应情况。

8）施工企业的生产能力、机具设备状况、技术水平等。

三、施工组织设计基本内容

施工组织设计编制应包括以下基本内容：

1）编制依据。

2）工程概况。

3）施工部署。

4）施工进度计划。

5）施工准备与资源配置计划。

6）主要施工方法。

7）施工总平面布置。

8）施工管理计划（进度管理计划、质量管理计划、安全管理计划、环境管理计划、成本管理计划等）。

四、施工组织设计的编制和审批

1）施工组织设计应由项目负责人主持编制，可根据需要分阶段编制和审批。

2）施工组织总设计应由总承包单位技术负责人审批；单位工程施工组织设计应由施工单位技术负责人或技术负责人授权的技术人员审批；施工方案应由项目技术负责人审批；重点、难点分部（分项）工程和专项工程施工方案应由施工单位技术部门组织相关专家评审，施工单位技术负责人批准。

3）由专业承包单位施工的分部（分项）工程或专项工程的施工方案，应由专业承包单位技术负责人或技术负责人授权的技术人员审批；有总承包单位时，应由总承包单位项目技术负责人核准备案。

4）规模较大的分部（分项）工程和专项工程的施工方案应按单位工程施工组织设

计进行编制和审批。

五、施工组织设计管理

1. 修改和完善

项目施工过程中，发生以下情况之一时，施工组织设计应及时进行修改或补充；经修改或补充的施工组织设计应重新审批后实施。

1）工程设计有重大修改。

2）有关法律、法规、规范和标准实施、修订和废止。

3）主要施工方法有重大调整。

4）主要施工资源配置有重大调整。

5）施工环境有重大改变。

2. 执行和检查

项目施工前，应进行施工组织设计逐级交底；项目施工过程中，应对施工组织设计的执行情况进行检查、分析并适时调整。

007 施工方案编制内容有哪些？

【规范条文】

《通风与空调工程施工规范》GB 50738—2011

3.1.4 通风与空调工程施工前，施工单位应编制通风与空调工程施工组织设计（方案），并应经本单位技术负责人审查合格、监理（建设）单位审查批准后实施。施工单位应对通风与空调工程的施工作业人员进行技术交底和必要的作业指导培训。

【问题解答】

施工方案是以分部（分项）工程或专项工程为主要对象编制的施工技术与组织方案，用以具体指导其施工过程。

施工方案主要包括编制依据、工程概况、施工安排、施工进度计划、施工准备与资源配置计划、施工方法及工艺要求和主要施工管理计划等基本内容。

一、编制依据

1）与工程建设有关的法律、法规和文件。

2）国家现行有关标准和技术经济指标。

3）工程所在地区行政主管部门的批准文件，建设单位对施工的要求。

4）工程施工合同或招标投标文件。

5）工程设计文件。

6）工程施工范围内的现场条件，工程地质及水文地质、气象等自然条件。

7）与工程有关的资源供应情况。

8）施工企业的生产能力、机具设备状况、技术水平等。

二、工程概况

工程概况应包括工程主要情况、专业工程设计简介和工程施工条件等。

1）工程主要情况应包括：分部（分项）工程或专项工程名称，工程参建单位的相关情况，工程的施工范围，施工合同、招标文件或总承包单位对工程施工的重点要求等。

2）专业工程设计简介应主要介绍施工范围内的专业工程设计内容和相关要求。

3）工程施工条件应重点说明与分部（分项）工程或专项工程相关的内容。

三、施工安排

施工安排应包括施工目标、施工工序安排、施工重点和难点分析、工程管理机构及岗位职责等内容。

工程施工目标包括进度、质量、安全、环境和成本等目标，各项目标应满足施工合同、招标文件和总承包单位对工程施工的要求。

工程施工顺序及施工流水段应在施工安排中确定。

针对工程的重点和难点，进行施工安排并简述主要管理和技术措施。

工程管理的组织机构及岗位职责应在施工安排中确定，并应符合总承包单位的要求。

四、施工进度计划

分部（分项）工程或专项工程施工进度计划应按照施工安排，并结合总承包单位的施工进度计划进行编制。

施工进度计划可采用网络图或横道图表示，并附必要说明。

五、施工准备与资源配置计划

1. 施工准备

1）技术准备。包括施工所需技术资料的准备、图纸深化和技术交底的要求、试验检验和测试工作计划、样板制作计划以及与相关单位的技术交接计划等。

2）现场准备。包括生产、生活等临时设施的准备以及与相关单位进行现场交接的计划等。

3）资金准备。编制资金使用计划等。

2. 资源配置计划

1）劳动力配置计划。确定工程用工量并编制专业工种劳动力计划表。

2）物资配置计划。包括工程材料和设备配置计划、周转材料和施工机具配置计划以及计量、测量和检验仪器配置计划等。

六、施工方法及工艺要求

1. 施工方法及施工工艺

明确分部（分项）工程或专项工程施工方法并进行必要的技术核算，对主要分项工程（工序）明确施工工艺要求。

2. 施工重点及难点施工方法

对易发生质量通病、易出现安全问题、施工难度大、技术含量高的分项工程（工序）等应做出重点说明。

3.“四新”技术应用

对开发和使用的新技术、新工艺以及采用的新材料、新设备应通过必要的试验或论证并制定计划。

4. 季节性施工要求

对季节性施工应提出具体要求。

七、施工管理措施

施工管理措施包括：进度管理措施、质量管理措施、安全管理措施、环境管理措施、成本管理措施以及其他管理措施等内容。各施工管理措施内容应有目标，有组织机构，有资源配置，有管理制度和技术、组织措施等。

1. 进度管理措施

1）对项目施工进度计划进行逐级分解，通过阶段性目标的实现保证最终工期目标的完成。

2）建立施工进度管理的组织机构并明确职责，制定相应管理制度。

3）针对不同施工阶段的特点，制定进度管理的相应措施，包括施工组织措施、技术措施和合同措施等。

4）建立施工进度动态管理机制，及时纠正施工过程中的进度偏差，并制定特殊情况下的赶工措施。

5）根据项目周边环境特点，制定相应的协调措施，减少外部因素对施工进度的影响。

2. 质量管理措施

1）按照项目具体要求确定质量目标并进行目标分解，质量指标应具有可测量性。

2）建立项目质量管理的组织机构并明确职责。

3）制定符合项目特点的技术保障和资源保障措施，通过可靠的预防控制措施，保证质量目标的实现。

4）建立质量过程检查制度，并对质量事故的处理做出相应规定。

3. 安全管理措施

1）确定项目重要危险源，制定项目职业健康安全管理目标。

2）建立有管理层次的项目安全管理组织机构并明确职责。

3）根据项目特点，进行职业健康安全方面的资源配置。

4）建立具有针对性的安全生产管理制度和职工安全教育培训制度。

5）针对项目重要危险源，制定相应的安全技术措施；对达到一定规模的危险性较大的分部（分项）工程和特殊工种的作业，应制定专项安全技术措施的编制计划。

6）根据季节、气候的变化，制定相应的季节性安全施工措施。

7）建立现场安全检查制度，并对安全事故的处理做出相应规定。

4. 环境管理措施

1）确定项目重要环境因素，制定项目环境管理目标。

2）建立项目环境管理的组织机构并明确职责。

3）根据项目特点，进行环境保护方面的资源配置。

4）制定现场环境保护的控制措施。

5）建立现场环境检查制度，并对环境事故的处理做出相应规定。

5. 成本管理措施

1）根据项目施工预算，制定项目施工成本目标。

2）根据施工进度计划，对项目施工成本目标进行阶段分解。

3）建立施工成本管理的组织机构并明确职责，制定相应的管理制度。

4）采取合理的技术、组织和合同等措施，控制施工成本。

5）确定科学的成本分析方法，制定必要的纠偏措施和风险控制措施。

6. 绿色施工管理措施

包括组织管理、目标管理、实施管理及人员安全与健康管理等方面，明确绿色采购、绿色施工等过程具体措施。

7. 组织协调措施

明确与总包、分包、建设、监理、设计等各方的组织协调关系。

8. 创优管理措施

明确创优策划、创优目标、创优措施等方面的具体内容。

9. 施工资料编制管理措施

包含施工资料编制、搜集、整理、移交等方面的职责和实施人员，施工资料总目录及分目录，资料编制具体要求等。

008 哪些项目编制专项施工方案？

【规范条文】

《建筑与市政工程施工质量控制通用规范》GB 55032—2022

3.3.11 管道清扫冲洗、强度试验及严密性试验和室内消火栓系统试射试验前，施工单位应编制试验方案，应按设计要求确定试验法、试验压力和合格标准，应制定质量和安全保证措施。

3.4.2 工程施工前应制定工程试验及检测方案，并应经监理单位审核通过后实施。

《通风与空调工程施工规范》GB 50738—2011

3.1.6 系统检测与试验，试运行与调试前，施工单位应编制相应的技术方案，并应经审查批准。

3.1.7 通风与空调工程采用的新技术、新工艺、新材料、新设备，应按有关规定进行评审、鉴定及备案。施工前应对新的或首次采用的施工工艺制定专项的施工技术方案。

《建筑防烟排烟系统技术标准》GB 51251—2017

7.1.4 系统调试前，施工单位应编制调试方案，报送专业监理工程师审核批准；调试结束后，必须提供完整的调试资料和报告。

《建筑节能工程施工质量验收标准》GB 50411—2019

3.1.3 建筑节能工程采用的新技术、新工艺、新材料、新设备，应按照有关规定进行评审、鉴定。施工前应对新采用的施工工艺进行评价，并制定专项施工方案。

3.1.4 单位工程施工组织设计应包括建筑节能工程的施工内容。建筑节能工程施工前，施工单位应编制建筑节能工程专项施工方案。施工单位应对从事建筑节能工程施工作业的人员进行技术交底和必要的实际操作培训。

【问题解答】

一、施工方案的分类

1. 专业工程施工方案

专业工程施工方案是以组织专业工程实施为目的，用于指导专业工程施工全过程各项施工活动而编制的工程施工方案。比如：通风与空调工程施工方案、防排烟工程施工方案。

2. 危险性较大的分部分项工程专项施工方案

专项工程施工方案的全称是“危险性较大的分部分项工程安全专项施工方案”，是指《建设工程安全生产管理条例》及相关安全生产法律、法规、文件中规定的危险性较大的专项工程，以及按照专项规范规定和特殊作业需要而编制的工程施工方案。

《住房城乡建设部办公厅关于实施〈危险性较大的分部分项工程安全管理规定〉有关问题的通知》（建办质〔2018〕31号）规定，起重吊装及起重机械安装拆卸工程属于危险性较大的分部分项工程范围如下：

1）采用非常规起重设备、方法，且单件起吊重量在10kN及以上的起重吊装工程。

2）采用起重机械进行安装的工程。

3）起重机械安装和拆卸工程。

3. 其他专项施工方案

除危险性较大的分部分项工程专项施工方案外，通风与空调工程还可能编制的专项施工方案有：

1）通风与空调工程质量目标设计方案。

2）季节性（冬期、雨期、高温）施工方案。

3）质量目标设计方案。

4）节能和绿色施工方案。

5）设备、材料运输方案。

6）风管加工与安装专项方案。

7）支吊架制作与安装专项方案。

8）变制冷剂空调系统施工方案。

9）防火封堵方案。

10）系统冲洗方案。

11）通风与空调系统调试方案。

12）防排烟系统调试方案。

13）特殊部位、特殊工艺施工方案等。

通风与空调工程施工员应参与施工组织设计和专项施工方案的编制工作，从资源配置、进度管理、质量管理、现场绿色施工管理等现场管理的角度进行考虑，使施工组织设计、专项施工方案具有针对性、贴合现场实际，以利于方案的顺利实施。

二、吊装方案的编制内容

危险性较大的分部分项工程专项施工方案按照《住房和城乡建设部办公厅关于印发危险性较大的分部分项工程专项施工方案编制指南的通知》（建办质〔2021〕48号）附件所列的各项目进行编制。

1. 工程概况

（1）起重吊装及安装拆卸工程概况和特点

1）工程概况、起重吊装及安装拆卸工程概况。

2）工程所在位置、场地及其周边环境［包括邻近建（构）筑物、道路及地下地上管线、高压线路、基坑的位置关系］、装配式建筑构件的运输及堆场情况等。

3）邻近建（构）筑物、道路及地下管线的现况（包括基坑深度、层数、高度、结构形式等）。

4）施工地的气候特征和季节性天气。

（2）施工平面布置

1）施工总体平面布置情况。临时施工道路及材料堆场布置，施工、办公、生活区域布置，临时用电、用水、排水、消防布置，起重机械配置，起重机械安装拆卸场地等。

2）地下管线（包括供水、排水、燃气、热力、供电、通信、消防等）的特征、埋置深度等。

3）道路的交通负载。

（3）施工要求

明确质量安全目标要求，工期要求（本工程开工日期和计划竣工日期），起重吊装及安装拆卸工程计划开工日期、计划完工日期。

（4）风险辨识与分级

风险因素辨识及起重吊装、安装拆卸工程安全风险分级。

（5）参建各方责任主体单位

说明参建各方责任主体单位名称。

2. 编制依据

（1）法律依据

起重吊装及安装拆卸工程所依据的相关法律、法规、规范性文件、标准、规范等。

（2）项目文件

施工图设计文件，吊装设备、设施操作手册（使用说明书），被安装设备设施的说明书，施工合同等。

（3）施工组织设计

经批准的施工组织设计、施工方案的名称。

3. 施工计划

（1）施工进度计划

起重吊装及安装、加臂增高起升高度、拆卸工程施工进度安排，具体到各分项工程的进度安排。

（2）材料与设备计划

起重吊装及安装拆卸工程选用的材料、机械设备、劳动力等进出场明细表。

（3）劳动力计划

列出劳动力计划。

4. 施工工艺技术

（1）技术参数

工程的所用材料、规格、支撑形式等技术参数，起重吊装及安装、拆卸设备设施的名称、型号、出厂时间、性能、自重等，被吊物数量、起重量、起升高度、组件的吊点、体积、结构形式、重心、通透率、风载荷系数、尺寸、就位位置等性能参数。

（2）工艺流程

起重吊装及安装拆卸工程施工工艺流程图，吊装或拆卸程序与步骤，二次运输路径图，批量设备运输顺序排布。

（3）施工方法

多机种联合起重作业（垂直、水平、翻转、递吊）及群塔作业的吊装及安装拆卸，机械设备、材料的使用，吊装过程中的操作方法，吊装作业后机械设备和材料拆除方法等。

（4）操作要求

吊装与拆卸过程中临时稳固、稳定措施，涉及临时支撑的，应有相应的施工工艺，吊装、拆卸的有关操作具体要求，运输、摆放、胎架、拼装、吊运、安装、拆卸的工艺要求。

（5）安全检查要求

吊装与拆卸过程主要材料、机械设备进场质量检查、抽检，试吊作业方案及试吊前对照专项施工方案有关工序、工艺、工法安全质量检查内容等。

5. 施工保证措施

（1）组织保障措施

安全组织机构、安全保证体系及人员安全职责等。

（2）技术措施

安全保证措施、质量技术保证措施、文明施工保证措施、环境保护措施、季节性及防台风施工保证措施等。

（3）监测监控措施

监测点的设置，监测仪器、设备和人员的配备，监测方式、方法、频率、信息反馈等。

6. 施工管理及作业人员配备和分工

（1）施工管理人员

管理人员名单及岗位职责（如项目负责人、项目技术负责人、施工员、质量员、各班组长等）。

（2）专职安全人员

专职安全生产管理人员名单及岗位职责。

（3）特种作业人员

机械设备操作人员持证人员名单及岗位职责。

（4）其他作业人员

其他人员名单及岗位职责。

7. 验收要求

（1）验收标准

起重吊装及起重机械设备、设施安装，过程中各工序、节点的验收标准和验收条件。

（2）验收程序及人员

作业中起吊、运行、安装的设备与被吊物前期验收，过程监控（测）措施验收等流程（可用图、表表示）；确定验收人员组成（建设、设计、施工、监理、监测等单位相关负责人）。

（3）验收内容

进场材料、机械设备、设施验收标准及验收表，吊装与拆卸作业全过程安全技术控制的关键环节，基础承载力满足要求，起重性能符合规定，吊装设备完好，被吊物重心确认，焊缝强度满足设计要求，吊运轨迹正确，信号指挥方式确定。

8. 应急处置措施

（1）应急处理小组

应急处置领导小组组成与职责、应急救援小组组成与职责，包括抢险、安保、后勤、医救、善后、应急救援工作流程、联系方式等。

（2）应急处理措施

应急事件（重大隐患和事故）及其应急措施。

（3）应急处理救援

周边建（构）筑物、道路、地下管线等产权单位各方联系方式、救援医院信息（名称、电话、救援线路）。

（4）应急物资准备

列出所需应急物质。

9. 计算书及相关施工图纸

（1）计算书

1）支承面承载能力的验算。移动式起重机（包括汽车式起重机、折臂式起重机等未列入《特种设备目录》中的移动式起重设备和流动式起重机）要求进行地基承载力的验算；吊装高度较高且地基较软弱时，宜进行地基变形验算。

设备位于边坡附近时，应进行边坡稳定性验算。

2）辅助起重设备起重能力的验算。垂直起重工程，应根据辅助起重设备站位图、吊装构件重量和几何尺寸，以及起吊幅度、就位幅度、起升高度，校核起升高度、起重能力，以及被吊物是否与起重臂自身干涉，还有起重全过程中与既有建（构）筑物的安全距离。

水平起重工程，应根据坡度和支承面的实际情况，校核动力设备的牵引力、提供水平支撑反力的结构承载能力。

联合起重工程，应充分考虑起重不同步造成的影响，应适当在额定起重性能的基础上进行折减。

室外起重作业，起升高度很高，且被吊物尺寸较大时，应考虑风荷载的影响。

自制起重设备设施，应具备完整的计算书，各项荷载的分项系数应符合《起重机设计规范》GB 3811—2008 的规定。

3）吊索、吊具的验算。根据吊索、吊具的种类和起重形式建立受力模型，对吊索、吊具进行验算，选择适合的吊索、吊具。应注意被吊物翻身时，吊索、吊具的受力会产生变化。

自制吊具，如平衡梁等，应具有完整的计算书，根据需要校核其局部和整体的强度、刚度、稳定性。

4）被吊物受力验算。兜、锁、吊、捆等不同系挂工艺，吊链、钢丝绳吊索、吊带等不同吊索种类，对被吊物受力产生不同的影响。应根据实际情况分析被吊物的受力状态，保证被吊物安全。

吊耳的验算。应根据吊耳的实际受力状态、具体尺寸和焊缝形式校核其各部位强度。尤其注意被吊物需要翻身的情况，应关注起重全过程中吊耳的受力状态会产生变化。

大型网架、大高宽比的T梁、大长细比的被吊物、薄壁构件等，没有设置专用吊耳的，起重过程的系挂方式与其就位后的工作状态有较大区别，应关注并校核起重各个状态下整体和局部的强度、刚度和稳定性。

5）临时固定措施的验算。对尚未处于稳定状态的被安装设备或结构，其地锚、缆风绳、临时支撑措施等，应考虑正常状态下向危险方向倾斜不少于5°时的受力，在室外施工的，应叠加同方向的风荷载。

6）其他验算。塔机附着，应对整个附着受力体系进行验算，包括附着点强度、附墙耳板各部位的强度、穿墙螺栓、附着杆强度和稳定性、销轴和调节螺栓等。

缆索式起重机、悬臂式起重机、桥式起重机、门式起重机、塔式起重机、施工升降机等起重机械安装工程，应附完整的基础设计。

（2）相关施工图纸

施工总平面布置及说明，平面图、立面图应标注明起重吊装及安装设备设施或被吊物与邻近建（构）筑物、道路及地下管线、基坑、高压线路之间的平、立面关系及相关尺寸（条件复杂时应附剖面图）。

009 如何进行通风与空调工程技术交底？

【规范条文】

《建筑与市政工程施工质量控制通用规范》GB 55032—2022

3.1.5 施工前应对施工管理人员和作业人员进行技术交底，交底的内容应包括施工作业条件、施工方法、技术措施、质量标准以及安全与环保措施等，并应保留相关记录。

3.1.6 分项工程施工，应实施样板示范制度，以多种形式直观展示关键部位、关键工序的做法与要求。

《通风与空调工程施工规范》GB 50738—2011

3.1.4 通风与空调工程施工前，施工单位应编制通风与空调工程施工组织设计（方案），并应经本单位技术负责人审查合格、监理（建设）单位审查批准后实施。施工单位应对通风与空调工程的施工作业人员进行技术交底和必要的作业指导培训。

《建筑节能工程施工质量验收标准》GB 50411—2019

3.1.4 单位工程施工组织设计应包括建筑节能工程的施工内容。建筑节能工程施工前，施工单位应编制建筑节能工程专项施工方案。施工单位应对从事建筑节能工程施工作业的人员进行技术交底和必要的实际操作培训。

《建筑防烟排烟系统技术标准》GB 51251—2017

6.1.2 防烟、排烟系统施工前应具备下列条件：

1 经批准的施工图、设计说明书等设计文件应齐全；

2 设计单位应向施工、建设、监理单位进行技术交底；

3 系统主要材料、部件、设备的品种、型号规格符合设计要求，并能保证正常施工；

4 施工现场及施工中的给水、供电、供气等条件满足连续施工作业要求；

5 系统所需的预埋件、预留孔洞等施工前期条件符合设计要求。

【问题解答】

技术交底是施工企业极为重要的一项技术管理工作。其目的是使参与建筑工程施工的技术人员与作业人员熟悉和了解所承担的工程项目的特点、设计意图、技术要求、施工工艺及应注意的问题。

根据建筑工程施工复杂性、连续性和多变性的固有特点，必须严格贯彻技术交底责任制，加强施工质量检查、监督和管理，以达到提高施工质量的目的。

一、施工技术交底的任务与目的

建筑工程从施工蓝图变成一个个工程实体，在工程施工组织与管理工作中，首先要使参与施工活动的每一个技术人员，明确工程特定的施工条件、施工组织、具体技术要求和有针对性的关键技术措施，系统掌握工程施工过程全貌和施工的关键部位，使工程施工质量达到国家施工质量验收规范的标准。

对于参与工程施工操作的每一个工人来说，通过技术交底，了解自己所要完成的分部分项工程的具体工作内容、操作方法、施工工艺、质量标准和安全注意事项等，做到施工操作人员任务明确，心中有数；各工种之间配合协作和工序交接井井有条，达到有序地施工，以减少各种质量通病，提高施工质量的目的。因此，每项工程施工必须在参与施工的不同层次的人员范围内，进行不同内容重点和技术深度的技术交底。特别是对于重点工程、工程重要部位、特殊工程和推广与应用新技术、新工艺、新材料、新设备的工程项目，在技术交底时更需要做内容全面、重点明确、具体而详细的技术交底。

二、施工技术交底的分类

技术交底一般是按照工程施工的难易程度、规模大小、复杂程度等情况，在不同层次的施工人员范围内进行技术交底。技术交底的内容与深度也各不相同。

技术交底分为设计交底、单位工程技术交底、项目技术交底、设计变更技术交底、“四新”技术交底和专业工长技术交底等。

1. 设计交底

由设计人员向施工单位就设计意图、图纸要求、技术性能、施工注意事项及关键部位的特殊要求等进行技术交底。

2. 单位工程技术交底

施工单位总工程师对项目部进行施工方案实施技术交底。重点和大型工程施工组织设计（施工方案）由施工企业的技术负责人把主要设计要求、施工措施以及重要事项对项目主要管理人员进行交底，属于第一级交底，侧重于宏观指导。

3. 项目技术交底

项目技术质量负责人向工长、质量员、安全员及有关职能人员进行技术交底。专项技术方案交底应由项目专业技术负责人负责，根据专项技术方案对工长进行交底，属于第二级交底，应侧重于对规范、标准的贯彻。

4. 设计变更技术交底

设计变更技术交底应由项目技术部门根据变更要求，并结合具体施工步骤、措施及注意事项等对专业工长进行。

5.“四新”技术交底

“四新”技术交底应由项目技术负责人组织有关人员编制并对工长进行。

6. 专业工长技术交底

专业工长向各作业班组长和各工种作业人员进行技术交底。

分项工程技术交底应由专业工长对专业施工班组（专业分包）进行，属于第三级交底，侧重于指导操作层如何进行正确施工、施工操作方法、施工顺序、施工质量要求、施工质量通病的防治、施工安全注意事项等，也是技术交底中最为关键的交底。

三、施工技术交底的要求和内容

1. 施工技术交底的要求

1）工程施工技术交底必须符合建筑工程施工质量验收规范、技术操作规程（分项工程工艺标准）的相应规定。同时，也应符各行业制定的有关规定、准则以及所在地区的具体政策和法规的要求。

2）工程施工技术交底必须执行国家各项技术标准，包括计量单位和名称。有的施工企业还制订了企业内部标准，如建筑分项工程施工工艺标准等。这些企业标准在技术交底时应认真贯彻实施。

3）技术交底还应符合与实现设计施工图中的各项技术要求，特别是当设计图纸中的技术要求和技术标准高于国家施工质量验收规范的相应要求时，应做更为详细的交底和说明。

4）应符合和体现上一级技术领导技术交底中的意图和具体要求。

5）应符合和实施施工组织设计或施工方案的各项要求，包括技术措施和施工进度要求等。

6）对不同层次的施工人员，其技术交底深度与详细程度不同，也就是说对不同人员，其交底的内容深度和说明的方式要有针对性。

7）技术交底应全面、明确，并突出要点；应详细说明怎么做，执行什么标准，其技术要求如何，施工工艺与质量标准和安全注意事项等应分项具体说明，不能含糊其词。

8）施工中使用的新技术、新工艺、新材料，应进行详细交底，并交待如何做样板间等具体事宜。

2. 施工技术交底的内容

（1）单位工程技术交底内容

施工单位总工程师向项目施工负责人进行技术交底的内容应包括以下几个主要方面：

1）工程概况和各项技术经济指标和要求。

2）主要施工方法、关键性的施工技术及实施中存在的问题。

3）特殊工程部位的技术处理细节及其注意事项。

4）新技术、新工艺、新材料、新结构施工技术要求与实施方案及注意事项。

5）施工组织设计网络计划、进度要求、施工部署、施工机械、劳动力安排与组织。

6）总包与分包单位之间互相协作配合关系及其有关问题的处理。

7）施工质量标准和安全技术；尽量采用本单位所推行的工法等，标准化作业。

（2）项目技术交底内容

项目技术负责人向工长、质量员、安全员技术交底的内容包括以下几个方面：

1）工程情况和各项技术经济指标。

2）设计图纸的具体要求、做法及其施工难度。

3）施工组织设计或施工方案的具体要求及其实施步骤与方法。

4）施工中具体做法，采用什么工艺标准和本企业哪几项标准；关键部位及其实施过程中可能遇到问题与解决办法。

5）施工进度要求、工序搭接、施工部署与施工班组任务确定。

6）施工中所采用主要施工机械型号、数量及其进场时间、作业程序安排等有关问题。

7）新工艺、新结构、新材料的有关操作规程、技术规定及其注意事项。

8）施工质量标准和安全技术具体措施及其注意事项。

（3）工长技术交底内容

专业工长向各作业班组长和各工种作业人员的技术交底按分项工程进行，不同的分项工程应分别进行交底。技术交底的内容应包括以下几个方面：

1）项目部技术负责人对工长交底的有关要求。

2）施工图纸的要求，设计变更及对设备及材料使用要求情况。

3）施工准备，包括作业人员、主要材料、主要机具准备和作业条件等。

4）施工进度要求。

5）施工工艺，包括工艺流程、施工要点等，重点是各工序操作方法和保证质量措施及要求。

6）质量控制要点，包括重点部位和关键环节施工要点、质量通病的预防措施等。

7）施工检验和过程检查验收要求，质量标准，包括主控项目、一般项目以及质量验收等。

8）经批准的重大施工方案措施。

9）成品保护，包括对上道工序成品的保护措施、对本道工序成品的保护措施等。

10）施工安全交底及介绍以往同类工程的安全事故教训及应采取的具体安全对策。安全措施、文明施工要求，环保卫生措施。

11）与土建及其他专业之间的衔接、协调和配合问题。

四、施工技术交底的实施方法

施工技术交底的实施方法一般有以下几种：

1. 会议交底

施工单位总工程师向项目施工负责人进行技术交底一般采用技术会议交底形式。由公司总工程师或专业技术总负责人主持会议，公司技术、质量、安全、生产等有关部门，项目负责人、技术质量负责人及各专业工程师等参加会议。事先应充分准备好技术交底的资料，在会议上进行技术性介绍与交底，将工程项目的施工组织设计或施工方案做专题介绍，提出实施具体办法和要求，再由技术部门对施工组织设计或施工方案中的重点细节做详细说明，提出具体要求（包括施工进度要求），由质量、安全部门对施工质量与技术安全措施做详细交底。

项目负责人、技术质量负责人和各专业工程师对技术交底中不明确或在实施过程中有较大困难的问题提出具体要求，包括施工场地、施工机械、施工进度安排、施工部署、施工流水段划分、劳动力安排、施工工艺等方面的问题，会议对技术性问题应逐一给予解决，并落实安排。

2. 书面交底

项目专业工长向各作业班组长和作业人员进行技术交底，应强调采用书面交底的形式，施工完毕后应归档。书面技术交底不仅是工程施工技术资料中必不可少的，而且是分清技术责任的重要标志，特别是出现重大质量事故与安全事故时，是作为判明技术负责者的一个主要标志。

项目专业工长根据工程施工组织设计或施工方案和上级技术领导的技术交底内容，按照施工质量验收规范和规程中的有关技术规定、质量标准和安全要求，本企业的技术标准和操作规程，结合本工程的具体情况，按不同的子分部工程的内容，参照分部分项工程工艺标准，详细写出书面技术交底资料，一式几份，向作业班组交底。在接受交底后，班组长应在交底记录上签字。

班组长在组织班组人员接受技术交底后，还要组织全班组成员进行认真学习与讨论，明确施工工艺流程和施工操作要点、工序交接要求、质量标准、技术措施、成品保护方法、质量通病预防方法及安全注意事项，然后根据施工进度要求和本作业班组劳动力和技术水平进行组内分工，明确各自的责任和互相协作配合关系，制订保证全面完成任务的计划。在没有技术交底和施工意图不明确，只提供设计图纸的情况下，班组长或工人可以拒绝上岗进行作业，因为这不符合施工作业正常程序。

3. 施工样板交底

新技术、新结构、新工艺、新材料首次使用时，为了谨慎起见，对一些分项工程，常采用施工样板交底的方法。所谓施工样板交底，就是根据设计图纸的技术要求、具体做法，参照相近的施工工艺和参观学习的经验，在满足施工质量验收规范的前提下，在建筑工程的一个自然间，由本企业技术水平较高的技师先做出符合质量标准的样板，作为其他作业人员学习的实物模型，使其他人员知道和了解整个施工过程中使用新技术、新工艺、新材料的特点、难点及不同点，掌握操作要领，熟悉施工工艺操作步骤、质量标准。这种交底比较直观易懂，效果较好。

样板间通过质量验收，才可以进行全面施工。各作业班组还应经常进行质量检查评比，将超过原样板标准的段、自然间等作为新的样板，形成一个赶超质量标准、又提高工效的施工过程，从而促使工程质量不断上升。

4. 岗位技术交底

一个分部分项工程的施工操作，是由不同的工种工序和岗位所组成的。如管道安装工程，不单单是管道连接，事先要进行预留预埋、预制、加工，这一分项工程由很多工序组成，只有保证这些不同岗位的操作质量，才能确保管道安装工程的质量。要制定工人操作岗位责任制，并制定操作工艺卡，根据施工现场的具体情况，以书面形式向工人随时进行岗位技术交底，提出具体的作业要求，包括安全操作方面的要求。

五、施工技术交底应注意的问题

1. 技术交底应严格执行施工及质量验收规范、规程，工艺标准

技术交底应严格执行施工及质量验收规范、规程，对施工及质量验收规范、规程中的要求，不得任意修改、删减。技术交底还应满足设计文件及施工组织设计有关要求，应领会和理解上一级技术交底等技术文件中提出的技术要求，不得任意违背其有关规定。

会议交底应做详细的会议记录，包括参加会议人员的姓名、日期、会议内容及会议做出的技术性决定。会议记录应完整，不得任意遗失和撕毁，作为会议技术文件长期归档保存。

所有书面技术交底均应经过审核，并留有底稿，文字表达清楚，数据引用正确，书面交底的签发人、审核人、接受人均应签名盖章。

2. 技术交底应全面、细致、周密

通风与空调工程是由多个分项工程组成的，每一个分项工程对整个分部工程来说都是同等重要的，每一个分项工程的技术交底都应全面、细致、周密。

对于面积大、数量多、效益比较高的分项工程必须进行较为详细的技术交底；对比较零星、特殊部位、隐蔽工程或经济效益不高的分项工程也应同样认真地进行技术交底，对于相关标准强制性条文要求的部位要进行详细的技术交底。

3. 技术交底要解决实际问题

在技术交底中，应特别重视本企业当前的施工质量通病、工伤事故，尽量做到“防患于未然”，把工程质量事故和伤亡事故消灭在萌芽状态之中。

在技术交底中应预防可能发生的质量事故与伤亡事故，使技术交底做到全面、周到、完整。

技术交底应及早进行，使基层技术人员和工人有充分的时间消化和理解技术交底中有关技术问题，及早做好准备，使施工人员做到心中有数，以利于完成施工任务。

4. 技术交底应重在落实，重视技术交底工作的督促与检查

不能认为进行过口头或书面技术交底就万事大吉了。一般地说，这仅仅是交底工作的开始，交底的大量工作是对交底的效果进行督促与检查，在施工过程中要反复提醒基层技术人员、作业人员，结合具体施工操作部位加强或提示有关技术交底中的有关要求，加强“三检制”，强化施工过程中的检查力度，严格工程中间验收，发现问题及时解决，以免发生质量事故或造成返工浪费。

5. 技术交底应多样化

技术交底的实施手段可以采用多种形式，使每一个作业人员都熟悉和理解技术交底中的具体细节和要求。如一个分项工程施工前，可以把技术交底中有关内容以黑板报等形式挂在墙上。在工前和班后结合布置安排工作、分配任务时进行再交底。对新技术、新工艺，请外单位或本单位老技师做技术示范操作表演，或做样板间示范，使作业人员具体了解操作步骤，做到心中有数，避免各种质量或安全事故发生。

6. 技术交底是过程控制的重要环节

技术交底是施工管理工作的重要一环，是施工技术管理程序中必不可少的一个步骤。不能把技术交底看作老一套、老规矩，只照本宣读，流于形式，交底后又不认真督促检查；也不能认为不是新工艺、新材料，施工的作业人员都有一定的施工经验，因而简化交底内容，甚至不交底又不检查。认真做好工程施工技术交底工作，是保证工程质量、按期完成工程任务的前提，是每一个施工技术人员必须执行的岗位责任。

六、施工技术交底应具备的特点

施工技术交底可根据工程的大小、难易程度进行，可繁、可简，主要是要真正起到指导施工的作用。因此，要具备以下三个方面的特点：

1. 科学性

施工技术交底要具有科学性。所谓科学性就是指交底的依据正确、自己的理解正确、文字表达正确。规范、规程、规定、图纸、图册等都是现行有效的，设计交底及图纸会审已进行完毕，施工方案经过审批，并且有关技术负责人已进行过交底，这是前提，关键是正确理解，变成自己的东西，灵活运用，最重要的是向操作班组交待，形成一个指导作业班组的最直接的施工技术文件，作业班组依据这个交底就能正确施工。

2. 针对性

施工技术交底要具备针对性。要克服把设计图纸上的施工说明当成技术交底，也不能把施工质量验收规范的条文、工艺标准条文搬上去，千篇一律，而是结合这些文件，按照施工方案的部署要求、确定的技术方案和措施进行交底。要根据本工程的特点进行交底，真正指导施工。应在工程施工之前进行交底，让作业人员完全理解和掌握后，再进行作业。针对性还反映在对于洽商的变更，能及时对变动部分进行交底，并把洽商变更部分标注到施工图纸上。

在技术交底上要对各系统、部位的试验做具体要求。对于不同系统的管道，应按不同的区域做试验，比如空调水立管在管道井内布置，就要提出在土建封闭管井前做好防腐、防结露保温、水压试验，及时做好隐蔽验收记录；系统水压试验应在管道保温前进行，对于不同材质使用的部位，如空调导管采用镀锌钢管，立支管采用塑料管，就需要分别进行预试验，按照最严格的水压试验进行综合试验，这些都是需要交代清楚的。

3. 可操作性

施工技术交底要具备可操作性，表现在以下三个方面：

（1）具体性

如空调水系统，从预留洞，套管安装，管道距墙的距离是指净墙还是结构墙，卡子型式和距离，管道坡度，垂直度，连接方式，要求达到的质量目标，安全、文明施工及环保卫生的措施等都要具体。

（2）全面性

图纸表达不清楚的地方要画出大样图，不能让作业班组自由发挥；图纸没有交待清楚的地方要补充进去，防止作业人员误解或丢项。

（3）实用性

交底切忌用“按照设计图纸和施工质量验收规范”的词语向下交待，要把设计图纸上的控制要点交代清楚。对于主控项目，为了保证其全部符合施工验收规范的要求而采取的措施办法；对于一般项目的实测合格百分率控制范围；对于施工质量验收规范中强制性条文落实的具体措施都要清楚、明了地交底。这样，作业班组只要按照技术交底的要求进行施工，自然就符合设计图纸和施工验收规范施工了。

010 通风与空调工程施工依据与质量验收依据有哪些?

【规范条文】

《通风与空调工程施工规范》GB 50738—2011

3.1.1 承担通风与空调工程施工的企业应具有相应的施工资质，施工现场具有相应的技术标准。

《通风与空调工程施工质量验收规范》GB 50243—2016

3.0.1 通风与空调工程施工质量的验收除应符合本规范的规定外，尚应按批准的设计文件、合同约定的内容执行。

【问题解答】

施工企业应具备一定的施工资质，施工现场应具有齐全的技术文件以作为施工依据。

一、施工资质

通风与空调工程专业性较强，施工企业应具备相应的施工技术水平，未取得相应施工资质的施工企业不能承担通风与空调工程施工。

在选择施工企业时，要根据工程规模、难易程度选择相应的施工队伍。

取得机电工程施工总承包资质、建筑机电类专业承包资质的施工企业均可以承担通风与空调工程的施工，但承担规模要和资质上所规定的内容相符。

二、通风与空调工程施工依据

施工依据首先是施工图纸，其次是签订的合同。

施工依据还要有齐备的技术标准。施工现场要求具有相应的施工技术标准，包括国家标准、行业标准、地方标准及企业标准等，经审批的施工组织设计或方案等。

在施工依据中，施工组织设计或施工方案、专项技术方案均没有得到足够的重视，大部分是作为一种备查的技术资料，指导施工的作用大幅降低。

通风与空调工程施工依据是多方面的，主要依据有以下几个方面：

1）施工图纸。

2）施工合同。

3）《通风与空调工程施工规范》GB 50738—2011、《通风与空调工程施工质量验收规范》GB 50243—2016、《建筑节能工程施工质量验收标准》GB 50411—2019、《建筑防烟排烟系统技术标准》GB 51251—2017、《建筑节能与可再生能源利用通用规范》GB 55015—2021、《建筑与市政工程施工质量控制通用规范》GB 55032—2022 及《消防设施通用规范》GB 55036—2023 等现行国家标准。

4）经批准的施工组织设计、施工方案、专项施工方案。

5）已颁布的现行行业标准、地方标准。

三、通风与空调工程施工质量验收依据

通风与空调工程施工质量验收依据与施工依据有所不同。

施工质量验收规范的要求是最基本的合格要求，还要符合设计图纸及施工合同的要求。

施工质量验收要符合以下三个方面的要求：

1）《通风与空调工程施工质量验收规范》GB 50243—2016 的要求。

2）设计施工图纸的要求。

3）施工合同的要求。

011 如何进行交接验收?

【规范条文】

《建筑与市政工程施工质量控制通用规范》GB 55032—2022

3.3.4 施工工序间的衔接，应符合下列规定：

1 每道施工工序完成后，施工单位应进行自检，并应保留检查记录；

2 各专业工种之间的相关工序应进行交接检验，并应保留检查记录；

3 对监理规划或监理实施细则中提出检查要求的重要工序，应经专业监理工程师检查合格并签字确认后，进行下道工序施工；

4 隐蔽工程在隐蔽前应由施工单位通知监理单位进行验收，并应留存现场影像资料，形成验收文件，经验收合格后方可继续施工。

《通风与空调工程施工规范》GB 50738—2011

3.2.2 施工现场应建立施工质量控制和检验制度，并应包括下列内容：

1 施工组织设计（方案）及技术交底执行情况检查制度；

2 材料与设备进场检验制度；

3 施工工序控制制度；

4 相关工序间的交接检验以及专业工种之间的中间交接检查制度；

5 施工检验及试验制度。

《通风与空调工程施工质量验收规范》GB 50243—2016

3.0.5 通风与空调工程的施工应按规定的程序进行，并应与土建及其他专业工种相互配合；与通风与空调系统有关的土建工程施工完毕后，应由建设（或总承包）、监理、设计及施工单位共同会检。会检的组织宜由建设、监理或总承包单位负责。

《建筑节能工程施工质量验收标准》GB 50411—2019

3.3.1 建筑节能工程应按照经审查合格的设计文件和经审查批准的专项施工方案施工，各施工工序应严格执行并按施工技术标准进行质量控制，每道施工工序完成后，经施

工单位自检符合要求后，可进行下道工序施工。各专业工种之间的相关工序应进行交接检验，并应记录。

《建筑防烟排烟系统技术标准》GB 51251—2017

6.1.4 防烟、排烟系统应按下列规定进行施工过程质量控制：

1 施工前，应对设备、材料及配件进行现场检查，检验合格后经监理工程师签证方可安装使用；

2 施工应按批准的施工图、设计说明书及其设计变更通知单等文件的要求进行；

3 各工序应按施工技术标准进行质量控制，每道工序完成后，应进行检查，检查合格后方可进入下道工序；

4 相关各专业工种之间交接时，应进行检验，并经监理工程师签证后方可进入下道工序；

5 施工过程质量检查内容、数量、方法应符合本标准相关规定；

6 施工过程质量检查应由监理工程师组织施工单位人员完成；

7 系统安装完成后，施工单位应按相关专业调试规定进行调试；

8 系统调试完成后，施工单位应向建设单位提交质量控制资料和各类施工过程质量检查记录。

【问题解答】

每个专业规范都对交接验收进行了规定，分别强调了交接验收的重要性。项目部应建立交接检查制度，并明确交接检查的部分和要求。不同施工单位、不同工种之间工程交接，应进行交接检查，填写《交接检查记录》。移交单位、接收单位和见证单位共同对移交工程进行验收，并对质量情况、遗留问题、工序要求、注意事项、成品保护等进行记录。项目经理部要坚持原则，责成各分包单位之间、工序之间、交叉作业之间进行交接检查。

根据《建筑工程资料管理规程》JGJ/T 185—2009 的要求，交接验收填写内容见表 1–2。

表 1–2 交接验收记录表

<table>
<tr><td rowspan="2">工程名称</td><td rowspan="2"></td><td>编号</td><td></td></tr>
<tr><td>检查日期</td><td></td></tr>
<tr><td>移交单位</td><td></td><td>见证单位</td><td></td></tr>
<tr><td>交接部位</td><td></td><td>接收单位</td><td></td></tr>
<tr><td colspan="4">交接内容：</td></tr>
</table>

表 1–2（续）

<table>
<tr><td colspan="4">检查结论：</td></tr>
<tr><td colspan="4">复查结论（由接收单位填写）：

复查人：　　　　　　　　复查日期</td></tr>
<tr><td colspan="4">见证单位意见：</td></tr>
<tr><td rowspan="2">签字栏</td><td>移交单位</td><td>接收单位</td><td>见证单位</td></tr>
<tr><td></td><td></td><td></td></tr>
</table>

需要进行交接验收的部位有以下内容：

一、设备基础交接检查

设备基础（由土建单位施工的混凝土基础）交接验收，是在设备安装之前对基础的强度、尺寸、位置以及预留孔洞或螺栓位置等进行交接检查。按分项工程，每个基础分别填写。

二、管道交接检查

主干管、主立管及公共部分管道由一方施工，支管部分由另一方施工单位施工；两者互相连接前应办理交接检查验收。按分项工程，分层或段进行填写。

三、隐蔽管道交接检查

交接检查还会发生在吊顶施工时，各管道系统已安装完毕，并且已进行过灌水或强度、严密度试验，有合格记录，防腐、保温施工完毕，在进行装饰施工时，需要对通风空调工程成品进行保护，在这种情况下，也需要与装饰单位办理交接验收，以防止管道成品被破坏时分不清责任。按分项工程，分层或段填写。

四、冷却塔安装交接检查

冷却塔安装一般由生产厂家负责完成。完毕后应与空调施工单位办理交接检查。

注明所有冷却塔。

五、组合式空调机组安装交接检查

组合式空调机组安装一般是由供应商进行现场组装安装，应经过现场漏风量测试，合格后填写漏风检验报告。逐个填写交接。

六、其他

不同施工单位施工的上下工序，都要进行交接检查验收，并填写交接检查验收单。

012
工序质量控制要求有哪些？

【规范条文】

《建筑与市政工程施工质量控制通用规范》GB 55032—2022

3.3.3 监理人员应对工程施工质量进行巡视、平行检验，对关键部位、关键工序进行旁站，并应及时记录检查情况。

3.3.4 施工工序间的衔接，应符合下列规定：

1 每道施工工序完成后，施工单位应进行自检，并应保留检查记录；

2 各专业工种之间的相关工序应进行交接检验，并应保留检查记录；

3 对监理规划或监理实施细则中提出检查要求的重要工序，应经专业监理工程师检查合格并签字确认后，进行下道工序施工；

4 隐蔽工程在隐蔽前应由施工单位通知监理单位进行验收，并应留存现场影像资料，形成验收文件，经验收合格后方可继续施工。

《工程建设施工企业质量管理规范》GB/T 50430—2017

10.2.2 施工企业应实施工程项目质量管理策划，并明确下列策划内容：

1 质量目标；

2 项目质量管理组织机构和职责；

3 工程项目质量管理的依据；

4 影响工程质量因素和相关设计、施工工艺及施工活动分析；

5 人员、技术、施工机具及设施资源的需求和配置；

6 进度计划及偏差控制措施；

7 施工技术措施和采用新技术、新工艺、新材料、新设备的专项方法；

8 工程设计、施工质量检查和验收计划；

9 质量问题及违规事件的报告和处理；

10 突发事件的应急处置；

11 信息、记录及传递要求；

12 与工程建设相关方的沟通、协调方式；

13 应对风险和机遇的专项措施；

14 质量控制措施；

15 工程施工其他要求。

10.5.1 施工企业应对施工过程进行控制，通过下列活动保证工程项目质量：

1 正确使用工程设计文件、施工规范和验收标准，适用时，对施工过程实施样板引路；

2 调配合格的操作人员；

3 配备和使用工程材料、构配件和设备、施工机具、检测设备；

4 进行施工和检查；

5 对施工作业环境进行控制；

6 合理安排施工进度；

7 对成品、半成品采取保护措施；

8 对突发事件实施应急响应与监控；

9 对能力不足的施工过程进行监控；

10 确保分包方的施工过程得到控制；

11 采取措施防止人为错误；

12 保证各项变更满足规定要求。

【问题解答】

工序质量是指每道工序完成后的工程产品质量。关键工序指施工过程中对工程主要使用功能、安全状况有重要影响的工序。特殊工序指施工过程中对工程主要使用功能不能由后续的检测手段和评价方法加以验证的工序。

施工企业需策划质量控制措施，确定关键工序并明确其质量控制点及控制方法。影响工程质量的因素包括与施工质量有关的人员、施工机具、工程材料、构配件和设备、施工方法和环境因素等。下列影响因素可列为工序的质量控制点，作为关键工序：

1）对施工质量有重要影响的关键质量特性、关键部位或重要影响因素。

2）工艺上有严格要求，对下道工序的活动有重要影响的关键质量特性、部位。

3）严重影响项目质量的材料的质量和性能。

4）影响下道工序质量的技术间歇时间。

5）与施工质量密切相关的技术参数。

6）容易出现质量通病的部位。

7）紧缺工程材料、构配件和工程设备或可能对生产安排有严重影响的关键项目。

8）隐蔽工程验收。

013 通风与空调工程隐蔽验收内容有哪些？

【规范条文】

《通风与空调工程施工规范》GB 50738—2011

3.2.5 隐蔽工程在隐蔽前，应经施工项目技术（质量）负责人、专业工长及专职质量检查员共同参加的质量检查，检查合格后再报监理工程师（建设单位代表）进行检查验收，填写隐蔽工程验收记录，重要部位还应附必要的图像资料。

《通风与空调工程施工质量验收规范》GB 50243—2016

3.0.6 通风与空调工程中的隐蔽工程，在隐蔽前应经监理或建设单位验收及确认，必要时应留下影像资料。

《建筑节能工程施工质量验收标准》GB 50411—2019

10.1.2 通风与空调节能工程施工中应及时进行质量检查，对隐蔽部位在隐蔽前进行验收，并应有详细的文字记录和必要的图像资料，施工完成后应进行通风与空调系统节能分项工程验收。

《建筑节能与可再生能源利用通用规范》GB 55015—2021

6.1.4 建筑节能验收时应对下列资料进行核查：

1 设计文件、图纸会审记录、设计变更和洽商；

2 主要材料、设备、构件的质量证明文件、进场检验记录、进场复验报告、见证试验报告；

3 隐蔽工程验收记录和相关图像资料；

4 分项工程质量验收记录；

5 建筑外墙节能构造现场实体检验报告或外墙传热系数检验报告；

6 外窗气密性能现场检验记录；

7 风管系统严密性检验记录；

8 设备单机试运转调试记录；

9 设备系统联合试运转及调试记录；

10 分部（子分部）工程质量验收记录；

11 设备系统节能性和太阳能系统性能检测报告。

《建筑与市政工程施工质量控制通用规范》GB 55032—2022

3.3.4 施工工序间的衔接，应符合下列规定：

1 每道施工工序完成后，施工单位应进行自检，并应保留检查记录；

2 各专业工种之间的相关工序应进行交接检验，并应保留检查记录；

3 对监理规划或监理实施细则中提出检查要求的重要工序，应经专业监理工程师检查合格并签字确认后，进行下道工序施工；

4 隐蔽工程在隐蔽前应由施工单位通知监理单位进行验收，并应留存现场影像资料，形成验收文件，经验收合格后方可继续施工。

【问题解答】

隐蔽工程在隐蔽前应进行隐蔽验收。施工单位自检合格后，约请监理工程师共同进行隐蔽验收，并填写隐蔽验收检查记录。

节能工程隐蔽验收检查记录已作为竣工验收时强制核查的内容。

隐蔽验收检查记录的填写分两部分：隐蔽验收检查内容和检查结论。

隐蔽验收检查内容的填写要有针对性，并且全面，包含设计施工图纸上的全部内容。

一、隐蔽验收检查内容的填写

填写时，应填写具体的检查项目，不应笼统填写施工质量验收规范的条文内容，而是要填写设计施工图纸的具体要求。隐蔽工程检查部位及检查内容包括下列主要方面：

1）绝热的风管和水管。绝热的风管机水管，在绝热层施工前应进行隐蔽验收。检查内容应包括管道、部件、附件、阀门、控制装置等的材质与规格尺寸，安装位置，连接方式；管道防腐；水管道坡度；支、吊架形式及安装位置，防腐处理；水管道强度及严密性试验，冲洗试验；风管严密性试验等。

2）封闭竖井内、吊顶内及其他暗装部位的风管、水管、阀部件和相关设备。风管及水管的检查内容同上；设备检查内容包括设备型号，安装位置，支、吊架形式，设备与管道连接方式，附件的安装等。

3）暗装的风管、水管和相关设备的绝热层及防潮层。检查内容包括绝热材料的材质、规格及厚度，绝热层与管道的粘贴，绝热层的接缝及表面平整度，防潮层与绝热层的粘贴，穿套管处绝热层的连续性等。

4）出外墙的防水套管。检查内容包括套管形式、做法、尺寸及安装位置。

二、检查结论的填写

检查结论不是质量验收结果。

1）隐蔽验收检查的目的首先是要对照隐蔽验收检查内容看是否符合设计图纸的要求。

2）检查结果是否符合《通风与空调工程施工规范》GB 50738—2011 及《通风与空调工程施工质量验收规范》GB 50243—2016 的要求。检查时，不只是要看主控项目和一般项目，还要看规范所涉及的全部内容，包括基本规定和一般规定的内容。

3）检查结论要对隐蔽工程内容是否符合设计要求、《通风与空调工程施工规范》GB 50738—2011 及《通风与空调工程施工质量验收规范》GB 50243—2016 做出判断。符合要求应简要说明理由，不符合要求应描述不符合要求的详细内容。

三、图像资料

图像资料包括图片和影像。对于隐蔽工程，除了对隐蔽的内容进行验收，填写验收文字记录外，有的部位还应留存图片和影像资料。完全封闭的部位，以及不破坏现有建筑状况看不到隐蔽的内容时，都要留存当时文字描述内容的图像资料。

四、隐蔽工程验收检查时应注意的问题

1. 隐蔽部位的绝热管道

对于封闭管井、吊顶内带有绝热的管道、阀部件隐蔽验收检查应分两次进行。第一次在绝热层施工前，对管道和阀部件安装完成后的隐蔽验收检查，合格后填写隐蔽验收检查记录。第二次是封闭管井或吊顶之前对绝热层进行的隐蔽验收检查，并填写隐蔽验收检查记录。按分项工程进行填写。

2. 明装的绝热管道

绝热层施工之前，应对管道及阀部件安装质量情况进行隐蔽验收检查。

3. 埋地及敷设在墙体内的管道

埋地管道和敷设在墙体内的管道，在封闭之前应做隐蔽验收检查；埋地穿卫生间门口或墙体的套管应单独进行隐蔽验收检查。

4. 隐蔽验收检查内容

隐蔽验收检查记录的填写要真实，详细记录检查情况，应按分项工程进行检验。

014 分项工程如何划分？不同子分部工程的同样名称的分项工程可以一起验收吗？

【规范条文】

《通风与空调工程施工质量验收规范》GB 50243—2016

3.0.7 通风与空调分部工程施工质量的验收，应根据工程的实际情况按表 3.0.7 所列的子分部工程及所包含的分项工程分别进行。分部工程合格验收的前提条件为工程所属子分部工程的验收应全数合格。当通风与空调工程作为单位工程或子单位工程独立验收时，其分部工程应上升为单位工程或子单位工程，子分部工程应上升为分部工程，分项工程的划分仍应按表 3.0.7 的规定执行。工程质量验收记录应符合本规范附录 A 的规定。

表 3.0.7 通风与空调分部工程的子分部与分项工程划分

序号	子分部工程	分项工程
1	送风系统	风管与配件制作，部件制作，风管系统安装，风机与空气处理设备安装，风管与设备防腐，旋流风口、岗位送风口、织物（布）风管安装，系统调试
2	排风系统	风管与配件制作，部件制作，风管系统安装，风机与空气处理设备安装，风管与设备防腐，吸风罩及其他空气处理设备安装，厨房、卫生间排风系统安装，系统调试
3	防、排烟系统	风管与配件制作，部件制作，风管系统安装，风机与空气处理设备安装，风管与设备防腐，排烟风阀（口）、常闭正压风口、防火风管安装，系统调试
4	除尘系统	风管与配件制作，部件制作，风管系统安装，风机与空气处理设备安装，风管与设备防腐，除尘器与排污设备安装，吸尘罩安装，高温风管绝热，系统调试
5	舒适性空调风系统	风管与配件制作，部件制作，风管系统安装，风机与组合式空调机组安装，消声器、静电除尘器、换热器、紫外线灭菌器等设备安装，风机盘管、变风量与定风量送风装置、射流喷口等末端设备安装，风管与设备绝热，系统调试

表 3.0.7（续）

序号	子分部工程	分项工程
6	恒温恒湿空调风系统	风管与配件制作，部件制作，风管系统安装，风机与组合式空调机组安装，电加热器、加湿器等设备安装，精密空调机组安装，风管与设备绝热，系统调试
7	净化空调风系统	风管与配件制作，部件制作，风管系统安装，风机与净化空调机组安装，消声器、换热器等设备安装，中、高效过滤器及风机过滤器机组等末端设备安装，风管与设备绝热，洁净度测试，系统调试
8	地下人防通风系统	风管与配件制作，部件制作，风管系统安装，风机与空气处理设备安装，过滤吸收器、防爆波活门、防爆超压排气活门等专用设备安装，风管与设备防腐，系统调试
9	真空吸尘系统	风管与配件制作，部件制作，风管系统安装，风机与空气处理设备安装，过滤吸收器、防爆波活门、防爆超压排气活门等专用设备安装，风管与设备防腐，系统调试
10	空调（冷、热）水系统	管道系统及部件安装，水泵及附属设备安装，管道冲洗与管内防腐，板式热交换器，辐射板及辐射供热、供冷地埋管安装，热泵机组安装，管道、设备防腐与绝热，系统压力试验及调试
11	冷却水系统	管道系统及部件安装，水泵及附属设备安装，管道冲洗与管内防腐，冷却塔与水处理设备安装，防冻伴热设备安装，管道、设备防腐与绝热，系统压力试验及调试
12	冷凝水系统	管道系统及部件安装，水泵及附属设备安装，管道、设备防腐与绝热，管道冲洗，系统灌水渗漏及排放试验
13	土壤源热泵换热系统	管道系统及部件安装，水泵及附属设备安装，管道冲洗，埋地换热系统与管网安装，管道、设备防腐与绝热，系统压力试验及调试
14	水源热泵换热系统	管道系统及部件安装，水泵及附属设备安装，管道冲洗，地表水源换热管与管网安装，除垢设备安装，管道、设备防腐与绝热，系统压力试验及调试
15	蓄冷（水、冰）系统	管道系统及部件安装，水泵及附属设备安装，管道冲洗与管内防腐，蓄水罐与蓄冰槽、罐安装，管道、设备防腐与绝热，系统压力试验及调试
16	压缩式制冷（热）设备系统	制冷机组及附属设备安装，制冷剂管道及部件安装，制冷剂灌注，管道、设备防腐与绝热，系统压力试验及调试
17	吸收式制冷设备系统	制冷机组及附属设备安装，系统真空试验，溴化锂溶液加灌，蒸汽管道系统安装，燃气或燃油设备安装，管道、设备防腐与绝热，系统压力试验及调试

表 3.0.7（续）

序号	子分部工程	分项工程
18	多联机（热泵）空调系统	室外机组安装，室内机组安装，制冷剂管路连接及控制开关安装，风管安装，冷凝水管道安装，制冷剂灌注，系统压力试验及调试
19	太阳能供暖空调系统	太阳能集热器安装，其他辅助能源、换热设备安装，蓄能水箱、管道及配件安装，低温热水地板辐射采暖系统施工安装，管道及设备防腐与绝热，系统压力试验及调试
20	设备自控系统	温度、压力与流量传感器安装，执行机构安装调试，防排烟系统功能测试，自动控制及系统智能控制软件调试

注：1 风管系统的末端设备包括：风机盘管机组、诱导器、变（定）风量末端、排烟风阀（口）与地板送风单元、中效过滤器、高效过滤器、风机过滤器机组，其他设备包括：消声器、静电除尘器、加热器、加湿器、紫外线灭菌设备和排风热回收器等。
2 水系统末端设备包括：辐射板盘管、风机盘管机组和空调箱内盘管和板式热交换器等。
3 设备自控系统包括：各类温度、压力与流量等传感器、执行机构、自控与智能系统设备及软件等。

《建筑节能工程施工质量验收标准》GB 50411—2019

3.4.1 建筑节能工程为单位工程的一个分部工程。其子分部工程和分项工程的划分，应符合下列规定：

1 建筑节能子分部工程和分项工程划分宜符合表 3.4.1 的规定。

2 建筑节能工程可按照分项工程进行验收。当建筑节能分项工程的工程量较大时，可将分项工程划分为若干个检验批进行验收。

表 3.4.1 建筑节能分项工程划分

序号	子分部工程	分项工程	主要验收内容
1	围护结构节能工程	墙体节能工程	基层；保温隔热构造；抹面层；饰面层；保温隔热砌体等
2		幕墙节能工程	保温隔热构造；隔汽层；幕墙玻璃；单元式幕墙板块；通风换气系统；遮阳设施；凝结水收集排放系统；幕墙与周边墙体何屋面间的接缝等
3		门窗节能工程	门；窗；天窗；玻璃；遮阳设施；通风器；门窗与洞口间隙等
4		屋面节能工程	基层；保温隔热构造；保护层；隔气层；防水层；面层等
5		地面节能工程	基层；保温隔热构造；保护层；面层等
6	供暖空调节能工程	供暖节能工程	系统形式；散热器；自控阀门与仪表；热力入口装置；保温构造；调试等
7		通风与空气调节节能工程	系统形式；通风与空气设备；自控阀门与仪表；绝热构造；调试等

表 3.4.1（续）

序号	子分部工程	分项工程	主要验收内容
8	供暖空调节能工程	冷热源及管网节能工程	系统形式；冷热源设备；辅助设备；管网；自控阀门与仪表；绝热构造；调试等
9	配电照明节能工程	配电与照明节能工程	低压配电电源；照明光源、灯具；附属装置；控制功能；调试等
10	监测控制节能工程	监测与控制节能工程	冷热源系统的监测控制系统；空调水系统的监测控制系统；通风与空调系统的监测控制系统；监测与计量装置；供配电的监测控制系统；照明自动控制系统；调试等
11	可再生能源节能工程	地源热泵换热系统节能工程	岩土热响应试验；钻孔数量、位置及深度；管材、管件；热源井数量、井位分布、出水量及回灌量；换热设备；自控阀门与仪表；绝热材料；调试等
12		太阳能光热系统节能工程	太阳能集热器、储热水箱、控制系统、管路系统；调试等
13		太阳能光伏节能工程	光伏组件、逆变器、配电系统、储能蓄电池、充放电控制器；调试等

《建筑防烟排烟系统技术标准》GB 51251—2017

6.1.1　防烟、排烟系统的分部、分项工程划分可按本标准附录 C 表 C 执行。

附录 C　防烟、排烟系统分部、分项工程划分

表 C　防烟、排烟系统分部、分项工程划分表

分部工程	序号	子分部	分项工程
防烟、排烟系统	1	风管（制作）、安装	分管的制作、安装及检验、试验
	2	部件安装	排烟防火阀、送风口、排烟阀或排烟口、挡烟垂壁、排烟窗的安装
	3	风机安装	防烟、排烟机补风风机的安装
	4	系统调试	排烟防火阀、送风口、排烟阀或排烟口、挡烟垂壁、排烟窗、防烟、排烟风机的单项调试及联动调试

【问题解答】

通风与空调工程质量验收是从分项工程检验批开始的。

同样的分项工程名称，分属不同子分部工程，因施工内容不同，验收要求不同，虽然名称一样，可以同时验收，但不能合并验收。例如，冷冻水与冷却水的压力试验，试验压力不同，试验对象不同，可以同时试验，但应分别填写试验记录。风管有送风系统、排风系统、防排烟系统、空调系统，各自的风管材质有所不同，严密性试验压力不一样。在严密性验收时，不能合并计算检验批量，不能互相代替而一起验收。

建筑节能分部工程中供暖空调节能工程属于一个子分部工程，空调节能工程属

于一个分项工程。根据《建筑工程施工质量验收统一标准》GB 50300—2013，建筑节能工程是一个独立的分部工程，通风与空调工程也是一个独立分部工程；而防排烟工程属于通风与空调分部工程的一个子分部工程。但《建筑防烟排烟系统技术标准》GB 51251—2017 要求防烟、排烟系统作为一个独立分部工程。

实际工程中，如何处理这些分部工程与分项工程的关系呢？节能分部工程施工资料单独组卷，施工资料按分项工程不同分别填写，分项工程填写“通风与空气调节节能工程”“空调与供暖系统的冷热源及管网节能工程”。按《建筑防烟排烟系统技术标准》GB 51251—2017 的要求，防排烟系统作为一个分部工程时，施工资料单独组卷，施工资料填写时按该规范分项工程的划分填写。《通风与空调工程施工质量验收规范》GB 50243—2016 把防排烟系统作为一个子分部工程，分项工程划分与《建筑防烟排烟系统技术标准》GB 51251—2017 基本相同，施工资料填写时只是更改分部工程名称，分项工程内容引用防排烟分部工程中内容即可。

015 质量检查评定与质量验收有何区别？

【规范条文】

《建筑工程施工质量验收统一标准》GB 50300—2013

3.0.6 建筑工程施工质量应按下列要求进行验收：

1 工程质量验收均应在施工单位自检合格的基础上进行；

2 参加工程施工质量验收的各方人员应具备相应的资格；

3 检验批的质量应按主控项目和一般项目验收；

4 对涉及结构安全、节能、环境保护和主要使用功能的试块、试件及材料，应在进场时或施工中按规定进行见证检验；

5 隐蔽工程在隐蔽前应由施工单位通知监理单位进行验收，并应形成验收文件，验收合格后方可继续施工；

6 对涉及结构安全、节能、环境保护和使用功能的重要分部工程，应在验收前按规定进行抽样检验；

7 工程的观感质量应由验收人员现场检查，并应共同确认。

《通风与空调工程施工质量验收规范》GB 50243—2016

A.1.1 通风与空调分部工程施工质量检验批验收记录，应在施工企业质量自检的基础上，由监理工程师（或建设单位项目专业技术负责人）组织会同项目施工员及质量员等对该批次工程质量的验收过程与结果进行填写。验收批验收的范围、内容划分，应由工程项目的专业质量员确定，抽样检验及合格评定应按本规范第 3.0.11 条与附录 B 的规定执行，并应按本规范第 A.2.1 条 ~ 第 A.2.8 条的要求进行填写与申报，验收通过后，应有监理工程师的签证。工程施工质量检验批批次的划分应与工程的特性相结合，不应漏项。

B.0.1 通风与空调工程施工质量检验批检验应在施工企业自检质量合格的条件下进行。

【问题解答】

《通风与空调工程施工质量验收规范》GB 50243—2016 规定了通风与空调工程施工质量验收的具体要求和检验方法，规定了在满足使用功能、安全运行、保证卫生要求的基础上最起码达到的标准。

一、工程质量检查评定

质量检查评定是在施工过程中，工程管理方各自进行的独立工程质量检查工作，各自对工程质量情况进行的评判活动。每一方都有责任按照管理职责要求提出工程质量是否存在质量问题，并提出建议。定期的质量分析例会，就是对各方质量检查评定的意见进行汇总和落实。质量检查评定是各自分散进行的质量管理活动，也是各自独立进行的质量管理活动。

质量检查评定的内容，涵盖规范所涉及的所有内容，同样也包括规范中基本要求和一般要求，以及主控项目和一般项目内容；同时，也包含过程检查中所有质量记录，如隐蔽工程检查记录、施工检查记录、材料和设备进场检验记录、施工试验等。质量检查评定还要对是否符合设计要求给出结论，对是否符合施工合同要求给出结论。

二、工程质量验收

工程质量验收是参与工程管理的各方共同对某分项工程，或子分部工程、分部工程进行的确认，是各自在对工程质量检查评定的基础上共同做出的对施工质量验收规范符合性的判断。

工程施工质量验收，不是只对工程的最终质量结果进行验收，而是体现在施工全过程，要求施工质量从一开始施工就能得到全面、有效的控制。

工程质量验收是在施工单位自检合格的基础上进行。这个“合格”，是施工方的自我判定，不是严格意义的合格标准。通风与空调工程质量合格判定的依据就是《通风与空调工程施工质量验收规范》GB 50243—2016 内各子分部工程分项工程检验批所对应的主控项目和一般项目，这是唯一判定依据。是否通过验收，除了要符合《通风与空调工程施工质量验收规范》GB 50243—2016 的合格标准要求外，还要看是否符合施工合同要求。

施工质量验收，不是到竣工时才进行，而是发生在整个施工过程。

1. 施工准备阶段的质量验收

工程施工前，要对质量管理情况进行验收。要求施工现场应具备完善的质量保证体系、健全的质量管理制度和施工质量检验制度、相应的技术标准以及综合施工质量水平考核制度，这是保证施工质量的根本所在。

2. 进场材料和设备质量验收

主要设备、材料、成品、半成品进场后，要进行质量验收，保证符合要求、合格的材料使用到工程当中。

3. 施工工序质量验收

在施工中，工序间交接要进行验收，上下工序不同的施工单位施工要办理交接验收，水暖及通风与空调专业工程与相关专业存在工序搭接时均要办理交接验收，目的是不让上道工序出现的问题带到下道工序来解决。

4. 施工过程质量验收

施工过程中检验批、分项工程、子分部以及分部工程形成后均要进行验收。

016 分项工程检验批的确定原则有哪些？

【规范条文】

《建筑与市政工程施工质量控制通用规范》GB 55032—2022

4.2.2 检验批质量应按主控项目和一般项目验收，并应符合下列规定：

1 主控项目和一般项目的确定应符合国家现行强制性工程建设规范和现行相关标准的规定；

2 主控项目的质量经抽样检验应全部合格；

3 一般项目的质量应符合国家现行相关标准的规定；

4 应具有完整的施工操作依据和质量验收记录。

《建筑工程施工质量验收统一标准》GB 50300—2013

5.0.1 检验批质量验收合格应符合下列规定：

1 主控项目的质量经抽样检验均应合格；

2 一般项目的质量经抽样检验合格。当采用计数抽样时，合格点率应符合有关专业验收规范的规定，且不得存在严重缺陷。对于计数抽样的一般项目，正常检验一次、二次抽样可按本标准附录D判定；

3 具有完整的施工操作依据、质量验收记录。

《通风与空调工程施工质量验收规范》GB 50243—2016

3.0.9 通风与空调工程分项工程施工质量的验收应按分项工程对应的本规范具体条文的规定执行。各个分项工程应根据施工工程的实际情况，可采用一次或多次验收，检验验收批的批次、样本数量可根据工程的实物数量与分布情况而定，并应覆盖整个分项工程。当分项工程中包含多种材质、施工工艺的风管或管道时，检验验收批宜按不同材质进行分列。

【问题解答】

检验批是施工过程中条件相同并有一定数量的材料、构配件或安装项目，由于其质量水平基本均匀一致，因此可以作为检验的基本单元，并按批验收。

检验批是工程验收的最小单位，是分项工程、分部工程、单位工程质量验收的基础。检验批验收包括资料检查、主控项目和一般项目检验。

质量控制资料反映了检验批从原材料到最终验收的各施工工序的操作依据、检查情况以及保证质量所必需的管理制度等。对其完整性的检查，实际是对过程控制的确认，是检验批合格的前提。

检验批的合格与否主要取决于对主控项目和一般项目的检验结果。主控项目是对检验批的基本质量起决定性影响的检验项目，须从严要求。因此，要求主控项目必须全部符合有关专业验收规范的规定，这意味着主控项目不允许有不符合要求的检验结果。对于一般项目，虽然允许存在一定数量的不合格点，但某些不合格点的指标与合格要求偏差较大或存在严重缺陷时，仍将影响使用功能或观感质量，对这些部位应进行维修处理。

为了使检验批的质量满足安全和功能的基本要求，保证建筑工程质量，各专业验收规范对各检验批的主控项目、一般项目的合格质量给予了明确的规定。

《计数抽样检验程序　第1部分：按接收质量限（AQL）检索的逐批检验抽样计划》GB/T 2828.1—2012 给出了计数抽样正常检验一次抽样、二次抽样结果的判定方法。具体的抽样方案应按有关专业验收规范执行。如有关规范无明确规定时，可采用一次抽样方案，也可由建设、设计、监理、施工等单位根据检验对象的特征协商采用二次抽样方案。

通风与空调分部工程由多个子分部工程组成，且每个子分部所包含的分项工程的内容及数量也有所不同。因此，对工程质量的验收，明确规定按分项工程具体的条文执行。分项工程质量验收时，应根据工程量的大小、施工工期的长短，以及作业区域、检验批所涉及子分部工程的不同，可采取一次验收或多次验收的方法。同时，还强调检验批应包含整个分项工程，不应漏项。例如，通风与空调工程的风管系统安装是一个分项工程，但是它可以分属于多个子分部工程，如送风、排风、空调及防排烟系统工程等。同时，它还存在采用不同材料，如金属、非金属或复合材料，因此，在分项工程质量验收时应按照规范对应分项内容，一一对照执行。

017 通风与空调工程各子分部分项工程检验批如何划分？

【规范条文】

《通风与空调工程施工质量验收规范》GB 50243—2016

3.0.9　通风与空调工程分项工程施工质量的验收应按分项工程对应的本规范具体条文的规定执行。各个分项工程应根据施工工程的实际情况，可采用一次或多次验收，检验验收批的批次、样本数量可根据工程的实物数量与分布情况而定，并应覆盖整个分项工程。当分项工程中包含多种材质、施工工艺的风管或管道时，检验验收批宜按不同材质进行分列。

【问题解答】

建筑通风与空调工程已全面执行《通风与空调工程施工质量验收规范》GB 50243—2016，尽管规范条文规定抽样检验方式存在诸多问题，但仍需要按规范条文要求执行。

在分项工程检验批验收时，如何确定每个检验批容量，规范中没有明确的具体规定，可由施工企业质量员与监理工程师协商确定，但如何划分才具有科学性和可操作性，执行时存在有很多误解。

针对不同的分项工程检验批验收容量给出以下建议，以供参考，见表1–3。

表 1–3　检验批划分基本原则

类别	检验批数量
材料、风阀、部件等进场	按批次，单位个数（同厂家、同型号、同一周期生产的产品，也可以是不同厂家、不同型号、不同周期生产的同类产品）为一个检验批量
风管、配件及成品	按每风管节数、配件个数分别为一个检验批量； 风管加工工艺验证，按材质、压力，3 节并不少于 $15m^2$ 风管面积为一个检验批量
水阀、部件、仪表、支吊架安装	按单位个数为一个检验批量
各类水管道安装	按系统支、干管数量及每 15m 管道长为一个检验批量
风管系统安装	按系统数量及每 20m 为一个检验批量
水管道涂漆、绝热	按系统类别，每 15m 管道长，或 $15m^2$ 为一个检验批量
风管与设备涂漆、绝热	按台、件，或 $15m^2$ 为一个检验批量
设备	按台或个数为一个检验批量
漏风量测试	按系统主干管及漏风仪风机风量的允许使用面积，不小于 $15m^2$ 为一个检验批量
工程调试	按每个系统为一个检验批量

一、材料，阀、部件等进场验收

1. 检验批的划分

不同的批次，不同的类别，应分别进行验收。

2. 检验批容量数确定

按个（件）数，每个或每件作为一个检验批单位量。每个检验批单位量总量，也就是检验批容量不大于 250 个。

二、风管、配件及成品进场验收

1. 检验批的划分

不同的批次，不同的系统类别，分别划分检验批。

2. 检验批容量数确定

按个、节数，每个或每节作为一个检验批量。风管及部件是按节进场，每节作为一个检验批单位量最为合理。

三、风管加工工艺性验证

风管加工工艺性验证应该在风管批量加工之前进行。但规范规定的抽检需要声称质量水平，显然是已加工完成后才进行的试验。建议分两步进行：一是在批量加工之前进行验证，分别加工样品进行强度和严密性试验，这也是确认加工工艺是否合格的重要措施，以免大批量加工后再发现因加工工艺不合格出现的大面积质量不合格现象。二是在风管加工完成进场之后，在安装之前进行抽样检验。该试验应包含现场加工风管及购买成品风管。

1. 检验批的划分

按压力级别、不同材质，分别划分检验批。

2. 检验批容量数确定

（1）批量加工之前

同样系统、同样工作压力，作为一个检验批量，先加工最少3节，并不少于$15m^2$，进行强度和严密性试验。也就是说，风管加工工艺性验证不属于检验批抽样检查，属于全数检查。

（2）风管进场检验

按进场批次，同样压力系统，抽取同规格不少于3节且不小于$15m^2$作为一个检验批单位量，进行强度和严密性试验。全数检查。

四、阀、部件、仪表、支吊架安装

1. 检验批的划分

按所属系统，分别划分检验批。

2. 检验批容量数确定

按个数分别计算，每个作为一个检验批单位量。每个检验批单位量总量，也就是检验批容量不大于250个。

五、各类水管道安装验收

1. 检验批的划分

按所属系统，不同的分项工程分别划分检验批。

2. 检验批容量数确定

一个分项工程可以划分若干检验批，可以按系统内不同管路划分，也可以随工程进度以及隐蔽部位的不同划分。以冷冻水系统安装为例，可以划分为机房管道安装、地下横导管安装、主立管安装、每层横导管安装、每层横支管安装，也可以划分为机房管道安装、设备层管道安装、主立管安装、每层管道安装等。

分项工程检验批的划分没有绝对的规定。对于标准层，也可几个标准层合并作为一个检验批进行验收。检验批的划分要符合施工工序的原则。每个检验批的单位量计算，可以按管段为一个单位量；对于主立管，可以按一个层为一个单位量；对于每层水平管道较多的检验批，也可以按每15m为一个单位量。每个检验批单位量总量，也就是检验批容量不大于250个。

六、风管系统安装

1. 检验批的划分

按所属系统，不同的分项工程分别划分检验批。每个系统，可以按主管及干管为一个检验批，支管为一个检验批；也可以按每层为一个检验批；对于同样的系统，也可以几层合并为一个检验批。

2. 检验批容量数确定

可以按管段数分别计算，每个管段可以作为一个检验批单位量。对于水平安装的风管，也可以按每 20m 为一个检验批单位量。同类型风管系统多的，也可以按风管面积平米数合并计算，每 15m^2 为一个检验批单位量。每个检验批单位量总量，也就是检验批容量不大于 250 个。

七、水管道涂漆、绝热

同水管道安装。

八、风管与设备涂漆、绝热

同风管安装。

九、设备

按台或个数为一个检验批单位量。全数检查。

十、漏风量测试

漏风量验收时，只是对主、干风管进行测试，支管不在测试范围内。但是，施工企业过程控制时，可以把支管漏风量纳入测试范围。

1. 检验批的划分

按所属系统，不同的分项工程分别划分检验批。

2. 检验批容量数确定

按试验测试仪允许的最大风管面积为一个检验批单位量。每个系统至少一个检验批单位量。每个系统独立计算，不应按所有系统合并计算面积。当一个风管系统测试仪允许最大测试面积整倍数有余数，小于 50% 可以不计入一个检验批量，大于 50% 面积计入一个检验批量。

十一、调试

按系统不同，分别作为一个检验批量。

018 检验、检查、核查、复验、验收分别是什么？

【规范条文】

《建筑节能工程施工质量验收标准》GB 50411—2019

2.0.7　检验

对被检验项目的特征、性能进行量测、检查、试验等，并将结果与标准或设计规定的要求进行比较，以确定项目每项性能是否合格的活动。

2.0.8 复验

进入施工现场的材料、设备等在进场验收合格的基础上，按照有关规定从施工现场随机抽样，送至具备相应资质的检测机构进行部分或全部性能参数检验的活动。

2.0.12 核查

对技术资料的检查及资料与实物的核对。包括：对技术资料的完整性、内容的正确性、与其他相关资料的一致性及整理归档情况等的检查，以及将技术资料中的技术参数等与相应的材料、构件、设备或产品实物进行核对、确认。

《通风与空调工程施工质量验收规范》GB 50243—2016

B.0.8 复验应对原样品进行再次测试，复验结果应作为该样品质量特性的最终结果。

B.0.9 复检应在原检验批总体中再次抽取样本进行检验，决定该检验批是否合格。复检样本不应包括初次检验样本中的产品。复检抽样方案应符合现行国家标准《声称质量水平复检与复验的评定程序》GB/T 16306 的规定。复检结论应为最终结论。

【问题解答】

在工程项目中，经常用到施工质量检验、施工质量检查、施工质量核查及施工质量验收等词语。每个词语看起来很相似，但其表达的含义有所不同。

一、施工质量检验

施工质量检验是对工程的一个和多个质量特性进行观察、试验、测量，并将结果和规定的质量要求进行比较，以确定每项质量特性合格情况的技术性检查活动。

施工质量检验是对工程质量的检查验证，主体可以是现场施工人员，也可以是现场监理人员、建设单位人员或质量监督部门人员，也可以委托第三方人员进行。施工质量检验是工程质量活动最基础的工作。

二、施工质量检查

施工质量检查是为了查找工程施工过程中存在的问题和缺陷，减少施工过程中的失误，提高工程合格率，保证工程内在质量和观感效果。

施工质量检查的主体可以是施工方人员、现场监理人员及建设方人员，或质量监督部门人员。施工质量检查可以是一个单位人员单独进行，也可以是几方人员共同检查。施工质量检查包含着施工质量检验。

三、施工质量核查

施工质量核查是在已知质量水平的情况下对工程质量再确认，找出可改进的质量问题，进而开展质量的持续改进和提高。施工质量核查一般用于过程质量监督和上级部门对工程项目施工质量的抽查检查。

施工质量核查的主体可以是施工方的其上一级部门，如项目总工对项目分包的质量核查；也可以是监理方、建设方；或质量监督部门；或委托的第三方机构对某工程项目的质量水平和质量情况检验、检查。

施工质量核查不是对工程质量验收，核查方式也包含检验、检查。质量核查与质量验收的目的是不同的，采用的抽样方案也是不同的。

四、施工质量复验

材料复验是进入施工现场的材料、设备等在进场验收合格的基础上，按照有关规定从施工现场随机抽样，送至具备相应资质的检测机构进行部分或全部性能参数检验的活动。

材料及设备复验一般是见证取样送检。见证就是甲方要委托监理工程师做见证，所有材料的抽样送检的样品由此人现场监督，并在整个送检过程全程监督，保证送到检测中心的是现场抽样的材料。

工程质量复验是指施工单位对工程验收机构的检验结果有异议的，向做出检验结果的检测机构或其上级检验机构申请重复的检验。

《通风与空调工程施工质量验收规范》GB 50243—2016 规定，复验应对原样品进行再次测试，在原检验批总体中再次抽取样本进行检验，决定该检验批是否合格。复验样本不应包括初次检验样本中的产品。复验抽样方案应符合现行国家标准《声称质量水平复检与复验的评定程序》GB/T 16306—2008 的规定。复验结论应为最终结论。

不同的标准，对于“复验”有特殊的解释和要求。

五、施工质量验收

施工质量验收是对工程质量是否符合某个质量标准做出符合性判断。

施工质量验收是在施工方对某项工程自检合格的基础上，参与工程项目的两方以上人员（施工方、监理、建设方、设计人员），对该项工程质量进行抽样复验，依据有关验收标准以书面形式对工程质量达到合格与否做出确认。

现场施工项目上级部门的质量检查活动不是质量验收，而属于质量检查评定。

施工质量验收具备以下几个特征和条件：

1）施工方自检合格，并进行申报质量验收。

2）多方参与，不能是一方人员单独进行。

3）共同确认，意见一致。

4）以书面形式留下记录。

5）施工质量合格的唯一判定依据是国家有关工程质量验收标准。

施工质量验收是对工程质量合格与否做出判定。施工质量验收包含检验、检验等方式。

019 质量验收抽样程序与质量核查抽样程序有何不同？

【规范条文】

《建筑工程施工质量验收统一标准》GB 50300—2013

3.0.9 检验批抽样样本应随机抽取，满足分布均匀、具有代表性的要求，抽样数量应符合有关专业验收规范的规定。当采用计数抽样时，最小抽样数量应符合表 3.0.9 的要求。

明显不合格的个体可不纳入检验批，但应进行处理，使其满足有关专业验收规范的规定，对处理的情况应予以记录并重新验收。

表 3.0.9　检验批最小抽样数量

检验批的容量	最小抽样数量	检验批的容量	最小抽样数量
2 ~ 15	2	151 ~ 280	13
16 ~ 25	3	281 ~ 500	20
26 ~ 90	5	501 ~ 1 200	32
91 ~ 150	8	1 201 ~ 3 200	50

条文说明：

本条规定了检验批的抽样要求。目前对施工质量的检验大多没有具体的抽样方案，样本选取的随意性较大，有时不能代表母体的质量情况。因此本条规定随机抽样应满足样本分布均匀、抽样具有代表性等要求。

对抽样数量的规定依据国家标准《计数抽样检验程序　第 1 部分：按接收质量限（AQL）检索的逐批检验抽样计划》GB/T 2828.1—2012，给出了检验批验收时的最小抽样数量，其目的是要保证验收检验具有一定的抽样量，并符合统计学原理，使抽样更具代表性。最小抽样数量有时不是最佳的抽样数量，因此本条规定抽样数量尚应符合有关专业验收规范的规定。表 3.0.9 适用于计数抽样的检验批，对计量 - 计数混合抽样的检验批可参考使用。

检验批中明显不合格的个体主要可通过肉眼观察或简单的测试确定，这些个体的检验指标往往与其他个体存在较大差异，纳入检验批后会增大验收结果的离散性，影响整体质量水平的统计。同时，也为了避免对明显不合格个体的人为忽略情况，本条规定对明显不合格的个体可不纳入检验批，但必须进行处理，使其符合规定。

《通风与空调工程施工质量验收规范》GB 50243—2016

3.0.10　检验批质量验收抽样应符合下列规定：

1　检验批质量验收应按本规范附录 B 的规定执行。产品合格率大于或等于 95% 的抽样评定方案，应定为第Ⅰ抽样方案（以下简称Ⅰ方案），主要适用于主控项目；产品合格率大于或等于 85% 的抽样评定方案，应定为第Ⅱ抽样方案（以下简称Ⅱ方案），主要适用于一般项目。

2　当检索出抽样检验评价方案所需的产品样本量 n 超过检验批的产品数量 N 时，应对该检验批总体中所有的产品进行检验。

3　强制性条款的检验应采用全数检验方案。

条文说明：

参照现行国家标准《计数抽样检验程序　第 11 部分：小总体声称质量水平的评定程序》GB/T 2828.11 和《计数抽样检验程序　第 4 部分：声称质量水平的评定程序》

GB/T 2828.4，对工程施工质量检验批的抽样检验，本规范规定，产品合格率大于或等于95%的抽样方案，定为第Ⅰ抽样方案（以下简称Ⅰ方案）；产品合格率大于或等于85%的抽样方案，定为第Ⅱ抽样方案（以下简称Ⅱ方案）。根据检验批总体中不合格品数的上限值（*DQL*）和该检验批的产品样本总数量*N*，对主控项目与一般项目的验收，应分别按本规范表B.0.2-1或表B.0.2-2确定抽样的数量*n*。

原规范及以往的质量验收规范对于工程施工质量项目的验收，均根据经验采用全检或按固定百分比抽检的方法。此种方法相对缺乏较明确的科学依据，不符合数理统计的原理和规则，在工程实际应用中亦发现不少问题，效果较差。当检验批量很大又没有自动检验设备的时候，要求实施100%检验是非常困难的。例如，风管漏风量的检验，一栋50 000m^2的建筑，采用全空气空调系统风管面积至少12 000m^2，用漏风量测试仪测试大约100m^2风管面积需要测一次，整个工程需测120次以上，这在时间、人力、财力上都是很难办到的。在许多情况下，即使规定了100%检验，受上述条件的限制，实际也做不到100%检验。另一方面，由于人员长时间从事大量的、重复性的工作，也极易出现差错，100%检验也不是完全有效的。

按检验批产品数的固定比例抽查也存在问题。有时它会使得供方风险、接收方风险得不到保证，或造成过量检验。例如，同样抽查20%，产品数*N*=40的批，样品量*n*=8，相当于抽样方案（8，1）；产品数*N*=230的批，样品量*n*=46，相当于抽样方案（46，1）。如果抽样方案（8，1）是合适的、有效的，则有同样质量水平的第二批也没有必要检查46个。如果抽样方案（46，1）才是合适的、有效的，则有同样质量水平的第一批只检验了8个样品，检验功效就接近于零了，误判、漏判的风险就会很大。

本规范此次修订时采用的抽样检验，属于验证性验收抽样检验，是对施工方自检的抽样程序及其声称的产品质量的审核。

由于抽样的随机性，以抽样为基础的任何评定，判定结果会有内在的不确定性。使用声称质量水平的评定程序，仅当有充分证据表明实际质量水平劣于声称质量水平时，才判定核查总体不合格；当核查总体的实际质量水平等于或优于声称质量水平时，判定核查总体不合格的风险大约控制在5%，当实际质量水平劣于声称质量水平，且劣于极限质量（LQ）时，判抽查合格的风险小于10%。当实际质量水平劣于声称质量水平而优于LQ时，判定核查通过的风险依赖于实际质量水平的值。

本规范采用的抽样检验方法，是将计数抽样检验程序的国家标准应用于通风与空调工程施工质量验收的尝试和实践。为了方便工程的应用，本规范对抽样方案进行了简化，确定了主控项目采用结果不小于95%，一般项目不小于85%的核查原则。

执行本规范的计数抽样检验程序的前提条件是施工企业已进行了施工质量的自检且达到合同和本规范的要求。

应用示例：

示例1：某建筑工程中安装了45个通风系统，受检方申报风量不满足设计要求的系统数量不超过3个，已达到主控项目的质量要求。试确定抽样方案。

解答：本规范规定系统风量为主控项目，使用本规范表B.0.2-1，由*N*=45，*DQL*=3，

查表得到抽样量 n=6。从 45 个通风系统中随机抽取 6 个系统进行风量检查，若其中没有或只有 1 个系统的风量小于设计风量，则判核查通过，该检验批“合格”；否则，判该检验批“不合格”。

示例 2：某检验批中有 115 台风机盘管机组，申报该批产品的风量合格率在 95% 以上，已达到主控项目的质量要求。欲采用抽样方法核查该声称质量是否符合实际，求抽样量。

解答：计算声称的不合格品数 DQL=115×（1–0.95）=5（取整）。

本规范规定风机盘管机组风量为主控项目，使用本规范表 B.0.2–1 确定抽样方案。因 N=115，介于 110 与 120 之间，查表时取 N=120，DQL=5，查表得到抽样量 n=10。

示例 3：某建筑物的通风、空调、防排烟系统的中压风管面积总和为 12 500m^2，申报风管漏风量的质量水平为合格率 95% 以上，已达到主控项目的质量要求。使用漏风量仪抽查风管的漏风量是否满足规范的要求，漏风仪的风机风量适用于每次检查中压风管 100m^2，试确定抽样方案。

解答：以 100m^2 风管为单位产品，需核查的产品批量 N=12 500/100=125，对应的不合格品数 DQL=125×（1–0.95）=6（取整）。

本规范规定风管漏风量为主控项目，使用本规范表 B.0.2–1 确定抽样方案，因 N 值介于 120 与 130 之间，取 N=130，查表得到抽样量 n=8。采用分层随机抽样法从中抽取 8 段 100m^2 的风管进行检查，若被测风管没有或只有 1 段的漏风量大于规范允许值，则判核查通过，该检验批“合格”；有 2 段及以上大于规范允许值，判该检验批“不合格”。

【问题解答】

一、验收与核查的概念

验收与核查是两个不同的概念。弄清两者的含义，以便正确理解标准条文的内容。

1. 验收

工程质量验收，建筑工程在施工单位自行质量检查评定的基础上，参与建设活动的有关单位共同对检验批、分项工程、分部工程、单位工程的质量进行抽样复验，根据相关标准以书面形式对工程质量达到合格与否做出确认。

工程质量验收必须是参与工程建设活动的两方以上人员共同的确认，不是单方面的质量检查行为。

2. 核查

工程质量核查，是对工程质量完成情况与预期目标进行核对检查。核查主体可以是工程参与方的各方，可以独立进行，也可以共同核查。

二、《通风与空调工程施工质量验收规范》GB 50243—2016 条文说明存在的问题

1. 关于示例 1

示例 1 中给出了 45 个通风空调系统，受检方申报风量不满足设计要求的系统数量

不超过3个，并强调了是主控项目。

45个通风空调系统，不符合要求的不超过3个；也就是说最多是3个，合格的空调系统最少是42个。当不合格数是3个的时候，合格率为42/45=93.3%，不能进行抽样验收；主控项目声称合格率最小是95%。

因此，示例1表述错误。

2. 关于示例2

示例2中是以风机盘管进场验收进行举例。

风机盘管是作为设备进场验收，如果供应方明确提出有最多5%的风机盘管风量不符合要求，作为采购方还能接受该批风机盘管么？

为什么要采购有明确不符合设计要求的产品呢？

因此，用声称质量水平的质量核查方式套用在设备进场验收上，是无法理解的。

3. 关于示例3

示例3是以中压风管测试漏风量检验批抽样进行举例。

通风、空调、防排烟系统的中压风管，分属不同的子分部工程，尽管都是中压风管，但工作压力不可能全部一致。因此，不同的子分部工程，不可能作为总和来计算抽样总量；况且，漏风量测试针对的是主、干管，而不是全部风管系统。

该示例更让人费解。

三、质量验收抽样程序与质量核查抽样程序

质量核查与质量验收的目的不同，方法也不同，各自使用的抽样程序和方法也不同。

1. 质量验收抽样程序

质量验收所规定的验收抽样程序的体系适用于两个相关方（例如供方与使用方）之间的双边协议。质量验收的内在含义是相关方共同遵守一个标准进行判定，符合要求的接收，不符合要求的就不接收。

质量验收抽样程序仅用作检验交验批的一个样本后交付产品的实际规则；因此，这些程序不明确涉及任何形式上的声称质量水平。验收抽样中，认为在可接收的批和不可接收的批的质量水平之间没有明显的分界。所以，工程施工质量验收的前提是施工方自检全部合格，质量均等；如果声称质量水平，就存在着一定量的不合格项，质量就存在着明显的差异。

2. 质量核查抽样程序

质量核查的前提是已明确产品质量水平和质量状况，明确存在差异。供方先声明质量水平，需方核查产品是否与供方声明的质量水平一致。评审、审核中验证某一核查总体的声称质量，而不是质量验收。

四、质量抽样标准

国家已发布的质量抽样标准中，《计数抽样检验程序》GB/T 2828系列标准、《计量抽样检验程序》GB/T 6378系列标准、《声称质量水平复检与复验的评定程序》GB/T 16306—

2008 和《商品质量监督抽样检验程序具有先验质量信息的情形》GB/T 28863—2012 共同构成支撑抽样检验工作的基础性系列国家标准。

质量核查的抽样应采用质量核查抽样程序方法，质量验收的抽样应采用质量验收抽样程序方法。

目前，工程中只涉及《计数抽样检验程序》GB/T 2828 系列标准、《计量抽样检验程序》GB/T 6378 系列标准和《声称质量水平复检与复验的评定程序》GB/T 16306 三部系列程序标准。

1. 计数抽样检验程序

《计数抽样检验程序》GB/T 2828 系列标准分为以下几个部分：

（1）第 1 部分：按接收质量限（AQL）检索的逐批检验抽样计划

现行标准为《计数抽样检验程序　第 1 部分：按接收质量限（AQL）检索的逐批检验抽样计划》GB/T 2828.1—2012。

GB/T 2828.1 的应用范围不同于 GB/T 2828.11，也不同于 GB/T 2828.4。GB/T 2828.1 和 GB/T 2828.3 的程序适用于验收抽样，但不适用于在评审、审核中验证某一核查总体的声称质量。其主要理由是，GB/T 2828.1 和 GB/T 2828.3 是用接收质量限来检索的，仅与验收抽样的实际目的有关，因而各种风险是均衡的。

GB/T 2828.1 ~ GB/T 2828.3 所规定的验收抽样程序的体系适用于两个相关方（例如生产方与使用方）之间的双边协议。验收抽样程序仅用作检验交验批的一个样本后交付产品的实际规则。因此，这些程序不明确涉及任何形式上的声称质量水平验收抽样中，认为在可接收的批和不可接收的批的质量水平之间没有明显的分界。

对于 GB/T 2828.1 ~ GB/T 2828.3 的程序，双方商定的某一接收质量限就是当提交一系列连续批时可容忍的最差的过程平均质量水平。

GB/T 2828.1 中的转移规则和抽样计划的设计，是为了鼓励生产方生产的产品具有比所选取的接收质量很好的过程平均质量水平。

GB/T 2828.1 和 GB/T 2828.3 的程序适用于验收抽样，但不适用于在评审、审核中验证某一核查总体的声称质量。

GB/T 2828.1 和 GB/T 2828.3 用接收质量限来检索的，仅与验收抽样的实际目的有关。

（2）第 2 部分：按极限质量（LQ）检索的孤立批检验抽样方案

现行标准为《计数抽样检验程序　第 2 部分：按极限质量（LQ）检索的孤立批检验抽样方案》GB/T 2828.2—2008。

GB/T 2828.2 的程序的目的，是为防止接收个别劣质批提供良好的保护而其代价是可能有高风险不接收实际上双方都认为可接收的批。

GB/T 2828.2 是一个按极限质量（LQ）检索的计数验收抽样检验系统。该抽样系统用于孤立批（孤立序列批，孤立批或是单批）检验，在这里 GB/T 2828.1 的转移规则不适用。

GB/T 2828.2 提供的抽样方案作为 GB/T 2828.1 的补充，并且与 GB/T 2828.1 兼容。

GB/T 2828.2 方案使用优先数系的极限质量（LQ）为索引，使用方的风险除了两种情况低于13%外，通常都低于10%。这种检索方法比GB/T 2828.1中的极限质量保护的特别程序更方便。

（3）第3部分：跳批抽样程序

现行标准为《计数抽样检验程序　第3部分：跳批抽样程序》GB/T 2828.3—2008。

GB/T 2828.3规定了计数验收检验的一般跳批抽样程序。这些程序的目的是对具有满意的质量保证体系和有效质量控制的供方所提交的高质量的产品提供一种减少检验量的途径。检验量的减少是通过以规定的概率，随机确定所提交检验的批是否可不经检验即予以接收。这些程序是将已用于GB/T 2828.1中对样本单位的随机抽取原理推广至对批的随机抽取。

GB/T 2828.3所规定的跳批抽样程序适用于（但不限于）下述检验：

1）最终产品，如整机或部件。

2）元器件和原材料。

3）在制品。

（4）第4部分：声称质量水平的评定程序

现行标准为《计数抽样检验程序　第4部分：声称质量水平的评定程序》GB/T 2828.4—2008。

GB/T 2828.4的范围不同于GB/T 2828.1 ~ GB/T 2828.3。GB/T 2828.4规定的抽样检验程序是为了在正规的评审中所需做的抽样检验而开发出来的。当实施这种形式的检验时，负责部门必须考虑做出不正确结论的风险，并且在安排和执行评审（或审核，或试验）中考虑此风险。

GB/T 2828.4设计了一些规则，使得当核查总体的实际质量水平符合声称质量水平时，判抽检不合格的风险很小。如果还希望当核查总体的实际质量水平不符合声称质量水平时，判抽检合格的风险同样很小，必须有更大的样本量。为了使样本量大小适当，允许当实际质量水平事实上不符合声称质量水平时，判抽检合格的风险稍高。

评价结果的用词应反映所得到的各种错误结论的风险之间的不平衡。

当抽样结果判抽检不合格时，有很大的把握认为："核查总体的实际质量水平劣于该声称质量水平"。当抽样结果判抽检合格时，认为："对此有限的样本量，未发现核查总体的实际质量水平劣于该声称质量水平"。因此，当样本量较小时，对判抽检合格的核查总体，核查部门不负确认总体合格的责任。

（5）第5部分：按接收质量限（AQL）检索的逐批序贯抽样检验系统

现行标准为《计数抽样检验程序　第5部分：按接收质量限（AQL）检索的逐批序贯抽样检验系统》GB/T 2828.5—2011。

在当代生产过程中，期望不合格品率常常达到10^{-6}级的高质量水平。在这种情况下，使用通常的抽样方案（例如GB/T 2828.1所提供的抽样方案），往往需要非常大的样本量。面对这个问题，使用者会使用较高错判概率的验收抽样方案，或在极端情况下，完全放弃验收抽样程序。

然而，许多情况下，仍然要用标准化的统计方法验收高质量的产品，这时就要应用样本量尽可能小的统计抽样方法。序贯抽样方案是仅有的满足这种需要的统计抽样方法，因为在具有相近统计特性的所有可能的抽样方案中，序贯抽样方案具有最小的平均样本量。因此，非常有必要给出与 GB/T 2828.1 中常用的收抽样方案在统计上等价，但所需平均样本量显著小的序贯抽样检验方案。

序贯抽样方案的主要优势是可以降低平均样本量，平均样本量是在给定的批或过程质量水平下，其抽样方案所有可能出现的样本量的加权平均。在等效操作特性的前提下，像二次和多次抽样方案一样，序贯抽样方案比一次抽样方案的平均样本量更小。使用序贯抽样方案比使用二次或多次抽样方案节省的平均费用更多，对于质量非常好的批，序贯抽样方案的节省最多可达 85%，比较起来，二次样方案只能节省 37%，多次（五次）抽样方案只能节省 75%。其他需要考虑的因素包括：

1）简单性。与一次抽样方案的简单规则相比，序贯抽样方案的规则稍显复杂。

2）检验量的可变性。对具体的批来说，由于实际检验的单位产品数事先未知，序贯抽样方案的组织实施会有一些困难，例如，检验操作流程的安排等。

3）抽取样本产品的费用。如果在不同时间抽取样本产品费用较高，那么序贯抽样方案平均样本量降低的获益会被抽样费用的增加所抵消。

4）试验的持续时间。如果单个产品的测试时间较长，且多个产品可同时测试，则采用序贯抽样方案的测试时间比采用对应的一次抽样方案所需的时间长。

5）批内质量的变异。如果批由两个或多个不同来源的子批组成，且子批间的质量可能存在实质差别，则序贯抽样方案代表性样本的抽取比对应的一次抽样方案更困难。

二次、多次抽样方案的优点和缺点介于一次和序贯抽样方案之间。权衡平均样本量小的优点与上述缺点可得出如下结论：序贯抽样方案仅适用于单个样本产品的测试费用相对昂贵的情形。

一次、二次、多次和序贯抽样方案类型的选型应在批检验开始之前确定。在一批检验期间，不允许从一种抽样方案类型转移到另一种类型，因为如果实际检验结果影响了接收准则的选择，则抽样方案的操作特性可能会剧烈变化。

尽管序贯抽样方案较之对应的一次抽样方案在平均意义上更为经济，但对于某具体批的检验，可能会出现累积不合格品数长期徘徊于接收数和拒收数之间，直到检验量很大时才能作出接收或拒收判定的情形。使用图解法时，上述情形对应于阶梯曲线在不定域内随机徘徊。这种情况最有可能发生在批或过程的质量水平（不合格品百分数或每百单位产品不合格数）接近于接收线和拒收线斜率 g 的 100 倍时，其中 g 是接收线和拒收线斜率。

为避免上述情形，在抽样开始之前应设置累积样本量的一个截尾值 n_t，当累积样本量达到 n_t 时，若批的接收性还没有确定，则终止检验，并用截尾接收数和截尾拒收数来判定批的接收与否。

尽管截尾会导致序贯抽样方案操作特性的变化，但本部分中确定序贯抽样方案的操作特性时考虑了截尾。截尾准则是本部分所提供抽样方案的一个组成部分。

（6）第 10 部分：GB/T 2828 计数抽样检验系列标准导则

现行标准为《计数抽样检验程序　第 10 部分：计数抽样检验系列标准导则》

GB/T 2828.10—2010。GB/T 2828.10 描述了验收抽样系列标准 GB/T 2828.1 ~ GB/T 2828.5 和 GB/T 2828.11 中提到的计数抽样计划和抽样方案。

GB/T 2828.10 综合介绍了计数抽样检验的一般操作程序和使用方法。要想全面理解相关的概念和应用，还需查询 GB/T 2828.1 ~ GB/T 2828.5、GB/T 2828.11 和《验收抽样检验导则》GB/T 13393—2008。

需要强调的是，GB/T 2828.1 规定了按接收质量限检索的抽样计划，用于以不合格品百分数或每百单位产品不合格数作为质量指标的情形。

GB/T 2828.1 主要用于对来自同一生产或服务过程的连续批的检验，这种情况下，当连续批中的短序列中发现一定数量的不接收批时，通过由正常检验转到加严检验来使得产品质量指标的过程平均控制在使用方的要求以下。

GB/T 2828.2 给出了用于单批或孤立批的抽样方案。这些抽样方案在很多情形下等价于 GB/T 2828.1 中的抽样方案。GB/T 2828.2 中所有的抽样方案都包含要求以高概率接收批时的质量水平的有关信息。

GB/T 2828.3 给出了在长时期提交或观测中，当过程平均质量水平明显优于接收质量限时，使用的跳批抽样程序。当质量水平处于非常好的状态时，使用 GB/T 2828.3 中的跳批抽样程序比用 GB/T 2828.1 中放宽检验抽样程序更经济。与 GB/T 2828.1 一样，GB/T 2828.3 用于单一来源的连续系列批。

GB/T 2828.4 和 GB/T 2828.11 给出了用于评定某一总体（批或过程等）的质量水平是否不符合某声称质量水平的程序。该部分的功能不同于本系列的其他部分，其主要原因是，其他部分的程序是按接收质量限检索的，仅与验收抽样的实际目的有关，且综合考虑了两类风险。GB/T 2828.4 的程序是为了在正规的、系统的评审或审核中所需做的抽样检验而开发出来的。GB/T 2828.4 适用于对较大总体的抽样检验，GB/T 2828.11 适用于对径总体的抽样检验。

GB/T 2828.5 给出了建立序贯抽样方案的方法，其鉴别力基本上等价于 GB/T 2828.1 中相应的方案。

计量抽样检验方案的系统也按接收质量限检索，由《计量抽样检验程序》GB/T 6378 系列标准给出。

（7）第 11 部分：小总体的声称质量水平的评定程序

现行标准为《计数抽样检验程序　第 11 部分：小总体的声称质量水平的评定程序》GB/T 2828.11—2008。GB/T 2828.11 的应用范围不同于 GB/T 2828.1。

前面已经描述，GB/T 2828.1 所规定的验收抽样程序的体系适用于两个相关方（例如供方与使用方）之间的双边协议。验收抽样程序仅用作检验交验批的一个样本后交付产品的实际规则。因此，这些程序不明确涉及任何形式上的声称质量水平，验收抽样中，认为在可接收的批和不可接收的批的质量水平之间没有明显的分界。GB/T 2828.1 中的转移规则和抽样计划的设计，是为了鼓励供方生产的产品具有比所选取的接收质量限好的过程平均质量水平。

GB/T 2828.11 与 GB/T 2828.4 都是为了评价其核查总体的质量水平是否不符合其声称质量水平；然而 GB/T 2828.4 用于核查总体量超过 250 的情形，这是因为 GB/T 2828.4 中用两项分布计算抽检样本符合要求（$d \leqslant L$）的概率；而 GB/T 2828.11 用于核查总体量小于 250 的情形，用超几何分布计算抽检样本符合要求（$d \leqslant L$）的概率。当计件检验时，若核查总体的总体量大于 250 时且批量与样本量之比大于 10 时，使用 GB/T 2828.4 检索抽样方案，而当核查总体的总体量不大于 250 时，则应使用 GB/T 2828.11 检索抽样方案。

GB/T 2828.11 规定的抽样检验程序是为了在正规的评审中所需做的抽样检验而开发出来的。当实施这种形式的检验时，负责部门必须考虑做出不正确结论的风险，并且在安排和执行评审（或审核，或试验）中考虑此风险。

GB/T 2828.11 设计了一些规则，使得当事实上核查总体的实际质量水平符合声称质量水平时，判核查总体不合格的风险很小。如果还希望当核查总体的实际质量水平不符合声称质量水平时，判核查通过的风险同样很小，必须有更大的样本量。为了尽量减小样本量，允许当实际质量水平事实上不符合声称质量水平时，判核查通过的风险稍高。

判定结果的用词反映了做出不同错误结论风险的不平衡，当由抽样结果判核查总体不合格时，有很大的把握认为："核查总体的实际质量水平劣于该声称质量水平"。当由抽样结果判核查通过时，认为："对此有限的样本量，未发现核查总体的实际质量水平劣于该声称质量水平"。因此，当样本量较小时，对判核查通过的情形，负责部门不负确认核查总体合格的责任。

GB/T 2828.11 适用范围：适用于能从核查总体中抽取由一些单位产品组成的随机样本，以不合格品数为质量指标的小总体计数一次抽样检验。可用于各种形式的质量核查，不可用于批的验收抽样。

GB/T 2828.11 规定了为评定某一总体（批或过程）的质量水平是否不符合某一声称质量水平的计数抽样方案和评定程序。

2. 计量抽样检验程序

《计量抽样检验程序》GB/T 6378 系列标准将分为以下部分，其预期结构及对应的国际标准和将代替的国家标准为：

（1）第 1 部分：按接收质量限（AQL）检索的对单一质量特性和单个 AQL 的逐批检验的一次抽样方案的规定

现行标准为《计量抽样检验程序 第 1 部分：按接收质量限（AQL）检索的对单一质量特性和单个 AQL 的逐批检验的一次抽样方案的规定》GB/T 6378.1—2008。GB/T 6378.1 规定了计量一次抽样方案的验收抽样系统。GB/T 6378.1 规定了计量一次抽样检验方案的验收抽样系统，它以接收质量限（AQL）为索引，GB/T 6378.1 是 GB/T 2828.1 的补充。GB/T 6378.1 给出的方法的目的在于，确保对实际质量水平优于接收质量限的批以高概率接收，同时确保对实际质量水平劣于接收质量限的批以低概率接收，上述目的是通过标准所提供的转移规则实现的：

1）当发现质量劣化时，通过转移到加严检验或暂停抽样检验，自动对使用方提供保护。

2）如果质量一贯地好，通过转移到样本量较小的抽样方案以减少检验费用来激励生产方。

GB/T 6378.1 中批的接收性实质上是由过程不合格品百分数（从过程中各批随机抽取的样本来估计）决定的。该标准的检验程序适用于分立个体产品的连续系列批，即产品全部由同一生产方同生产过程提供。本标准仅适用于能用连续尺度度量的单个质量特性：对于两个或更多质量特性的情形见 GB/T 6378.2。

（2）第 4 部分：对均值的声称质量水平的评定程序

现行标准为《计量抽样检验程序　第 4 部分：均值的声称质量水平的评定程序》GB/T 6378.4—2018，规定的抽样方案和评定程序是用于评定某一总体（批或过程等）的质量水平是否不符合某一声称质量水平。GB/T 6378.4 给出的抽样方案使否定某一合格总体（批）的风险控制在大约 5%。GB/T 6378.4 提供的抽样方案可用于（但不限于）检验下述各种产品，例如最终产品、零部件和原材料、操作、在制品、库存品、维修操作、数据与记录、管理程序等。

GB/T 6378.4 的范围不同于 GB/T 6378.1 ~ GB/T 6378.3；GB/T 6378.1 ~ GB/T 6378.3 所规定的验收抽样程序的体系适用于两个相关方（例如供方与使用方）之间的双边协议；验收抽样程序仅用作检验交验批的样本后判定是否接收批产品的规则；因此，这些程序不明确涉及任何形式上的声称质量水平。验收抽样中，认为在可接收的批和不可接收的批的质量水平之间没有明显的界限。

对于 GB/T 6378.1 ~ GB/T 6378.3 中的程序，双方商定的某一接收质量限就是当提交一系列连续批时可容忍的最差的过程平均质量水平。GB/T 6378.1 和 GB/T 6378.3 中的程序适用于验收抽样，但不适用于在评审、审核中验证某一核查总体的声称质量。其主要理由是：GB/T 6378.1 和 GB/T 6378.3 是用接收质量限来检索的，仅与验收抽样的实际目的有关，因而对两类风险是均衡的。

3. 复检与复验评定程序

《声称质量复验与复检的评定程序》GB/T 16306—2008 规定了在产品质量评定时，对核查总体的复检和对样本产品的复验的方法。

对总体的抽样检验，我国已颁布了 3 项用于质量核查的抽样标准，它们分别是《计数抽样检验程序　第 4 部分：声称质量水平的评定程序》GB/T 2828.4—2008、《计数抽样检验程序　第 11 部分：小总体声称质量水平的评定程序》GB/T 2828.11—2008 和《计量抽样检验程序　第 4 部分：对均值的声称质量水平的评定程序》GB/T 6378.4—2018。

GB/T 2828.4、GB/T 2828.11、GB/T 6378.4 都是为了评价其核查总体的质量水平是否不符合其声称质量水平，以抽样为基础的任何评定，由于抽样的随机性，判定结果会有内在的不确定性，这些标准设计了一些规则，使得当事实上核查总体的实际质量水平符合声称质量水平时，判核查总体不合格的风险控制在 5%。如果还希望当核查总体的实际质量水平不符合声称质量水平时，判核查通过的风险同样很小，必须有更大的样本量。

由于其抽样方案“对事实上核查总体的实际质量水平符合声称质量水平时，有 5% 的可能性判核查总体不合格”，为了减小这种风险，就需要复检，《声称质量复验与复检的评定程序》GB/T 16306—2008 中的复检部分正是为了这个目的而设计的。

对检测对象的复验，《声称质量复验与复检的评定程序》GB/T 16306—2008 规定了在多次检测中报出最终结果的方法，只有当相关的检测标准已规定了重复性限、再现性限和中间精密度条件下的标准差，才能使用《声称质量复验与复检的评定程序》GB/T 16306—2008 的方法在多次检测中确定最终报出结果。

为了尽量减小样本量，允许当实际质量水平事实上不符合声称质量水平时，判核查通过的风险稍高。在《测量方法与结果的准确度（正确度与精密度）　第 2 部分：确定标准测量方法重复性与再现性的基本方法》GB/T 6379.2—2004 及《测量方法与结果的准确度（正确度与精密度）　第 3 部分：标准测量方法精密度的中间度量》GB/T 6379.3—2012 中已规定了如何得到重复性限、再现性限和中间精密度条件下的标准差的方法。

以抽样为基础的任何评定，由于抽样的随机性，判定结果会有内在的不确定性。这些标准设计了一些规则，使得当事实上核查总体的实际质量水平符合声称质量水平时，判核查总体不合格的风险控制在 5%。

五、质量验收抽样标准与质量核查抽样标准

质量验收与质量核查的目的与方法不一样，质量验收抽样依据的标准与质量核查抽样依据的标准也不同。

1. 质量验收抽样标准

对于质量验收的抽样，公布的可用于质量验收抽样标准是《计数检验抽样程序　第 1 部分：按接受质量限（AQL）检索的逐批检验抽样计划》GB/T 2828.1—2012 和《计数抽样检验程序　第 3 部分：跳批抽样程序》GB/T 2828.3—2008，以及《计量抽样检验程序　第 1 部分：按接收质量限（AQL）检索的对单一质量特性和单个 AOL 的逐批检验的一次抽样方案的规定》GB/T 6378.1—2008。这些标准规定的程序适用于质量验收抽样，但不适用于在评审、审核中验证某一核查总体的声称质量。

《建筑工程质量验收统一标准》GB 50300—2013 及《建筑节能工程施工质量验收标准》GB 50411—2019 规定的质量验收抽样方法就是引用 GB/ 2828.1 的要求，使用方便，易操作。

2. 质量核查的抽样标准

对核查总体的抽样检验，我国已颁布了 3 项用于质量核查的抽样标准，它们分别是《计数抽样检验程序　第 4 部分：声称质量水平的评定程序》GB/T 2828.4—2008、《计数抽样检验程序　第 11 部分：小总体声称质量水平的评定程序》GB/T 2828.11—2008 和《计量抽样检验程序　第 4 部分：对均值的声称质量水平的评定程序》GB/T 6378.4—2018。这三项标准明确提出“可用于各种形式的质量核查，不可用于批的验收抽样。”

《通风与空调工程施工质量验收规范》GB 50243—2016 是质量验收标准，但规定的抽样方法引用的是核查总体抽样标准 GB/T 2828.11—2008《计数抽样检验程序　第 11 部分：小总体声称质量水平的评定程序》，引用标准错误。所以，在执行中出现很多问题，以至于无法落实。

020 如何理解通风与空调工程分项工程检验批抽样方法？

【规范条文】

《通风与空调工程施工质量验收规范》GB 50243—2016

3.0.10 检验批质量验收抽样应符合下列规定：

1 检验批质量验收应按本规范附录B的规定执行。产品合格率大于或等于95%的抽样评定方案，应定为第Ⅰ抽样方案（以下简称Ⅰ方案），主要适用于主控项目；产品合格率大于或等于85%的抽样方案，应定为第Ⅱ抽样方案（以下简称Ⅱ方案），主要适用于一般项目。

2 当检索出的抽样方案所需的产品样本量 n 超过检验批的产品数量 N 时，应对该检验批总体中所有的单位产品进行检验。

3 强制性条款的检验，应采用全数检验方案。

B.0.1 通风与空调工程施工质量检验批检验应在施工企业自检质量合格的条件下进行。

B.0.2 通风与空调工程施工质量检验批的抽样检验应根据表B.0.2-1、表B.0.2-2的规定确定核查总体的样本量 n。

表 B.0.2-1 第Ⅰ抽样方案表

DQL \ n \ N	10	15	20	25	30	35	40	45	50	60	70	80	90	100	110	120	130	140	150	170	190	210	230	250
2	3	4	5	6	7	8	9	10	11	14	16	18	19	21	25	25	30	30	—	—	—	—	—	—
3				4	4	5	6	6	7	9	10	11	13	14	15	16	18	19	21	23	25	—	—	—
4								5	5	6	7	8	9	10	11	12	13	14	15	17	19	20	25	—
5										5	6	6	7	8	9	10	10	11	12	13	15	16	18	19
6												5	6	7	7	8	8	9	10	11	12	13	15	16
7													5	6	6	7	7	8	8	9	10	12	13	14
8														5	5	6	6	7	7	8	9	10	11	12
9																5	6	6	6	7	8	9	10	11
10																	5	5	6	7	7	8	9	10
11																			5	6	7	7	8	9
12																				6	6	7	7	8
13																				5	6	6	7	7
14																					5	6	6	7
15																						5	6	6

注：1 本表适用于产品合格率为95%～98%的抽样检验，不合格品限定数为1。

2 N 为检验批的产品数量，DQL 为检验批总体中的不合格品数的上限值，n 为样本量。

表 B.0.2-2 第Ⅱ抽样方案表

n \ N / DQL	10	15	20	25	30	35	40	45	50	60	70	80	90	100	110	120	130	140	150	170	190	210	230	250
2	3	4	5	6	7	8	9																	
3			3	4	4	5	6	6	7	9														
4				3	3	4	4	5	5	6	7	8												
5					3	3	3	4	4	5	6	6	7											
6							3	3	3	4	5	5	6	7	7									
7								3	3	4	4	5	5	6	6	7	7							
8										3	4	4	5	5	5	6	6	7	7					
9										3	3	4	4	4	5	5	6	6	6	7				
10											3	3	4	4	4	5	5	5	6	7	7			
11											3	3	3	4	4	4	5	5	5	6	7	7		
12												3	3	3	4	4	4	5	5	6	6	7	7	
13													3	3	3	4	4	4	5	5	6	6	7	7
14													3	3	3	3	4	4	4	5	5	6	6	7
15														3	3	3	3	4	4	5	5	5	6	6
16															3	3	3	4	4	4	5	5	6	6
17															3	3	3	3	4	4	4	5	5	6
18																3	3	3	3	4	4	5	5	5
19																	3	3	3	4	4	4	5	5
20																	3	3	3	3	4	4	5	5
21																		3	3	3	4	4	4	5
22																			3	3	4	4	4	4
23																			3	3	3	4	4	4
24																				3	3	4	4	4
25																				3	3	3	4	4

注：1 本表适用于产品合格率大于或等于 85% 且小于 95% 的抽样检验，不合格品限定数为 1。

2 *N* 为检验批的产品数量，*DQL* 为检验批总体中的不合格品数的上限值，*n* 为样本量。

B.0.4 样本应在核查总体中随机抽取。当使用分层随机抽样时，从各层次抽取的样本数应与该层次所包含产品数占该检查批产品总量的比例相适应。当在核查总体中抽样时，可把可识别的批次作为层次使用。

B.0.5 通风与空调工程施工质量检验批检验样本的抽样和评定规定的各检验项目，应按国家现行标准和技术要求规定的检验方法，逐一检验样本中的每个样本单元，并应统计出被检样本中的不合格品数或分别统计样本中不同类别的不合格品数。

B.0.6 抽样检验中，应完整、准确记录有关随机抽取样本的情况和检查结果。

B.0.8 复验应对原样品进行再次测试，复验结果应作为该样品质量特性的最终结果。

B.0.9 复检应在原检验批总体中再次抽取样本进行检验，决定该检验批是否合格。复检样本不应包括初次检验样本中的产品。复检抽样方案应符合现行国家标准《声称质量水平复检与复验的评定程序》GB/T 16306 的规定。复检结论应为最终结论。

【问题解答】

需明确的是，《通风与空调工程施工质量验收规范》GB 50243—2016 采用质量核查的抽样方法不妥，质量核查与质量验收采用的抽样方法是不同的。

针对《通风与空调工程施工质量验收规范》GB 50243—2016 所规定抽样方案进行如下分析：

一、关于Ⅰ方案

当核查批的产品数量为 10 时，给出的最大声称不合格品数为 2，声称合格率大于或等于 80%；当核查批的产品数量为 15 时，给出的最大声称不合格品数为 2，声称合格率大于或等于 86.7%；当核查批的产品数量为 20 时，给出的最大声称不合格品数为 2，声称合格率大于或等于 90%；当核查批的产品数量为 25 时，给出的最大声称不合格品数为 2，声称合格率大于或等于 92%；当核查批的产品数量为 30 时，给出的最大声称不合格品数为 2，声称合格率大于或等于 93.3%；当核查批的产品数量为 35 时，给出的最大声称不合格品数为 2，声称合格率大于或等于 94.3%；当核查批的产品数量为 40 时，给出的最大声称不合格品数为 2，声称合格率大于或等于 95%。以上只有核查批的产品数量大于或等于 40 时，最多允许声称有 2 个不合格，才符合自检合格率大于或等于 95%；如果声称最多 1 个不合格品，那受检检验批数量最少为 20，自检合格率为 95%。

对于主控项目，检验批产品数量小于 40 的，施工企业自检不合格数最多为 1 个；当检验批产品数量小于 20 时，施工企业自检不能有不合格产品。

二、关于Ⅱ方案

同样，Ⅱ方案中，给出的最小声称不合格数为 2，只有当检验批最小为 14 时，自检合格率为 85.7%。也就是说，当检验批数量小于 14 大于 7 时，允许有一个不合格产品；检验批产品数量小于 7 时，不能有不合格产品。

021 如何判定通风与空调工程分项工程检验批质量合格？

【规范条文】

《通风与空调工程施工质量验收规范》GB 50243—2016

3.0.10 检验批质量验收抽样应符合下列规定：

1 检验批质量验收应按本规范附录 B 的规定执行。产品合格率大于或等于 95% 的抽样评定方案，应定为第Ⅰ抽样方案（以下简称Ⅰ方案），主要适用于主控项目；产品合格率大于或等于 85% 的抽样评定方案，应定为第Ⅱ抽样方案（以下简称Ⅱ方案），主要适用于一般项目。

2　当检索出抽样检验评价方案所需的产品样本量 n 超过检验批的产品数量 N 时，应对该检验批总体中所有的产品进行检验。

3　强制性条款的检验应采用全数检验方案。

B.0.7　当样本中发现的不合格品数小于或等于 1 个时，应判定该检验批合格；当样本中发现的不合格数大于 1 个时，应判定该检验批不合格。

《建筑工程施工质量验收统一标准》GB 50300—2013

3.0.9　检验批抽样样本应随机抽取，满足分布均匀、具有代表性的要求，抽样数量应符合有关专业验收规范的规定。当采用计数抽样时，最小抽样数量应符合表 3.0.9 的要求。

明显不合格的个体可不纳入检验批，但应进行处理，使其满足有关专业验收规范的规定，对处理的情况应予以记录并重新验收。

表 3.0.9　检验批最小抽样数量

检验批的容量	最小抽样数量	检验批的容量	最小抽样数量
2 ~ 15	2	151 ~ 280	13
16 ~ 25	3	281 ~ 500	20
26 ~ 90	5	501 ~ 1 200	32
91 ~ 150	8	1 201 ~ 3 200	50

【问题解答】

一、条文解释内容

根据条文解释，《通风与空调工程施工质量验收规范》GB 50243—2016 与《通风与空调工程施工质量验收规范》GB 50243—2002 相比，在修订时参照现行国家标准《计数抽样检验程序　第 11 部分：小总体声称质量水平的评定程序》GB/T 2828.11 和《计数抽样检验程序　第 4 部分：声称质量水平的评定程序》GB/T 2828.4，对工程施工质量检验批的抽样检验，该规范规定，产品合格率大于或等于 95% 的抽样方案，定为第Ⅰ抽样方案（以下简称Ⅰ方案）；产品合格率大于或等于 85% 的抽样方案，定为第Ⅱ抽样方案（以下简称Ⅱ方案）。

根据检验批总体中不合格品数的上限值（DQL）和该检验批的产品样本总数量（N），对主控项目与一般项目的验收，应分别按该规范表 B.0.2–1 或表 B.0.2–2 确定抽样的数量 n。该规范采用的抽样检验属于验证性验收抽样检验，是对施工方自检的抽样程序及其声称的产品质量的审核。

由于抽样的随机性，以抽样为基础的任何评定，判定结果会有内在的不确定性。使用声称质量水平的评定程序，仅当有充分证据表明实际质量水平劣于声称质量水平时，才判定核查总体不合格；当核查总体的实际质量水平等于或优于声称质量水平时，判定核查总体不合格的风险大约控制在 5%，当实际质量水平劣于声称质量水平，且劣于极限质量时，判抽查合格的风险小于 10%。当实际质量水平劣于声称质量水平而优于极限质量时，判定核查通过的风险依赖于实际质量水平的值。

该规范采用的抽样检验方法，是将计数抽样检验程序的国家标准应用于通风与空调工程施工质量验收的尝试和实践。为了方便工程的应用，该规范对抽样方案进行了简化，确定了主控项目采用结果不小于 95%、一般项目不小于 85% 的核查原则。

二、如何应用标准条文

前面问题中已阐述质量验收与质量核查的不同，相应国家标准也已明确适用范围。

对于质量验收的抽样，公布的可用于质量验收抽样的标准是《计数检验抽样程序　第 1 部分：按接受质量限（AQL）检索的逐批检验抽样计划》GB/T 2828.1—2012 和《计数抽样检验程序　第 3 部分：跳批抽样程序》GB/T 2828.3—2008，以及《计量抽样检验程序　第 1 部分：按接收质量限（AQL）检索的对单一质量特性和单个 AQL 的逐批检验的一次抽样方案的规定》GB/T 6378.1—2008。这些标准规定的程序适用于质量验收抽样，但不适用于在评审、审核中验证某一核查总体的声称质量。

对核查总体的抽样检验，我国已颁布了 3 项用于质量核查的抽样标准，分别是《计数抽样检验程序　第 4 部分：声称质量水平的评定程序》GB/T 2828.4—2008、《计数抽样检验程序　第 11 部分：小总体声称质量水平的评定程序》GB/T 2828.11—2008 和《计量抽样检验程序　第 4 部分：对均值的声称质量水平的评定程序》GB/T 6378.4—2018。这三项标准明确提出“可用于各种形式的质量核查，不可用于批的验收抽样。”

《通风与空调工程施工质量验收规范》GB 50243—2016 采用质量核查抽样方式用于质量验收过程中，在执行时确实有不被理解的地方。该规范中只给出了主控项目 95% ~ 98%、一般项目 85% ~ 94% 声称质量水平范围；如果施工方申报检查评定合格率主控项目在 99% ~ 100%、一般项目 95% ~ 100% 时，分别超出了该规范表 B.0.2-1、表 B.0.2-2 的范围，如何抽样呢？在《通风与空调工程施工质量验收规范》GB 50243—2016 没有修订的情况下，还要按照该规范的内容去执行。为了与《建筑工程施工质量验收统一标准》GB 50300—2013 相一致，在施工企业申报声称质量水平时都要达到 100%；也就是说，施工单位自检全部合格才能申报验收。申报 100% 声称质量水平，不存在不合格项，就无法按该规范表 B.0.2-1、表 B.0.2-2 进行抽样。

如何解决这个问题呢？在申报 100% 质量声称水平时，按照《建筑工程施工质量验收统一标准》GB 50300—2013 中表 3.0.9 进行抽样，主控项目抽样样本全部合格，一般项目抽样样本不合格数不能大于 1，且不合格项修复完成并检查合格，即可判定改检验批为合格。

三、存在的问题

“采用抽样方案检验时，且检验批检验结果合格时，批质量验收应予以通过；当抽样检验批检验结果不符合合格要求时，受检方可申请复验或复检。”该条在表述中存在问题。该条规定的是检验批合格的条件，如何理解“且检验批检验结果合格时，批质量验收应予以通过”？应该采用如下表述：“采用抽样方案检验时，且检验批各检验项目检验结果全部合格时，检验批质量验收应予以通过；当抽样检验批检验项目检验结果不符合合格要求时，受检方经修复合格后可申请复验或复检。”

022 《通风与空调工程施工质量验收规范》与《建筑工程质量验收统一标准》关于检验批验收合格标准有何区别？

【规范条文】

《建筑与市政工程施工质量控制通用规范》GB 55032—2022

4.2.2 检验批质量应按主控项目和一般项目验收，并应符合下列规定：

1 主控项目和一般项目的确定应符合国家现行强制性工程建设规范和现行相关标准的规定；

2 主控项目的质量经抽样检验应全部合格；

3 一般项目的质量应符合国家现行相关标准的规定；

4 应具有完整的施工操作依据和质量验收记录。

4.2.3 当检验批施工质量不符合验收标准时，应按下列规定进行处理：

1 经返工或返修的检验批，应重新进行验收；

2 经有资质的检测机构检测能够达到设计要求的检验批，应予以验收；

3 经有资质的检测机构检测达不到设计要求，但经原设计单位核算认可能够满足安全和使用功能的检验批，应予以验收。

《建筑工程施工质量验收统一标准》GB 50300—2013

5.0.1 检验批质量验收合格应符合下列规定：

1 主控项目的质量经抽样检验均应合格；

2 一般项目的质量经抽样检验合格。当采用计数抽样时，合格点率应符合有关专业验收规范的规定，且不得存在严重缺陷。对于计数抽样的一般项目，正常检验一次、二次抽样可按本标准附录 D 判定；

3 具有完整的施工操作依据、质量验收记录。

D.0.1 对于计数抽样的一般项目，正常检验一次抽样可按表 D.0.1–1 判定，正常检验二次抽样可按表 D.0.1–2 判定。抽样方案应在抽样前确定。

D.0.2 样本容量在表 D.0.1–1 或表 D.0.1–2 给出的数值之间时，合格判定数可通过插值并四舍五入取整确定。

表 D.0.1–1 一般项目正常检验一次抽样判定

样本量	合格判定数	不合格判定数	样本量	合格判定数	不合格判定数
5	1	2	32	7	8
8	2	3	50	10	11
13	3	4	80	14	15
20	5	6	125	21	22

表 D.0.1-2 一般项目正常检验二次抽样判定

抽样次数	样本容量	合格判定数	不合格判定数	抽样次数	样本容量	合格判定数	不合格判定数
（1） （2）	3 6	0 1	2 2	（1） （2）	20 40	3 9	6 10
（1） （2）	5 10	0 3	3 4	（1） （2）	32 64	5 12	9 13
（1） （2）	8 16	1 4	3 5	（1） （2）	50 100	7 18	11 19
（1） （2）	13 26	2 6	5 7	（1） （2）	80 160	11 26	16 27

注：（1）和（2）表示抽样次数，（2）对应的样本容量为两次抽样的累计数量。

【问题解答】

一、验收具备的条件

检验批验收的依据是主控项目和一般项目。基本规定和一般规定的条文没有纳入检验批验收条文中，在验收时是不是就不管了？其实，基本规定和一般规定的条文都很重要，是施工企业施工检查必须检查的内容，也是监理过程检查的一项重点工作。检验批形成之前，施工企业要进行自检、互检、交接检等工序，都要留下施工记录。

对于隐蔽工程，还要经过监理工程师的隐蔽验收。监理工程师在验收时，不只是检查工程实体，还要检查施工企业施工记录，并与工程实体进行核对。因此，对于基本规定和一般规定的条文，尽管没有纳入检验批验收表中，在施工过程中均应该进行验证过，是检验批验收的必备条件。

二、主控项目和一般项目合格判定

检验批的合格与否主要取决于主控项目和一般项目的检验结果。主控项目是对检验批的基本质量起决定性影响的检验项目，须从严要求。因此，要求主控项目必须全部符合有关专业验收规范的规定，这意味着主控项目不允许有不符合要求的检验结果。

《建筑工程施工质量验收统一标准》GB 50300—2013 作为各分部工程质量验收指导标准，明确要求一般项目当采用计数抽样时，合格点率应符合有关专业验收规范的规定，且不得存在严重缺陷。如有关规范无明确规定时，可采用一次抽样方案，也可由建设、设计、监理、施工等单位根据检验对象的特征协商采用二次抽样方案。

《通风与空调工程施工质量验收规范》GB 50243—2016 对于主控项目的要求与《建筑工程施工质量验收统一标准》GB 50300—2013 的要求是一致的；对于一般项目，《通风与空调工程施工质量验收规范》GB 50243—2016 给出了自己的规定：一般项目的质量检验结果，计数合格率不应小于 85%，且不得有严重缺陷。

如何理解《建筑工程施工质量验收统一标准》GB 50300—2013 附录 D 表 D.0.1-1

及表 D.0.1–2 的要求呢？计数抽样时，可以预先确定采用一次抽样方案。也就是说在验收抽样检查时，就抽一次，根据样本量对应的允许不合格数，来判定是否合格；结果不管如何，不再抽第二次。也可以事先商量确定采用两次抽样方法。需要明确的是，同一个检验批，当采用两次抽样方法时，第二次抽样的样本量是第一次抽样样本量的 2 倍，包括第一次抽样样本。也就是说，第二次再抽第一次的数量，累计计算第二次的样本量。采用二次抽样的方法时，当第一次抽样判定该检验批合格或不合格时，均不再进行第二次抽样。只有在第一次抽样时，不合格数大于判定检验批合格的最大允许不合格数，小于判定检验批不合格的最小不合格数时，才进行第二次抽样。

《建筑工程施工质量验收统一标准》GB 50300—2013 表 D.0.1–1 及表 D.0.1–2 在文字表述上有不妥的地方，表中合格判定数，是指抽样本中出现的不合格数。建议修改为表 1–4 所示。

表 1–4 一般项目正常检验一次抽样判定

样本量	合格判定数（不合格样本数）	不合格判定数（不合格样本数）	样本量	合格判定数（不合格样本数）	不合格判定数（不合格样本数）
5	≤1	≥2	32	≤7	≥8
8	≤2	≥3	50	≤10	≥11
13	≤3	≥4	80	≤14	≥15
20	≤5	≥6	125	≤21	≥22

以抽样样本量 50 个为例，对于一般项目正常检验一次抽样，假设样本量为 50 个，在 50 个试样中如果有 10 个或 10 个以下试样被判为不合格时，该检验批可判定为合格；当 50 个试样中有 11 个或 11 个以上试样被判为不合格时，则该检验批可判定为不合格。

对于一般项目正常检验二次抽样，假设样本量为 50 个，当 50 个试样中有 7 个或 7 个以下试样被判为不合格时，该检验批可判定为合格；当有 11 个或 11 个以上试样被判为不合格时，该检验批可判定为不合格。

当第一次抽样样本中不合格数大于 7 个，小于 11 个，也就是当有 8 个或 9 个或 10 个样本为不合格时，应进行第二次抽样；第二次抽样时，再抽取样本量 50 个，两次抽样的样本总量为 100，两次不合格试样之和为 18 个或小于 18 时（如果第一样本中有 8 个不合格，第二次抽取得样本中不合格数最多为 10 个；第一样本中有 9 个不合格，第二次抽取得样本中不合格数最多为 9 个；第一样本中有 10 个不合格，第二次抽取得样本中不合格数最多为 8 个），该检验批可判定为合格，当两次不合格试样之和为 19 或大于 19 时，该检验批可判定为不合格。

第二章　材料与设备进厂检验

023 如何进行材料和设备进场检验？

【规范条文】

《通风与空调工程施工规范》GB 50738—2011

3.3.1　通风与空调工程施工应根据施工图及相关产品技术文件的要求进行，使用的材料与设备应符合设计要求及国家现行有关标准的规定。严禁使用国家明令禁止使用或淘汰的材料与设备。

3.3.2　通风与空调工程所使用的材料与设备应有中文质量证明文件，并齐全有效。质量证明文件应反映材料与设备的品种、规格、数量和性能指标，并与实际进场材料和设备相符。设备的型式检验报告应为该产品系列，并应在有效期内。

3.3.3　材料与设备进场时，施工单位应对其进行检查和试验，合格后报请监理工程师（建设单位代表）进行验收，填写材料（设备）进场验收记录。未经监理工程师（建设单位代表）验收合格的材料与设备，不应在工程中使用。

3.3.4　通风与空调工程使用的绝热材料和风机盘管进场时，应按现行国家标准《建筑节能工程施工质量验收规范》GB 50411 的有关要求进行见证取样检验。

《建筑节能工程施工质量验收标准》GB 50411—2019

3.2.3　材料、构件和设备进场验收应符合下列规定：

1　应对材料、构件和设备的品种、规格、包装、外观等进行检查验收，并应形成相应的验收记录。

2　应对材料、构件和设备的质量证明文件进行核查，核查记录应纳入工程技术档案。进入施工现场的材料、构件和设备均应具有出厂合格证、中文说明书及相关性能检测报告。

3　涉及安全、节能、环境保护和主要使用功能的材料、构件和设备，应按照本标准附录 A 和各章的规定在施工现场随机抽样复验，复验应为见证取样检验。当复验的结果不合格时，该材料、构件和设备不得使用。

4　在同一工程项目中，同厂家、同类型、同规格的节能材料、构件和设备，当获得建筑节能产品认证、具有节能标识或连续三次见证取样检验均一次检验合格时，其检验批的容量可扩大一倍，且仅可扩大一倍。扩大检验批后的检验中出现不合格情况时，应按扩大前的检验批重新验收，且该产品不得再次扩大检验批容量。

《通风与空调工程施工质量验收规范》GB 50243—2016

3.0.3　通风与空调工程所使用的主要原材料、成品、半成品和设备的材质、规格及性能应符合设计文件和国家现行标准的规定，不得采用国家明令禁止使用或淘汰的材料与设备。主要原材料、成品、半成品和设备的进场验收应符合下列规定：

1　进场质量验收应经监理工程师或建设单位相关责任人确认，并应形成相应的书面记录。

2　进口材料与设备应提供有效的商检合格证明、中文质量证明等文件。

【问题解答】

一、总体要求

通风与空调工程所使用的主要原材料、产成品、半成品和设备的质量将直接影响到工程的整体质量，所采购的应为符合国家有关标准的产品，且在其进入施工现场时应进行实物到货验收。验收一般应由供货商、监理、施工单位的代表共同参加，验收应得到监理工程师的认可，并形成文件。进口的材料与设备应遵守国家的法规，强调应具有商检合格的证明文件。

二、可视质量验收

可视质量验收先是对其品种、规格、型号、包装、外观和尺寸等“可视质量”进行检查验收，并应经监理工程师或建设单位代表核准。材料和设备的可视质量指可以通过目视和简单的尺量、称重、敲击等方法进行检查的质量。

三、质量证明文件

可视质量只能是检查材料和设备的外观质量，其内在质量难以判定，需由各种质量证明文件加以证明。因此，材料和设备的进场验收必须对其附带的质量证明文件进行核查。

质量证明文件通常也称技术资料，主要包括质量合格证、中文说明书及相关性能检测报告、型式检验报告等。进口材料和设备应按规定进行出入境商品检验。质量证明文件应纳入工程技术档案。

通风与空调工程所使用的工程物资均应有出厂质量证明文件，包括产品合格证、质量合格证、检验报告、试验报告、产品生产许可证和质量保证书等。质量证明文件应反映工程物资的品种、规格、数量、性能指标，并与实际进场物质相符。

产品合格证必须是中文的表示形式，应具备产品名称、规格、型号、国家质量标准代号、出厂日期、生产厂家的名称、地址、出厂产品检验证明或代号。同种材料、同一种规格、同一批生产的要一份，如无原件应有复印件并指明原件存放处。

通风与空调工程物资种类不同，所需要的质量证明文件也不尽一样，主要分为以下几种：

1）各类管材、板材等应有产品质量证明文件。

2）管件、法兰、衬垫等原材料及焊接材料和黏结剂等的进场均应有出厂合格证。

3）焊接材料和胶粘剂等应有出厂合格证、使用期限及检验报告。

4）阀门、开（闭）式水箱（罐）、分（集）水器、除污器、过滤器、软接头、绝热材料、衬垫等应有产品出厂合格证及相应检验报告。

5）制冷（热泵）机组、空调机组、风机、水泵、热交换器、冷却塔、除尘设备、风机盘管、诱导器、水处理设备、加湿器、空气幕、消声器、补偿器、防火阀、排烟风口等，应有产品合格证和型式检验报告，不同系列的产品应分别具有该系列产品的型式检验报告。

6）有耐火极限要求的风管的本体、框架与固定材料、密封垫料等，应有耐火极限等型式检验报告。

7）用于防排烟系统的风机、柔性短管、挡烟垂壁、排烟防火阀、送风口、排烟阀或排烟口，以及挡烟垂壁、自动排烟窗、防火阀、送风口和排烟阀或排烟口等的驱动装置等，应有消防产品市场准入证明材料。

8）压力表、温度计、湿度计、流量计（表）、水位计、传感器等应有产品合格证和检测报告。

9）主要设备应有安装使用说明书。

四、复验

对于影响建筑功能效果较大的材料和设备，应根据相应标准的要求进行抽样复验，以验证其质量是否符合要求。复验数量和内容严格按照国家有关标准的要求执行，不能扩大化。当复验的结果出现不合格时，该材料、构件和设备不得使用。供暖散热器、风气盘管机组、绝热材料进场，除了以上验收内容，还应进行复试，复试为见证取样检验。

五、填写验收记录

材料和设备的进场验收应形成相应的质量记录。进场材料验收一般应由供货商、监理、施工单位的代表共同参加，并应经监理工程师（建设单位代表）检查认可，形成相应的验收记录。

024 材料与设备进场检验、复验、核查、验收有何不同？

【规范条文】

《通风与空调工程施工规范》GB 50738—2011

3.3.1 通风与空调工程施工应根据施工图及相关产品技术文件的要求进行，使用的材料与设备应符合设计要求及国家现行有关标准的规定。严禁使用国家明令禁止使用或淘汰的材料与设备。

3.3.2 通风与空调工程所使用的材料与设备应有中文质量证明文件，并齐全有效。质量证明文件应反映材料与设备的品种、规格、数量和性能指标，并与实际进场材料和设备相符。设备的型式检验报告应为该产品系列，并应在有效期内。

3.3.3 材料与设备进场时，施工单位应对其进行检查和试验，合格后报请监理工程师

（建设单位代表）进行验收，填写材料（设备）进场验收记录。未经监理工程师（建设单位代表）验收合格的材料与设备，不应在工程中使用。

3.3.4 通风与空调工程使用的绝热材料和风机盘管进场时，应按现行国家标准《建筑节能工程施工质量验收规范》GB 50411 的有关要求进行见证取样检验。

《建筑节能工程施工质量验收标准》GB 50411—2019

10.2.1 通风与空调节能工程使用的设备、管道、自控阀门、仪表、绝热材料等产品应进行进场验收，并应对下列产品的技术性能参数和功能进行核查。验收与核查的结果应经监理工程师检查认可，且应形成相应的验收记录。各种材料和设备的质量证明文件与相关技术资料应齐全，并应符合设计要求和国家现行有关标准的规定。

1 组合式空调机组、柜式空调机组、新风机组、单元式空调机组及多联机空调系统室内机等设备的供冷量、供热量、风量、风压、噪声及功率，风机盘管的供冷量、供热量、风量、出口静压、噪声及功率；

2 风机的风量、风压、功率、效率；

3 空气能量回收装置的风量、静压损失、出口全压及输入功率；装置内部或外部漏风率、有效换气率、交换效率、噪声；

4 阀门与仪表的类型、规格、材质及公称压力；

5 成品风管的规格、材质及厚度；

6 绝热材料的导热系数、密度、厚度、吸水率。

《通风与空调工程施工质量验收规范》GB 50243—2016

3.0.3 通风与空调工程所使用的主要原材料、成品、半成品和设备的材质、规格及性能应符合设计文件和国家现行标准的规定，不得采用国家明令禁止使用或淘汰的材料与设备。主要原材料、成品、半成品和设备的进场验收应符合下列规定：

1 进场质量验收应经监理工程师或建设单位相关责任人确认，并应形成相应的书面记录。

2 进口材料与设备应提供有效的商检合格证明、中文质量证明等文件。

《建筑工程施工质量验收统一标准》GB 50300—2013

3.0.3 建筑工程的施工质量控制应符合下列规定：

1 建筑工程采用的主要材料、半成品、成品、建筑构配件、器具和设备应进行进场检验。凡涉及安全、节能、环境保护和主要使用功能的重要材料、产品，应按各专业工程施工规范、验收规范和设计文件等规定进行复验，并应经监理工程师检查认可；

《建筑节能与可再生能源利用通用规范》GB 55015—2021

6.1.1 建筑节能工程采用的材料、构件和设备，应在施工进场进行随机抽样复验，复验应为见证取样检验。当复验结果不合格时，工程施工中不得使用。

【问题解答】

一、检验

检验是对被检验项目的特征、性能进行量测、检查、试验等，并将结果与标准或设计规定的要求进行比较，以确定项目每项性能是否合格的活动。检验就是检查、验证，是进场材料和设备所进行的一切质量活动的总称。

二、复验

复验是指进入施工现场的材料、设备等在进场验收合格的基础上，按照有关规定从施工现场随机抽样，送至具备相应资质的检测机构进行部分或全部性能参数检验的活动。

复验，是重复检验的意思。这里专指对材料和设备的性能做专门的再检验，由具备资质的机构进行。

复验不是与材料、设备进场检验同时进行的，有些技术人员对复验与进场检验程序没有正确理解。在填写进场检验记录时，把复验内容也填写进去，这是不妥的。正确的做法是，进场检验合格，并填写进场检验记录；在此基础上，对有复试要求的材料和设备进行见证取样送检，检验报告结果出来后，监理工程师对检验报告进行核查，核查复验报告性能指标是否符合质量证明文件要求。

核查复验报告，并填写核查记录。以有无复验报告以及质量证明文件与复验报告是否一致作为判定依据；内容一致，符合要求准许使用；内容不一致，不符合要求，不得在工程上使用。

三、核查

核查是对技术资料的检查及资料与实物的核对。包括：对技术资料的完整性、内容的正确性、与其他相关资料的一致性及整理归档情况等的检查，以及将技术资料中的技术参数等与相应的材料、构件、设备或产品实物进行核对、确认。

核查，也是核对检查、核对比较的意思。有预期，有结果。

四、进场验收

进场验收是对进入施工现场的材料、设备等进行外观质量检查和规格、型号、技术参数及质量证明文件核查并形成相应验收记录的活动。

进场验收，是质量验收的意思。验收人员应是参与施工的两方人员以上，其中包括监理工程师或建设单位代表，对进场的材料和设备进行查看、核查、确认，并形成相应的文字记录。

五、型式检验

型式检验是由生产厂家委托具有相应资质的检测机构，对定型产品或成套技术的全部性能指标进行的检验，其检验报告为型式检验报告。通常在产品定型鉴定、正常生产期间规定时间内、出厂检验结果与上次型式检验结果有较大差异、材料及工艺参数改变、停产后恢复生产或有型式检验要求时进行。

材料和设备进场应提交型式检验报告，并且在有效期内。厂家或供应商提供的自己委托的检验报告，不应作为有效的质量证明文件。

六、见证取样检验

见证取样检验是施工单位取样人员在监理工程师的见证下，按照有关规定从施工现场随机抽样，送至具备相应资质的检测机构进行检验的活动。

进场的材料和设备，在监理工程师监督下，施工方人员随机抽取检验样品进行复验。见证取样检验是复验的一种形式。

七、现场实体检验

在监理工程师见证下，对已经完成施工作业的分项或子分部工程，按照有关规定在工程实体上抽取试样，在现场进行检验当现场不具备检验条件时，送至具有相应资质的检测机构进行检验的活动，简称实体检验。对已完成的项目，进行性能检验。

八、质量证明文件

质量证明文件是随同进场材料、设备等一同提供的能够证明其质量状况的文件。通常包括出厂合格证、中文说明书、型式检验报告及相关性能检测报告等。进口产品应包括出入境商品检验合格证明。适用时，也可包括进场验收、进场复验、见证取样检验和现场实体检验等资料。所有证明材料和设备身份及质量、性能的文字资料，均称为质量证明文件。

025 镀锌钢板进场如何检验？板厚是否允许有偏差？

【规范条文】

《通风与空调工程施工规范》GB 50738—2011

4.1.2 金属风管与配件制作前应具备下列施工条件：

1 风管与配件的制作尺寸、接口形式及法兰连接方式已明确，加工方案已批准，采用的技术标准和质量控制措施文件齐全；

2 加工场地环境已满足作业条件要求；

3 材料进场检验合格；

4 加工机具准备齐全，满足制作要求。

4.1.6 钢板矩形风管与配件的板材最小厚度应按风管断面长边尺寸和风管系统的设计工作压力选定，并应符合表 4.1.6–1 的规定；钢板圆形风管与配件的板材最小厚度应按断面直径、风管系统的设计压力及咬口形式选定，并应符合表 4.1.6–2 的规定。排烟系统风管采用镀锌钢板时，板材最小厚度可按高压系统选定。不锈钢板、铝板风管与配件的板材最小厚度应按矩形风管长边尺寸或圆形风管直径选定，并应符合表 4.1.6–3 和表 4.1.6–4 的规定。

表 4.1.6-1 钢板矩形风管与配件的板材最小厚度（mm）

风管长边尺寸 b	低压系统（$P \leqslant 500$Pa） 中压系统（500Pa<$P \leqslant 1\,500$Pa）	高压系统（P>1 500Pa）
$b \leqslant 320$	0.5	0.75
320<$b \leqslant 450$	0.6	0.75
450<$b \leqslant 630$	0.6	0.75
630<$b \leqslant 1\,000$	0.75	1.0
1 000<$b \leqslant 1\,250$	1.0	1.0
1 250<$b \leqslant 2\,000$	1.0	1.2
2 000<$b \leqslant 4\,000$	1.2	按设计

《通风与空调工程施工质量验收规范》GB 50243—2016

4.1.7 净化空调系统风管的材质应符合下列规定：

1 应按工程设计要求选用。当设计无要求时，宜采用镀锌钢板，且镀锌层厚度不应小于 100g/m²。

2 当生产工艺或环境条件要求采用非金属风管时，应采用不燃材料或难燃材料，且表面应光滑、平整、不产尘、不易霉变。

4.2.3 金属风管的制作应符合下列规定：

1 金属风管的材料品种、规格、性能与厚度应符合设计要求。当风管厚度设计无要求时，应按本规范执行。钢板风管板材厚度应符合表 4.2.3-1 的规定。镀锌钢板的镀锌层厚度应符合设计或合同的规定，当设计无规定时，不应采用低于 80g/m² 板材。

表 4.2.3-1 钢板风管板材厚度

类别 风管直径或长边尺寸 b（mm）	板材厚度（mm）				
	微压、低压系统风管	中压系统风管		高压系统风管	除尘系统风管
		圆形	矩形		
$b \leqslant 320$	0.5	0.5	0.5	0.75	2.0
320<$b \leqslant 450$	0.5	0.6	0.6	0.75	2.0
450<$b \leqslant 630$	0.6	0.75	0.75	1.0	3.0
630<$b \leqslant 1\,000$	0.75	0.75	0.75	1.0	4.0
1 000<$b \leqslant 1\,500$	1.0	1.0	1.0	1.2	5.0
1 500<$b \leqslant 2\,000$	1.0	1.2	1.2	1.5	按设计要求
2 000<$b \leqslant 4\,000$	1.2	按设计要求	1.2	按设计要求	按设计要求

注：1 螺旋风管的钢板厚度可按照圆形风管减少 10%～15%。

2 排烟系统风管钢板厚度可按高压系统。

3 不适用于地下人防与防火隔墙的预埋管。

【问题解答】

一、镀锌钢板允许偏差

风管加工用板材进场验收时，除了施工规范、质量验收规范，还应按国家现行产品标准进行验收；有关板材尺寸的产品标准为《连续热浸镀层钢板和钢带尺寸、外形、重量及允许偏差》GB/T 25052—2010。

《连续热浸镀层钢板和钢带尺寸、外形、重量及允许偏差》GB/T 25052—2010 第 4.1.1 条规定：对于规定的最小屈服强度小于 260MPa，其厚度允许偏差应符合表 2-1 的规定。

表 2-1　厚度允许偏差（mm）

公称厚度	下列工程宽度时的厚度允许偏差 ※					
	普通精度 PT.A			高精度 PT.B		
	≤1 200	>1 200～1 500	>1 500	≤1 200	>1 200～1 500	>1 500
0.02～0.04	±0.04	±0.05	±0.06	±0.030	±0.035	±0.040
>0.04～0.06	±0.04	±0.05	±0.06	±0.035	±0.040	±0.045
>0.06～0.08	±0.05	±0.06	±0.07	±0.040	±0.045	±0.050
>0.08～1.00	±0.06	±0.07	±0.08	±0.045	±0.050	±0.060
>1.00～1.20	±0.07	±0.08	±0.09	±0.050	±0.060	±0.070
>1.20～1.60	±0.10	±0.11	±0.12	±0.060	±0.070	±0.080
>1.60～2.00	±0.012	±0.013	±0.014	±0.070	±0.080	±0.090
>2.00～2.50	±0.014	±0.015	±0.016	±0.090	±0.100	±0.110
>2.50～3.00	±0.017	±0.017	±0.018	±0.110	±0.120	±0.130
>3.00～5.00	±0.020	±0.020	±0.021	±0.15	±0.16	±0.17
>5.00～6.50	±0.022	±0.022	±0.023	±0.17	±0.18	±0.19

注：※ 钢带焊缝附近 10m 范围的厚度允许偏差可超过规定值的 50%。对双面镀层质量之和不小于 450g/m^2 的产品，其厚度允许偏差应增加 ±0.01mm。

《通风与空调工程施工质量验收规范》GB 50243—2016 与《通风与空调工程施工规范》GB 50738—2011 在板材厚度描述上有所区别；两者要求尺寸不一致者，应按尺寸大的执行。前者是对厚度尺寸给出具体数据，没有说明是否可以大于该尺寸；后者是给出最小尺寸，大于或等于该厚度尺寸均可以。通常，满足规范要求是最基本的要求，当然可以高于规范要求；因此，从表述上看，后者表述更为准确。

但是，需要说明的是，两个规范中给出的板材厚度是均是指公称厚度。板材加工的厚度应符合产品标准，产品标准中板材厚度是允许有偏差的，精度要求不同、宽度不同、屈服强度不同，允许偏差是不一样的。以风管边长 1 200mm 为例，低压风管应选用厚度不小于 1.0mm 的普通钢板；普通镀锌钢板板材宽度≤1 200mm、>1 200mm ~ 1 500mm、>1 500mm，允许偏差分别是 ±0.06、±0.07、±0.08。以宽度为 1 200mm 普通精度板材为例，屈服强度小于 260MPa 时，选用 1.0mm 镀锌钢板，厚度在 0.94 ~ 1.06 范围均合格。所以，进场验收时应根据不同条件的板材型号，依据标准要求进行判断。

二、镀锌种类

镀锌分为热镀锌和冷镀锌两种工艺：热镀锌是将经过表面处理的钢或铸铁件浸入高温熔融的锌液中，在其表面形成锌和锌 – 铁合金镀层的工艺过程。冷镀锌也叫电镀锌，是通过化学反应将金属表面的金属元素置换成锌，形成镀层，锌层厚度一般不超过 10μm。

电镀锌锌层薄，附着力相对差，防锈能力没有热镀锌强。热镀锌表面较暗，颜色发灰，没有光泽；电镀锌表面光亮，颜色比热镀锌好看。我们看到的镀锌板表面镀锌有花和无花之分，这只是因为镀锌工艺上的不同而造成的镀层在表面的结晶形象不同，并不影响其性能。

三、镀锌钢板镀锌层重量

通风与空调工程中用来制作空调和防排烟系统的风管，镀锌钢板一般厚度为 0.5mm ~ 1.5mm，均要求采用热镀锌工艺的钢板，镀锌层厚度不小于 80g/m^2；当用作净化空调时，锌层厚度不应小于 100g/m^2。经供需双方协商，等厚公称镀层重量也可用单面镀层质量进行表示。例如：热镀锌权镀层 Z 250 可表示为 Z 125/125，热镀锌铁合金镀层 ZF 180 可表示为 ZF 90/90。也就是说，当表示为镀锌层厚度为 100g/m^2 时，是指镀锌层双面之和的镀锌层质量为每平方米 100 克。

四、镀锌钢管镀锌层质量

《低压流体输送用焊接钢管》GB/T 3091—2015 规定：钢管表面镀锌层要求不小于 300g，高锌层要求不小于 500g，折算成厚度分别是 42μm 和 70μm；实际应用时，具体以设计图纸要求为准。这里的质量是内外表面的锌层总质量，面积也是内外的总面积，所以这个不小于 300g 是指单面不小于 300g，和镀锌钢板的计算是不同的。

五、镀锌钢板镀锌层厚度检查

镀锌钢板进场检验时，除了合格证、检验报告以外，还应对镀锌层厚度进行现场抽样检测。

1）制作风管的镀锌钢板进场时，应对供应商提供的合格证和材质检验报告进行核对，材质应符合国家标准《连续热镀锌和锌合金镀层钢板及钢带》GB 2518—2019 的规定。

2）钢板表面应平整光滑，厚度应均匀，不应有裂纹、结疤等缺陷；满足机械咬合功能。

3）对标称的钢板厚度进行验证。

4）对进场镀锌钢板按批次对镀锌层厚度进行现场抽样检测，依据《金属覆盖层　钢铁制件　热浸镀锌层技术要求及试验方法》GB/T 13912—2020 进行抽样检测。

六、镀锌层检测

《金属覆盖层　钢铁制件　热浸镀锌层技术要求及试验方法》GB/T 13912—2020 规定了检测的要求。现场检测时，一般是选用涂层测厚仪（铁基探头的）来测量镀锌层的厚度，当镀锌层厚度要求为 $100g/m^2$ 时，是指板材双面镀锌层厚度之和达到 $100g/m^2$。

镀锌层厚度测量，一般是每一种规格的板抽 3 块，在镀锌钢板上面积不大于 $1cm^2$ 的考察面正反面各做 3 次镀锌层厚度测量，所得的测量平均值为局部镀锌层厚度，在该钢板上测出的 5 次局部镀锌层厚度的平均值为其平均镀锌层厚度。

涂层测厚仪测出的结果是厚度，单位是 μm，每平方米镀锌钢板的镀锌层质量可以用下面公式计算：

$$每平方米镀锌层质量 = 厚度 \times 7.14$$

厚度的单位用 μm，质量的单位就是 g，上式中的 7.14 就是锌的密度值，单位为 g/μm，即面积为 $1m^2$，厚度为 1μm 锌的质量。

026
什么是见证取样检验？如何进行？

【规范条文】

《通风与空调工程施工质量验收规范》GB 50243—2016

7.2.5　空调末端设备的安装应符合下列规定：

3　风机盘管的性能复验应按现行国家标准《建筑节能工程施工质量验收规范》GB 50411 的规定执行。

10.2.3　风管和管道的绝热材料进场时，应按现行国家标准《建筑节能工程施工质量验收规范》GB 50411 的规定进行验收。

《建筑节能工程施工质量验收标准》GB 50411—2019

9.2.2 【自 2022 年 4 月 1 日起废止】供暖节能工程使用的散热器和保温材料进场时，应对其下列性能进行复验，复验应为见证取样检验：

1　散热器的单位散热量、金属热强度；

2　保温材料的导热系数或热阻、密度、吸水率。

10.2.2 【自 2022 年 4 月 1 日起废止】通风与空调节能工程使用的风机盘管机组和绝热材料进场时，应对其下列性能进行复验，复验应为见证取样检验。

1　风机盘管机组的供冷量、供热量、风量、水阻力、功率及噪声；

2　绝热材料的导热系数或热阻、密度、吸水率。

《建筑节能与可再生能源利用通用规范》GB 55015—2021

6.3.1 供暖通风空调系统节能工程采用的材料、构件和设备施工进场复验应包括下列内容：

1 散热器的单位散热量、金属热强度；

2 风机盘管机组的供冷量、供热量、风量、水阻力、功率及噪声；

3 绝热材料的导热系数或热阻、密度、吸水率。

【问题解答】

见证取样检验是指施工单位取样人员在监理工程师的见证下，按照有关规定从施工现场随机抽样，送至具备相应资质的检测机构进行检验的活动，是材料及设备复验的方式。见证取样检验属于性能检验，有别于施工单位过程的功能检验。见证取样检验实施方案为建设单位，功能检验实施方为施工单位。

全文强制标准《建筑节能与可再生能源利用通用规范》GB 55015—2021 中第 6.3.1 条替代了《建筑节能工程施工质量验收标准》GB 50411—2019 中第 9.2.2 条、第 10.2.2 条。

一、功能检验

1）供暖节能工程调试试运转。

2）室内空调系统工程调试试运转。

3）冷热源及系统工程联合试运转及调试。

4）低压配电系统调试。

5）监测与控制系统调试。

6）地源热泵换热系统调试。

7）太阳能光热系统调试。

8）太阳能光伏系统的试运行与调试。

二、性能检验

1）散热器性能检验。

2）保温材料性能检验。

3）风机盘管性能检验。

4）照明光源、照明灯具及附属装置性能检验。

5）电缆、电线导体电阻值检验。

6）集热设备的热性能检验。

7）供暖、通风与空调系统节能性能的检验。

8）配电与照明工程节能性能的检验。

三、见证取样检验有关要求

《房屋建筑工程和市政基础设施工程实行见证取样和送检的规定》（建建〔2000〕211 号）和《建设工程质量检测管理办法》对于见证取样检验有具体规定，应严格参照执行。

027 什么是型式检验？

【规范条文】

《建筑节能工程施工质量验收标准》GB 50411—2019

3.2.5　涉及建筑节能效果的定型产品、预制构件，以及采用成套技术现场施工安装的工程，相关单位应提供型式检验报告。当无明确规定时，型式检验报告的有效期不应超过 2 年。

【问题解答】

型式检验由生产厂家委托具有相应资质的检测机构，对定型产品或成套技术的全部性能指标进行的检验，其检验报告为型式检验报告。通常在产品定型鉴定、正常生产期间规定时间内、出厂检验结果与上次型式检验结果有较大差异、材料及工艺参数改变、停产后恢复生产或有型式检验要求时进行。

一、产品型式检验范围

1）新产品或老产品转厂生产时的定型鉴定。

2）正式生产后，当结构、材料、工艺有较大改变影响产品性能时。

3）正常生产时，定期或积累一定产量后，应周期性进行一次检验。

4）产品停产两年或两年以上恢复生产时。

5）出厂检验结果与上次型式检验有较大差异时。

6）国家质量监督机构提出进行型式检验的要求时。

二、型式检验的内涵

型式检验不是送样检验。型式检验机构在接到申请单位的约请后，按双方应约定的时间，派出检验检测人员组成型式检验组，到生产企业进行产品抽样并完成相关检查等工作。

型式检验是抽样检验。生产企业现场具备型式检验条件的，产品抽样后在制造单位现场进行试验。生产企业现场不具备型式检验条件的，产品抽样后，由生产企业负责将封好的产品发运到型式检验机构所在地。

三、型式检验报告的期限

型式检验报告是有期限的。型式检验机构在完成产品型式检验后规定日期内出具型式检验报告，并标注该报告的有效期。

型式检验报告作为工程资料收集时，收集日期应该在该检验报告的有效期内。

028 防火阀进场检验有哪些内容?

【规范条文】

《通风与空调工程施工规范》GB 50738—2011

6.2.1 成品风阀质量应符合下列规定:

1 风阀规格应符合产品技术标准的规定，并应满足设计和使用要求；

2 风阀应启闭灵活，结构牢固，壳体严密，防腐良好，表面平整，无明显伤痕和变形，并不应有裂纹、锈蚀等质量缺陷；

3 风阀内的转动部件应为耐磨、耐腐蚀材料，转动机构灵活，制动及定位装置可靠；

4 风阀法兰与风管法兰应相匹配。

6.2.2 手动调节阀应以顺时针方向转动为关闭，调节开度指示应与叶片开度相一致，叶片的搭接应贴合整齐，叶片与阀体的间隙应小于2mm。

6.2.3 电动、气动调节风阀应进行驱动装置的动作试验，试验结果应符合产品技术文件的要求，并应在最大设计工作压力下工作正常。

6.2.4 防火阀和排烟阀（排烟口）应符合国家现行有关消防产品技术标准的规定。执行机构应进行动作试验，试验结果应符合产品说明书的要求。

6.2.5 止回风阀应检查其构件是否齐全，并应进行最大设计工作压力下的强度试验，在关闭状态下阀片不变形，严密不漏风；水平安装的止回风阀应有可靠的平衡调节机构。

《通风与空调工程施工质量验收规范》GB 50243—2016

5.2.3 成品风阀的制作应符合下列规定:

1 风阀应设有开度指示装置，并应能准确反映阀片开度。

2 手动风量调节阀的手轮或手柄应以顺时针方向转动为关闭。

3 电动、气动调节阀的驱动执行装置，动作应可靠，且在最大工作压力下工作应正常。

4 净化空调系统的风阀，活动件、固定件以及紧固件均应采取防腐措施，风阀叶片主轴与阀体轴套配合应严密，且应采取密封措施。

5 工作压力大于1 000Pa的调节风阀，生产厂应提供在1.5倍工作压力下能自由开关的强度测试合格的证书或试验报告。

6 密闭阀应能严密关闭，漏风量应符合设计要求。

5.2.4 防火阀、排烟阀或排烟口的制作应符合现行国家标准《建筑通风和排烟系统用防火阀门》GB 15930的有关规定，并应具有相应的产品合格证明文件。

5.3.2 风阀的制作应符合下列规定:

1 单叶风阀的结构应牢固，启闭应灵活，关闭应严密，与阀体的间隙应小于2mm。多叶风阀开启时，不应有明显的松动现象；关闭时，叶片的搭接应贴合一致。截面积大于$1.2m^2$的多叶风阀应实施分组调节。

2 止回阀阀片的转轴、铰链应采用耐锈蚀材料。阀片在最大负荷压力下不应弯曲变形，启闭应灵活，关闭应严密。水平安装的止回阀应有平衡调节机构。

3　三通调节风阀的手柄转轴或拉杆与风管（阀体）的结合处应严密，阀板不得与风管相碰擦，调节应方便，手柄与阀片应处于同一转角位置，拉杆可在操控范围内作定位固定。

4　插板风阀的阀体应严密，内壁应做防腐处理。插板应平整，启闭应灵活，并应有定位固定装置。斜插板风阀阀体的上、下接管应成直线。

5　定风量风阀的风量恒定范围和精度应符合工程设计及产品技术文件要求。

6　风阀法兰尺寸允许偏差应符合表5.3.2的规定。

表5.3.2　风阀法兰尺寸允许偏差（mm）

风阀长边尺寸 b 或直径 D	允许偏差			
	边长或直径偏差	矩形风阀端口对角线之差	法兰或端口端面平面度	圆形风阀法兰任意正交两直径之差
b（D）≤320	±2	±3	0～2	±2
320<b（D）≤2 000	±3	±3	0～2	±2

《建筑防烟排烟系统技术标准》GB 51251—2017

6.2.2　防烟、排烟系统中各类阀（口）应符合下列规定：

1　排烟防火阀、送风口、排烟阀或排烟口等必须符合有关消防产品标准的规定，其型号、规格、数量应符合设计要求，手动开启灵活、关闭可靠严密。

检查数量：按种类、批抽查10%，且不得少于2个。

检查方法：测试、直观检查，查验产品的质量合格证明文件、符合国家市场准入要求的文件。

2　防火阀、送风口和排烟阀或排烟口等的驱动装置，动作应可靠，在最大工作压力下工作正常。

检查数量：按批抽查10%，且不得少于1件。

检查方法：测试、直观检查，查验产品的质量合格证明文件、符合国家市场准入要求的文件。

3　防烟、排烟系统柔性短管的制作材料必须为不燃材料。

【问题解答】

防火阀是风阀的一种。风阀进场检验时，其质量证明文件与相关技术资料应齐全，并应符合设计要求和国家现行有关标准的规定。风管部件材料的品种、规格和性能应符合设计要求。外购风管部件应具有产品合格质量证明文件和相应的技术资料。防火阀进场检验时，除了以上要求外，还应核查消防准入证明文件。

防火阀的技术性能参数包括以下内容：

一、外观

阀门上的标牌应牢固，标识应清晰、准确。阀门各零部件的表面应平整，不允许有裂纹、压坑及明显的凹凸、锤痕、毛刺、孔洞等缺陷。阀门的焊缝应光滑、平整，不允许有虚焊、气孔、夹渣、疏松等缺陷。金属阀门各零部件的表面均应做防锈、防腐处理，经处理后的表面应光滑、平整，涂层、镀层应牢固，不应有剥落、镀层开裂以及漏漆或流淌现象。

二、驱动转矩

防火阀或排烟防火阀叶片关闭力在主动轴上所产生的驱动转矩应大于叶片关闭时主动轴上所需转矩的 2.5 倍。

测试设备：弹簧测力计或其他测力计，准确度为 2.5 级；钢卷尺或直尺，准确度为 ±1mm。

将防火阀或排烟防火阀按使用状态固定后，卸去产生关闭力的重锤、弹簧、电机或气动件等，用测力计牵动叶片的主叶片轴，使其从全开状态到关闭状态，读出叶片关闭时主叶片轴上所需的最大拉力并测量出力臂，计算出最大转矩。

三、复位功能

输入电控信号或手动操作阀门的复位机构，目测阀门的复位情况；阀门应具备复位功能，其操作应方便、灵活、可靠。

四、温感器控制

测试设备为带有加热器和搅拌器的水浴槽或油浴槽以及必要的测控仪表。测量水温的仪表的准确度为 ±0.5℃。测量油温的仪表的准确度为 ±2℃。

1. 防火阀中的温感器

1）调控加热器将水浴槽中的水加热，同时打开搅拌器，当水温达到 65℃ ±5℃并保持恒温时，将温感器感温元件端完全浸入水中 5min，观察温感器的动作情况。

2）取出温感器，自然冷却至常温。调控加热器将水浴槽中的水继续加热，当水温达到 73℃ ±0.5℃并保持恒温时，将温感器感温元件端完全浸入水中 1min，观察温感器的动作情况。

2. 排烟防火阀中的温感器

1）调控加热器将油浴槽中的油加热，达到一定温度时，打开搅拌器，当油温达到 250℃ ±2℃并保持恒温时，将温感器感温元件端完全浸入油中 5min，观察温感器的动作情况。

2）取出温感器，自然冷却至常温。调控加热器将油浴槽中的油继续加热，当油温达到 285℃ ±2℃并保持恒温时，将温感器感温元件端完全浸入油中 2min，观察温感器的动作情况。

防火阀或排烟防火阀应具备温感器控制方式，使其自动关闭。防火阀中的温感器在 65℃ ±0.5℃的恒温水浴中 5min 内应不动作，排烟防火阀中的温感器在 250℃ ±2℃的恒温油浴中 5min 内应不动作；防火阀中的温感器在 73℃ ±0.5℃的恒温水浴中 1min 内应动作，排烟防火阀中的温感器在 285℃ ±2℃的恒温油浴中 2min 内应动作。

五、手动控制

测试设备：弹簧测力计或其他测力计，测力计的准确度为2.5级。

使阀门处于全开或关闭状态，将测力计与手动操作的手柄、拉绳或按钮相连，通过测力计将力施加其上，使阀门关闭或开启。所测得的作用力即为手动关闭或开启操作力。目测阀门手动操作是否方便、灵活、可靠。

防火阀或排烟防火阀宜具备手动关闭方式，排烟阀应具备手动开启方式。手动操作应方便、灵活、可靠。手动关闭或开启操作力不应大于70N。

六、电动控制

使阀门处于关闭或开启状态，接通执行机构中的复位电路，阀门应开启或关闭，用万用表测量阀门叶片所处位置的输出信号。

阀门执行机构中电控电路的额定工作电压和额定工作电流采用准确度不低于0.5级、量程不大于实际测量值两倍的电压表和电流表进行测量。

直流稳压电源的最大输出电压为30V。

使阀门处于全开或关闭状态，将直流稳压电源与执行机构中的电控电路相连，调节直流稳压电源的输出电压，使其值比阀门的额定工作电压值低15%，接通控制电路，阀门应动作关闭或开启。

断开控制电路，将阀门全开或关闭，调节直流稳压电源的输出电压，使其值比阀门的额定工作电压值高10%，接通控制电路，阀门应动作关闭或开启。

防火阀或排烟防火阀宜具备电动关闭方式；排烟阀应具备电动开启方式。具有远距离复位功能的阀门，当通电动作后，应具有显示阀门叶片位置的信号输出。

阀门执行机构中电控电路的工作电压宜采用DC24V的额定工作电压。其额定工作电流不应大于0.7A。

在实际电源电压低于额定工作电压15%和高于额定工作电压10%时，阀门应能正常进行电控操作。

七、绝缘性能

阀门电器绝缘电阻按《火灾报警控制器》GB 4717—2005的规定进行测量，其试验设备应符合《火灾报警控制器》GB 4717—2005的规定。

阀门有绝缘要求的外部带电端子与阀体之间的绝缘电阻在常温下应大于20MΩ。

八、可靠性

将防火阀或排烟防火阀打开，启动执行机构，使其关闭。如此反复操作共50次。当防火阀或排烟防火阀同时具有几种不同控制方式时，应均衡分配50次操作次数。对于具有调节功能的防火阀，应分别在最大、最小开启位置做试验，并均衡分配操作次数。

将排烟防火阀按实际使用情况安装，并处于关闭状态，启动执行机构，使其打开。

如此反复操作共50次。其中电动和手动各进行25次操作。经50次开关试验后，关闭排烟防火阀，启动引风机，调整进气阀和调节阀，使排烟防火阀前后的气体静压差为1 000Pa ± 15Pa，待稳定60s后，分别电动和手动开启排烟防火阀，观察其开启情况。

防火阀或排烟防火阀经过50次关开试验后，各零部件应无明显变形、磨损及其他影响其密封性能的损伤，叶片仍能从打开位置灵活可靠地关闭。排烟防火阀经过50次开关试验后，各零部件应无明显变形、磨损及其他影响其密封性能的损伤，电动和手动操作均应立即开启。排烟防火阀经过50次开关试验后，在其前后气体静压差保持在1 000Pa ± 15Pa的条件下，电动和手动操作均应立即开启。

九、漏风量

在环境温度下，使防火阀或排烟防火阀叶片两侧保持300Pa ± 15Pa的气体静压差，其单位面积上的漏风量（标准状态）不应大于500m^3/（m^2·h）。在环境温度下，使排烟防火阀叶片两侧保持1 000Pa ± 15Pa的气体静压差，其单位面积上的漏风量（标准状态）不应大于700m^3/（m^2·h）。

1. 气体流量测量系统

气体流量测量系统由连接管道、气体流量计和引风机系统组成。

1）连接管道：阀门通过连接管道与气体流量计相连。连接管道选用不小于1.5mm厚的钢板制造。对于矩形阀门，管道开口的宽度和高度与阀门的出口尺寸相对应，管道的长度为开口对角线的两倍，最长为2m。对于圆形阀门，管道开口的直径与阀门的出口尺寸相对应，管道的长度为开口直径的两倍，最长为2m。

2）气体流量计：宜采用标准孔板。孔板的加工、制作、安装均应符合《用安装在圆形截面管道中的差压装置测量满管流体流量》GB/T 2624—2006的规定。在测量管道的前端应装配气体流动调整器。

3）引风机系统：包括引风机、进气阀、调节阀，以及连接气体流量计与引风机的柔性管道。

2. 压力测量及控制系统

阀门前、后的压力通过压力传感器测量。压力导出口应在连接管道侧面中心线上，距阀门的距离为管道长度的75%。阀门前、后的静压差通过进气阀和调节阀调节控制。将阀门安装在测试系统的管道上，并处于关闭状态，其入口用不渗漏的板材密封。启动引风机，调整进气阀和调节阀，使阀门前后的气体静压差为300Pa ± 15Pa或1 000Pa ± 15Pa。待稳定60s后，测量并记录孔板两侧差压、孔板前气体压力和孔板后测量管道内的气体温度。同时，测量并记录试验时的大气压力。按照《用安装在圆形截面管道中的差压装置测量满管流体流量》GB/T 2624—2006中的计算公式计算出该状态下的气体流量。应每分钟测量1次，连续测量3次，取平均值，该值为系统漏风量。如果系统漏风量大于25m^3/h，应调整各连接处的密封，直到系统漏风量不大于25m^3/h时为止。

拆去阀门入口处的密封板材，阀门仍处于关闭状态，调整进气阀和调节阀，使阀门前后的气体静压差仍保持在300Pa ± 15Pa或1 000Pa ± 15Pa，待稳定60s后，测量并记录孔板两侧差压、孔板前气体压力和孔板后测量管道内的气体温度。同时，测量并记录试验时的大气压力。按照《用安装在圆形截面管道中的差压装置测量满管流体流量》GB/T 2624—2006 中的计算公式计算出该状态下的气体流量（防火阀和排烟防火阀选用的气体静压差为 300Pa ± 15Pa，排烟阀选用的气体静压差为 1 000Pa ± 15Pa）。

十、耐火性

耐火试验开始后 1min 内，防火阀的温感器应动作，阀门关闭。耐火试验开始后 3min 内，排烟防火阀的温感器应动作，阀门关闭。

在规定的耐火时间内，使防火阀或排烟防火阀叶片两侧保持 300Pa ± 15Pa 的气体静压差，其单位面积上的漏烟量（标准状态）不应大于 $700m^3/(m^2 \cdot h)$。在规定的耐火时间内，防火阀或排烟防火阀表面不应出现连续 10s 以上的火焰。防火阀或排烟防火阀的耐火时间不应小于 1.50h。

《建筑通风和排烟系统用防火阀门》GB 15930—2007 中，对电动控制阀门做了详细的要求。

1. 叶片位置输出信号

使阀门处于关闭或开启状态，接通执行机构中的复位电路，阀门应开启或关闭，用万用表测量阀门叶片所处位置的输出信号。

2. 额定电流和额定电压

阀门执行机构中电控电路的额定工作电压和额定工作电流采用准确度不低于 0.5 级、量程不大于实际测量值两倍的电压表和电流表进行测量。

3. 耐电压波动

试验设备采用直流稳压电源，最大输出电压为 30V。

使阀门处于全开或关闭状态，将直流稳压电源与执行机构中的电控电路相连，调节直流稳压电源的输出电压，使其值比阀门的额定工作电压值低 15%，接通控制电路，阀门应动作关闭或开启。

断开控制电路，将阀门全开或关闭，调节直流稳压电源的输出电压，使其值比阀门的额定工作电压值高 10%，接通控制电路，阀门应动作关闭或开启。

029 空调水管道阀门如何选择？阀门进场检验如何进行？

【规范条文】

《通风与空调工程施工质量验收规范》GB 50243—2016

9.2.4 阀门的安装应符合下列规定：

1 阀门安装前应进行外观检查，阀门的铭牌应符合现行国家标准《工业阀门 标志》GB/T 12220 的有关规定。工作压力大于 1.0MPa 及在主干管上起到切断作用和系统冷、热水运行转换调节功能的阀门和止回阀，应进行壳体强度和阀瓣密封性能的试验，且应试验合格。其他阀门可不单独进行试验。壳体强度试验压力应为常温条件下公称压力的1.5倍，持续时间不应少于5min，阀门的壳体、填料应无渗漏。严密性试验压力应为公称压力的1.1倍，在试验持续的时间内应保持压力不变，阀门压力试验持续时间与允许泄漏量应符合表9.2.4的规定。

表9.2.4 阀门压力试验持续时间与允许泄漏量

公称直径 *DN*（mm）	最短试验持续时间（s）	
	严密性试验（水）	
	止回阀	其他阀门
≤50	60	15
65～150	60	60
200～300	60	120
≥350	120	120
允许泄漏量	3滴×（*DN*/25）/min	小于*DN*65为0滴，其他为2滴×（*DN*/25）/min

注：压力试验的介质为洁净水。用于不锈钢阀门的试验水，氯离子含量不得高于25mg/L。

2 阀门的安装位置、高度、进出口方向应符合设计要求，连接应牢固紧密。

3 安装在保温管道上的手动阀门的手柄不得朝向下。

4 动态与静态平衡阀的工作压力应符合系统设计要求，安装方向应正确。阀门在系统运行时，应按参数设计要求进行校核、调整。

5 电动阀门的执行机构应能全程控制阀门的开启与关闭。

《通风与空调工程施工规范》GB 50738—2011

15.4.1 阀门进场检验时，设计工作压力大于1.0MPa及在主干管上起切断作用的阀门应进行水压试验（包括强度和严密性试验），合格后再使用。其他阀门不单独进行水压试验，可在系统水压试验中检验。阀门水压试验应在每批（同牌号、同规格、同型号）数量中抽查20%，且不应少于1个。安装在主干管上起切断作用的阀门应全数检查。

15.4.2 阀门强度试验应符合下列规定：

1 试验压力应为公称压力的1.5倍。

2 试验持续时间应为5min。

3 试验时，应把阀门放在试验台上，封堵好阀门两端，完全打开阀门启闭件。从一端口引入压力（止回阀应从进口端加压），打开上水阀门，充满水后，及时排气。然后缓慢升至试验压力值。到达强度试验压力后，在规定的时间内，检查阀门壳体无破裂或变形，压力无下降，壳体（包括填料函及阀体与阀盖连接处）不应有结构损伤，强度试验为合格。

15.4.3 阀门严密性试验应符合下列规定：

1 阀门的严密性试验压力应为公称压力的1.1倍。

2 试验持续时间应符合表15.4.3的规定。

表 15.4.3　阀门严密性试验持续时间

公称直径 *DN*（mm）	最短试验持续时间（s）	
	金属密封	非金属密封
≤50	15	15
65～200	30	15
250～450	60	30
≥500	120	60

3　规定介质流通方向的阀门，应按规定的流通方向加压（止回阀除外）。试验时应逐渐加压至规定的试验压力，然后检查阀门的密封性能。在试验持续时间内无可见泄漏，压力无下降，阀瓣密封面无渗漏为合格。

《采暖通风与空气调节工程检测技术规程》JGJ/T 260—2011

4.2.1　阀门水压试验应符合下列规定：

1　阀门水压试验包括强度试验和严密性试验。

2　阀门外观检查应无损伤，规格应符合设计要求，质量合格证明文件及性能检测报告应齐全、有效。

3　阀门的强度试验压力应为公称压力的 1.5 倍；严密性试验压力应为公称压力的 1.1 倍；试验压力在试验持续时间内保持不变，且壳体填料及阀瓣密封面无渗漏。

4　阀门试验应以水作为介质，温度应在 5℃～40℃之间。阀门持续试验时间应符合表 4.2.1–1 的要求。

表 4.2.1–1　阀门试验持续时间

公称直径 *DN*（mm）	最短试验持续时间（s）		
	严密性试验		强度试验
	金属密封	非金属密封	
≤50	15	15	15
65～200	30	15	60
250～450	60	30	180

5　阀门强度试验可按下列步骤进行：

1）把阀门放在试验台上，封堵好阀门两端，完全打开阀门启闭件；

2）从另一端口引入压力，打开上水阀门，充满水后，及时排气；

3）缓慢升至试验压力值，不得急剧升压；

4）到达强度试验压力后（止回阀应从进口端加压），在规定的时间内，检查阀门壳体是否发生破裂或产生变形，压力有无下降，壳体（包括填料阀体与阀盖连接处）是否有结构损伤；

5）阀门水压试验后，擦净阀门水渍存放，并逐个记录阀门强度及严密性试验情况。

6 阀门严密性试验可按下列步骤进行：

1）阀门严密性试验应在强度试验合格的基础上进行。主要阀类的严密性试验方法应符合表 4.2.1–2 的要求。

2）对于规定了介质流通方向的阀门，应按规定的流通方向加压（止回阀除外）。在试验压力下，规定时间内检查阀门的密封性能。

3）阀门水压试验后，擦净阀门水渍存放，并逐个记录阀门强度及严密性试验情况。

表 4.2.1–2 阀门严密性试验

序号	阀类	试验加压方法
1	闸阀	关闭启闭件，从一端引入压力，缓慢升压至试验压力，在规定的时间内检查阀瓣处是否严密，压力是否有下降；一端试验合格后，用同样的方法检验另一密封面，从另一端引入压力，检查阀瓣处是否严密，压力是否下降
2	球阀	
3	旋塞阀	
4	截止阀	试验程序同闸阀试验程序。在对阀座密封最不利的方向，引入压力至试验压力，在阀门完全关闭的状态下，在规定的试验时间内检查阀瓣是否渗漏
5	调节阀	
6	蝶阀	沿着对密封最不利的方向引入介质并施加压力。对称阀座的蝶阀可沿任一方向加压。试验程序同闸阀试验程序
7	止回阀	沿着使阀瓣关闭的方向引入介质并施加压力，检查是否渗漏，试验程序同闸阀试验程序

《建筑给水排水及采暖工程质量验收规范》GB 50242—2002

3.2.4 阀门安装前，应做强度和严密性试验。试验应在每批（同牌号、同型号、同规格）数量中抽查 10%，且不少于一个。对于安装在主干管上起切断作用的闭路阀门，应逐个做强度和严密性试验。

3.2.5 阀门的强度和严密性试验，应符合以下规定：阀门的强度试验压力为公称压力的 1.5 倍；严密性试验压力为公称压力的 1.1 倍；试验压力在试验持续时间内保持不变，且壳体填料及阀瓣密封面无渗漏。阀门试压的试验持续时间应不少于表 3.2.5 的规定。

表 3.2.5 阀门试验持续时间

公称直径 DN（mm）	最短试验持续时间（s）		
	严密性试验		强度试验
	金属密封	非金属密封	
≤50	15	15	15
65～200	30	15	60
250～450	60	30	180

【问题解答】

一、阀门选用时应注意的问题

1. 阀门标志

不同型号及材质的阀门分别有各自的制造标准，但阀门标志基本依据《工业阀门　标志》GB/T 12220—2015 的要求。阀门标志的具体要求如下：

1）公称压力应符合《管道元件　公称压力的定义和选用》GB/T 1048—2019 的要求。

2）公称尺寸应符合《管道元件　公称尺寸的定义和选用》GB/T 1047—2019 的要求。

3）法兰连接环号按《钢制管法兰》GB/T 9124—2019 的规定。

4）螺纹连接代号按《55° 密封管螺纹》GB/T 7306—2000、《55° 非密封管螺纹》GB/T 7307—2001 和《60° 密封管螺纹》GB/T 12716—2011 的规定。

5）标记用铭牌材料和铭牌固定方法应耐环境腐蚀，并与阀门的使用温度相适应。

6）标记在阀体和铭牌上的标志应清晰、明显，排列整齐、匀称，易于辨认。

7）设在阀体上的任何一项标志，也可以重复设在铭牌上。

2. 阀门的选择及设置部位

1）供水管管径不大于 50mm 时，宜采用截止阀，管径大于 50mm 时，采用闸阀、蝶阀。

2）管道系统需调节流量、水压时，宜采用调节阀、截止阀。

3）系统要求水流阻力小的部位（如水泵吸水管上）宜采用闸阀或蝶阀。

4）安装空间小的部位宜采用蝶阀、球阀。

5）在经常启闭的管段上宜采用截止阀。

6）口径较大的水泵出水管上宜采用多功能阀。

3. 各种阀门的使用特点

（1）闸阀

闸阀是指关闭件（闸板）沿通道轴线的垂直方向移动的阀门，在管路上主要作为切断介质用，即全开或全关使用。闸阀不可作为调节流量使用。

闸阀的优点：流体阻力小启；闭所需力矩较小；形体结构比较简单，结构长度比较短。闸阀的缺点：外形尺寸和开启高度较大，所需安装的空间亦较大；在启闭过程中，密封面间有相对摩擦，磨损较大；一般闸阀都有两个密封面，给加工、研磨和维修增加了一些困难；启闭时间长。

（2）蝶阀

蝶阀是用圆盘式启闭件往复回转 90° 左右来开启、关闭和调节流体通道的一种阀门。

蝶阀的优点：结构简单、体积小、重量轻、耗材省，适用于大口径阀门；启闭迅速，流阻小。蝶阀的缺点：流量调节范围不大，当开启达 30% 时，流量就将进 95% 以上；由于蝶阀的结构和密封材料的限制，不宜用于高温、高压的管路系统；密封性能相对于球阀、截止阀较差，故用于密封要求不是很高的地方。

（3）球阀

球阀是由旋塞阀演变而来，它的启闭件是一个球体，利用球体绕阀杆的轴线旋转90°实现开启和关闭的目的。球阀在管道上主要用于切断、分配和改变介质流动方向，设计成V形开口的球阀还具有良好的流量调节功能。

球阀的优点：具有最低的流阻（实际为0）；在较大的压力和温度范围内，能实现完全密封；可实现快速启闭，某些结构的启闭时间仅为0.05s～0.1s，以保证能用于试验台的自动化系统中；结构紧凑、重量轻、阀体对称。球阀的缺点：调节性能差。

（4）截止阀

截止阀是指关闭件（阀瓣）沿阀座中心线移动的阀门。

根据阀瓣的这种移动形式，阀座通口的变化是与阀瓣行程成正比例关系。由于该类阀门的阀杆开启或关闭行程相对较短，而且具有非常可靠的切断功能，又由于阀座通口的变化与阀瓣的行程成正比例关系，非常适合于对流量的调节。

截止阀的优点：在开启和关闭过程中，由于阀瓣与阀体密封面间的摩擦力比闸阀小，因而耐磨；开启高度一般仅为阀座通道的1/4，阀座比闸阀小得多；通常在阀体和阀瓣上只有一个密封面，因而制造工艺性比较好，便于维修。截止阀的缺点：由于介质通过阀门的流动方向发生了变化，因此截止阀的最小流阻高于大多数其他类型的阀门；由于行程较长，开启速度较球阀慢。

（5）旋塞阀

旋塞阀是指关闭件为柱塞形的旋转阀，通过90°的旋转使阀塞上的通道口与阀体上的通道口相通或分开，实现开启或关闭的一种阀门。阀塞的形状可为圆柱形或圆锥形，其原理与球阀基本相似。

（6）安全阀

安全阀在受压容器、设备或管路上作为超压保护装置。

安全阀是启闭件受外力作用下处于常闭状态，当设备或管道内的介质压力升高超过规定值时，通过向系统外排放介质来防止管道或设备内介质压力超过规定数值的特殊阀门。

安全阀属于自动阀类，主要用在锅炉、压力容器和管道上，以控制压力不超过规定值，对人身安全和设备运行起重要保护作用。当设备、容器或管路内的压力升高超过允许值时，阀门自动开启，继而全量排放，以防止设备、容器或管路和压力继续升高；当压力降低到规定值时，阀门自动及时关闭，从而保护设备、容器或管路的安全运行。安全阀必须经过压力试验才能使用。

（7）蒸汽疏水阀

在输送蒸汽等介质中，会有一些冷凝水形成，为了保证装置的工作效率和安全运转，就应及时排放这些无用且有害的介质，以保证装置的消耗和使用。蒸汽疏水阀（简称疏水阀）的作用是自动排除加热设备或蒸汽管道中的蒸汽凝结水及空气等不凝气体，且不漏出蒸汽。由于疏水阀具有阻汽排水的作用，可使蒸汽加热设备均匀给热，充分利用蒸汽潜热，防止蒸汽管道中发生水锤现象。

（8）减压阀

减压阀是通过调节功能，将进口压力减至某一需要的出口压力，并依靠介质本身的能量，使出口压力自动保持稳定的阀门。

减压阀通过改变节流面积，使流速及流体的动能改变，造成不同的压力损失，从而达到减压的目的。依靠控制与调节系统的调节，使阀后压力的波动与弹簧力相平衡，使阀后压力在一定的误差范围内保持恒定。

（9）止回阀

止回阀是指启闭件为圆形阀瓣并靠自身重量及介质压力产生动作来阻断介质倒流的一种阀门。止回阀属自动阀类，又称逆止阀、单向阀、回流阀或隔离阀。

止回阀阀瓣的运动方式分为升降式和旋启式。升降式止回阀与截止阀结构类似，仅缺少带动阀瓣的阀杆；介质从进口端（下侧）流入，从出口端（上侧）流出；当进口压力大于阀瓣重量及其流动阻力之和时，阀门被开启；反之，介质倒流时阀门则关闭。旋启式止回阀有一个斜置并能绕轴旋转的阀瓣，工作原理与升降式止回阀相似。

止回阀与截止阀组合使用，可起到安全隔离的作用。

二、阀门进场检验内容

对比不同规范对空调水管道阀门的进场检验要求，对阀门的强度与严密性试验，在试验对象、试验数量、试验要求等方面都存在一定的差异，应以《通风与空调工程施工质量验收规范》GB 50243—2016 为准。

空调水系统中的阀门质量是系统工程质量验收的一个重要项目。但是从国家整体质量管理的角度来说，阀门的本体质量应归属于产品的范畴，不能因为产品质量的问题而要求在工程施工中负责产品的检验工作，因此《通风与空调工程施工质量验收规范》GB 50243—2016 从职责范围和工程施工的要求出发，对阀门的强度与严密性试验进行了调整。

管道阀门的强度与严密性试验，不应在施工过程中占用大量的人力和物力。为此，应根据各种阀门的不同要求予以区别对待。

1. 检验内容

对阀门的检验规定：阀门安装前必须进行外观检查，其外表应无损伤、阀体无锈蚀，阀体的铭牌应符合现行国家标准《工业阀门 标志》GB/T 12220—2015 的规定，规格型号、参数、材质应符合设计及合同要求。

建设工程空调水系统管道中，常用的阀门公称压力主要有 1.0MPa 及 1.6MPa 两种。

2. 试验内容

（1）强度与严密性试验压力及时间要求

阀门壳体强度试验压力为公称压力的 1.5 倍，试验时间不少于 5min；严密性试验压力为公称压力的 1.1 倍，持续时间与允许泄漏量按《通风与空调工程施工质量验收规范》GB 50243—2016 执行。

（2）试验对象

工作压力大于 1.0MPa 及在主干管上起到切断作用和系统冷、热水运行转换调节功能的阀门和止回阀。

（3）试验数量

1）对于安装在主干管上起切断作用的阀门，包括主立管、横导管阀门，分区及分路控制阀门，水泵、设备及集分水器上的阀门，止回阀，都应全数进行强度与严密性试验。

2）对于工作压力高于 1.0MPa 的非主干管阀门按 I 方案抽检。

3）除 1）、2）以外，其他阀门的强度检验工作可结合管道的强度试验工作一起进行。阀门强度试验压力（1.5 倍的工作压力）和压力持续时间（5min）均应符合现行国家标准《阀门的检验和试验》GB/T 26480 的规定。这样，不但减少了阀门检验的工作量，而且也提高了检验的要求。既保证了工程质量，又易于实施。

030 风机盘管进场检验内容有哪些？

【规范条文】

《建筑节能工程施工质量验收标准》GB 50411—2019

3.2.3 材料、构件和设备进场检验收应符合下列规定：

1 应对材料、构件和设备的品种、规格、包装、外观等进行检查验收，并应形成相应的验收记录。

2 应对材料、构件和设备的质量证明文件进行核查，核查记录应纳入工程技术档案。进入施工现场的材料、构件和设备均应具有出厂合格证、中文说明书及相关性能检测报告。

3 涉及安全、节能、环境保护和主要使用功能的材料、构件和设备，应按照本标准附录 A 和各章的规定在施工现场随机抽样复验，复验应为见证取样检验。当复验的结果不合格时，该材料、构件和设备不得使用。

4 在同一工程项目中，同厂家、同类型、同规格的节能材料、构件和设备，当获得建筑节能产品认证、具有节能标识或连续三次见证取样检验均一次检验合格时，其检验批的容量可扩大一倍，且仅可扩大一倍。

扩大检验批后的检验中出现不合格情况时，应按扩大前的检验批重新验收，且该产品不得再次扩大检验批容量。

10.2.2 通风与空调节能工程使用的风机盘管机组和绝热材料进场时，应对其下列性能进行复验，复验应为见证取样检验。

1 风机盘管机组的供冷量、供热量、风量、水阻力、功率及噪声；

2 绝热材料的导热系数或热阻、密度、吸水率。

检验方法：核查复验报告。

检查数量：按结构形式抽检，同厂家的风机盘管机组数量在 500 台及以下时，抽检 2 台；每增加 1 000 台时应增加抽检 1 台。同工程项目、同施工单位且同期施工的多个单位工程可合并计算。当符合本标准第 3.2.3 条规定时，检验批容量可以扩大一倍。

同厂家、同材质的绝热材料，复验次数不得少于 2 次。

《通风与空调工程施工质量验收规范》GB 50243—2016

7.3.9　风机盘管机组的安装应符合下列规定：

1　机组安装前宜进行风机三速试运转及盘管水压试验。试验压力应为系统工作压力的 1.5 倍，试验观察时间应为 2min，不渗漏为合格。

2　机组应设独立支、吊架，固定应牢固，高度与坡度应正确。

3　机组与风管、回风箱或风口的连接，应严密可靠。

【问题解答】

一、风机盘管的概念

风机盘管机组简称风机盘管。它是由小型风机、电动机和盘管（空气换热器）等组成的空调系统末端装置之一。盘管管内流过冷冻水或热水时与管外空气换热，使空气被冷却，除湿或加热来调节室内的空气参数。它是常用的供冷、供热末端装置。我们常说的风机盘管不包括以非冷冻水供冷的多联机室内机。

二、风机盘管的选用

风机盘管的选型是关键问题。在空调系统设计中，设计人员在选用风机盘管时的常规的做法是按空调房间的最大冷负荷选用风机盘管，是为了保证最大负荷时的房间温度的要求。而实际工程中，空调房间运行的绝大部分时间都处于非高峰负荷状态，使用最高档风速运行的机会很少，大部分时间用中、低档运行即可保证房间温度的要求。

不同的使用场合对机组各参数有不同的要求。对于酒店和居住房间的风机盘管，噪声是要关注的重点之一。为了使系统节能运行，建议按中档选择风机盘管机组，除供冷量要满足计算冷负荷要求外，还要求满足其显热量和潜热量的匹配，满足房间热湿比的要求；风量则须满足送风温差、换气次数及气流组织等使用要求。

三、风机盘管的分类

《风机盘管机组》GB/T 19232—2019 对风机盘管的分类有以下几种方式：按“特征”分，有单盘管、双盘管；按“安装形式”分，有明装、暗装；按“结构形式”分，有立式、卧式、卡式及壁挂式；按“出口静压”分，有低静压型、高静压型；按“进水方位”分，有左式、右式。

四、风机盘管进场检验内容

1. 核查风机盘管数量及质量证明件

核查风机数量是否符合要求，各种型号的风机盘管型式检验报告是否在有效期内，合格证、产品安装使用说明书是否有效、齐全。对于设备进厂检验，代表着设备性能情况的质量证明文件，除了合格证，最重要的是型式检验报告。风机盘管型式检验报告内容应包括下列内容：①外观；②耐压性；③密封性；④启动和运转；⑤风量；⑥输入功率；⑦供冷量和供热量；⑧水阻力；⑨噪声；⑩凝露（单供暖机组除外）；⑪凝结水（只包括通用机组）；⑫供冷能效系数（FCEER）；⑬供暖能效系数（FCCOP）；⑭绝缘电阻；⑮电气强度；⑯电机绕组温升（单供暖机组除外）；⑰泄漏电流；⑱接地电阻；⑲湿热特性。

2. 核查风机盘管性能参数

核查每种规格的风机盘管的供冷量、供热量、风量、出口静压、噪声及功率是否与设计要求相符合。

3. 核查风机盘管复验报告

复验报告必须为见证取样检验报告，必须符合验收标准的规定。复验内容应包括供冷量、供热量、风量、水阻力、功率及噪声等项目，检查复验结论是否符合相应的标准要求。

需要明确的是，风机盘管有三档风速模式——低档、中档、高档，上述参数均是《风机盘管机组》GB/T 19232—2019要求工况下高档风速的参数。

4. 风机盘管三速试验及强度试验

抽样检验风机盘管在低速、中速、高速状态下是否有明显变化，检查风机盘管水压试验结果是否符合要求。

《通风与空调工程施工质量验收规范》GB 50243—2016要求安装时才强调进行三速试运转和水压试验，其实应该是在进场检验时对风机盘管进行抽检试验，而不是全部检验。

031

COP、EER、IPLV、NPLV有何区别？

【规范条文】

《建筑节能工程施工质量验收标准》GB 50411—2019

11.2.1 空调与供暖系统使用的冷热源设备及其辅助设备、自控阀门、仪表、绝热材料等产品应进行进场验收，并应对下列产品的技术性能参数和功能进行核查。验收与核查的结果应经监理工程师检查认可，且应形成相应的验收记录。各种材料和设备的质量证明文件与相关技术资料应齐全，并应符合设计要求和国家现行有关标准的规定。

1 锅炉的单台容量及名义工况下的热效率；

2 热交换器的单台换热量；

3 电驱动压缩机蒸汽压缩循环冷水（热泵）机组的额定制冷（热）量、输入功率、性能系数（COP）、综合部分负荷性能系数（IPLV）限值；

4 电驱动压缩机单元式空气调节机组、风管送风式和屋顶式空气调节机组的名义制冷量、输入功率及能效比（EER）；

5 多联机空调系统室外机的额定制冷（热）量、输入功率及制冷综合性能系数

［IPLV（C）］；

6　蒸汽和热水型溴化锂吸收式冷水机组及直燃型溴化锂吸收式冷（温）水机组的名义制冷量、供热量、输入功率及性能系数；

7　供暖热水循环水泵、空调冷（热）水循环水泵、空调冷却水循环水泵等的流量、扬程、电机功率及效率；

8　冷却塔的流量及电机功率；

9　自控阀门与仪表的类型、规格、材质及公称压力；

10　管道的规格、材质、公称压力及适用温度；

11　绝热材料的导热系数、密度、厚度、吸水率。

《建筑节能与可再生能源利用通用规范》GB 55015—2021

3.2.9　采用电机驱动的蒸汽压缩循环冷水（热泵）机组时，其在名义制冷工况和规定条件下的性能系数（COP）应符合下列规定：

1　定频水冷机组及风冷或蒸发冷却机组的性能系数（COP）不应低于表 3.2.9-1 的数值；

2　变频水冷机组及风冷或蒸发冷却机组的性能系数（COP）不应低于表 3.2.9-2 的数值；

表 3.2.9-1　名义制冷工况和规定条件下定频冷水（热泵）机组的制冷性能系数（COP）

类型		名义制冷量 CC（kW）	性能系数					
			严寒 A、B 区	严寒 C 区	温和地区	寒冷地区	夏热冬冷地区	夏热冬暖地区
水冷	活塞式 / 涡旋式	CC≤528	4.30	4.30	4.30	5.30	5.30	5.30
	螺杆式	CC≤528	4.80	4.90	4.90	5.30	5.30	5.30
		528<CC≤1 163	5.20	5.20	5.20	5.60	5.60	5.60
		CC>1 163	5.40	5.50	5.60	5.80	5.80	5.80
	离心式	CC≤1 163	5.50	5.60	5.60	5.70	5.80	5.80
		1 163<CC≤2 110	5.90	5.90	5.90	6.00	6.10	6.10
		CC>2 110	6.00	6.10	6.10	6.20	6.30	6.30
风冷或蒸发冷却	活塞式 / 涡旋式	CC≤50	2.80	2.80	2.80	3.00	3.00	3.00
		CC>50	3.00	3.00	3.00	3.00	3.20	3.20
	螺杆式	CC≤50	2.90	2.90	2.90	3.00	3.00	3.00
		CC>50	2.90	2.90	3.00	3.00	3.20	3.20

表 3.2.9-2 名义制冷工况和规定条件下变频冷水（热泵）机组的制冷性能系数（COP）

类型		名义制冷量 CC（kW）	性能系数					
			严寒 A、B 区	严寒 C 区	温和地区	寒冷地区	夏热冬冷地区	夏热冬暖地区
水冷	活塞式 / 涡旋式	CC≤528	4.20	4.20	4.20	4.20	4.20	4.20
	螺杆式	CC≤528	4.37	4.47	4.47	4.47	4.56	4.66
		528<CC≤1 163	4.75	4.75	4.75	4.85	4.94	5.04
		CC>1 163	5.20	5.20	5.20	5.23	5.32	5.32
	离心式	CC≤1 163	4.70	4.70	4.74	4.84	4.93	5.02
		1 163<CC≤2 110	5.20	5.20	5.20	5.20	5.21	5.30
		CC>2 110	5.30	5.30	5.30	5.39	5.49	5.49
风冷或蒸发冷却	活塞式 / 涡旋式	CC≤50	2.50	2.50	2.50	2.50	2.51	2.60
		CC>50	2.70	2.70	2.70	2.70	2.70	2.70
	螺杆式	CC≤50	2.51	2.51	2.51	2.60	2.70	2.70
		CC>50	2.70	2.70	2.70	2.79	2.79	2.79

3.2.10 电机驱动的蒸汽压缩循环冷水（热泵）机组的综合部分负荷性能系数（IPLV）应按下式计算：

$$IPLV=1.2\times A+32.8\%\times B+39.7\%\times C+26.3\times D \qquad (3.2.10)$$

式中：A——100% 负荷时的性能系数（W/W），冷却水进水温度 30℃ / 冷凝器进气干球温度 35℃；

B——75% 负荷时的性能系数（W/W），冷却水进水温度 26℃ / 冷凝器进气干球温度 31.5℃；

C——50% 负荷时的性能系数（W/W），冷却水进水温度 23℃ / 冷凝器进气干球温度 28℃；

D——25% 负荷时的性能系数（W/W），冷却水进水温度 19℃ / 冷凝器进气干球温度 24.5℃。

3.2.11 当采用电机驱动的蒸汽压缩循环冷水（热泵）机组时，综合部分负荷性能系数（IPLV）应符合下列规定：

1 综合部分负荷性能系数（IPLV）计算方法应符合本规范第 3.2.10 条的规定；

2 定频水冷机组及风冷或蒸发冷却机组的综合部分负荷性能系数（IPLV）不应低于表 3.2.11-1 的数值；

3 变频水冷机组及风冷或蒸发冷却机组的综合部分负荷性能系数（IPLV）不应低于表 3.2.11-2 的数值。

表 3.2.11-1　定频冷水（热泵）机组综合部分负荷性能系数（IPLV）

类型		名义制冷量 CC（kW）	性能系数					
			严寒 A、B 区	严寒 C 区	温和地区	寒冷地区	夏热冬冷地区	夏热冬暖地区
水冷	活塞式/涡旋式	CC≤528	5.00	5.00	5.00	5.00	5.05	5.25
	螺杆式	CC≤528	5.35	5.45	5.45	5.45	5.55	5.65
		528<CC≤1 163	5.75	5.75	5.75	5.85	5.90	6.00
		CC>1 163	5.85	5.95	6.10	6.20	6.30	6.30
	离心式	CC≤1 163	5.50	5.50	5.55	5.60	5.90	5.90
		1 163<CC≤2 110	5.50	5.50	5.55	5.60	5.90	5.90
		CC>2 110	5.95	5.95	5.95	6.10	6.20	6.20
风冷或蒸发冷却	活塞式/涡旋式	CC≤50	3.10	3.10	3.10	3.20	3.20	3.20
		CC>50	3.35	3.35	3.35	3.40	3.45	3.45
	螺杆式	CC≤50	2.90	2.90	2.90	3.10	3.20	3.20
		CC>50	3.10	3.10	3.10	3.20	3.30	3.30

表 3.2.11-2　变频冷水（热泵）机组综合部分负荷性能系数（IPLV）

类型		名义制冷量 CC（kW）	性能系数					
			严寒 A、B 区	严寒 C 区	温和地区	寒冷地区	夏热冬冷地区	夏热冬暖地区
水冷	活塞式/涡旋式	CC≤528	5.64	5.64	5.64	6.30	6.30	6.30
	螺杆式	CC≤528	6.15	6.27	6.27	6.30	6.38	6.50
		528<CC≤1 163	6.61	6.61	6.61	6.73	7.00	7.00
		CC>1 163	6.73	6.84	7.02	7.13	7.60	7.60
	离心式	CC≤1 163	6.70	6.70	6.83	6.96	7.09	7.22
		1 163<CC≤2 110	7.02	7.15	7.22	7.28	7.60	7.61
		CC>2 110	7.74	7.74	7.74	7.93	8.06	8.06
风冷或蒸发冷却	活塞式/涡旋式	CC≤50	3.50	3.50	3.50	3.60	3.60	3.60
		CC>50	3.60	3.60	3.60	3.70	3.70	3.70
	螺杆式	CC≤50	3.50	3.50	3.50	3.60	3.60	3.60
		CC>50	3.60	3.60	3.60	3.70	3.70	3.70

6.3.3 建筑设备系统安装前，应对照图纸对建筑设备能效指标进行核查。

《房间空气调节器》GB/T 7725—2004

3.9 能效比（EER）

在额定工况和规定条件下，空调器进行制冷运行时，制冷量与有效输入功率之比，其值用 W/W 表示。

3.10 性能系数（COP）

在额定工况（高温）和规定条件下，空调器进行热泵制热运行时，制热量与有效输入功率之比，其值用 W/W 表示。

《供暖通风与空气调节术语标准》GB/T 50155—2015

7.1.11 性能系数

在规定的试验条件下，制冷及制热设备的制冷及制热量与其消耗功率之比，其值用 W/W 表示，简称 COP。

7.1.12 能效比

在规定的试验条件下，制冷设备的制冷量与其消耗功率之比，简称 EER。

【问题解答】

一、有效输入功率

有效输入功率是指在单位时间内输入空调器的平均电功率，其中包括：

1）压缩机运行的输入功率和除霜输入功率（不用于除霜的辅助电加热装置除外）；

2）所有控制和安全装置的输入功率；

3）热交换传输装置的输入功率（风扇、泵等）。

二、性能系数（COP）

为了衡量制冷压缩机在制冷或制热方面的热力经济性，常采用性能系数（COP）这个指标。COP 的范围包括冷和热两个方面的性能参数。

1. 制冷性能系数

开启式制冷压缩机的制冷性能系数（COP）是指在某一工况下，制冷压缩机的制冷量与同一工况下制冷压缩机轴功率的比值。

封闭式制冷压缩机的制冷性能系数（COP）是指在某一工况下，制冷压缩机的制冷量与同一工况下制冷压缩机电机的输入功率的比值。

2. 制热性能系数

开启式制冷压缩机在热泵循环中工作时，其制热性能系数 COP 是指在某一工况下，压缩机的制热量与同一工况下压缩机轴功率的比值。

封闭式制冷压缩机在热泵循环中工作时，其制热性能系数 COP 是指在某一工况下，压缩机的制热量与同一工况下压缩机电机的输入功率的比值，其单位均为（W/W）或（kW/kW）。COP 一般是指电驱动压缩机蒸汽压缩循环冷水（热泵）机组的性能系数。

三、空调制冷设备的能效比（EER）

空调制冷设备的能效比（EER）是指在额定（名义）工况下，空调设备提供的冷量与设备本身所消耗的能量之比。

EER 主要体现了局部空调机组（含空气源、水源、地源等整体式、分体式空调机组）的性能参数，其较突出的特点是仅适合于电动压缩式（蒸气压缩式）制冷空调机组。

而 COP 性能参数值则适用范围更加广泛，除适用于一般的电动压缩式制冷或热泵空调机组（制冷压缩机）外，亦适用于吸收式制冷机组。

能效比（EER）一般是指电驱动压缩机单元式空气调节机组的能效比，主要适用于评价制冷设备性能的指标。

四、制冷综合性能系数［IPLV（C）］

IPLV（C），即制冷综合性能系数，是用来衡量多联式空调在制冷季节的部分负荷效率。

由于家庭生活中大部分均是使用部分空调，因此 IPLV（C）能更加准确地反映出家用中央空调在运行中的节能性。IPLV（C）可分为 5 个等级，1 级能效最高，5 级能效最低，2 级表示达到节能水平。

五、制冷设备标准工况下综合部分负荷性能系数（IPLV）

标准工况下综合部分负荷性能系数（integrated part load value，IPLV）是指在名义工况下，用一个单一数值表示的冷水机组等设备的部分负荷效率指标，它基于机组部分负荷时的性能系数值，按机组在各种负荷（100% 负荷、75% 负荷、50% 负荷、25% 负荷）条件下的运行时间等因素，进行加权求和计算获得的表示空气调节用冷水机组部分负荷效率的单一数值。

之所以要定义标准工况下综合部分负荷性能系数（IPLV），是因为制冷或热泵设备在实际工作中不可能总是在最大负荷工况（100% 负荷）下工作，有可能在很多时候机组只在 75%、50% 等负荷下工作，而机组 EER、COP 是在名义工况（名义工况是国家规定的一个机组测试工况，不同于最大负荷工况）下定义的，也不能全面反映机组运行效率，因而提出了标准工况下综合部分负荷性能系数（IPLV）的概念，用来衡量制冷、热泵机组部分负荷工作情况下的运行效果。

1）IPLV 只能用于评价单台冷水机组在名义工况下的综合部分负荷性能水平。

2）IPLV 不能用于评价单台冷水机组实际运行工况下的性能水平，不能用于计算单台冷水机组的实际运行能耗。

3）IPLV 不能用于评价多台冷水机组综合部分负荷性能水平。

综合部分负荷性能系数（IPLV）的计算公式为：

$$IPLV=1.2\%A+32.8\%B+39.7\%C+26.3\%D$$

式中：A——100% 负荷时的性能系数（kW/kW），冷却水进水温度 30℃ / 冷凝器进气干球温度 35℃；

B——75% 负荷时的性能系数（kW/kW），冷却水进水温度 26℃ / 冷凝器进气干球温度 31.5℃；

C——50% 负荷时的性能系数（kW/kW），冷却水进水温度 23℃ / 冷凝器进气干球温度 28℃；

D——25% 负荷时的性能系数（kW/kW），冷却水进水温度 19℃ / 冷凝器进气干球温度 24.5℃。

六、制冷设备综合部分负荷性能系数（NPLV）

综合部分负荷性能系数（no-standard part load value，NPLV）是指在非标准工况下，根据实际运行情况，计算得的综合部分负荷值。实际运行中，通常机组运行在满负荷下的时间不到 2%，98% 的时间运行在部分负荷下。常用机组综合部分负荷性能指标（NPLV）来全面评价一台机组运行时的综合效率。

NPLV 综合考虑机组在 100%、75%、50% 和 25% 不同负荷下的性能，并对不同负荷下根据实际运行情况确定权重，以综合评估机组的效率水平。

根据有关文献，NPLV 的计算可以按下式进行：

$$NPLV=10\%A+42\%B+45\%C+12\%D$$

其中，*A*、*B*、*C*、*D* 分别代表机组在 100%、75%、50% 和 25% 四个负荷下的 COP 值。

第三章 风管制作

032 现场加工风管与成品风管的区别有哪些？

【规范条文】

《通风与空调工程施工质量验收规范》GB 50243—2016

4.1.1 风管质量的验收应按材料、加工工艺、系统类别的不同分别进行，并应包括风管的材质、规格、强度、严密性能与成品观感质量等项内容。

4.1.2 风管制作所用的板材、型材以及其他主要材料进场时应进行验收，质量应符合设计要求及国家现行标准的有关规定，并应提供出厂检验合格证明。工程中所选用的成品风管，应提供产品合格证书或进行强度和严密性的现场复验。

《通风与空调工程施工规范》GB 50738—2011

4.1.1 金属风管与配件制作宜选用成熟的技术和工艺，采用高效、低耗、劳动强度低的机械加工方式。

4.1.2 金属风管与配件制作前应具备下列施工条件：

1 风管与配件的制作尺寸、接口形式及法兰连接方式已明确，加工方案已批准，采用的技术标准和质量控制措施文件齐全；

2 加工场地环境已满足作业条件要求；

3 材料进场检验合格；

4 加工机具准备齐全，满足制作要求。

4.1.8 风管制作在批量加工前，应对加工工艺进行验证，并应进行强度与严密性试验。

【问题解答】

一、成品风管

成品风管由具有相应生产资质的工厂加工完成。出厂时，应提供型式检验报告、合格证等质量证明文件，包括主材的材质证明、风管强度及严密性检测报告，非金属风管、复合材料风管还需提供消防及卫生检测合格的报告。目前，风管的加工趋向产品工业化生产，值得提倡。

成品风管进场验收时，应核查其强度及严密性检验报告，如果有必要，也可以进对其进行强度及严密性的复验。复验应为抽样检验；复验应经建设方认可，复验费用由建设方承担。

二、现场加工风管

非采购的现场加工风管包括施工现场制作、委托加工及其他场地加工场地制作的风管，不能提供法人单位出具的合格质量证明文件的风管。

现场加工风管的材料应进行进场检验，要求材料质量证明文件齐全，材料的形式、规格符合要求，观感良好。

制作金属风管的板材及型材的种类、材质和特性要求，首先应符合设计规定，当设计无要求时，应符合《通风与空调工程施工规范》GB 50738—2011及《通风与空调工程施工质量验收规范》GB 50243—2016的规定。

现场加工的风管，因受加工工艺及加工场地、加工方法、加工设备、操作人员不同等因素影响，其质量情况会有所不同，为检验其加工工艺是否满足施工要求，在批量加工前应对加工工艺进行验证，包括强度及严密性检验，试验结果应符合现行国家标准《通风与空调工程施工质量验收规范》GB 50243—2016的要求。

033 风管进场验收有哪些内容?

【规范条文】

《通风与空调工程施工规范》GB 50738—2011

3.3.2 通风与空调工程所使用的材料与设备应有中文质量证明文件，并齐全有效。质量证明文件应反映材料与设备的品种、规格、数量和性能指标，并与实际进场材料和设备相符。设备的型式检验报告应为该产品系列，并应在有效期内。

《通风与空调工程施工质量验收规范》GB 50243—2016

4.1.1 风管质量的验收应按材料、加工工艺、系统类别的不同分别进行，并应包括风管的材质、规格、强度、严密性能与成品观感质量等项内容。

4.1.2 风管制作所用的板材、型材以及其他主要材料进场时应进行验收，质量应符合设计要求及国家现行标准的有关规定，并应提供出厂检验合格证明。工程中所选用的成品风管，应提供产品合格证书或进行强度和严密性的现场复验。

【问题解答】

一、风管分类

1. 按材质分

按照制作材料不同，风管可分为金属风管、非金属风管及复合材料风管；每种材料的风管又有不同的类型；以金属风管为例，又分为镀锌钢板、焊接钢板及不锈钢板等材质。

2. 按加工工艺分

按照加工工艺不同，风管可分为机械自动加工风管、半自动加工风管、手工加工风管等。

3. 按工作压力分

按照工作压力不同，可分为微压风管、低压风管、中压风管及高压风管等。对于空调系统，有舒适性空调和净化空调之分，对风管有不同的要求。同是中压管道，用同样的材质，也有空调系统和防排烟系统之分。因此，对于风管的验收，首先区分子分部工程，不同的子分部应分别验收；其次，系统的不同也要分别验收；如防排烟系统为一个子分部工程，但防烟系统与排烟系统应分别验收。在填写验收记录表时，应分开填写。

对于现场加工的风管，施工单位要对加工风管的质量进行检验，合格后并填写检验记录。对于成品风管，进场时检查合格后要填写材料进场检验记录。监理工程师参加由施工单位组织的风管进场质量验收时，首先要检查施工单位的检验记录，并对以下内容进行检验，按检验批验收记录表中要求的内容填写质量验收记录表。

二、风管材质

应对照设计要求，观察检查使用的材质是否符合设计要求。

1. 成品风管材质

对照检查风管及法兰材质合格证及质量证明材料。

2. 现场加工风管材质

检查风管用板材、型材以及其他主要材料，检查出厂检验合格证明材料。

三、风管规格

规格是指风管的尺寸，检查矩形风管机圆形风管的尺寸，以及风管法兰规格尺寸、螺栓孔大小。

四、风管强度及严密性性能

风管强度的检验主要是检验风管的耐压能力。风管的严密性能的检验，微压风管是以观察检查形式进行，其他风管是以漏风量测试形式进行。

1. 成品风管强度及严密性能

成品风管进场时检查风管的质量证明材料，必要时可以对风管进行强度及严密性试验。应按不同的材料、加工工艺、系统类别等，分别查看其检验报告，或进行强度及严密性的现场复验。

2. 现场加工风管强度及严密性性能

风管进场后，应检查风管加工工艺的验证记录，并检查强度及严密性试验记录。

五、风管成品的观感质量

风管表面应平整、无破损，防腐良好，板材接口规整、密封严密，外形规整，加固正确、均匀。风管法兰规整，螺栓孔机械开孔、间距合理。

034 风管材料的燃烧性能等级是如何规定的?

【规范条文】

《通风与空调工程施工质量验收规范》GB 50243—2016

4.1.7 净化空调系统风管的材质应符合下列规定:

1 应按工程设计要求选用。当设计无要求时,宜采用镀锌钢板,且镀锌层厚度不应小于100g/m^2。

2 当生产工艺或环境条件要求采用非金属风管时,应采用不燃材料或难燃材料,且表面应光滑、平整、不产尘、不易霉变。

4.2.5 复合材料风管的覆面材料必须采用不燃材料,内层的绝热材料应采用不燃或难燃且对人体无害的材料。

《建筑防烟排烟系统技术标准》GB 51251—2017

6.2.1 风管应符合下列规定:

2 有耐火极限要求的风管的本体、框架与固定材料、密封垫料等必须为不燃材料,材料品种、规格、厚度及耐火极限等应符合设计要求和国家现行标准的规定。

【问题解答】

燃烧性能与耐火等级不是一个概念。燃烧性能是指建筑材料及制品的可燃程度,一般分为不燃、难燃、可燃及易燃几种;耐火极限是指在标准耐火试验条件下,建筑构件、配件或结构从受到火的作用时起,至失去承载能力、完整性或隔热性时止所用时间,用小时表示。具有耐火极限要求的建筑构件、配件一定要采用不燃材料。

一、燃烧性能等级

《建筑材料及制品燃烧性能分级》GB 8624—2012 中对建筑材料及制品的燃烧性能等级做了规定,见表 3-1。

表 3-1 材料及制品的燃烧性能等级

燃烧性能等级	名称	燃烧性能等级	名称
A	不燃材料(制品)	B2	可燃材料(制品)
B1	难燃材料(制品)	B3	易燃材料(制品)

二、风管材料燃烧性能要求

金属属于不燃材料,无须对金属风管的燃烧性能等级单独提出要求。通风与空调系统与消防系统密不可分,非金属材料和复合材料以及复合材料风管的覆面材料有可燃和易燃材料,所以相关规范中对非金属风管和复合风管的燃烧性能做了明确规定。除《通风与空调工程施工质量验收规范》GB 50243—2016 的规定以外,《通风管道技术规程》JGJ/T 141—2017 对非金属风管和复合材料风管的燃烧性能做出了规定。

非金属风管、复合材料风管的燃烧性能不应低于现行国家标准《建筑材料及制品燃烧性能分级》GB 8624—2012 规定的难燃 B1 级。复合材料风管的板材一般由两种或两种以上不同性能的材料组成，具有重量轻、导热系数小、施工操作方便等特点，具有较大的推广应用前景。复合材料风管中的绝热材料可以为多种性能的材料，为了保障在工程中的使用安全，规定其内部的绝热材料必须为不燃或难燃级，且是对人体无害的材料。

035 不同材质、不同截面的风管其尺寸如何规定?

【规范条文】

《通风与空调工程施工质量验收规范》GB 50243—2016

4.1.3 金属风管规格应以外径或外边长为准，非金属风管和风道规格应以内径或内边长为准。圆形风管规格宜符合表 4.1.3-1 的规定，矩形风管规格宜符合表 4.1.3-2 的规定。圆形风管应优先采用基本系列，非规则椭圆形风管应参照矩形风管，并应以平面边长及短径径长为准。

表 4.1.3-1 圆形风管规格

风管直径 D（mm）		风管直径 D（mm）	
基本系列	辅助系列	基本系列	辅助系列
100	80	500	480
	90	560	530
120	110	630	600
140	130	700	670
160	150	800	750
180	170	900	850
200	190	1 000	950
220	210	1 120	1 060
250	240	1 250	1 180
280	260	1 400	1 320
320	300	1 600	1 500
360	340	1 800	1 700
400	380	2 000	1 900
450	420	—	—

表 4.1.3-2 矩形风管规格

风管边长（mm）				
120	320	800	2 000	4 000
160	400	1 000	2 500	—
200	500	1 250	3 000	—
250	630	1 600	3 500	—

《通风与空调工程施工规范》GB 50738—2011

4.1.5 圆形风管规格应符合表 4.1.5-1 的规定，并宜选用基本系列；矩形风管规格应符合表 4.1.5-2 的规定。

表 4.1.5-1 圆形风管规格

风管直径（*D*）（mm）		风管直径（*D*）（mm）	
基本系列	辅助系列	基本系列	辅助系列
100	80	500	480
	90	560	530
120	110	630	600
140	130	700	670
160	150	800	750
180	170	900	850
200	190	1 000	950
220	210	1 120	1 060
250	240	1 250	1 180
280	260	1 400	1 320
320	300	1 600	1 500
360	340	1 800	1 700
400	380	2 000	1 900
450	420	—	—

表 4.1.5-2　矩形风管规格（mm）

风管边长				
120	320	800	2 000	4 000
160	400	1 000	2 500	—
200	500	1 250	3 000	—
250	630	1 600	3 500	—

注：椭圆形风管可按表 4.1.5-2 中矩形风管系列尺寸标注长短轴。

【问题解答】

《通风与空调工程施工质量验收规范》GB 50234—2016 与《通风与空调工程施工规范》GB 50738—2011 对圆形风管和矩形风管规格的规定基本一致，对椭圆形风管规格的描述略有不同。

一、金属风管尺寸

金属风管的尺寸以外径或外边长为准。板材的厚度较薄，以外径或外边长为准对风管的截面积影响很小，且与风管法兰以内径或内边长为准可相匹配。

二、非金属风管和复合风管尺寸

非金属风管和复合风管尺寸应以内径或内边长为准。非金属风管及复合风管（织物布风管除外）管壁较厚，以内边长为准可以准确控制风管的内截面面积。

三、风道尺寸

风道尺寸以内径或内边长为准。风道的壁厚较厚，以内径或内边长为准可以正确控制风道的内截面面积。

四、矩形风管尺寸

对于矩形风管的口径尺寸，从工程施工的情况来看，规格数量繁多，不便于明确规定，因此规范采用规定边长规格，按需要组合的表达方法。

现行规范取消了矩形风管“其长边与短边之比不宜大于 4∶1”的要求，因为现代建筑中存在着很多类似的系统，特别是采用风机盘管作为送风末端的空调系统根本无法满足此要求。

五、圆形风管尺寸

规范对圆形风管规定了基本和辅助两个系列。一般送、排风及空调系统应采用基本系列。

除尘与气力输送系统的风管，管内流速高，管径对系统的阻力损失影响较大，在优先采用基本系列的前提下，可以采用辅助系列。规范强调采用基本系列的目的是在满足工程使用需要的前提下，实行工程的标准化施工。

六、非规则形风管尺寸

《通风与空调工程施工质量验收规范》GB 50243—2016 规定，非规则椭圆形风管应参照矩形风管，并应以平面边长及短径径长为准。《通风与空调工程施工规范》GB 50738—2011 规定，椭圆形风管可按矩形风管系列尺寸标注长短轴。

036 风管加工工艺验证如何进行?

【规范条文】

《通风与空调工程施工规范》GB 50738—2011

4.1.8 风管制作在批量加工前，应对加工工艺进行验证，并应进行强度与严密性试验。

15.1.1 通风与空调系统检测与试验项目应包括下列内容：

1 风管批量制作前，对风管制作工艺进行验证试验时，应进行风管强度与严密性试验。

《通风与空调工程施工质量验收规范》GB 50243—2016

4.2.1 风管加工质量应通过工艺性的检测或验证，强度和严密性要求应符合下列规定：

1 风管在试验压力保持 5min 及以上时，接缝处应无开裂，整体结构应无永久性的变形及损伤。试验压力应符合下列规定：

1）低压风管应为 1.5 倍的工作压力；

2）中压风管应为 1.2 倍的工作压力，且不低于 750Pa；

3）高压风管应为 1.2 倍的工作压力。

2 矩形金属风管的严密性检验，在工作压力下的风管允许漏风量应符合表 4.2.1 的规定。

表 4.2.1 风管允许漏风量

风管类别	允许漏风量［$m^3/(h\cdot m^2)$］
低压风管	$Q_l \leqslant 0.105\,6\,P^{0.65}$
中压风管	$Q_m \leqslant 0.035\,2\,P^{0.65}$
高压风管	$Q_h \leqslant 0.011\,7\,P^{0.65}$

注：Q_l 为低压风管允许漏风量，Q_m 为中压风管允许漏风量，Q_h 为高压风管允许漏风量，P 为系统风管工作压力（Pa）。

3 低压、中压圆形风管金属与复合材料风管，以及采用非法兰形式的非金属风管的允许漏风量，应为矩形金属风管规定值的 50%。

4 砖、混凝土风道的允许漏风量不应大于矩形金属低压风管规定值的 1.5 倍。

5 排烟、除尘、低温送风及变风量空调系统风管的严密性应符合中压风管的规定，N1～N5 级净化空调系统风管的严密性应符合高压系统风管的规定。

6 风管系统工作压力绝对值不大于 125Pa 的微压风管，在外观和制造工艺检验合格的基础上，不应进行漏风的验证测试。

7 输送剧毒类化学气体及病毒的实验室通风与空调风管的严密性能应符合设计要求。

8 风管或系统风管强度与漏风量测试应符合本规范附录 C 的规定。

【问题解答】

成品风管由工厂加工完成，应进行型式检验，进场时应核查其强度和严密性检验报告。

对于非采购的现场加工（含施工现场制作、委托加工及其他场地加工）制作的风管，因加工工艺及加工场地、加工方法、加工设备、操作人员的不同，其质量情况会有所不同，为检验其加工工艺是否满足施工要求，在风管批量加工前，应对采用的风管加工工艺进行验证。

加工工艺验证，包括对加工的风管外观质量检查，还应对现场加工制作的风管进行强度和严密性试验，试验结果应符合现行国家标准《通风与空调工程施工质量验收规范》GB 50243—2016 的要求。

一、检测或验证目的

为了保证风管加工质量，要对风管加工工艺进行检测或验证。首先要确保加工工艺正确，满足加工质量的要求；在确定加工工艺的基础上，要保证风管质量。

二、检测或验证时间

按照《通风与空调工程施工规范》GB 50738—2011 第 4.1.8 条的要求，加工工艺验证是在风管批量生产之前进行，验证包括外观质量检查和强度、严密性试验，验证合格后方能大批量加工生产，把质量控制进行前置。

而《通风与空调工程施工质量验收规范》GB 50243—2016 第 4.2.1 条作为主控项目，对加工完成后的风管采取抽样检测的方式，对风管质量进行验收；加工质量应通过工艺性的检测或验证来完成；质量控制是后期检验，属于事后控制。

显然，《通风与空调工程施工质量验收规范》GB 50243—2016 第 4.2.1 条所表达的内容，作为事后质量验收是不妥的。很明确，只有加工工艺得到保证后，加工出来的风管质量才能得到保证。因此，不能在风管全部加工完成后再进行强度和严密性试验代替加工工艺性验证，这样就失去了加工工艺性验证的意义。

三、加工工艺验证

加工工艺验证不是工艺性的检测或验证。风管加工质量的影响因素有人、机、料、法、环。在人员固定、设备确定、材料进场合格、同一个加工场地，制约风管加工质量的可变量因素就是风管的加工方法和加工工艺。因此，风管批量加工前要对加工工艺进行确认：按不同的类别和系统，分别加工出样品，对外观质量及规格尺寸进行检查，合格后，要求不少于 3 节，且不少于 15m^2，连接起来分别进行强度和严密性试验；试验合格，就证明加工工艺可靠，可以批量加工。

不同子分部工程的风管，因其工作压力、材质不同，应分别进行加工工艺验证，分别填写工艺验证记录。

四、强度试验

风管强度试验是只有在风管加工工艺验证时才进行的试验。

风管强度的检测主要是检验风管的耐压能力，以保证系统风管的安全运行。根据国内风管的施工经验，结合国外标准的规定，规范提出了各类风管强度验收合格的具体规定，即低压风管在 1.5 倍工作压力，中压为 1.2 倍工作压力且不低于 750Pa 的压力，高压风管为 1.2 倍工作压力下，至少保持 5min 及以上时间，风管的咬口或其他连接处没有张口、开裂等永久性的损伤为合格。

采用正压还是采用负压进行强度试验，应根据系统风管的运行工况来决定。在实际工程施工中，经商议也可以采用正压代替负压试验的方法。

五、严密性试验

风管严密性试验有两个工序需要进行。一是对风管加工工艺进行验证时进行的，检查风管的加工工艺质量。二是风管安装过程中，对各风管系统的主、干管进行严密性试验，低压及以上的风管用漏风量测试的方法检查风管安装工艺质量。

风管试漏风量测试时，在设计工作压力下进行，不允许采用漏光法判定漏风量指标。

系统工作压力 125Pa 及以下的微压风管，以目测检验工艺质量为主，不进行严密性能的测试；125Pa 以上的风管按规定进行严密性能的测试，其漏风量不应大于该类别风管的规定。

六、测试方法

风管加工时的强度与严密性试验应按风管系统的类别和材质分别制作试验风管，均不应少于 3 节，并且不应小于 15m^2。制作好的风管应连接成管段，两端口进行封堵密封，其中一端预留试验接口。

1. 风管严密性试验

风管严密性试验采用测试漏风量的方法，应在设计工作压力下进行。漏风量测试可按下列要求进行：

1）风管组两端的风管端头应封堵严密，并应在一端留有两个测量接口，分别用于连接漏风量测试装置及管内静压测量仪。

2）将测试风管组置于测试支架上，使风管处于安装状态，并安装测试仪表和漏风量测试装置（图 3–1）。

3）接通电源，启动风机，调整漏风量测试装置节流器或变频调速器，向测试风管组内注入风量，缓慢升压，使被测风管压力示值控制在要求测试的压力点上，并基本保持稳定，记录漏风量测试装置进口流量测试管的压力或孔板流量测试管的压差。

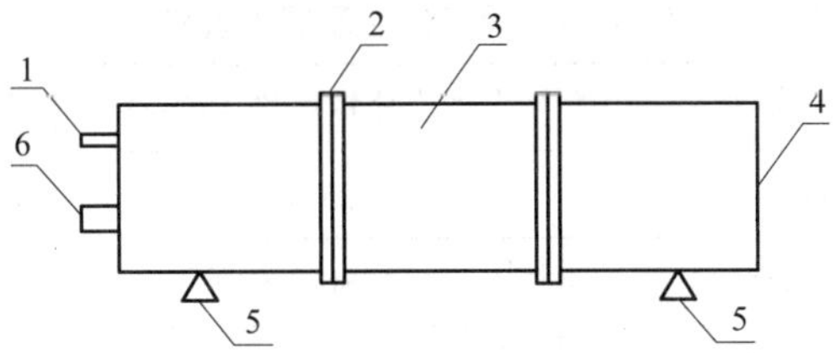

图 3–1　漏风量测试装置连接示意

1—静压测管；2—法兰连接处；3—测试风管组（按规定加固）；
4—端板；5—支架；6—漏风量测试装置接口

4）记录测试数据，计算漏风量；应根据测试风管组的面积计算单位面积漏风量；计算允许漏风量；对比允许漏风量，判定是否符合要求。实测风管组单位面积漏风量不大于允许漏风量时，应判定为合格。

2. 风管强度试验

风管强度试验宜在漏风量测试合格的基础上，继续升压至设计工作压力的 1.5 倍进行试验。在试验压力下接缝无开裂，弹性变形量在压力消失后恢复原状为合格。

037 如何保证风管板材连接密封性能?

【规范条文】

《通风与空调工程施工质量验收规范》GB 50243—2016

4.1.4　风管系统按其工作压力应划分为微压、低压、中压与高压四个类别，并应采用相应类别的风管。风管类别应按表 4.1.4 的规定进行划分。

表 4.1.4　风管类别

类别	风管工作压力 P（Pa）		密封要求
	管内正压	管内负压	
微压	$P\leqslant 100$	$P\geqslant -125$	接缝及接管连接处应严密
低压	$100<P\leqslant 500$	$-500\leqslant P<-125$	接缝及接管连接处应严密，密封面宜设在风管的正压测
中压	$500<P\leqslant 1\,500$	$-1\,000\leqslant P<-500$	接缝及接管连接处应加设密封措施
高压	$1\,500<P\leqslant 2\,500$	$-1\,500\leqslant P<-1\,000$	所有的拼接缝及接管连接处均应采取密封措施

4.1.6　风管的密封应以板材连接的密封为主，也可采用密封胶嵌缝与其他方法。密封胶的性能应符合使用环境的要求，密封面宜设在风管的正压侧。

《建筑防烟排烟系统技术标准》GB 51251—2017

6.3.1　金属风管的制作和连接应符合下列规定：

1　风管采用法兰连接时，风管法兰材料规格应按本标准表 6.3.1 选用，其螺栓孔的间距不得大于 150mm，矩形风管法兰四角处应设有螺孔；

表 6.3.1 风管法兰及螺栓规格

风管直径 D 或风管长边尺寸 B（mm）	法兰材料规格（mm）	螺栓规格
D（B）≤630	25×3	M6
630<D（B）≤1 500	30×3	M8
1 500<D（B）≤2 500	40×4	
2 500<D（B）≤4 000	50×5	M10

2 板材应采用咬口连接或铆接，除镀锌钢板及含有复合保护层的钢板外，板厚大于 1.5mm 的可采用焊接；

3 风管应以板材连接的密封为主，可辅以密封胶嵌缝或其他方法密封，密封面宜设在风管的正压侧；

4 无法兰连接风管的薄钢板法兰高度及连接应按本标准表 6.3.1 的规定执行；

5 排烟风管的隔热层应采用厚度不小于 40mm 的不燃绝热材料，绝热材料的施工及风管加固、导流片的设置应按现行国家标准《通风与空调工程施工质量验收规范》GB 50243 的有关规定执行。

【问题解答】

一、风管密封性

通风与空调工程风管用镀锌钢板及含有各类复合保护层的钢板应采用咬口连接或铆接，不得采用焊接连接。

镀锌钢板及含有各类复合保护层的钢板，优良的防腐蚀性能主要依靠这层保护薄膜，如果采用电焊或气焊等熔焊焊接的连接方法，由于高温不仅使焊缝处的镀锌层被烧蚀，而且会造成焊缝周边板面保护层的破坏。被破坏了保护层后的复合钢板，可能会由于电化学作用使其焊缝范围处腐蚀的速度成倍增长。因此，规定镀锌钢板及含有各类复合保护层的钢板，在正常情况下不得采用破坏保护层的熔焊焊接连接方法。

在保证连接质量的情况下，对接缝处用密封胶进行密封处理，是保证风管严密性的重要保证措施。

二、正压风管与负压风管

风管分正压风管和负压风管。风机在前，风管为正压风管；风机在后，风管为负压风管。一般情况下，送风系统为正压风管；排风系统为负压风管。

三、密封面

《通风与空调工程施工质量验收规范》GB 50243—2016 第 4.1.4 条、第 4.1.6 条中“密封面宜设在风管的正压侧”，不易理解。

在密封胶处理时，要考虑密封面的设置位置。送风风管系统，正压侧在风管内部，密封面应在风管内侧；排风风管系统内部压力比外部低，密封面在风管的外侧。

不管是低压风管、中压风管，还是高压风管，接缝及接管连接处均应严密；板材接缝及管道连接接缝应采取密封措施；板材接缝采用嵌缝胶密封，管道连接采用密封垫料进行密封。

四、施工要点

1）风管密封应以板材连接密封为主，其他密封方法是辅助手段。

2）密封胶涂刷应均匀、饱满。

3）用于金属风管嵌缝的密封胶性能应符合使用环境的要求，嵌缝的密封胶一侧与风管内的气流相接触（或与环境空气相接触），应能适应所接触的气体温度。

4）无论采用何种密封方法，都要保证密封面在正压侧。

038 风管加固采用内支撑时如何进行支撑点的密封？

【规范条文】

《通风与空调工程施工规范》GB 50738—2011

4.2.15 风管加固应符合下列规定：

7 风管采用镀锌螺杆内支撑时，镀锌加固垫圈应置于管壁内外两侧。正压时密封圈置于风管外侧，负压时密封圈置于风管内侧，风管四个壁面均加固时，两根支撑杆交叉成十字状。采用钢管内支撑时，可在钢管两端设置内螺母。

【问题解答】

在风管制作时，无论是正压风管，还是负压风管，加工工艺是一样的，但板材连接密封胶嵌缝及风管内支撑杆加固时密封面的位置有所区别。

在风管加工时，一定要分清风管系统功能。风管板材连接密封胶嵌缝时，送风系统风管为正压风管，密封胶应嵌缝在风管内侧；排风系统风管为负压风管，密封胶应嵌缝在外侧。对于内支撑加固的风管，管内支撑穿管壁处也应采取密封措施。

送风系统，风管内压力比外部大，也就是所说的正压风管，风管外壁与螺母垫圈之间存在挤压力。因此，为了保证支撑处不漏风，应将密封圈置于风管外侧，并用垫圈及内外螺母紧固。

排风系统，风管内压力比外部小，风管内壁与该处螺母垫圈之间存在挤压力；密封圈应设置于风管内侧，并用垫圈及内外螺母紧固。送风系统风管密封圈安装位置如图 3-2 所示。

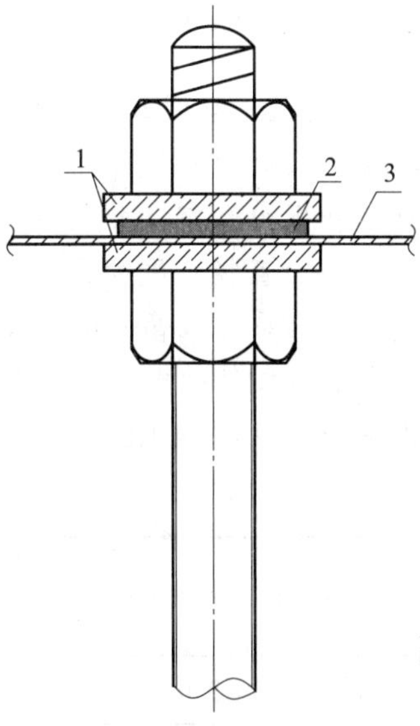

图 3-2 镀锌螺杆内支撑示意图

1—镀锌加固垫圈；2—密封圈；3—风管壁面

039 金属风管厚度有哪些要求?

【规范条文】

《通风管道技术规程》JGJ/T 141—2017

3.2.1 钢板矩形风管的制作应符合下列规定:

1 矩形风管及其配件的板材厚度不应小于表3.2.1的规定。

表 3.2.1 钢板风管板材厚度(mm)

类别 / 长边尺寸 b	板材厚度(mm)			
	微压、低压系统风管	中压系统风管	高压系统风管	除尘系统风管
$b≤320$	0.50	0.50	0.75	2.00
$320<b≤450$	0.50	0.60	0.75	2.00
$450<b≤630$	0.60	0.75	1.00	3.00
$630<b≤1\ 000$	0.75	0.75	1.00	4.00
$1\ 000<b≤1\ 500$	1.00	1.00	1.20	5.00
$1\ 500<b≤2\ 000$	1.00	1.20	1.50	按设计
$2\ 000<b≤4\ 000$	1.20	1.20	按设计	按设计

注:1 排烟系统风管钢板厚度可按高压系统风管钢板厚度选用。

2 不适用于地下人防及防火隔墙的预埋管。

《通风与空调工程施工规范》GB 50738—2011

4.1.6 钢板矩形风管与配件的板材最小厚度应按风管断面长边尺寸和风管系统的设计工作压力选定,并应符合表4.1.6-1的规定;钢板圆形风管与配件的板材最小厚度应按断面直径、风管系统的设计工作压力及咬口形式选定,并应符合表4.1.6-2的规定。排烟系统风管采用镀锌钢板时,板材最小厚度可按高压系统选定。不锈钢板、铝板风管与配件的板材最小厚度应按矩形风管长边尺寸或圆形风管直径选定,并应符合表4.1.6-3和表4.1.6-4的规定。

表 4.1.6-1 钢板矩形风管与配件的板材最小厚度(mm)

风管长边尺寸 b	低压系统($P≤500$Pa) 中压系统($500\text{Pa}<P≤1\ 500$Pa)	高压系统($P>1\ 500$Pa)
$b≤320$	0.5	0.75
$320<b≤450$	0.6	0.75
$450<b≤630$	0.6	0.75

表 4.1.6–1（续）

风管长边尺寸 b	低压系统（P≤500Pa） 中压系统（500Pa<P≤1 500Pa）	高压系统（P>1 500Pa）
630<b≤1 000	0.75	1.0
1 000<b≤1 250	1.0	1.0
1 250<b≤2 000	1.0	1.2
2 000<b≤4 000	1.2	按设计

表 4.1.6–2 钢板圆形风管与配件的板材最小厚度（mm）

风管直径 D	低压系统（P≤500Pa）		中压系统（500Pa<P≤1 500Pa）		高压系统（P>1 500Pa）	
	螺旋咬口	纵向咬口	螺旋咬口	纵向咬口	螺旋咬口	纵向咬口
D≤320	0.50		0.50		0.50	
320<D≤450	0.50	0.60	0.50	0.7	0.60	0.7
450<D≤1 000	0.60	0.75	0.60	0.7	0.60	0.7
1 000<D≤1 250	0.7（0.8）	1.00	1.00	1.00	1.00	
1 250<D≤2 000	1.00	1.20	1.20		1.20	
>2 000	1.20	按设计				

注：对于椭圆风管，表中风管直径是指其最大直径。

表 4.1.6–3 不锈钢板风管与配件的板材最小厚度（mm）

矩形风管长边尺寸 b 或圆形风管直径 D	板材最小厚度
100<b（D）≤500	0.5
560<b（D）≤1 120	0.75
1 250<b（D）≤2 000	1.0
2 500<b（D）≤4 000	1.2

表 4.1.6–4 铝板风管与配件的板材最小厚度（mm）

矩形风管长边尺寸 b 或圆形风管直径 D	板材最小厚度
100<b（D）≤320	1.0
360<b（D）≤630	1.5
700<b（D）≤2 000	2.0
2 500<b（D）≤4 000	2.5

《通风与空调工程施工质量验收规范》GB 50243—2016

4.2.3 金属风管的制作应符合下列规定：

1 金属风管的材料品种、规格、性能与厚度应符合设计要求。当风管厚度设计无要求时，应按本规范执行。钢板风管板材厚度应符合表4.2.3-1的规定。镀锌钢板的镀锌层厚度应符合设计或合同的规定，当设计无规定时，不应采用低于80g/m^{2}板材；不锈钢板风管板材厚度应符合表4.2.3-2的规定；铝板风管板材厚度应符合表4.2.3-3的规定。

表4.2.3-1 钢板风管板材厚度

类别 / 风管直径或长边尺寸 b（mm）	板材厚度（mm）				
	微压、低压系统风管	中压系统风管		高压系统风管	除尘系统风管
		圆形	矩形		
$b \leqslant 320$	0.5	0.5	0.5	0.75	2.0
$320<b \leqslant 450$	0.5	0.6	0.6	0.75	2.0
$450<b \leqslant 630$	0.6	0.75	0.75	1.0	3.0
$630<b \leqslant 1\,000$	0.75	0.75	0.75	1.0	4.0
$1\,000<b \leqslant 1\,500$	1.0	1.0	1.0	1.2	5.0
$1\,500<b \leqslant 2\,000$	1.0	1.2	1.2	1.5	按设计要求
$2\,000<b \leqslant 4\,000$	1.2	按设计要求	1.2	按设计要求	按设计要求

注：1 螺旋风管的钢板厚度可按圆形风管减少10%～15%。

2 排烟系统风管钢板厚度可按高压系统。

3 不适用于地下人防与防火隔墙的预埋管。

表4.2.3-2 不锈钢板风管板材厚度（mm）

风管直径或边长尺寸 b	微压、低压、中压系统	高压系统
$b \leqslant 450$	0.5	0.75
$450<b \leqslant 1\,120$	0.75	1.0
$1\,120<b \leqslant 2\,000$	1.0	1.2
$2\,000<b \leqslant 4\,000$	1.2	按设计要求

表4.2.3-3 铝板风管板材厚度（mm）

风管直径或边长尺寸 b	微压、低压、中压系统
$b \leqslant 320$	1.0
$320<b \leqslant 630$	1.5
$630<b \leqslant 2\,000$	2.0
$2\,000<b \leqslant 4\,000$	按设计要求

《建筑防烟排烟系统技术标准》GB 51251—2017

6.2.1　风管应符合下列规定：

1　风管的材料品种、规格、厚度等应符合设计要求和现行国家标准的规定。当采用金属风管且设计无要求时，钢板或镀锌钢板的厚度应符合本标准表 6.2.1 的规定。

表 6.2.1　钢板风管板材厚度

风管直径 *D* 或边长尺寸 *B*（mm）	送风系统（mm）		排烟系统（mm）
	圆形风管	矩形风管	
D（*B*）≤320	0.50	0.50	0.75
320<*D*（*B*）≤450	0.60	0.60	0.75
450<*D*（*B*）≤630	0.75	0.750	1.00
630<*D*（*B*）≤1 000	0.75	0.75	1.00
1 000<*D*（*B*）≤1 500	1.00	1.00	1.20
1 500<*D*（*B*）≤2 000	1.20	1.20	1.50
2 000<*D*（*B*）≤4 000	按设计	1.20	按设计

注：1　螺旋风管的钢板厚度可适当减小 10%～15%。

2　不适用于防火隔墙的预埋管。

【问题解答】

金属风管壁厚的规定以圆形风管直径或矩形风管长边边长划分，通过各种壁厚风管的耐压强度试验，证明规范规定的厚度可以满足工程使用的需要。

以上 4 部标准的规定内容略有区别，实际工作中以《通风与空调工程施工质量验收规范》GB 50243—2016 的规定为准。《通风与空调工程施工质量验收规范》GB 50243—2016 对金属风管厚度的规定按照微压、低压、中压、高压进行划分，与其他标准有明显的区别。

需要强调的是，防排烟系统采用镀锌钢板时，送风系统风管厚度按照中、低压系统风管标准，排烟系统风管厚度按高压系统风管标准，与《建筑防烟排烟系统技术标准》GB 51251—2017 的规定一致。

040 金属风管制作的质量控制要点有哪些？

【规范条文】

《通风与空调工程施工规范》GB 50738—2011

4.1.7　金属风管与配件的制作应满足设计要求，并应符合下列规定：

1　表面应平整，无明显扭曲及翘角，凹凸不应大于 10mm；

2　风管边长（直径）小于或等于 300mm 时，边长（直径）的允许偏差为 ±2mm；风管边长（直径）大于 300mm 时，边长（直径）的允许偏差为 ±3mm；

3 管口应平整，其平面度的允许偏差为2mm；

4 矩形风管两条对角线长度之差不应大于3mm；圆形风管管口任意正交两直径之差不应大于2mm。

《通风与空调工程施工质量验收规范》GB 50243—2016

4.1.1 风管质量的验收应按材料、加工工艺、系统类别的不同分别进行，并应包括风管的材质、规格、强度、严密性能与成品观感质量等项内容。

【问题解答】

1. 金属风管材料种类、规格

查验材料质量证明文件、性能检测报告，尺量、观察检查。

2. 板材的连接

检查板材连接及拼接方法。

3. 不锈钢板或铝板连接件防腐措施

观察检查是否有锈蚀及防腐措施。

4. 管口平面度、表面平整度、允许偏差

尺量、观察检查关口断面及风管表面平整度，检查误差是否在允许范围内。

5. 风管的连接形式

观察检查风管加工的端面连接方式是否符合要求，尺量法兰孔间距。

6. 薄钢板法兰风管的接口及连接件、附件固定，端面及缝隙

检查薄钢板法兰质量情况及与风管连接质量情况。

7. 风管加固

检查风管是否需要加固，以及采取的加固措施。

8. 风管弯管导流叶片的设置

检查风管弯管是否需要设置导流叶片，以及设置导流叶片的情况。

9. 风管工艺性验证

现场加工风管进行风管强度和严密性试验。

041 金属风管板材连接方式有哪些?

【规范条文】

《通风与空调工程施工质量验收规范》GB 50243—2016

4.1.5 镀锌钢板及含有各类复合保护层的钢板应采用咬口连接或铆接，不得采用焊接连接。

4.2.3 金属风管的制作应符合下列规定：

2 金属风管的连接应符合下列规定：

1）风管板材拼接的接缝应错开，不得有十字形拼接缝。

《通风与空调工程施工规范》GB 50738—2011

4.2.4 风管板材拼接及接缝应符合下列规定：

1 风管板材的拼接方法可按表4.2.4确定；

表 4.2.4 风管板材的拼接方法

<table>
<tr><th>板厚（mm）</th><th>镀锌钢板（有保护层的钢板）</th><th>普通钢板</th><th>不锈钢板</th><th>铝板</th></tr>
<tr><td>δ≤1.0</td><td rowspan="2">咬口连接</td><td rowspan="2">咬口连接</td><td>咬口连接</td><td rowspan="2">咬口连接</td></tr>
<tr><td>1.0<δ≤1.2</td><td rowspan="3">氩弧焊或电焊</td></tr>
<tr><td>1.2<δ≤1.5</td><td>咬口连接或铆接</td><td rowspan="2">电焊</td><td>铆接</td></tr>
<tr><td>δ>1.5</td><td>焊接</td><td>气焊或氩弧焊</td></tr>
</table>

2 风管板材拼接的咬口缝应错开，不应形成十字形交叉缝；

3 洁净空调系统风管不应采用横向拼缝。

4.2.5 风管板材拼接采用铆接连接时，应根据风管板材的材质选择铆钉。

4.2.6 风管板材采用咬口连接时，应符合下列规定：

1 矩形、圆形风管板材咬口连接形式及适用范围应符合表 4.2.6–1 的规定。

表 4.2.6–1 风管板材咬口连接形式及适用范围

<table>
<tr><th>名称</th><th colspan="2">连接方式</th><th>适用范围</th></tr>
<tr><td rowspan="2">单咬口</td><td rowspan="2">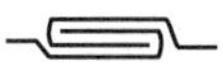</td><td>
内平咬口</td><td>低、中、高压系统</td></tr>
<tr><td>
外平咬口</td><td>低、中、高压系统</td></tr>
<tr><td>联合角咬口</td><td colspan="2">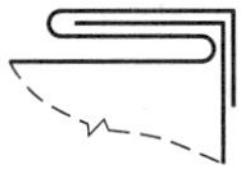</td><td>低、中、高压系统矩形风管及配件四角咬口连接</td></tr>
<tr><td>转角咬口</td><td colspan="2"></td><td>低、中、高压系统矩形风管及配件四角咬口连接</td></tr>
<tr><td>按扣式咬口</td><td colspan="2"></td><td>低、中压系统的矩形风管或配件四角咬口连接</td></tr>
<tr><td>立咬口、包边立咬口</td><td colspan="2">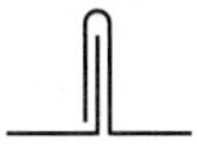 </td><td>圆、矩形风管横向连接或纵向接缝，弯管横向连接</td></tr>
</table>

2 画线核查无误并剪切完成的片料应采用咬口机轧制或手工敲制成需要的咬口形状。折方或卷圆后的板料用合口机或手工进行合缝，端面应平齐。操作时，用力应均匀，不宜过重。板材咬合缝应紧密，宽度一致，折角应平直，并应符合表 4.2.6–2 的规定。

3 空气洁净度等级为 1 级～5 级的洁净风管不应采用按扣式咬口连接，铆接时不应采用抽芯铆钉。

表 4.2.6–2 咬口宽度表（mm）

板厚 δ	平咬口宽度	角咬口宽度
$\delta \leqslant 0.7$	6 ~ 8	6 ~ 7
$0.7 < \delta \leqslant 0.85$	8 ~ 10	7 ~ 8
$0.85 < \delta \leqslant 1.2$	10 ~ 12	9 ~ 10

4.2.7 风管焊接连接应符合下列规定：

1 板厚大于 1.5mm 的风管可采用电焊、氩弧焊等；

2 焊接前，应采用点焊的方式将需要焊接的风管板材进行成型固定；

3 焊接时宜采用间断跨越焊形式，间距宜为 100mm ~ 150mm，焊缝长度宜为 30mm ~ 50mm，依次循环。焊材应与母材相匹配，焊缝应满焊、均匀。焊接完成后，应对焊缝除渣、防腐，板材校平。

【问题解答】

一、连接方式

金属风管板材连接方式按照风管制作材料及壁厚进行划分，《通风与空调工程施工规范》GB 50738—2011 中有明确的规定。

《通风与空调工程施工质量验收规范》GB 50243—2016 规定，镀锌钢板及含有各类复合保护层的钢板应采用咬口连接或铆接，不得采用焊接连接。这个规定没有考虑壁厚增大时无法进行机械连接的情况。

镀锌钢板及含有各类复合保护层的钢板，优良的防腐蚀性能主要依靠这层保护薄膜。如果采用电焊或气焊等熔焊焊接的连接方法，由于高温不仅使焊缝处的镀锌层被烧蚀，而且会造成焊缝周边板面保护层的破坏。被破坏了保护层后的复合钢板，可能由于电化学作用使其焊缝范围处腐蚀的速度成倍增长。因此规定镀锌钢板及含有各类复合保护层的钢板，在正常情况下不得采用破坏保护层的熔焊焊接连接方法。

二、咬口连接

1）咬口连接形式主要有单咬口、联合角咬口、转角咬口、按扣式咬口和立咬口。

2）单咬口、联合角咬口、转角咬口适用于微压、低压、中压及高压系统；按扣式咬口适用于微压、低压及中压系统，不能用于空气洁净度等级为 1 级 ~ 5 级的洁净风管。

3）风管板材拼接的咬口缝应错开，不应形成十字形交叉缝。

4）洁净空调系统风管不应采用横向拼缝。

三、铆接连接

1）空气洁净度等级为 1 级 ~ 5 级的洁净风管采用铆接时，不应采用抽芯铆钉。

2）铝板风管采用铆接拼接时，应采用铝铆钉。

3）铆钉连接时，必须使铆钉中心线垂直于板面，铆钉头应把板材压紧，使板缝密合，且铆钉排列整齐、均匀。

四、焊接连接

1）焊接风管板面连接可采用搭接、角接和对接三种形式。

2）风管焊接前应除锈、除油。

3）焊缝应熔合良好、平整，表面不应有裂纹、焊瘤、穿透的夹渣和气孔等缺陷，焊后的板材变形应矫正，焊渣及飞溅物应清除干净。

4）《通风与空调工程施工规范》GB 50738—2011 第 4.2.7 条规定厚度大于 1.5mm 的镀锌风管可以采用焊接，但对焊缝及周围应采取防腐处理。

一般来讲，采用 1.5mm 壁厚的风管断面尺寸都比较大，工程中也很少遇见，在设计、施工中应避免这种情况发生。

042 金属矩形风管弯头的导流叶片作用是什么？其制作有什么具体要求？

【规范条文】

《通风与空调工程施工质量验收规范》GB 50243—2016

4.3.6 矩形风管弯管宜采用曲率半径为一个平面边长，内外同心弧的形式。当采用其他形式的弯管，且平面边长大于 500mm 时，应设弯管导流片。

《通风与空调工程施工规范》GB 50738—2011

4.3.3 矩形风管弯头的导流叶片设置应符合下列规定：

1 边长大于或等于 500mm，且内弧半径与弯头端口边长比小于或等于 0.25 时，应设置导流叶片，导流叶片宜采用单片式、月牙式两种类型（图 4.3.3）；

2 导流叶片内弧应与弯管同心，导流叶片应与风管内弧等弦长；

3 导流叶片间距 L 可采用等距或渐变设置的方式，最小叶片间距不宜小于 200mm，导流叶片的数量可采用平面边长除以 500 的倍数来确定，最多不宜超过 4 片。导流叶片应与风管固定牢固，固定方式可采用螺栓或铆钉。

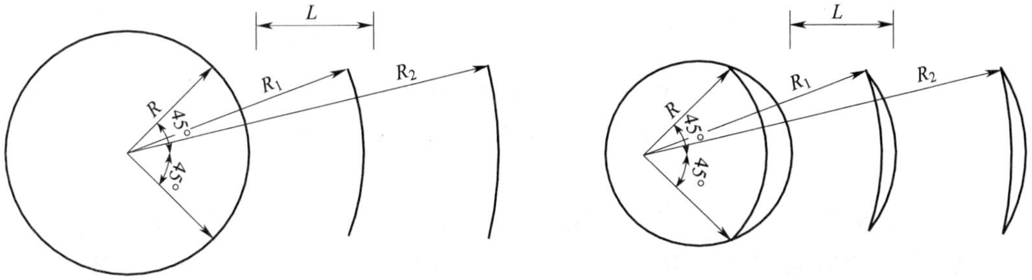

（a）单片式　　（b）月牙式

图 4.3.3 风管导流叶片形式示意

【问题解答】

一、导流叶片的作用

通风与空调工程中，风管导流叶片一般在矩形风管转弯角度不大于90°处设置，工程中一般以直角弯管为主，其目的是降低风管系统的局部阻力，防止空气在急转弯处产生涡流导致气流不畅、损失能量、产生噪声等弊病。

二、导流叶片的制作

《通风与空调工程施工规范》GB 50738—2011中详细规定了导流叶片的种类和制作要求，按该规范的要求制作即可。

043 金属风管加固有哪些要求?

【规范条文】

《通风与空调工程施工规范》GB 50738—2011

4.2.15 风管加固应符合下列规定：

1 风管可采用管内或管外加固件、管壁压制加强筋等形式进行加固（图4.2.15）。矩形风管加固件宜采用角钢、轻钢型材或钢板折叠；圆形风管加固件宜采用角钢。

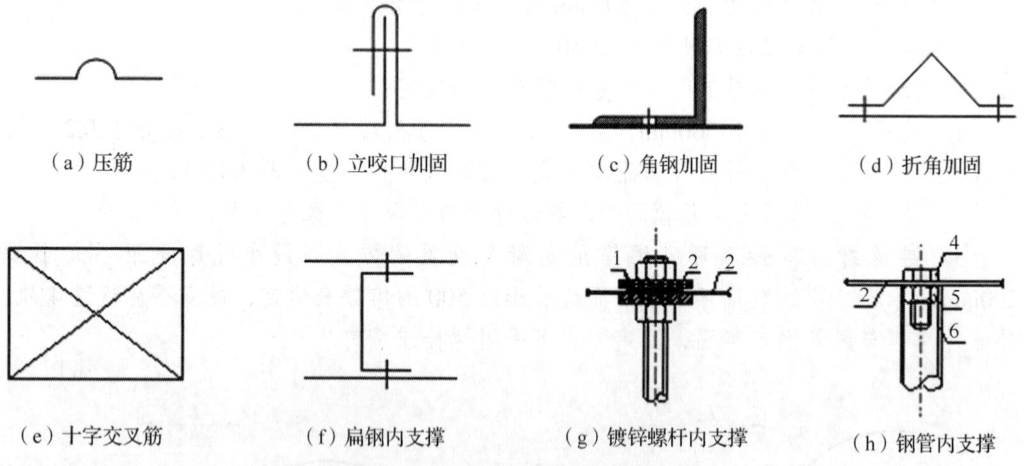

图4.2.15 风管加固形式示意图

1—镀锌加固垫圈；2—密封圈；3—风管壁面；4—螺栓；5—螺母；6—焊接或铆接（$\phi10\times1\sim\phi16\times3$）

2 矩形风管边长大于或等于630mm、保温风管边长大于或等于800mm，其管段长度大于1 250mm或低压风管单边面积大于1.2m²，中、高压风管单边面积大于1.0m²时，均应采取加固措施。边长小于或等于800mm的风管宜采用压筋加固。边长在400mm～630mm之间，长度小于1 000mm的风管也可采用压制十字交叉筋的方式加固。

3 圆形风管（不包括螺旋风管）直径大于或等于800mm，且其管段长度大于1 250mm或总表面积大于4m² 时，均应采取加固措施。

4 中、高压风管的管段长度大于1 250mm时，应采用加固框的形式加固。高压系统风管的单咬口缝应有防止咬口缝胀裂的加固措施。

5 洁净空调系统的风管不应采用内加固措施或加固筋，风管内部的加固点或法兰铆接点周围应采用密封胶进行密封。

6 风管加固应排列整齐，间隔应均匀对称，与风管的连接应牢固，铆接间距不应大于220mm。风管压筋加固间距不应大于300mm，靠近法兰端面的压筋与法兰间距不应大于200mm；风管管壁压筋的凸出部分应在风管外表面。

7 风管采用镀锌螺杆内支撑时，镀锌加固垫圈应置于管壁内外两侧。正压时密封圈置于风管外侧，负压时密封圈置于风管内侧，风管四个壁面均加固时，两根支撑杆交叉成十字状。采用钢管内支撑时，可在钢管两端设置内螺母。

8 铝板矩形风管采用碳素钢材料进行内、外加固时，应按设计要求作防腐处理；采用铝材进行内、外加固时，其选用材料的规格及加固间距应进行校核计算。

《通风与空调工程施工质量验收规范》GB 50243—2016

4.3.1 金属风管的制作应符合下列规定：

3 金属风管的加固应符合下列规定：

1）风管的加固可采用角钢加固、立咬口加固、楞筋加固、扁钢内支撑、螺杆内支撑和钢管内支撑等多种形式（图4.3.1）。

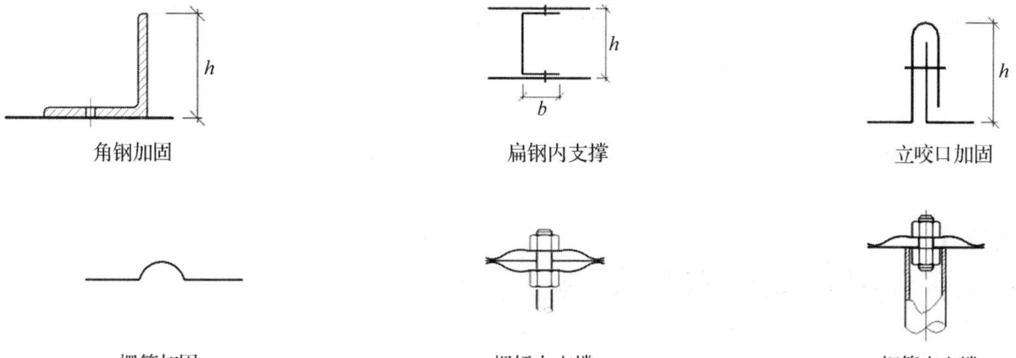

图4.3.1 风管的加固形式

2）楞筋（线）的排列应规则，间隔应均匀，最大间距应为300mm，板面应平整，凹凸变形（不平度）不应大于10mm。

3）角钢或采用钢板折成加固筋的高度应小于或等于风管的法兰高度，加固排列应整齐均匀。与风管的铆接应牢固，最大间隔不应大于220mm；各条加箍筋的相交处或加箍筋与法兰相交处宜连接固定。

4）管内支撑与风管的固定应牢固，穿管壁处应采取密封措施。各支撑点之间或支撑点与风管的边沿或法兰间的距离应均匀，且不应大于950mm。

5）当中压、高压系统风管管段长度大于1 250mm时，应采取加固框补强措施。高压系统风管的单咬口缝，还应采取防止咬口缝胀裂的加固或补强措施。

【问题解答】

一、风管加固的目的

风管加固的主要目的是提高其相对强度和控制其表面的平整度。在工程实际应用中，应根据需加固的规格、形状和风管类别选取有效的方法。

对于中、高压风管，为保证四角咬缝的安全，特规定长度大于1 250mm时要有加固框进行补偿。一般情况下，防排烟风管为中压风管；因此，中压防排烟风管当每段长度大于1 250mm时，均应进行外加固框加固。

二、金属风管加固的技术要求

1）薄钢板法兰风管宜轧制加强筋，加强筋的凸出部分应位于风管外表面，排列间隔应均匀，板面不应有明显的变形。

2）风管的法兰强度低于规定强度时，可采用外加固框和管内支撑进行加固，加固件距风管连接法兰一端的距离不应大于250mm。

3）外加固的型材高度应小于或等于风管法兰高度，且间隔应均匀、对称，与风管的连接应牢固，螺栓或铆接点的间距不应大于220mm；外加固框的四角处应连接为一体。

4）风管内支撑加固的排列应整齐，间距应均匀、对称，应在支撑件两端的风管受力（压）面处设置专用垫圈。采用管套内支撑时，长度应与风管边长相等。

5）直缝圆形风管的直径大于或等于800mm且管段长度大于1 250mm或总表面积大于4m²时，可采用法兰形式加固。

6）钢板风管、不锈钢风管、铝板风管加固形式与加固间距均应符合上述要求。

044 复合风管加固有哪些具体要求？

【规范条文】

《通风与空调工程施工质量验收规范》GB 50243—2016

4.3.3 复合材料风管的制作应符合下列规定：

2 双面铝箔复合绝热材料风管的制作应符合下列规定：

7）聚氨酯铝箔复合材料风管或酚醛铝箔复合材料风管，内支撑加固的镀锌螺杆直径不应小于8mm，穿管壁处应进行密封处理。聚氨酯（酚醛）铝箔复合材料风管内支撑加固的设置应符合表4.3.3-2的规定。

3 铝箔玻璃纤维复合材料风管除应符合本条第1款的规定外，尚应符合下列规定：

表 4.3.3-2　聚氨酯（酚醛）铝箔复合材料风管内支撑加固的设置

类别		系统工作压力（Pa）			
		$P\leqslant300$	$300<P\leqslant500$	$500<P\leqslant750$	$750<P\leqslant1\,000$
		横向加固点数			
风管内边长 b（mm）	$410<b\leqslant600$	—	—	—	1
	$600<b\leqslant800$	—	1	1	1
	$800<b\leqslant1\,200$	1	1	1	1
	$1\,200<b\leqslant1\,500$	1	1	1	2
	$1\,500<b\leqslant2\,000$	2	2	2	2
纵向加固间距（mm）					
聚氨酯复合风管		$b\leqslant1\,000$	$b\leqslant800$	$b\leqslant600$	
酚醛复合风管		$b\leqslant800$			

4）铝箔玻璃纤维复合风管内支撑加固的镀锌螺杆直径不应小于6mm，穿管壁处应采取密封处理。正压风管长边尺寸大于或等于 1 000mm 时，应增设外加固框。外加固框架应与内支撑的镀锌螺杆相固定。负压风管的加固框应设置在风管的内侧，在工作压力下其支撑的镀锌螺杆不得有弯曲变形。风管内支撑的加固应符合表 4.3.3-3 的规定。

表 4.3.3-3　玻璃纤维复合风管内支撑加固

类别		系统工作压力（Pa）		
		$P\leqslant100$	$100<P\leqslant250$	$250<P\leqslant500$
		内支撑横向加固点数		
风管边长 b（mm）	$400<b\leqslant500$	—	—	1
	$500<b\leqslant600$	—	1	1
	$600<b\leqslant800$	1	1	1
	$800<b\leqslant1\,000$	1	1	2
	$1\,000<b\leqslant1\,200$	1	2	2
	$1\,200<b\leqslant1\,400$	2	2	3
	$1\,400<b\leqslant1\,600$	2	3	3
	$1\,600<b\leqslant1\,800$	2	3	4
	$1\,800<b\leqslant2\,000$	3	3	4
金属加固框纵向间距（mm）		$\leqslant600$		$\leqslant400$

4　机制玻璃纤维增强氯氧镁水泥复合板风管除应符合本条第 1 款的规定外，尚应符合下列规定：

4）风管内加固用的镀锌支撑螺杆直径不应小于 10mm，穿管壁处应进行密封。风管内支撑横向加固数量应符合表 4.3.3-5 的规定，纵向间距不应大于 1 250mm。当负压系统风管的内支撑高度大于 800mm 时，支撑杆应采用镀锌钢管。

表 4.3.3-5　风管内支撑横向加固数量

风管长边尺寸 b（mm）	系统设计工作压力 P（Pa）			
	P≤500		500<P≤1 000	
	复合板厚度（mm）		复合板厚度（mm）	
	18～24	25～45	18～24	25～45
1 250≤b<1 600	1	—	1	—
1 600≤b<2 000	1	1	2	1

《通风与空调工程施工规范》GB 50738—2011

5.2.5　加固与导流叶片安装应符合下列规定：

1　风管宜采用直径不小于 8mm 的镀锌螺杆做内支撑加固，内支撑件穿管壁处应密封处理。内支撑的横向加固点数和纵向加固间距应符合表 5.2.5 的规定。

表 5.2.5　聚氨酯铝箔复合风管与酚醛铝箔复合风管内支撑横向加固点数及纵向加固间距

<table>
<tr><td colspan="2" rowspan="3">类别</td><td colspan="7">系统设计工作压力（Pa）</td></tr>
<tr><td>≤300</td><td>301～500</td><td>501～750</td><td>751～1 000</td><td>1 001～1 250</td><td>1 251～1 500</td><td>1 501～2 000</td></tr>
<tr><td colspan="7">横向加固点数</td></tr>
<tr><td rowspan="7">风管内边长 b（mm）</td><td>410<b≤600</td><td>—</td><td>—</td><td>—</td><td>1</td><td>1</td><td>1</td><td>1</td></tr>
<tr><td>600<b≤800</td><td>—</td><td>1</td><td>1</td><td>1</td><td>1</td><td>1</td><td>2</td></tr>
<tr><td>800<b≤1 000</td><td>1</td><td>1</td><td>1</td><td>1</td><td>1</td><td>2</td><td>2</td></tr>
<tr><td>1 000<b≤1 200</td><td>1</td><td>1</td><td>1</td><td>1</td><td>1</td><td>2</td><td>2</td></tr>
<tr><td>1 200<b≤1 500</td><td>1</td><td>1</td><td>1</td><td>2</td><td>2</td><td>2</td><td>2</td></tr>
<tr><td>1 500<b≤1 700</td><td>2</td><td>2</td><td>2</td><td>2</td><td>2</td><td>2</td><td>2</td></tr>
<tr><td>1 700<b≤2 000</td><td>2</td><td>2</td><td>2</td><td>2</td><td>2</td><td>2</td><td>3</td></tr>
<tr><td colspan="9">纵向加固间距（mm）</td></tr>
<tr><td colspan="2">聚氨酯铝箔复合风管</td><td>≤1 000</td><td>≤800</td><td colspan="3" rowspan="2">≤600</td><td colspan="2">≤400</td></tr>
<tr><td colspan="2">酚醛铝箔复合风管</td><td colspan="2">≤800</td><td colspan="2">—</td></tr>
</table>

2　风管采用外套角钢法兰或C形插接法兰连接时，法兰处可作为一加固点；风管采用其他连接形式，其边长大于1 200mm时，应在连接后的风管一侧距连接件250mm内设横向加固。

5.3.5　风管加固与导流叶片安装应符合下列规定：

1　矩形风管宜采用直径不小于6mm的镀锌螺杆做内支撑加固。风管长边尺寸大于或等于1 000mm或系统设计工作压力大于500Pa时，应增设金属槽形框外加固，并应与内支撑固定牢固。负压风管加固时，金属槽形框应设在风管的内侧。内支撑件穿管壁处应密封处理。

2　风管的内支撑横向加固点数及金属槽型框纵向间距应符合表5.3.5–1的规定，金属槽型框的规格应符合表5.3.5–2规定。

表5.3.5–1　玻璃纤维复合风管内支撑横向加固点数及金属槽型框纵向间距

类别		系统设计工作压力（Pa）				
		≤100	101～250	251～500	501～750	751～1 000
		内支撑横向加固点数				
风管内边长 b（mm）	$300<b\leq 400$	—	—	—	—	1
	$400<b\leq 500$	—	—	1	1	1
	$500<b\leq 600$	—	1	1	1	1
	$600<b\leq 800$	1	1	1	2	2
	$800<b\leq 1\ 000$	1	1	2	2	3
	$1\ 000<b\leq 1\ 200$	1	2	2	3	3
	$1\ 200<b\leq 1\ 400$	2	2	3	3	4
	$1\ 400<b\leq 1\ 600$	2	3	3	4	5
	$1\ 600<b\leq 1\ 800$	2	3	4	4	5
	$1\ 800<b\leq 2\ 000$	3	3	4	5	6
金属槽形框纵向间距（mm）		≤600		≤400		≤350

表5.3.5–2　玻璃纤维复合风管金属槽型框规格（mm）

风管内边长 b	槽形钢（宽度×高度×厚度）
$b\leq 1\ 200$	40×10×1.0
$1\ 200<b\leq 2\ 000$	40×10×1.2

3　风管采用外套角钢法兰或C形插接法兰连接时，法兰处可作为一加固点；风管采用其他连接方式，其边长大于1 200mm时，应在连接后的风管一侧距连接件150mm内设横向加固；采用承插阶梯粘接的风管，应在距粘接口100mm内设横向

加固。

5.4.5 风管加固与导流叶片安装应符合下列规定：

1 矩形风管宜采用直径不小于10mm的镀锌螺杆做内支撑加固，内支撑件穿管壁处应密封处理（图5.4.5）。负压风管的内支撑高度大于800mm时，应采用镀锌钢管内支撑。

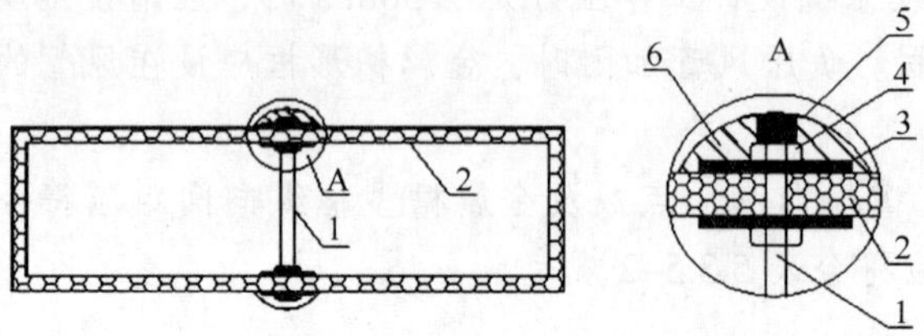

图5.4.5 正压保温风管内支撑加固示意

1—镀锌螺杆；2—风管；3—镀锌加固垫圈；
4—紧固螺母；5—保温罩；6—填塞保温材料

2 风管内支撑横向加固数量应符合表5.4.5的规定，风管加固的纵向间距应小于或等于1 300mm。

3 距风机5m内的风管，应按表5.4.5的规定再增加500Pa风压计算内支撑数量。

表5.4.5 风管内支撑横向加固数量

风管长边尺寸b（mm）	系统设计工作压力（Pa）											
	低压系统 P≤500				中压系统 500<P≤1 500				高压系统 1 500<P≤3 000			
	复合板厚度（mm）				复合板厚度（mm）				复合板厚度（mm）			
	18	25	31	43	18	25	31	43	18	25	31	43
1 250≤b<1 600	1	—	—	—	1	—	—	—	1	1	—	—
1 600≤b<2 300	1	1	1	1	2	1	1	1	2	2	1	1
2 300≤b<3 000	2	2	1	1	2	2	2	2	3	2	2	2
3 000≤b<3 800	3	2	2	2	3	3	3	2	4	3	3	3
3 800≤b<4 000	4	3	3	2	4	3	3	3	5	4	4	4

【问题解答】

一、聚氨酯与酚醛铝箔复合风管

聚氨酯与酚醛铝箔复合风管内支撑加固形式应按金属风管的加固形式选用。采用角钢法兰或外套槽形法兰可视为一个纵（横）向加固点；其余连接方式的风管，边长大于或等于1 250mm时，法兰的单侧方向长度250mm内应设横向加固。

对比《通风与空调工程施工质量验收规范》GB 50243—2016与《通风与空调工程

施工规范》GB 50738—2011，后者对工作压力 P>1 000Pa 的聚氨酯铝箔复合风管与酚醛铝箔复合风管的加固做出了规定，是前者的补充。

二、玻璃纤维板复合材料风管

风管采用金属槽型框、波纹槽框外加固时，应设置内支撑，并将内支撑与加固框紧固为一体。负压风管的加固应设在风管的内侧，采用波纹槽形加固件。当风管采用角钢法兰、外套槽形法兰连接时，其法兰连接处可视为一外加固点。其他连接方式风管的长边大于或等于 1 250mm 时，距法兰 150mm 内应设纵向加固。采用阴、阳榫连接的风管，应在距榫口 100mm 内设纵向加固。

对比《通风与空调工程施工质量验收规范》GB 50243—2016 与《通风与空调工程施工规范》GB 50738—2011，后者对工作压力 P>500Pa 的玻璃纤维板复合材料风管的加固做出了规定，是前者的补充。

三、机制玻镁复合板风管

矩形风管的加固宜采用直径大于或等于 10mm 的镀锌丝杆做内支撑，支撑件穿过管壁处应进行密封处理；负压风管高度大于 800mm 时，内支撑应采用大于或等于 ϕ15mm 的镀锌钢管。

对比《通风与空调工程施工质量验收规范》GB 50243—2016 与《通风与空调工程施工规范》GB 50738—2011，后者按照高、中、低压系统对更多规格的机制玻镁复合板风管的加固做出了规定，是前者的补充。

045 净化空调风管制作质量控制要点有哪些?

【规范条文】

《通风与空调工程施工规范》GB 50738—2011

4.2.4 风管板材拼接及接缝应符合下列规定：

3 洁净空调系统风管不应采用横向拼缝。

4.2.15 风管加固应符合下列规定：

5 洁净空调系统的风管不应采用内加固措施或加固筋，风管内部的加固点或法兰铆接点周围应采用密封胶进行密封。

《通风与空调工程施工质量验收规范》GB 50243—2016

4.2.7 净化空调系统风管的制作应符合下列规定：

1 风管内表面应平整、光滑，管内不得设有加固框或加固筋。

2 风管不得有横向拼接缝。矩形风管底边宽度小于或等于 900mm 时，底面不得有拼接缝；大于 900mm 且小于或等于 1 800mm 时，底面拼接缝不得多于 1 条；大于 1 800mm 且小于或等于 2 700mm 时，底面拼接缝不得多于 2 条。

3 风管所用的螺栓、螺母、垫圈和铆钉的材料应与管材性能相适应，不应产生电化学腐蚀。

4　当空气洁净度等级为 N1 级 ~ N5 级时，风管法兰的螺栓及铆钉孔的间距不应大于 80mm；当空气洁净度等级为 N6 级 ~ N9 级时，不应大于 120mm。不得采用抽芯铆钉。

5　矩形风管不得使用 S 形插条及直角形插条连接。边长大于 1 000mm 的净化空调系统风管，无相应的加固措施，不得使用薄钢板法兰弹簧夹连接。

6　空气洁净度等级为 N1 级 ~ N5 级净化空调系统的风管，不得采用按扣式咬口连接。

7　风管制作完毕后，应清洗。清洗剂不应对人体、管材和产品等产生危害。

4.3.4　净化空调系统风管除应符合本规范第 4.3.1 条的规定外，尚应符合下列规定：

1　咬口缝处所涂密封胶宜在正压侧。

2　镀锌钢板风管的咬口缝、折边和铆接等处有损伤时，应进行防腐处理。

3　镀锌钢板风管的镀锌层不应有多处或 10% 表面积的损伤、粉化脱落等现象。

4　风管清洗达到清洁要求后，应对端部进行密闭封堵，并应存放在清洁的房间。

5　净化空调系统的静压箱本体、箱内高效过滤器的固定框架及其他固定件应为镀锌、镀镍件或其他防腐件。

【问题解答】

净化空调风管具备两个方面的特征：系统洁净和承压压力高。因此，在制作时比普通舒适性风管要求更严。

一、材质要求

洁净空调系统风管材质的选用应符合设计要求，宜选用优质镀锌钢板、不锈钢板、铝合金板、复合钢板等。制作场地应整洁、无尘，加工区域内应铺设表面无腐蚀、不产尘、不积尘的柔性材料。

二、洁净度要求

1）风管内表面应平整、光滑，管内不得设有加固框或加固筋。

2）镀锌钢板风管的镀锌层不应有多处或 10% 表面积的损伤、粉花脱落等现象。

3）风管制作完毕后，应清洗。清洗剂不应对人体、管材和产品等产生危害。

4）风管清洗达到清洁要求后，应对端部进行密闭封堵，并应存放在清洁的房间。

三、风管板材连接

1）风管不得有横向拼接缝。

2）矩形风管底边宽度小于或等于 900mm 时，底面不得有拼接缝；大于 900mm 且小于或等于 1 800mm 时，底面拼接缝不得多于 1 条；大于 1 800mm 且小于或等于 2 700mm 时，底面拼接缝不得多于 2 条。

3）空气洁净度等级为 N1 级 ~ N5 级净化空调系统的风管，不得采用按扣式咬口连接。

四、防腐

1）风管所用的螺栓、螺母、垫圈和铆钉的材料应与管材性能相适应，不应产生电化学腐蚀。

2）镀锌钢板风管的咬口缝、折边和铆接等处有损伤时，应进行防腐处理。

3）净化空调系统的静压箱本体、箱内高效过滤器的固定框架及其他固定件应为镀锌、镀镍件或其他防腐件。

五、风管连接方式

矩形风管不得使用S型插条及直角型插条连接。边长大于1 000mm的净化空调系统风管，无相应的加固措施时，不得使用薄钢板法兰弹簧夹连接。

1. 法兰规格

法兰规格与舒适性空调要求一致。

2. 法兰孔间距

风管法兰的螺栓间距：当空气洁净度等级为N1级～N5级时，不应大于80mm；当空气洁净度等级为N6级～N9级时，不应大于120mm。

3. 法兰与风管的铆钉方式

不得采用抽芯铆钉。抽芯铆钉是一类单面铆接用的铆钉，洁净空调压力比较高，所以在风管法兰连接时为了保持连接强度，法兰与风管连接不得采用抽芯铆钉。

4. 铆钉孔的间距

铆钉孔的间距：当空气洁净度等级为N1级～N5级时，不应大于80mm；当空气洁净度等级为N6级～N9级时，不应大于120mm。

六、严密性

1）咬口缝处所涂密封胶宜在正压侧。

2）风管内部的加固点或法兰铆接点周围应采用密封胶进行密封。

3）风管的咬口缝、铆接缝以及法兰翻边四角缝隙处，应按设计及洁净等级要求，采用涂密封胶或其他密封措施堵严。密封材料宜采用不易老化、不易产尘、不含有害物质的环保材料。

4）风管合缝时，宜采用木质或胶质等非金属榔头锤击。若采用铁质榔头锤击，易造成铁皮镀锌层损坏或变形。

七、风管加固

1. 加固位置

风管管段长度大于1 250mm时，单边面积应大于1.0m^2。

2. 加固形式

1）不应采用内加固措施或加固筋，应采用外加固框形式。

2）加固排列应整齐、均匀。

3. 加固材料和规格

1）应采用角钢或采用钢板折成加固筋制作成为加固框进行加固。

2）加固框高度应小于或等于风管的法兰高度。

4. 加固框与风管的连接

1）可采用包括抽芯铆钉在内的铆钉铆接，与风管的铆接应牢固。

2）铆钉最大间隔不应大于 220mm。

046 非金属风管加固有哪些具体要求？

【规范条文】

《通风管道技术规程》JGJ/T 141—2017

3.5.1 无机玻璃钢风管应符合下列规定：

10 组合型风管管板接合四角处应涂满无机胶凝浆料密封，并应采用角形金属型材加固四角边，其紧固件的间距应小于或等于 200mm。法兰与管板紧固点的间距小于或等于 120mm。

11 整体型风管加固应采用与本体材料或防腐性能相同的材料，加固件应与风管成为整体。风管制作完毕后的加固，其内支撑横向加固点数及外加固框、内支撑加固点纵向间距应符合表 3.5.1-3 的规定，并采用与风管本体相同的胶凝材料封堵。

表 3.5.1-3 整体型风管内支撑横向加固点数及外加固框、内支撑加固点纵向间距

类别		系统工作压力（Pa）				
		500<P≤630	630<P≤820	820<P≤1 120	1 120<P≤1 610	1 610<P≤2 500
		内支撑横向加固点数				
风管边长 b（mm）	630<b≤1 000	—	—	1	1	1
	1 000<b≤1 600	1	1	1	1	2
	1 600<b≤2 000	1	1	1	1	2
	2 000<b≤3 000	1	1	1	2	2
	3 000<b≤4 000	2	2	3	3	4
纵向加固间距（mm）		≤1 420	≤1 240	≤890	≤740	≤590

12 组合型风管的内支撑加固点数及外加固框、内支撑加固点纵向间距应符合表 3.5.1-4 的规定。

3.5.3 硬聚氯乙烯、聚丙烯（PP）风管应符合下列规定：

7　风管直径大于400mm或长边大于500mm时，应采用加固措施，加固宜采用外加固框形式，加固框的设置应符合表3.5.3–6的规定，加固框的规格宜与法兰相同，并应采用焊接将加固框与风管紧固。

表3.5.1–4　组合型风管内支撑加固点数及外加固框、内支撑加固点纵向间距

类别		系统工作压力（Pa）				
		$500<P\leq600$	$600<P\leq740$	$740<P\leq920$	$920<P\leq1\,160$	$1\,160<P\leq1\,500$
		内支撑横向加固点数				
风管边长 b（mm）	$500<b\leq1\,000$	—	—	1	1	1
	$1\,000<b\leq1\,600$	1	1	1	1	2
	$1\,600<b\leq2\,000$	1	1	2	2	2
	$2\,000<b\leq3\,000$	2	2	3	3	4
	$3\,000<b\leq4\,000$	3	3	4	4	5
纵向加固间距（mm）		≤1 100	≤1 000	≤900	≤800	≤700

注：横向加固点数为5个时应加加固框，并与内支撑固定为一整体。

表3.5.3–6　风管加固框规格尺寸（mm）

圆形				矩形			
风管直径 D	管壁厚度	加固框		风管长边长度 b	管壁厚度	加固框	
		规格（宽×厚）	间距			规格（宽×厚）	间距
$D\leq320$	3（4）	—	—	$b\leq320$	3（4）	—	—
$320<D\leq400$	4（6）	—	—	$320<b\leq500$	3（5）	—	—
$400<D\leq500$	4（6）	35×10	800	$500<b\leq800$	5（6）	40×10	800
$500<D\leq800$	4（6）	40×10	800	$800<b\leq1\,250$	6（8）	45×12	400
$800<D\leq1\,250$	5（8）	45×12	800	$1\,250<b\leq1\,600$	8（10）	50×15	400
$1\,250<D\leq1\,400$	6（10）	45×12	800	$1\,600<b\leq2\,000$	8（10）	60×18	400
$1\,400<D\leq1\,600$	6（10）	50×15	400	—	—	—	—
$1\,600<D\leq2\,000$	6（10）	60×15	400	—	—	—	—
$2\,000<D$	按照设计规定			—	—	—	—

《通风与空调工程施工规范》GB 50738—2011

5.5.6 风管加固宜采用外加固框形式，加固框的设置应符合表5.5.6的规定，并应采用焊接将同材质加固框与风管紧固。

表5.5.6 硬聚氯乙烯风管加固框规格（mm）

圆形				矩形			
风管直径 D	管壁厚度	加固框		风管长边尺寸 b	管壁厚度	加固框	
		规格（宽×厚）	间距			规格（宽×厚）	间距
$D\leqslant320$	3	—	—	$b\leqslant320$	3	—	—
$320<D\leqslant500$	4	—	—	$320<b\leqslant400$	4	—	—
$500<D\leqslant630$	4	40×8	800	$400<b\leqslant500$	4	35×8	800
$630<D\leqslant800$	5	40×8	800	$500<b\leqslant800$	5	40×8	800
$800<D\leqslant1\,000$	5	45×10	800	$800<b\leqslant1\,000$	6	45×10	400
$1\,000<D\leqslant1\,400$	6	45×10	800	$1\,000<b\leqslant1\,250$	6	45×10	400
$1\,400<D\leqslant1\,600$	6	50×12	400	$1\,250<b\leqslant1\,600$	8	50×12	400
$1\,600<D\leqslant2\,000$	6	60×12	400	$1\,600<b\leqslant2\,000$	8	60×15	400

《通风与空调工程施工质量验收规范》GB 50243—2016

4.2.4 非金属风管的制作应符合下列规定：

1 非金属风管的材料品种、规格、性能与厚度等应符合设计要求。当设计无厚度规定时，应按本规范执行。高压系统非金属风管应按设计要求。

2 硬聚氯乙烯风管的制作应符合下列规定：

3）当风管的直径或边长大于500mm时，风管与法兰的连接处应设加强板，且间距不得大于450mm。

3 玻璃钢风管的制作应符合下列规定：

4）玻璃钢风管的加固应为本体材料或防腐性能相同的材料，加固件应与风管成为整体。

4.3.2 非金属风管的制作除应符合本规范第4.3.1条第1款的规定外，尚应符合下列规定：

2 有机玻璃钢风管的制作应符合下列规定：

4）矩形玻璃钢风管的边长大于900mm，且管段长度大于1 250mm时，应采取加固措施。加固筋的分布应均匀整齐。

【问题解答】

一、硬聚氯乙烯风管加固

《通风管道技术规程》JGJ/T 141—2017 对硬聚氯乙烯风管的加固做了规定，圆形风管直径大于400mm 时要求设置加固框，这与《通风与空调工程施工规范》GB 50738—2011 规定的设置加固框的最小规格略有不同。

二、无机玻璃钢风管加固

整体型风管加固应采用与本体材料或防腐性能相同的材料，加固件应与风管成为整体。风管制作完毕后的加固，其内支撑横向加固点数及外加固框、内支撑加固点纵向间距应符合相关规定，并采用与风管本体相同的胶凝材料封堵。

组合型风管的内支撑加固点数及外加固框、内支撑加固点纵向间距应符合相关规定。

三、有机玻璃钢风管加固

矩形有机玻璃钢风管边长大于 900mm，且管段长度大于 1 250mm 时，应采取加固措施。风管的加固应为本体材料或防腐性能相同的材料，并应与风管成为一体。

第四章　风阀及部件制作

047 风管部件的线性尺寸公差应达到什么样的标准为合格？c 级公差等级如何规定？

【规范条文】

《通风与空调工程施工质量验收规范》GB 50243—2016

5.1.2　风管部件的线性尺寸公差应符合现行国家标准《一般公差　未注公差的线性和角度尺寸的公差》GB/T 1804 中所规定的 c 级公差等级。

【问题解答】

《通风与空调工程施工质量验收规范》GB 50243—2016 对风管部件的线性尺寸公差验收做了规定，即符合现行国家标准《一般公差　未注公差的线性和角度尺寸的公差》GB/T 1804 的 c 级公差等级。

一般公差是指在车间通常加工条件下可保证的公差。在一般公差的尺寸后不需注出其极限偏差数值。

线性尺寸的极限偏差数值的粗糙 c 级公差具体允许值见表 4–1，角度尺寸的极限偏差数值的粗糙 c 级公差具体允许值见表 4–2。

表 4–1　线性尺寸的极限偏差数值（mm）

公差等级	基本尺寸分段							
	0.5 ~ 3	>3 ~ 6	>6 ~ 30	>30 ~ 120	>120 ~ 400	>400 ~ 1 000	>1 000 ~ 2 000	>2 000 ~ 4 000
粗糙 c 级	± 0.2	± 0.3	± 0.5	± 0.8	± 1.2	± 2	± 3	± 4

表 4–2　角度尺寸的极限偏差数值（mm）

公差等级	长度分段				
	≤10	>10 ~ 50	>50 ~ 120	>120 ~ 400	>400
粗糙 c 级	± 1° 30″	± 1°	± 20″	± 15″	± 10″

对于通风与空调工程常用部件的线性与角度的质量检查，采用现行国家标准《一般公差　未注公差的线性和角度尺寸的公差》GB/T 1804 已经能满足工程质量验收的需要。

048 防火阀、排烟阀有何区别?

【规范条文】

《建筑设计防火规范》GB 50016—2014（2018 版）

9.3.11　通风、空气调节系统的风管在下列部位应设置公称动作温度为 70℃的防火阀：

1　穿越防火分区处；

2　穿越通风、空气调节机房的房间隔墙和楼板处；

3　穿越重要或火灾危险性大的场所的房间隔墙和楼板处；

4　穿越防火分隔处的变形缝两侧；

5　竖向风管与每层水平风管交接处的水平管段上。

注：当建筑内每个防火分区的通风、空气调节系统均独立设置时，水平风管与竖向总管的交接处可不设置防火阀。

9.3.12　公共建筑的浴室、卫生间和厨房的竖向排风管，应采取防止回流措施并宜在支管上设置公称动作温度为 70℃的防火阀。

公共建筑内厨房的排油烟管道宜按防火分区设置，且在与竖向排风管连接的支管处应设置公称动作温度为 150℃的防火阀。

9.3.13　防火阀的设置应符合下列规定：

1　防火阀宜靠近防火分隔处设置；

2　防火阀暗装时，应在安装部位设置方便维护的检修口；

3　在防火阀两侧各 2.0m 范围内的风管及其绝热材料应采用不燃材料；

4　防火阀应符合现行国家标准《建筑通风和排烟系统用防火阀门》GB 15930 的规定。

《消防设施通用规范》GB 55036—2023

11.3.5　下列部位应设置排烟防火阀，排烟防火阀应具有在 280℃时自行关闭和联锁关闭相应排烟风机、补风机的功能：

1　垂直主排烟管道与每层水平排烟管道连接处的水平管段上；

2　一个排烟系统负担多个防烟分区的排烟支管上；

3　排烟风机入口处；

4　排烟管道穿越防火分区处。

【问题解答】

一、排烟阀

1. 排烟阀的概念

排烟阀是安装在机械排烟系统各支管端部（烟气吸入口）处，平时呈关闭状态并满足漏风量要求，火灾时可手动和电动启闭，起排烟作用的阀门。排烟阀也是风阀的一种。

2. 排烟阀的特征

排烟阀一般由阀体、叶片、执行机构等部件组成。手动可使阀门打开，手动复位。阀门动作后输出开启信号。根据用户要求可以与其他设备联锁。排烟阀不带温度传感器。

排烟阀（口）要设置与烟感探测器联锁的自动开启装置、由消防控制中心远距离控制的开启装置以及现场手动开启装置，除火灾时将其打开外，平时需一直保持锁闭状态。一般工程情况下，一个排烟机承担多个区域的排烟，为了保证对着火区域的排烟，非着火区域形成正压，所以要求只能打开着火区域的排烟口，其他区域的排烟口必须常闭。

3. 使用场合

排烟阀安装在机械排烟系统各支路的最末端。

二、防火阀

1. 防火阀的概念

防火阀，顾名思义是起防火作用的风阀。

防火阀一般由阀体、叶片、执行机构和温感器等部件组成，安装在通风与空调系统的送、回风管路上，平时呈开启状态；火灾时，当管道内气体温度达到70℃时，易熔片熔断，阀门在扭簧力作用下自动关闭，并在一定时间内满足漏烟量和耐火完整性要求，具有一定的防烟和耐火性能，起隔烟阻火作用。

2. 防火阀的特征

阀门关闭时，输出关闭信号。可通过电信号关闭，手动关闭，手动复位。

3. 使用场合

通风与空调系统的风管在下列部位应设置公称动作温度为70℃的防火阀，见图4–1。

（1）穿越防火分区

防火分区等防火分隔主要是为了防止火灾在防火分区或不同防火单元之间蔓延。在某些情况下，必须穿过防火墙或防火隔墙时，需在穿越处设置防火阀，此防火阀一般依靠感烟火灾探测器控制动作，用电信号通过电磁铁等装置关闭，同时它还具有温度熔断器自动关闭以及手动关闭的功能。

防火阀关闭的方向应与通风和空调的管道内气流方向相一致。

（2）穿越空调机房和楼板

风管穿越空调机房的房间隔墙和楼板处需要加设防火阀。主要是为了防止机房的火灾通过风管蔓延到建筑内的其他房间，或者防止建筑内的火灾通过风管蔓延到机房。

（3）穿越重要房间墙体和楼板

风管穿越重要或火灾危险性大的场所的房间隔墙和楼板处，需要加设防火阀。为防止火灾蔓延至会议室、贵宾休息室、多功能厅等性质重要的房间或有贵重物品、设备的房间以及易燃物品实验室或易燃物品库房等火灾危险性大的房间，规定风管穿越这些房间的隔墙和楼板处应设置防火阀。

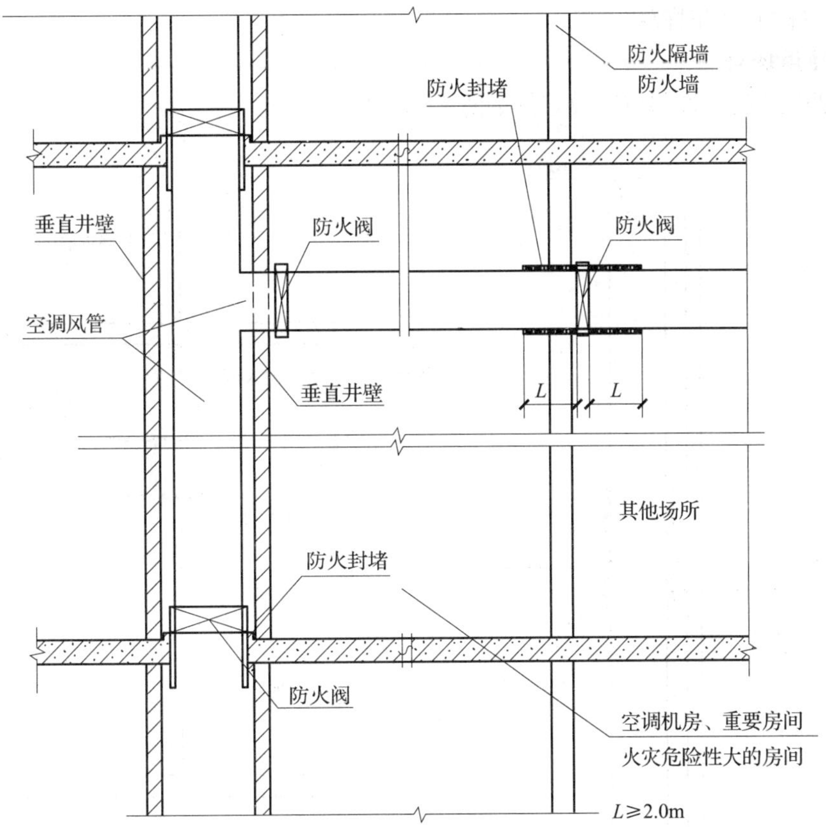

图 4-1 通风与空调系统的风管穿越防火分区设置防火阀示意图

（4）穿越防火分隔处的变形缝两侧

在穿越变形缝的两侧风管上各设一个防火阀，主要是为了使防火阀在一定时间里达到耐火完整性和耐火稳定性要求，有效地起到隔烟阻火作用。

（5）竖向风管与每层水平风管交接处的水平管段上

竖向风管与每层水平风管交接处的水平管段上设置防火阀，主要是为了防止火势竖向蔓延。当建筑内每个防火分区的通风与空调系统均独立设置时，水平风管与竖向总管的交接处可不设置防火阀。

三、排烟防火阀

1. 排烟防火阀的概念

排烟防火阀是安装在机械排烟系统上的防火阀，一般由阀体、叶片、执行机构和温感器等部件组成，安装在机械排烟系统的管道上，平时呈开启状态，火灾时当排烟管道内烟气温度达到 280℃时关闭，并在一定时间内能满足漏烟量和耐火完整性要求，具有一定的防烟和耐火性能，起隔烟阻火作用。

2. 排烟防火阀的特征

排烟防火阀除了具有排烟阀的功能外，还能在排烟温度超过 280℃时熔断，使阀门关闭，排烟机同时停机。

3. 使用场合

排烟管道的下列部位应设置排烟防火阀，见图 4-2。

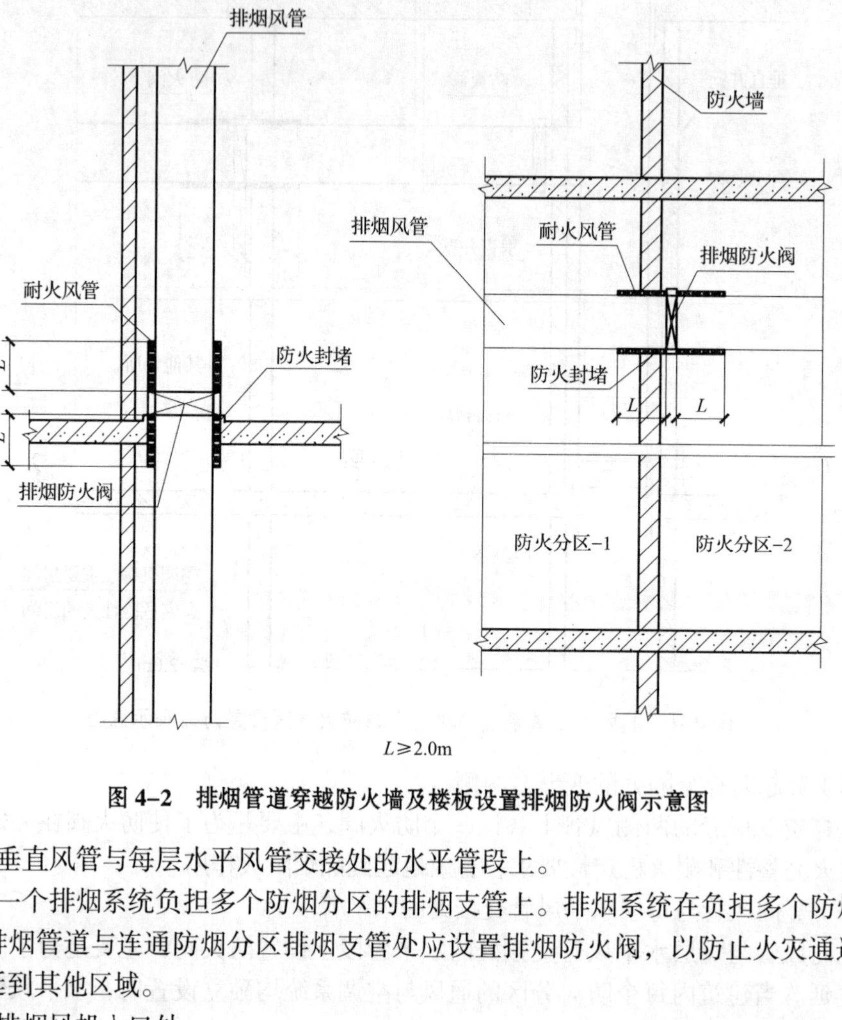

图 4-2 排烟管道穿越防火墙及楼板设置排烟防火阀示意图

1）垂直风管与每层水平风管交接处的水平管段上。

2）一个排烟系统负担多个防烟分区的排烟支管上。排烟系统在负担多个防烟分区时，主排烟管道与连通防烟分区排烟支管处应设置排烟防火阀，以防止火灾通过排烟管道蔓延到其他区域。

3）排烟风机入口处。

4）穿越防火分区处。

四、防火排烟阀

防火排烟阀是排烟阀的一种形式，是具有防火与排烟功能的组合型阀体；区别于排烟防火阀。

五、防烟防火阀

1. 通风与空调系统防火阀

通风空调系统防火阀，既有防烟功能，又有防火功能。

靠感烟火灾探测器控制动作，用电讯号通过电磁铁关闭（防烟）。

采用 70℃温度熔断器自动关闭（防火）。

用于通风空调系统风管内，防止烟火蔓延。

2. 加压送风口防火阀

靠感烟火灾探测器控制，电信号开启，也可手动（或远距离缆绳）开启，可设 70℃温度熔断器重新关闭装置，输出电信号联动送风机开启。

用于加压送风系统的风口，防止外部烟气进入。

六、防火阀与排烟防火阀的区别

防火阀与排烟防火阀的主要区别在于其动作温度不同。防火阀的动作温度一般为 70℃，主要设置在通风与空调系统的送、回风系统和机械补风系统的风管上。排烟防火阀的动作温度为 280℃，设置在机械排烟系统的风管上。

049 防火阀、排烟阀的制作和质量验收有哪些要求？

【规范条文】

《通风与空调工程施工规范》GB 50738—2011

6.2.4 防火阀和排烟阀（排烟口）应符合国家现行有关消防产品技术标准的规定。执行机构应进行动作试验，试验结果应符合产品说明书的要求。

《通风与空调工程施工质量验收规范》GB 50243—2016

5.2.4 防火阀、排烟阀或排烟口的制作应符合现行国家标准《建筑通风和排烟系统用防火阀门》GB 15930 的有关规定，并应具有相应的产品合格证明文件。

【问题解答】

防火阀与排烟阀是使用于建筑工程中的救生系统，直接涉及人民生命财产安全，其质量必须符合消防产品的规定。根据工程施工的实际状况，要重视其强度与密闭性能的质量验收，以保证防排烟系统的正常运行。

一、材质要求

1）主型材应选用热轧型钢、不锈钢和热镀锌钢板，且应符合现行国家标准《热轧型钢》GB/T 706—2016、《不锈钢和耐热钢　牌号及化学成分》GB/T 20878—2007 和《连续热镀锌和锌合金钢板及钢带》GB/T 2518—2019 的规定。

2）阀框、叶片等材料应根据不同使用环境的需要，选用镀锌等级不低于 $275g/m^2$ 的镀锌钢板或等级不低于 304 的不锈钢板。

3）当承压能力小于或等于 4kPa 时，阀框钢板最小实测厚度不应小于 2mm，叶片钢板单层最小实测厚度不应小于 1.2mm；当承压能力大于 4kPa 且不大于 6kPa 时，阀框钢板最小实测厚度不应小于 3mm，叶片钢板单层最小实测厚度不应小于 2mm。

4）传动构件材料应选用等级不低于 304 的不锈钢或防腐性能不低于 304 不锈钢的

其他材料。

5）各类轴承、轴套等部件材料应选用铜、不锈钢300等级及以上耐腐蚀及耐磨材料。

6）各类密封件材料宜选用A级不燃材料。

二、外观质量

1）标牌应牢固，标识应清晰、准确，阀上应无异物、外观干净整洁。

2）各零部件的表面应平整，不应有裂纹、压坑及明显的凹凸、锤痕、毛刺、孔洞等缺陷。

3）焊缝应光滑、平整，不应有虚焊、气孔、夹渣、疏松等缺陷，焊接部位应采取防腐处理措施。

4）各连接件应紧固、可靠。

5）各金属零部件经防锈、防腐处理后，表面应光滑、平整，涂层、镀层应牢固，不应有剥落、镀层开裂及漏漆或流淌现象。

三、复位功能

阀门应具备复位功能，其操作应方便、灵活、可靠。

四、温感器控制

防火阀执行机构中的温感器元件上应标明其公称动作温度。防火阀应具备温感器控制方式，使其自动关闭。

1. 温感器不动作性能要求

防火阀中的温感器在65℃ ±0.5℃的恒温水浴中5min内不应动作，排烟防火阀中的温感器在250℃ ±2℃的恒温油浴中5min内不应动作。

2. 温感器动作性能要求

防火阀中的温感器在73℃ ±0.5℃的恒温水浴中1min内应动作，排烟防火阀中的温感器在285℃ ±2℃的恒温油浴中2min内应动作。

五、手动控制

防火阀或排烟防火阀宜具备手动关闭方式，排烟阀应具备手动开启方式。手动操作应方便、灵活、可靠。手动关闭或开启操作力不应大于70N。

六、电动控制

防火阀或排烟防火阀宜具备电动关闭方式，排烟阀应具备电动开启方式。具有远距离复位功能的阀门，当通电动作后，应具有显示阀门叶片位置的信号输出。

阀门执行机构中电控电路的工作电压宜采用DC24V的额定工作电压。其额定工作电流应不大于0.7A。在实际电源电压低于额定工作电压15%和高于额定工作电压10%时，阀门应能正常进行电控操作。当安装在室外时，电动执行机构应具备防水功能。

七、环境温度下的漏风量

在环境温度下，使防火阀或排烟防火阀叶片两侧保持 300Pa ± 15Pa 的气体静压差，其单位面积上的漏风量（标准状态）不应大于 $500m^3/(m^2 \cdot h)$。

在环境温度下，使排烟阀叶片两侧保持 1 000Pa ± 15Pa 的气体静压差，其单位面积上的漏风量（标准状态）不应大于 $700m^3/(m^2 \cdot h)$。

八、耐火性能

耐火试验开始后 1min 内，防火阀的温感器应动作，阀门关闭；耐火试验开始后 3min 内，排烟防火阀的温感器应动作，阀门关闭。

在规定的耐火时间内，使防火阀或排烟防火阀叶片两侧保持 300Pa ± 15Pa 的气体静压差，其单位面积上的漏烟量（标准状态）不应大于 $700m^3/(m^2 \cdot h)$。

在规定的耐火时间内，防火阀或排烟防火阀表面不应出现连续 10s 以上的火焰，耐火时间不应小于 1.50h。

050 风阀进场验收要点有哪些?

【规范条文】

《通风与空调工程施工规范》GB 50738—2011

6.2.1 成品风阀质量应符合下列规定:

1 风阀规格应符合产品技术标准的规定，并应满足设计和使用要求；

2 风阀应启闭灵活，结构牢固，壳体严密，防腐良好，表面平整，无明显伤痕和变形，并不应有裂纹、锈蚀等质量缺陷；

3 风阀内的转动部件应为耐磨、耐腐蚀材料，转动机构灵活，制动及定位装置可靠；

4 风阀法兰与风管法兰应相匹配。

《通风与空调工程施工质量验收规范》GB 50243—2016

5.2.3 成品风阀的制作应符合下列规定:

1 风阀应设有开度指示装置，并应能准确反映阀片开度。

2 手动风量调节阀的手轮或手柄应以顺时针方向转动为关闭。

3 电动、气动调节阀的驱动执行装置，动作应可靠，且在最大工作压力下工作应正常。

4 净化空调系统的风阀，活动件、固定件以及紧固件均应采取防腐措施，风阀叶片主轴与阀体轴套配合应严密，且应采取密封措施。

5 工作压力大于 1 000Pa 的调节风阀，生产厂应提供在 1.5 倍工作压力下能自由开关的强度测试合格的证书或试验报告。

6 密闭阀应能严密关闭，漏风量应符合设计要求。

【问题解答】

风量调节阀是风阀的一种。根据《建筑通风风量调节阀》JG/T 436—2014，风量调节阀应从以下几个方面进行验收。

一、基本要求

1）风阀应采用镀锌钢板、铝合金型材、不锈钢或其他能满足使用要求的材料制作。

2）风阀应联结牢固、启闭灵活。各转动部位应转动平稳，无卡阻和碰撞。

3）风阀的最大工作压差由制造厂根据结构材料或实测确定。风阀在工作温度范围内、标示的工作压差下连续工作时，其驱动装置应能正常操作。

4）风阀在额定流速下不应产生异常振动和异常的噪声。

5）风阀出厂时应提供风量调节特性曲线、阻力特性曲线和最大工作压差值的说明文件。

6）采用驱动装置的风阀，其驱动装置应保证风阀在最大工作压差下操作正常。

7）对于手动操作的风阀，面向手轮或扳手顺时针转动时应为关闭，逆时针转动时应为开启。

8）风阀应有表示开度的指示构件和保证风阀全开、全闭位置的限位构件及保持任意开度的锁定构件。

9）风阀的表面处理按《采暖通风与空气调节设备除装要求》JB/T 9062—2013 的规定进行。

二、外观和尺寸偏差

1. 外观

1）风阀外表面所固定或粘贴的各种标识和铭牌应位置明显、粘贴牢固。

2）风阀表面应光滑无毛边。

2. 尺寸偏差

矩形风阀各面的两对角线长度之差应符合表 4–3 的规定。风阀两端法兰平面的平面度公差应符合表 4–4 的规定。

表 4–3　各面的两对角线长度之差限值

对角线长度 L	$L\leqslant 1\,000$	$1\,000<L\leqslant 1\,500$	$1\,500<L\leqslant 2\,000$	$2\,000<L\leqslant 3\,000$	$L>3\,000$
两对角线之差（mm）	1.5	2.0	2.5	4.0	5.0

表 4–4　风阀两端法兰平面的平面度公差限值

风阀端面的长边 L	$L\leqslant 1\,000$	$1\,000<L\leqslant 1\,500$	$1\,500<L\leqslant 2\,000$	$2\,000<L\leqslant 3\,000$	$L>3\,000$
公差值（mm）	2.0	2.5	3.0	4.5	5.5

三、性能

1. 启动与运转

1）手动调节的风阀，应采用手动方式连续开启与关闭，应启闭灵活、运转平稳。

2）电动执行机构在通电后、耐温性试验后的操作运行应正常。电动调节的风阀，在通电运转情况下，执行机构不应有松动、杂音和发热等异常现象。

2. 阀片漏风量

阀片允许漏风量应符合表 4–5 的规定。

表 4–5　阀片泄漏等级与允许漏风量

阀片泄露等级	允许漏风量 Q［m^3/（h · m^2）］
零级泄露（阀片耐压 2 500Pa）	0
高密闭型风阀	$\leqslant 0.15\Delta P^{0.58}$
中密闭型风阀	$\leqslant 0.60\Delta P^{0.58}$
密闭型风阀	$\leqslant 2.70\Delta P^{0.58}$
普通型风阀	$\leqslant 17.00\Delta P^{0.58}$

注：1. 阀片允许漏风量为空气标准状态下漏风量。

2. ΔP 为阀片前后承压的压力差，单位为 Pa。

3. 住宅厨房卫生间止回阀阀片漏风量参考中密闭型风阀执行。

4. 阀片漏风量计算时，漏风面积按照风阀内框尺寸计算。

3. 阀体漏风量

阀体允许漏风量应符合表 4–6 的规定。

4. 阀片相对变形量

当阀片全关、风阀前后静压差为 2 000Pa 时，阀片相对变形量不应大于 0.002 2。

5. 最大工作压差

风阀的最大工作压差不应小于产品名义值的 1.1 倍。

表 4–6　阀体泄漏等级与允许漏风量

阀体泄露等级	允许漏风量 Q［m^3/（h · m^2）］
零级阀体（阀片耐压 2 500Pa）	0
A 级阀体	$\leqslant 0.003P^{0.65}$
B 级阀体	$\leqslant 0.01P^{0.65}$
C 级阀体	$\leqslant 0.03P^{0.65}$

注：1. 阀体允许漏风量为空气标准状态下漏风量。

2. P 为标准状态下，阀体内承受的压力，单位为 Pa。

3. 阀体漏风量计算时，漏风面积按照风阀内框尺寸计算。

6. 最大驱动扭矩

1）单体阀最大驱动扭矩应符合表 4–7 的规定。

表 4–7 风阀最大驱动扭矩（N · m）

风阀高度 H（mm）	风阀宽度 W（mm）					
	W≤500	500<W≤750	750<W≤1 000	1 000<W≤1 250	1 250<W≤1 500	1 500<W≤1 800
H≤500	5.0	6.0	7.5	10.0	13.0	15.0
500<H≤750	5.5	7.5	10.0	13.5	17.0	20.0
750<H≤1 000	7.0	9.0	13.0	17.0	21.0	25.0
1 000<H≤1 250	8.0	12.0	16.0	21.0	25.5	30.0
1 250<H≤1 500	10.0	15.0	19.0	24.0	31.0	35.0
1 500<H≤1 800	13.0	18.0	22.0	27.0	33.0	40.0

2）组合阀最大驱动扭矩不应大于名义值。

7. 有效通风面积比

风阀全开时，有效通风面积比不应小于 80%。

8. 最小开启静压

止回阀或余压阀由全闭到全开过程中，自垂阀片启动前，阀前的最小开启静压不应大于 8Pa。

9. 风量与阀前静压无关性

定风量阀在指定阀前静压范围内，输出风量与设定风量的平均偏差不应大于 8%。

10. 风阀耐温性

风阀在高温环境 1h 后，应能启闭自如，阀体结构无变形、松动。阀片漏风量不应大于阀片漏风量常温检测数值的 1.2 倍。

11. 反向漏风量

止回阀反向漏风量应符合表 4–6 中密闭型风阀漏风量的规定。

12. 风量调节特性

以风阀的开度为横坐标、风量比为纵坐标绘制风量调节特性曲线。

13. 阻力特性

改变风阀的开度测得风阀前后的静压差及其对应的风量，并以风阀开度为横坐标，风阀阻力系数为纵坐标绘制阻力特性曲线。

四、检验试验

1. 外观

外观检验应在照度不小于 300 lx 的环境下进行目测。

2. 尺寸偏差

采用钢卷尺对风阀的各边进行测量。

3. 性能试验

（1）启动与运转

1）手动调节的风阀，应采用手动方式连续开启与关闭，反复启闭运转10次。

2）电动调节的风阀，应在通电情况下，反复启闭运转10次。

（2）阀片漏风量

1）手动调节的风阀，应手动关闭阀片后，按规定进行测试。

2）电动调节的风阀，应使用风阀自身的执行器关闭风阀后，按规定进行测试。

3）阀片漏风量应在不少于4种压力工况下进行。

（3）阀体漏风量

阀体漏风量测试应符合相关规定。

（4）阀片相对变形量

阀片相对变形量应在阀片泄漏量测试时同时进行，阀片相对变形量测试应符合相关规定。

（5）最大驱动扭矩

风阀关闭后，待其两侧静压差等于其最大工作压差时，采用扭矩扳手测得的风阀驱动扭矩即为最大驱动扭矩。

（6）反向漏风量

止回阀叶片两侧保持500Pa压差时，按规定进行测试。

五、风量调节阀漏风量

1. 阀片漏风量检测方法

（1）试验装置

试验装置由标准漏风量测量装置、辅助管道组成，见图4–3。测试时，阀片应关闭。

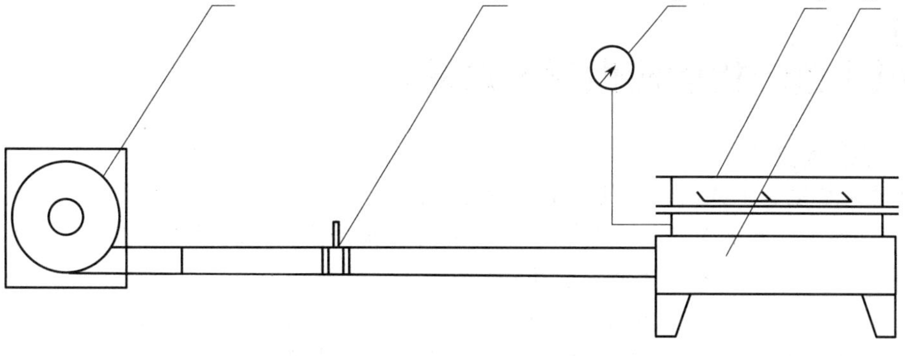

图4–3　风阀阀片漏风量测试示意图

1—变频风机；2—孔板流量计或浮子流量计；3—阀前压力测量装置；
4—被测风阀；5—静压箱

（2）测试步骤

阀片漏风量按以下步骤进行测试：①将测试风阀阀片完全关闭，并与漏风量测量装置连接；②调节压力计为测试状态；③调节变频器，控制风阀内静压，然后测量风阀前后不同静压差下的漏风量；④以静压差为横坐标、漏风量为纵坐标绘制出风阀阀片不同静压下单位面积漏风量检验曲线。

2. 阀体漏风量检测方法

（1）试验装置

试验装置由标准漏风量测量装置、辅助管道组成，见图 4-4。

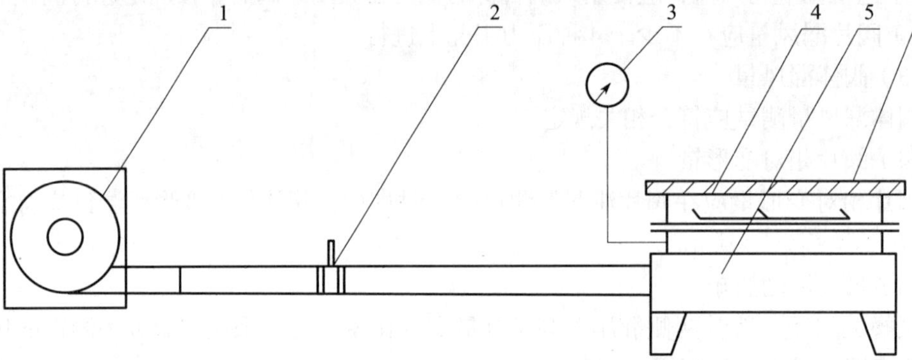

图 4-4　风阀阀体漏风量测试示意图

1—变频风机；2—孔板流量计或浮子流量计；3—阀前压力测量装置；
4—被测风阀；5—静压箱；6—盲板

（2）测试步骤

阀体漏风量按以下步骤进行测试：①将测试风阀阀片完全打开，阀体一侧用盲板完全密封，另一端与漏风量测量装置连接；②调节压力计为测试状态；③调节变频器，控制风阀内静压，然后测量风量前后不同静压差下的漏风量；④以静压差为横坐标、漏风量为纵坐标绘制出风阀阀体单位面积漏风量检验曲线。

051
风阀进场检验应做哪些试验？

【规范条文】

《通风与空调工程施工规范》GB 50738—2011

6.2.3　电动、气动调节风阀应进行驱动装置的动作试验，试验结果应符合产品技术文件的要求，并应在最大设计工作压力下工作正常。

6.2.4　防火阀和排烟阀（排烟口）应符合国家现行有关消防产品技术标准的规定。执行机构应进行动作试验，试验结果应符合产品说明书的要求。

6.2.5　止回风阀应检查其构件是否齐全，并应进行最大设计工作压力下的强度试验，在关闭状态下阀片不变形，严密不漏风；水平安装的止回风阀应有可靠的平衡调节机构。

《通风与空调工程施工质量验收规范》GB 50243—2016

5.2.3　成品风阀的制作应符合下列规定：

3　电动、气动调节阀的驱动执行装置，动作应可靠，且在最大工作压力下工作应正常。

5　工作压力大于 1 000Pa 的调节风阀，生产厂应提供在 1.5 倍工作压力下能自由开关的强度测试合格的证书或试验报告。

【问题解答】

一、试验项目

目前，工程中很少对风阀进场进行检验试验。

1）对于电动、气动调节阀的驱动执行装置，应进行工作压力下的动作试验。

2）防火阀和排烟阀（排烟口）进场检验也应进行动作试验。

3）止回风阀进场检验时，应进行最大设计工作压力下的强度试验。

试验合格后填写试验记录，并签字齐全。

二、基本要求

风阀的质量验收应按不同功能类别风阀的特性进行，如主要用于系统风量平衡、分配调节的三通调节阀、系统支管的调节阀等，不必强求其阀门的严密性，只需检查风阀开度指示装置，阀门的开启关闭方向等是否正确。

对于高压条件下使用的风阀，应能确保在高压状态下，风阀结构牢固、动作可靠，且严密性能也应达标。

对电动、气动调节阀的驱动装置，要求在最大设计工作压力下启闭灵活，其目的是保证系统安全有效的运行。

052 止回阀质量控制要点有哪些?

【规范条文】

《通风与空调工程施工规范》GB 50738—2011

6.2.5　止回风阀应检查其构件是否齐全，并应进行最大设计工作压力下的强度试验，在关闭状态下阀片不变形，严密不漏风；水平安装的止回风阀应有可靠的平衡调节机构。

《通风与空调工程施工质量验收规范》GB 50243—2016

5.3.2　风阀的制作应符合下列规定：

2　止回阀阀片的转轴、铰链应采用耐锈蚀材料。阀片在最大负荷压力下不应弯曲变形，启闭应灵活，关闭应严密。水平安装的止回阀应有平衡调节机构。

【问题解答】

一、质量证明文件核查

1）合格证注明的规格、型号参数与实物相匹配。

2）型式检验报告在有效期内，报告内容齐全。

按照《建筑通风风量调节阀》JG/T 436—2014 的规定，止回阀的型式检验项目除了外观、尺寸偏差、启动与运转、阀片漏风量、阀体漏风量等项目外，必须包含最小开启静压和反向漏风量的检测。

止回阀由全闭到全开过程中，自垂阀片启动前，阀前的最小开启静压不应大于 8Pa。反向漏风量应满足密闭型风阀的允许漏风量要求，即 $Q \leqslant 0.27\Delta P^{0.58}$。

二、外观检查

1）阀门规格应符合产品技术标准的规定，并应满足设计和使用要求。

2）启闭灵活，结构牢固，壳体严密，防腐良好，表面平整，无明显伤痕和变形，并不应有裂纹、锈蚀等质量缺陷。

3）转轴、铰链应为耐磨、耐腐蚀材料。

4）风阀法兰与风管法兰应相匹配。

三、性能检查

1）水平安装的止回阀应有可靠的平衡调节机构，调节灵活、性能稳定。

2）应进行最大设计工作压力下的强度试验，在关闭状态下阀片不变形，严密不漏风。

试验合格后填写试验记录，并签字齐全。

053 软接风管制作质量控制要点有哪些？

【规范条文】

《民用建筑供暖通风与空气调节设计规范》GB 50736—2012

6.6.7 风管与通风机及空气处理机组等振动设备的连接处，应装设柔性接头，其长度宜为 150mm～300mm。

《通风与空调工程施工质量验收规范》GB 50243—2016

5.3.7 柔性短管的制作应符合下列规定：

1 外径或外边长应与风管尺寸相匹配。

2 应采用抗腐、防潮、不透气及不易霉变的柔性材料。

3 用于净化空调系统的还应是内壁光滑、不易产生尘埃的材料。

4 柔性短管的长度宜为 150mm～250mm，接缝的缝制或粘接应牢固、可靠，不应有开裂；成型短管应平整，无扭曲等现象。

5 柔性短管不应为异径连接管，矩形柔性短管与风管连接不得采用抱箍固定的形式。

6 柔性短管与法兰组装宜采用压板铆接连接，铆钉间距宜为60mm～80mm。

《通风与空调工程施工规范》GB 50738—2011

6.6.1 软接风管包括柔性短管和柔性风管，软接风管接缝连接处应严密。

6.6.2 软接风管材料的选用应满足设计要求，并应符合下列规定：

1 应采用防腐、防潮、不透气、不易霉变的柔性材料；

2 软接风管材料与胶粘剂的防火性能应满足设计要求；

3 用于空调系统时，应采取防止结露的措施，外保温软管应包覆防潮层；

4 用于洁净空调系统时，应不易产尘、不透气、内壁光滑。

6.6.3 柔性短管制作应符合下列规定：

1 柔性短管的长度宜为150mm～300mm，应无开裂、扭曲现象。

2 柔性短管不应制作成变径管，柔性短管两端面形状应大小一致，两侧法兰应平行。

3 柔性短管与角钢法兰组装时，可采用条形镀锌钢板压条的方式，通过铆接连接（图6.6.3）。压条翻边宜为6mm～9mm，紧贴法兰，铆接平顺；铆钉间距宜为60mm～80mm。

4 柔性短管的法兰规格应与风管的法兰规格相同。

6.6.4 柔性风管的截面尺寸、壁厚、长度等应符合设计及相关技术文件的要求。

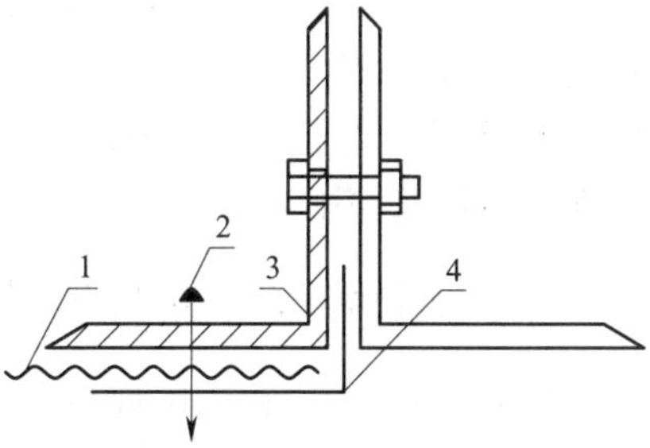

图 6.6.3 柔性短管与角钢法兰连接示意

1—柔性短管；2—铆钉；3—角钢法兰；4—镀锌钢板压条

【问题解答】

柔性短管和柔性风管均属于软接风管。

一、柔性短管与柔性风管的区别

1）功能不同。柔性短管是用于设备与风管或部件的连接；柔性风管是用于不易于设置刚性风管位置的挠性风管，属通风管道系统。

2）固定方式不同。柔性短管采用法兰连接形式，一般不设专门的支吊架；柔性风管采用镀锌卡子连接，采用吊架固定。

3）长度不同。柔性短管长度常为150mm～3 000mm，柔性风管长度一般为0.5m～2.0m。

二、柔性短管

柔性短管的主要作用是减振，常应用于与风机或带有动力的空调设备的进出口处，为风管系统中的连接管；有时也用于建筑物的沉降缝处，作为伸缩管使用。因此，规范对其的材质、连接质量和相应的长度进行了规定。

柔性短管过短不能起到减振作用，过长导致柔性短管变形较大，当处于负压段时将影响过风面积。《通风与空调工程施工质量验收规范》GB 50243—2016 规定包括法兰组合后的成品总长度宜为 150mm ~ 250mm,《通风与空调工程施工规范》GB 50738—2011 及《民用建筑供暖通风与空气调节设计规范》GB 50736—2012 规定柔性短管的长度宜为 150mm ~ 300mm。

施工质量验收规范与设计及施工规范规定略有不同，制作时以设计规范为准。以上三部规范中，对于长度的规定均是用“宜”，实施时在 150mm ~ 300mm 范围内均可。需要强调的是，在制作最短尺寸时，柔性短管的长度不包括两边法兰的尺寸，是柔性材料的最短长度，即 150mm。柔性材料长度为 150mm ~ 200mm。

三、柔性风管

柔性风管是指可伸缩性金属或非金属软风管，应选用防腐、不透气、不易霉变的材料制作。用于空调系统时，应采取防止结露的措施，外隔热风管应包覆防潮层，隔热材料不得外露。

直径小于或等于 250mm 的金属圆形柔性风管，其壁厚应大于或等于 0.09mm；直径为 250mm ~ 500mm 的风管，其壁厚应大于或等于 0.12mm；直径大于 500mm 的风管，其壁厚应大于或等于 0.2mm。柔性风管阻力大，因此应严格按照设计文件执行，不能随意加长使用。

四、柔性短管与法兰的连接

《通风与空调工程施工规范》GB 50738—2011 第 6.6.3 条明确规定了连接要求，压条在内侧；也就是说，柔性短管设置在法兰内侧，并且要求压条应翻遍，以确保连接的严密性。而《通风与空调工程施工质量验收规范》GB 50243—2016 简单要求“柔性短管与法兰组装宜采用压板铆接连接”，在施工时经常是把柔性短管套在法兰上，然后用压板条压住柔性短管，进行铆接。这样做存在漏风风险，是不妥的。因此，柔性短管与法兰的连接应按《通风与空调工程施工规范》GB 50738—2011 第 6.6.3 条的要求进行施工。

054
风口加工质量控制要点有哪些?

【规范条文】

《通风与空调工程施工规范》GB 50738—2011

6.4.1 成品风口应结构牢固，外表面平整，叶片分布均匀，颜色一致，无划痕和变形，符合产品技术标准的规定。表面应经过防腐处理，并应满足设计及使用要求。风口的转动调节部分应灵活、可靠，定位后应无松动现象。

6.4.2 百叶风口叶片两端轴的中心应在同一直线上，叶片平直，与边框无碰擦。

6.4.3 散流器的扩散环和调节环应同轴，轴向环片间距应分布均匀。

6.4.4 孔板风口的孔口不应有毛刺，孔径一致，孔距均匀，并应符合设计要求。

6.4.5　旋转式风口活动件应轻便灵活，与固定框接合严密，叶片角度调节范围应符合设计要求。

6.4.6　球形风口内外球面间的配合应松紧适度、转动自如、定位后无松动。

《通风与空调工程施工质量验收规范》GB 50243—2016

5.3.5　风口的制作应符合下列规定：

1　风口的结构应牢固，形状应规则，外表装饰面应平整。

2　风口的叶片或扩散环的分布应匀称。

3　风口各部位的颜色应一致，不应有明显的划伤和压痕。调节机构应转动灵活、定位可靠。

4　风口应以颈部的外径或外边长尺寸为准，风口颈部尺寸允许偏差应符合表 5.3.5 的规定。

表 5.3.5　风口颈部尺寸允许偏差（mm）

圆形风口			
直径	≤250		>250
允许偏差	−2 ~ 0		−3 ~ 0
矩形风口			
大边长	<300	300 ~ 800	>800
允许偏差	−1 ~ 0	−2 ~ 0	−3 ~ 0
对角线长度	<300	300 ~ 500	>500
对角线长度之差	0 ~ 1	0 ~ 2	0 ~ 3

【问题解答】

一、风口种类

《供暖通风与空气调节术语标准》GB/T 50155—2015 对通风与空调系统风口的概念及各种用途的风口给予了定义。

1. 风口

装在通风管道侧面或支管末端用于送风、排风和回风的孔口或装置的统称。

2. 散流器

由一些固定或可调叶片构成的，能够形成下吹、扩散气流的圆形、方形或矩形风口。

3. 旋流风口

装有起旋构件的风口。

4. 空气分布器

用于向作业地带低速、均匀送风的风口。

5. 旋转送风口

在气流出口处装有可调导流叶片并可绕风管轴线旋转的风口。

6. 插板式送风吸风口

装在风管侧面并带有滑动插板的送风或排风用的风口。

7. 吸风口

用以排除室内空气的风口。

8. 排风口

将排风系统中的空气及其混合物排入室外大气的排放口。

9. 送风孔板

具有规则排列孔眼的扩散板风口。

10. 固定风口

流通截面、导流方向均不可调节的风口。

11. 可调节风口

流通截面、导流方向均可调节的风口。

12. 旋转风口

可绕风管轴线旋转并在气流出口处装有可调导流叶片的风口。

13. 格栅风口

流通截面呈网格或格栅状的风口。

14. 百叶风口

由一层或多层叶片构成的风口。

15. 条缝风口

装有导流和调节构件的长宽比大于 10 的狭长风口。

16. 球形风口

出口喷管可沿球面转动的风口。

17. 灯具风口

与灯具组合的风口。

18. 送吸式风口

同时具有送吸功能的风口。

19. 喷口

具有收敛形的风口。

二、风口规格

风口的基本规格用喉部尺寸（与风管的接口尺寸）表示，圆形风口的基本规格应符合表 4–8 要求。

表 4–8 圆形风口基本规格（mm）

直径 D	100	120	140	160	180	200	220	250	280
规格尺寸	100	120	140	160	180	200	220	250	280
直径 D	320	360	400	450	500	560	630	700	800
规格尺寸	320	360	400	450	500	560	630	700	800

方形、矩形风口基本规格应符合表 4–9 要求。

表 4–9　方形、矩形风口基本规格（mm）

宽度 W			120	160	200	250	320	400	500	630	800	1 000	1 250
高度 H	120	规格代号	√	√	√	√	√	√	√	√	√	√	
	160			√	√	√	√	√	√	√	√	√	√
	200				√	√	√	√	√	√	√	√	√
	250					√	√	√	√	√	√	√	√
	320						√	√	√	√	√	√	√
	400							√	√	√	√	√	√
	500								√	√	√	√	√
	630									√	√	√	√

说明：表格中√为对应宽度 W× 高度 H。风口的基本规格宜按相等间距数 25mm、50mm、60mm、70mm 递增。

三、风口质量检查

1. 外观检查

风口装饰面应无明显的划伤和压痕，拼缝均匀，装饰面颜色一致，无花斑现象，焊点光滑牢固。

2. 风口尺寸、拼缝和平面度检查

矩形风口边长尺寸的允许偏差应符合表 4–10 要求。

表 4–10　矩形风口边长尺寸允许偏差（mm）

风口边长	<300	300 ~ 800	>800
允许偏差	–1	–2	–3

矩形风口两条对角线之间的允许偏差应符合表 4–11 要求。

表 4–11　矩形风口对角线之间的允许偏差（mm）

对角线长度	<300	300 ~ 500	>500
允许偏差	1	2	3

圆形风口直径尺寸的允许偏差应符合表 4–12 要求。

表 4–12　圆形风口直径尺寸允许偏差（mm）

风口直径	≤250	>250
允许偏差	–2	–3

风口装饰面平面应平整光滑，其平面度允许偏差应符合表4–13要求。

表4–13 风口装饰面平面度允许偏差（mm）

表面积 A（m^2）	A<0.1	0.1≤A<0.3	0.3≤A<0.8	A≥0.8
允许偏差	1	2	3	4

风口装饰面上接口拼缝的缝隙，铝型材不应超过0.15mm，其他材质不应超过0.20mm。

3. 风口叶片质量

1）叶片间距的尺寸偏差不应大于 ±1mm。

2）叶片弯曲度不大于2/1 000mm。

3）铝合金叶片形成的圆直径不应小于3mm，铝合金散流器、旋流风口的叶片厚度不应小于1mm。

4. 机械性能

1）风口的活动零件应动作自如、阻尼均匀，无卡死和松动。

2）导流片可调或可拆卸的产品，应调节拆卸方便和可靠，定位后无松动。

3）风口带调节阀的阀片，应调节灵活可靠，阻尼均匀，定位后无松动。

4）带温控元件的，应动作可靠，不失灵。

5. 功能检查

1）空气动力性能，风口应确定其在标准状态下不同喉部风速的风量，检测相应风量下的压力损失值和射程（或扩散半径）值，风口喉部风速为3～6m/s时，静压损失检测值不应大于额定值的110%，检测的射程或扩散半径不应小于额定值的90%。

2）噪声性能，风口在喉部风速3～6m/s时，A声级噪声检测值不应大于额定值2dB（A）。

3）抗凝露性能，在不大于10℃的送风温度和设计环境湿度条件下，风口的所有外露部分不应出现凝露现象。

055 如何保证消声器、消声风管、消声弯头、消声静压箱的消声功能？

【规范条文】

《通风与空调工程施工质量验收规范》GB 50243—2016

5.2.6 消声器、消声弯管的制作应符合下列规定：

1 消声器的类别、消声性能及空气阻力应符合设计要求和产品技术文件的规定。

2 矩形消声弯管平面边长大于800mm时，应设置吸声导流片。

3 消声器内消声材料的织物覆面层应平整，不应有破损，并应顺气流方向进行搭接。

4 消声器内的织物覆面层应有保护层，保护层应采用不易锈蚀的材料，不得使用普通铁丝网。当使用穿孔板保护层时，穿孔率应大于20%。

5 净化空调系统消声器内的覆面材料应采用尼龙布等不易产尘的材料。

6 微穿孔（缝）消声器的孔径或孔缝、穿孔率及板材厚度应符合产品设计要求，综合消声量应符合产品技术文件要求。

《通风与空调工程施工规范》GB 50738—2011

6.5.1 消声器、消声风管、消声弯头及消声静压箱的制作应符合设计要求，根据不同的形式放样下料，宜采用机械加工。

6.5.2 外壳及框架结构制作应符合下列规定：

1 框架应牢固，壳体不漏风；框、内盖板、隔板、法兰制作及铆接、咬口连接、焊接等可按本规范第4章的有关规定执行；内外尺寸应准确，连接应牢固，其外壳不应有锐边。

2 金属穿孔板的孔径和穿孔率应符合设计要求。穿孔板孔口的毛刺应锉平，避免将覆面织布划破。

3 消声片单体安装时，应排列规则，上下两端应装有固定消声片的框架，框架应固定牢固，不应松动。

6.5.3 消声材料应具备防腐、防潮功能，其卫生性能、密度、导热系数、燃烧等级应符合国家有关技术标准的规定。消声材料应按设计及相关技术文件要求的单位密度均匀敷设，需粘贴的部分应按规定的厚度粘贴牢固，拼缝密实，表面平整。

6.5.4 消声材料填充后，应采用透气的覆面材料覆盖。覆面材料的拼接应顺气流方向、拼缝密实、表面平整、拉紧，不应有凹凸不平。

6.5.5 消声器、消声风管、消声弯头及消声静压箱的内外金属构件表面应进行防腐处理，表面平整。

6.5.6 消声器、消声风管、消声弯头及消声静压箱制作完成后，应进行规格、方向标识，并通过专业检测。

【问题解答】

一、消声器分类及特点

1. 阻性消声器

1）阻性消声器是利用声波在多孔而且串通的吸声材料中摩擦吸收声能而消声的，一般有直管式、片式、蜂窝式、折板式和声流式等；由于有多孔的吸声材料，所以不能用于有蒸汽侵蚀或高温的场合。

2）阻性消声器对消除高、中频噪声效果显著，对低频噪声的消除则不是很有效，其消声量与消声器的结构形式、空气通道横断面的形状与面积、气流速度、消声器长度，以及吸声材料的种类、密度、厚度等因素有关，护面板材料及其型式对消声效果也有很大影响。

3）护面材料可采用柔软多孔透气的织物，如玻璃纤维布或穿孔板。护面用的穿孔板一般采用薄钢板、铝板、不锈钢板加工制成。为了发挥吸声材料的吸声性能，穿孔板的穿孔率应大于 20%，孔径为 3mm ~ 10mm。

2. 抗性消声器

1）抗性消声器就是一组声学滤波器，滤掉某些频率成分的噪声，达到消声的目的。它与阻性消声器最大的区别是没有多孔性吸声材料。抗性消声器包括共振式消声器和扩张式消声器等。

2）共振式消声器是利用共振结构的阻抗引起声波的反射而进行消声。它由小孔板和共振腔构成。主要用于消除低频或中频窄带噪声或峰值噪声。结构简单，空气阻力小。

3）扩张式消声器又称膨胀式消声器，由各个扩张室与连管连接起来组成。它是利用横断面积的扩张、收缩引起声波的反射与干涉来进行消声的。其消声性能主要取决于扩张室的扩张比和长度。

3. 阻抗复合式消声器

1）阻抗复合式消声器就是将对高、中频噪声消声效果显著的阻性消声器及对中、低频噪声消声效果显著的抗性消声器组合而成。由于声波的波长比较长，阻性和抗性消声器复合在一起时有声的耦合作用，互相有影响，不能看作简单的叠加关系。

2）由于消声器的组合型式较多，阻抗复合式消声器的品种也较多，但定型产品都是按国家标准图制造的。

3）因为消声效果好，频谱特性宽，在通风与空调工程中普遍应用。但和阻性消声器一样，不能用于有蒸汽侵蚀或高温的场合。

4. 微穿孔板消声器

1）微穿孔板消声器是阻抗复合式消声器的一种特殊型式。当抗性消声器的穿孔板的孔径缩小到小于或等于 1mm 时，就成为微穿孔板消声器。

2）微穿孔板一般采用薄钢板、铝板、不锈钢板，厚度在 0.5mm ~ 1.0mm 之间，穿孔的孔径应控制在 0.5mm ~ 1.0mm 的范围内，穿孔率以 1% ~ 3% 较好。

3）微穿孔板消声器有单层微穿孔板和双层微穿孔板两种，在消声量和频带宽度上，双层的优于单层的。

二、覆面材料

阻性消声弯管和消声器内表面的覆面材料大多为玻璃纤维织布，在管内气流长时间的冲击下，易使织物覆面松动、纤维断裂而造成布面破损、吸声材料飞散。因此规定消声器内的布质覆面层应有保护措施。保护层本身应是不易锈蚀的材料或具有良好的防腐措施。

净化空调系统对风管内的洁净要求很高，连接在系统中的消声器不应该是个发尘源，但吸声材料多是玻璃棉等疏松多孔的纤维材料，有可能产生尘。因此规定其消声器内的覆面材料应为不产尘或不易产尘的材料（如薄尼龙布），除本身不产尘外，也要能防止吸声材料产尘逸入净化空调系统内。

三、检查方法

工程中采购应用的消声器，在工地现场不可能进行消声效果的验证测试。因此规定以检查消声器的结构件特征与产品性能测试报告等技术文件为准。

消声器的消声性能应根据设计要求选用，生产者应提供消声器的消声性能的检测报告。

第五章　支、吊架制作与安装

056 支、吊架制作时对切割、焊接、除锈、防腐、预埋件等有什么特殊要求？

【规范条文】

《通风与空调工程施工规范》GB 50738—2011

7.1.1　支、吊架的固定方式及配件的使用应满足设计要求，并应符合下列规定：

1　支、吊架应满足其承重要求；

2　支、吊架应固定在可靠的建筑结构上，不应影响结构安全；

3　严禁将支、吊架焊接在承重结构及屋架的钢筋上；

4　埋设支架的水泥砂浆应在达到强度后，再搁置管道。

7.1.2　支、吊架的预埋件位置应正确、牢固可靠，埋入结构部分应除锈、除油污，并不应涂漆，外露部分应做防腐处理。

7.1.3　空调风管和冷热水管的支、吊架选用的绝热衬垫应满足设计要求，并应符合下列规定：

1　绝热衬垫厚度不应小于管道绝热层厚度，宽度应大于支、吊架支承面宽度，衬垫应完整，与绝热材料之间应密实、无空隙；

2　绝热衬垫应满足其承压能力，安装后不变形；

3　采用木质材料作为绝热衬垫时，应进行防腐处理；

4　绝热衬垫应形状规则，表面平整，无缺损。

《通风与空调工程施工质量验收规范》GB 50243—2016

6.2.1　风管系统支、吊架的安装应符合下列规定：

1　预埋件位置应正确、牢固可靠，埋入部分应去除油污，且不得涂漆。

6.3.1　风管支、吊架的安装应符合下列规定：

6　不锈钢板、铝板风管与碳素钢支架的接触处，应采取隔绝或防腐绝缘措施。

【问题解答】

一、安全性

1）支、吊架应固定在可靠的建筑结构上，不应影响结构安全。

2）严禁将支、吊架焊接在承重结构及屋架的钢筋上。

3）埋设支架的水泥砂浆应在达到强度后，再搁置管道。

二、防腐要求

1）支、吊架预埋件的埋入结构部分应除锈、除油污，并不应涂漆，外露部分应做防腐处理。

2）不锈钢板、铝板风管与碳素钢支、吊架的接触处，应采取防电化学腐蚀措施。

3）不锈钢、铜质制冷剂管道与碳素钢支、吊架接触处应采取防电化学腐蚀措施。

三、绝热衬垫要求

1）绝热衬垫厚度不应小于管道绝热层厚度，宽度应大于支、吊架支承面宽度，衬垫应完整，与绝热材料之间应密实、无空隙。

2）绝热衬垫应满足其承压能力，安装后不变形。

3）采用木质材料作为绝热衬垫时，应进行防腐处理。

4）绝热衬垫应形状规则，表面平整，无缺损。

四、成品保护措施

1）支、吊架制作完成后，应用钢刷、砂布进行除锈，并应清除表面污物，再进行刷漆处理。

2）支、吊架明装时，应涂面漆。

3）管道成品支、吊架应分类单独存放，做好标识。

五、安全和环境保护措施

1）支、吊架安装进行电锤操作时，严禁下方站人。

2）安装支、吊架用的梯子应完好、轻便、结实、稳固，使用时应有人扶持。

3）脚手架应固定牢固，作业前应检查脚手板的固定。

057 管道支、吊架有哪些类型？采用哪种材质制作？

【规范条文】

《通风与空调工程施工规范》GB 50738—2011

7.2.3　支、吊架形式应根据建筑物结构和固定位置确定，并应符合设计要求。

《通风与空调工程施工质量验收规范》GB 50243—2016

6.2.1　风管系统支、吊架的安装应符合下列规定：

1　预埋件位置应正确、牢固可靠，埋入部分应去除油污，且不得涂漆。

2　风管系统支、吊架的形式和规格应按工程实际情况选用。

3　风管直径大于 2 000mm 或边长大于 2 500mm 风管的支、吊架的安装要求，应按设计要求执行。

【问题解答】

管道支、吊架的形式应根据建筑物结构和固定位置确定，并应符合设计要求。支、吊架形式一般有以下几种：

一、风管支、吊架类型

风管支、吊架的类型见表 5–1。

表 5–1　支、吊架类型划分

序号	分类方法	支、吊架类型	
1	按支、吊架与墙体、梁、楼板等固定结构的相互位置关系划分	悬臂型	
		斜支撑型	
		地面支撑型	
		悬吊型	
2	按支、吊架对管道位移的限制情况划分	固定支架	
		活动支架	滑动支架
			导向支架
			防晃支架

二、悬臂型及斜支撑型支、吊架

悬臂型及斜支撑型支、吊架宜安装在混凝土墙、混凝土柱及钢柱上。悬臂支架及斜支撑采用角钢或槽钢制作，支、吊架与结构固定方式采用预埋件焊接固定或螺栓固定，见图 5–1、图 5–2。

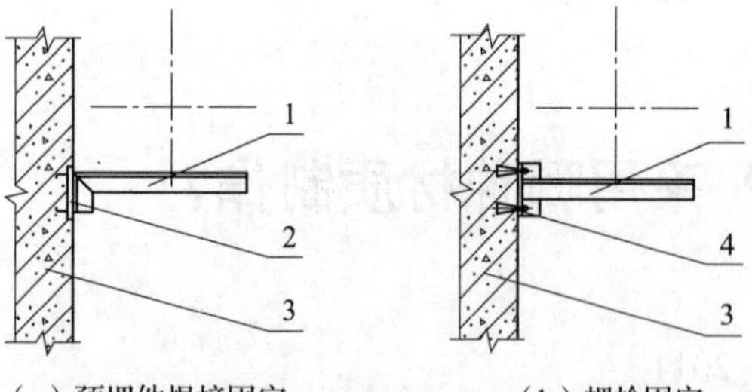

（a）预埋件焊接固定　（b）螺栓固定

图 5–1　悬臂型支、吊架示意图

1—支架；2—预埋件；3—混凝土墙体；4—螺栓

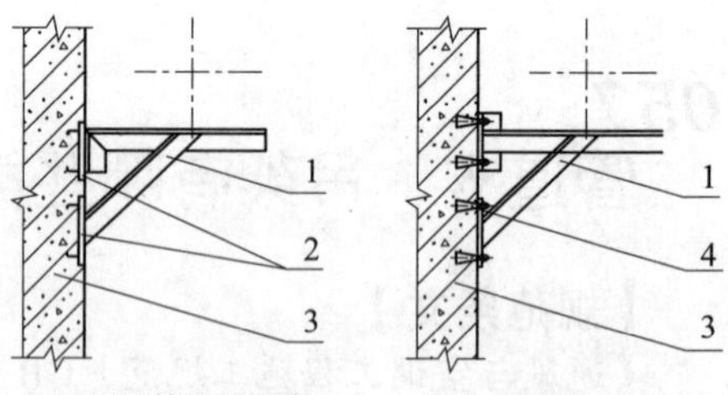

（a）预埋件焊接固定　（b）螺栓固定

图 5–2　斜支撑型支、吊架示意图

1—支架；2—预埋件；3—混凝土墙体；4—螺栓

三、地面支撑型支架

地面支撑型支架用于设备、管道的落地安装，支架采用角钢、槽钢等型钢制作，与地面或支座用螺栓固定牢固，见图 5–3。

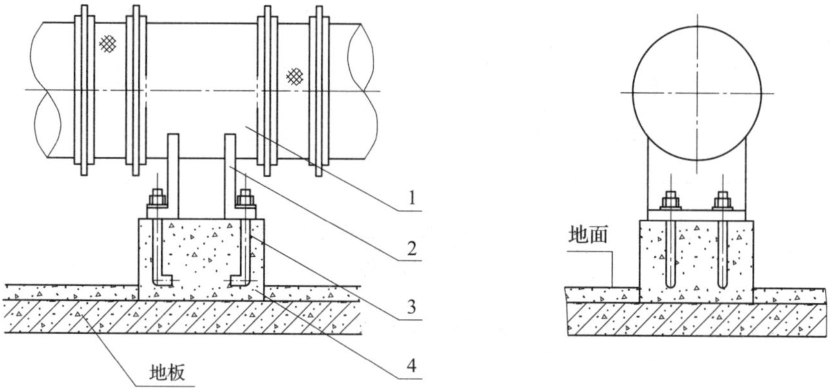

图 5–3　支撑型支架示意

1—管道或设备；2—支架；3—地脚螺栓；4—混凝土支座

四、悬吊型支、吊架

支、吊架采用一端固定，一端悬吊方式时，悬臂采用角钢或槽钢，吊杆可采用圆钢、角钢或槽钢，吊架根部采用钢板、角钢、槽钢。悬臂与柱、墙固定，吊架与楼板或梁固定。

悬吊架安装在混凝土梁、楼板下时，吊架根部采用钢板、角钢或槽钢，吊杆采用圆钢、角钢或槽钢，横担采用角钢或槽钢，见图 5–4。

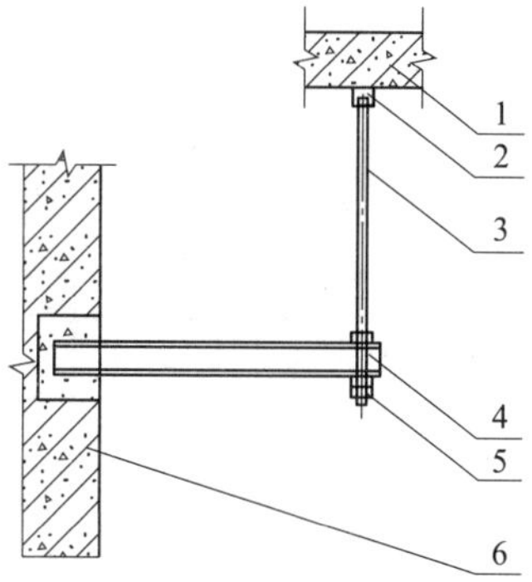

图 5–4　支架一端固定一端悬吊安装示意

1—楼板；2—吊架根部；3—吊杆；4—槽钢；5—螺母；6—混凝土墙体

五、固定支架

管道固定支架应设置在管道上不允许有位移的位置，应有足够的强度和承受力；固定支架的设置应经过设计核算，其设置结构形式、安装位置应符合设计要求及相关标准的规定，固定支架可采用带弧形挡板的管卡式和双侧挡板式等形式，见图 5–5、图 5–6。固定支架采用钢板、角钢、槽钢等与管道固定牢固。

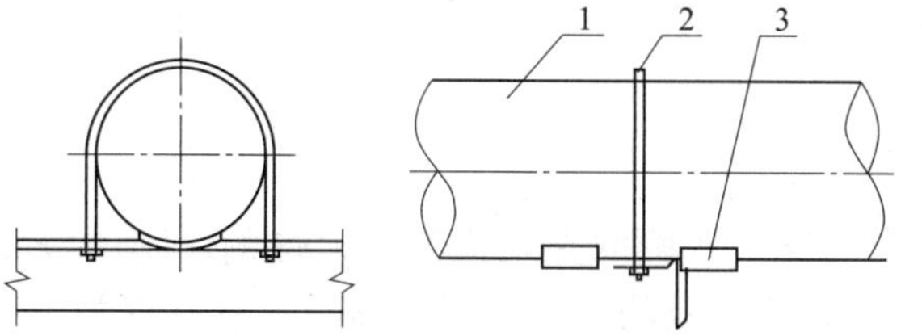

图 5–5　带弧形挡板管卡式固定支架示意

1—管道；2—管卡；3—弧形挡板

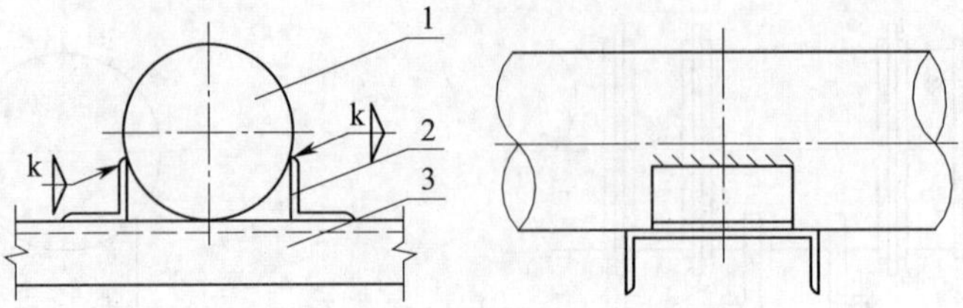

图 5–6　双侧挡板式固定支架示意

1—管道；2—双侧挡板；3—横担

管道穿楼板时，固定支架应与楼板固定牢固，见图 5–7。

六、滑动支架

滑动支架是有滑动支承面的支架，可约束管道垂直向下方向的位移，不限制管道热胀或冷缩时的水平位移，承受包括自重在内的垂直方向的荷载，主要用于热力管道，见图 5–8。

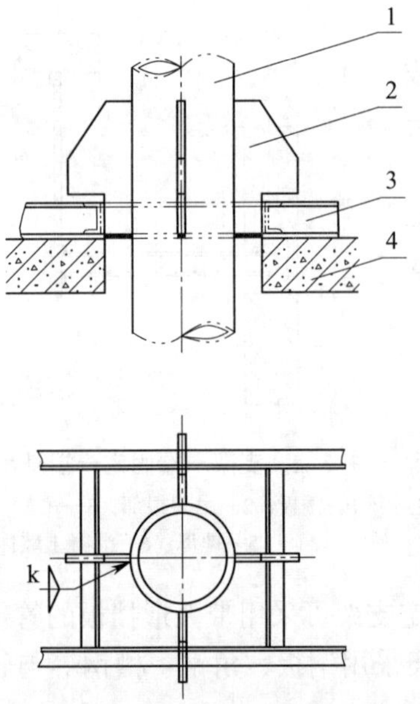

图 5–7　穿楼板管道固定支架示意

1—管道；2—支架翼板；3—槽钢；4—楼板

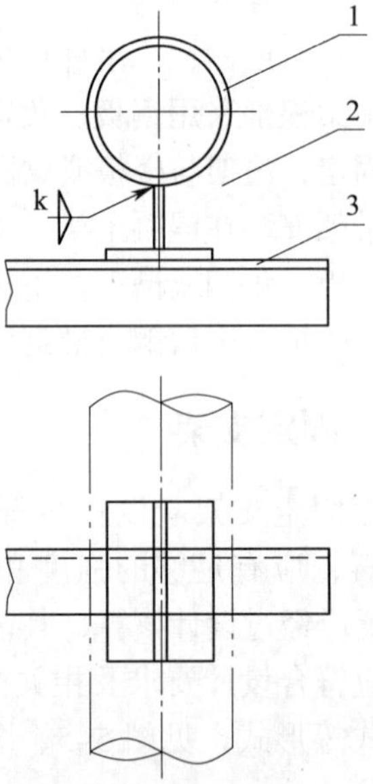

图 5–8　滑动支架示意

1—管道；2—弧形板；3—支承板

七、导向支架

导向支架是在滑动支架两侧的支架横梁上，每侧焊制一块导向板，导向板采用扁钢或角钢制作。扁钢导向板的高度宜为 30mm，厚度宜为 10mm；角钢规格宜为 L 40×5。导向板的长度与支架横梁的宽度相同，导向板与滑动支架间应有 3mm 的间隙，见图 5–9。

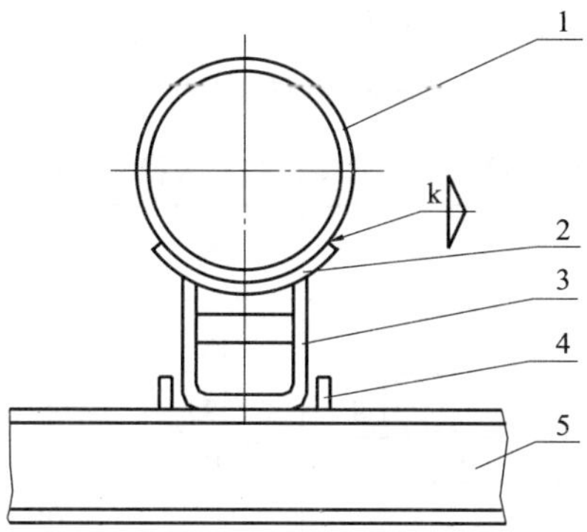

图 5-9　导向支架示意

1—管道；2—弧形板；3—曲面板；4—导向板；5—槽钢横梁

八、防晃支架

防晃支架不因管道或设备的位移而产生晃动，用于支撑风管和水管。吊架采用角钢或槽钢制作，与吊架根部和横担焊接牢固，见图 5-10。

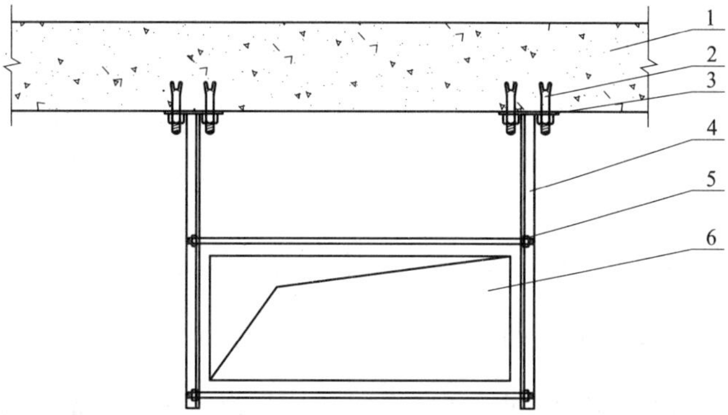

图 5-10　风管防晃支架示意

1—楼板；2—膨胀螺栓；3—钢板；4—角钢；5—圆钢；6—风管

058 支、吊架锚固件设置有哪些要求？

【规范条文】

《通风与空调工程施工质量验收规范》GB 50243—2016

6.1.2　风管系统支、吊架采用膨胀螺栓等胀锚方法固定时，施工应符合该产品技术文件的要求。

《通风与空调工程施工规范》GB 50738—2011

7.3.5　支、吊架的固定件安装应符合下列规定：

1　采用膨胀螺栓固定支、吊架时，应符合膨胀螺栓使用技术条件的规定，螺栓至混凝土构件边缘的距离不应小于 8 倍的螺栓直径；螺栓间距不小于 10 倍的螺栓直径。螺栓孔直径和钻孔深度应符合表 7.3.5 的规定。

表 7.3.5　常用膨胀螺栓规格、钻孔直径和钻孔深度（mm）

胀锚螺栓种类	图示	规格	螺栓总长	钻孔直径	钻孔深度
内螺纹胀锚螺栓	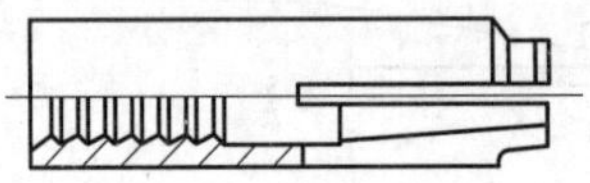	M6	25	8	32 ~ 42
		M8	30	10	42 ~ 52
		M10	40	12	43 ~ 53
		M12	50	15	54 ~ 64
单胀管式胀锚螺栓	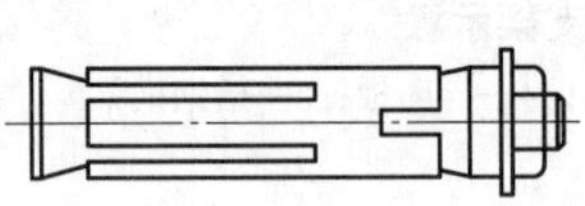	M8	95	10	65 ~ 75
		M10	110	12	75 ~ 85
		M12	125	18.5	80 ~ 90
双胀管式胀锚螺栓	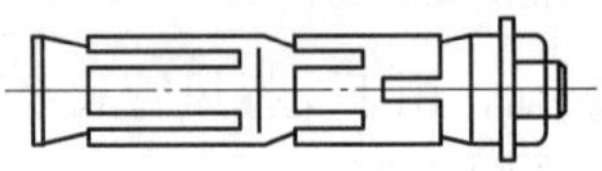	M12	125	18.5	80 ~ 90
		M16	155	23	110 ~ 120

2　支、吊架与预埋件焊接时，焊接应牢固，不应出现漏焊、夹渣、裂纹、咬肉等现象。

3　在钢结构上设置固定件时，钢梁下翼宜安装钢梁夹或钢吊夹，预留螺栓连接点、专用吊架型钢；吊架应与钢结构固定牢固，并应不影响钢结构安全。

【问题解答】

支、吊架与结构固定可采用膨胀螺栓、预埋件焊接及穿楼板螺栓固定。

一、现浇结构板无预埋件支、吊架固定方式

现浇结构板内不设预埋件时，吊架与结构固定点（吊架根部）采用槽钢或角钢，通过膨胀螺栓与结构固定。吊杆与槽钢或角钢采用螺栓连接或焊接连接，如图 5–11、图 5–12 所示。

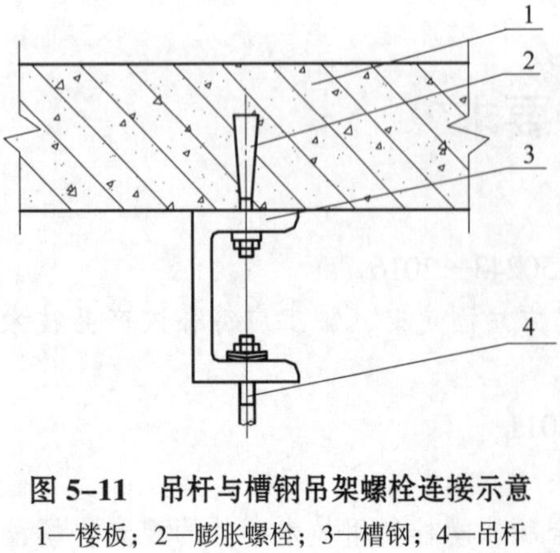

图 5–11　吊杆与槽钢吊架螺栓连接示意

1—楼板；2—膨胀螺栓；3—槽钢；4—吊杆

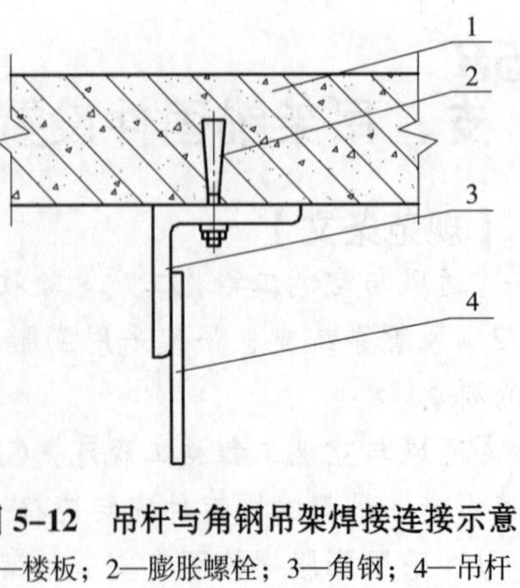

图 5–12　吊杆与角钢吊架焊接连接示意

1—楼板；2—膨胀螺栓；3—角钢；4—吊杆

二、现浇结构板设置预埋件支、吊架固定方式

现浇板结构内设预埋件时，吊架根部采用角钢或槽钢，与预埋件焊接连接或螺栓连接。吊杆与槽钢或角钢采用螺栓、吊钩或焊接连接。吊架与预埋件焊接连接如图 5-13 所示。

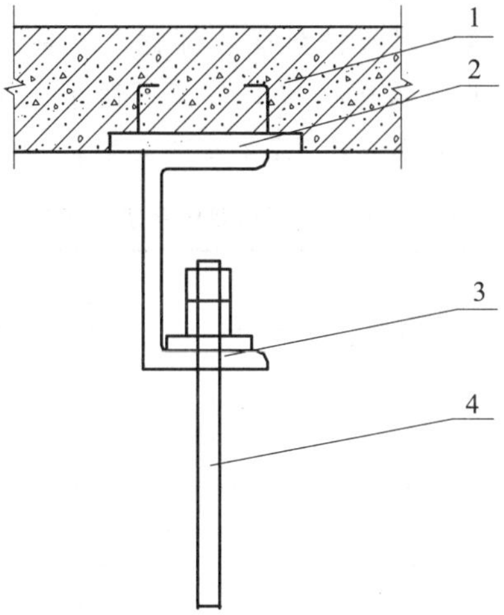

图 5-13　吊架与预埋件焊接连接示意

1—楼板；2—预埋件；3—槽钢；4—吊杆

三、预制结构板支、吊架固定方式

结构为预制板时，吊架根部采用穿楼板螺栓固定连接，如图 5-14 所示。

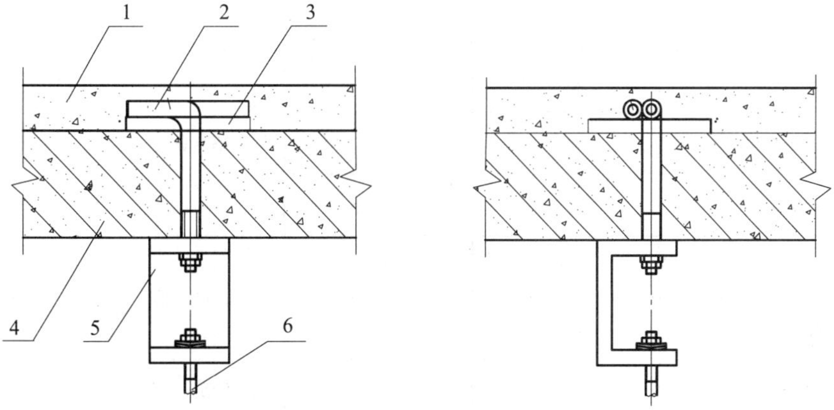

图 5-14　穿楼板螺栓固定连接示意

1—面层；2—加强筋；3—钢板；4—楼板；5—槽钢；6—吊杆

059 支、吊架制作质量控制要点有哪些?

【规范条文】

《通风与空调工程施工规范》GB 50738—2011

7.2.4 支、吊架的型钢材料选用应符合下列规定:

1 风管支、吊架的型钢材料应按风管、部件、设备的规格和重量选用，并应符合设计要求。当设计无要求时，在最大允许安装间距下，风管吊架的型钢规格应符合表 7.2.4–1、表 7.2.4–2、表 7.2.4–3、表 7.2.4–4 的规定。

表 7.2.4–1 水平安装金属矩形风管的吊架型钢最小规格(mm)

风管长边尺寸 b	吊杆直径	吊架规格	
		角钢	槽钢
$b \leqslant 400$	$\phi8$	∟25×3	[50×37×4.5
$400<b \leqslant 1\,250$	$\phi8$	∟30×3	[50×37×4.5
$1\,250<b \leqslant 2\,000$	$\phi10$	∟40×4	[50×37×4.5 [63×40×4.8
$2\,000<b \leqslant 2\,500$	$\phi10$	∟50×5	—

表 7.2.4–2 水平安装金属圆形风管的吊架型钢最小规格(mm)

风管直径 D	吊杆直径	抱箍规格		横担
		钢丝	扁钢	角钢
$D \leqslant 250$	$\phi8$	$\phi2.8$	25×0.75	—
$250<D \leqslant 450$	$\phi8$	*$\phi2.8$ 或 $\phi5$		
$450<D \leqslant 630$	$\phi8$	*$\phi3.6$		
$630<D \leqslant 900$	$\phi8$	*$\phi3.6$	25×1.0	—
$900<D \leqslant 1\,250$	$\phi10$	—		
$1\,250<D \leqslant 1\,600$	*$\phi10$	—	*25×1.5	∟40×4
$1\,600<D \leqslant 2\,000$	*$\phi10$	—	*25×2.0	

注:1 吊杆直径中的“*”表示两根圆钢。

2 钢丝抱箍中的“*”表示两根钢丝合用。

3 扁钢中的“*”表示上、下两个半圆弧。

表 7.2.4–3 水平安装非金属与复合风管的吊架横担型钢最小规格（mm）

风管类别		角钢或槽钢横担				
		∟25×3 [50×37×4.5	∟30×3 [50×37×4.5	∟40×4 [50×37×4.5	∟50×5 [63×40×4.8	∟63×5 [80×43×5.0
非金属风管	无机玻璃钢风管	b≤630	—	b≤1 000	b≤1 500	b<2 000
	硬聚氯乙烯风管	b≤630	—	b≤1 000	b≤2 000	b>2 000
复合风管	酚醛铝箔复合风管	b≤630	630<b≤1 250	b>1 250	—	—
	聚氨酯铝箔复合风管	b≤630	630<b≤1 250	b>1 250	—	—
	玻璃纤维复合风管	b≤450	450<b≤1 000	1 000<b≤2 000	—	—
	玻镁复合风管	b≤630	—	b≤1 000	b≤1 500	b<2 000

表 7.2.4–4 水平安装非金属与复合风管的吊架吊杆型钢最小规格（mm）

风管类别		吊杆直径			
		ϕ6	ϕ8	ϕ10	ϕ12
非金属风管	无机玻璃钢风管	—	b≤1 250	1 250<b≤2 500	b>2 500
	硬聚氯乙烯风管	—	b≤1 250	1 250<b≤2 500	b>2 500
复合风管	聚氨酯复合风管	b≤1 250	1 250<b≤2 000	—	—
	酚醛铝箔复合风管	b≤800	800<b≤2 000	—	—
	玻璃纤维复合风管	b≤600	600<b≤2 000	—	—
	玻镁复合风管	—	b≤1 250	1 250<b≤2 500	b>2 500

注：b 为风管内边长。

2 水管支、吊架的型钢材料应按水管、附件、设备的规格和重量选用，并应符合设计要求。当设计无要求时，应符合表 7.2.4–5 的规定。

表 7.2.4–5 水平非保温水管道支吊架的型钢最小规格（mm）

公称直径	横担角钢	横担槽钢	加固角钢或槽钢（悬臂斜支撑型）	膨胀螺栓	吊杆	吊环抱箍
25	∟20×3	—	—	8	ϕ6	30×2 扁钢或 ϕ10 圆钢
32	∟20×3	—	—	8	ϕ6	
40	∟20×3	—	—	10	ϕ8	
50	∟25×4	—	—	10	ϕ8	40×3 扁钢或 ϕ12 圆钢
65	∟36×4	—	—	14	ϕ8	
80	∟36×4	—	—	14	ϕ10	
100	∟45×4	[50×37×4.5	—	16	ϕ10	50×3 扁钢或 ϕ16 圆钢
125	∟50×5	[50×37×4.5	—	16	ϕ12	
150	∟63×5	[63×40×4.8	—	18	ϕ12	50×4 扁钢或 ϕ18 圆钢
200	—	[63×40×4.8	*∟45×4 或[63×40×4.8	18	ϕ16	
250	—	[100×48×5.3	*∟45×4 或[63×40×4.8	20	ϕ18	60×5 扁钢或 ϕ20 圆钢
300	—	[126×53×5.5	*∟45×4 或[63×40×4.8	20	ϕ22	60×5 扁钢或 ϕ20 圆钢

注：表中“*”表示两个角钢加固件。

7.2.5 支、吊架制作前，应对型钢进行矫正。型钢宜采用机械切割，切割边缘处应进行打磨处理。型钢切割下料应符合下列规定：

1 型钢斜支撑、悬臂型钢支架栽入墙体部分应采用燕尾形式，栽入部分不应小于120mm；

2 横担长度应预留管道及保温宽度（图 7.2.5–1 和图 7.2.5–2）。

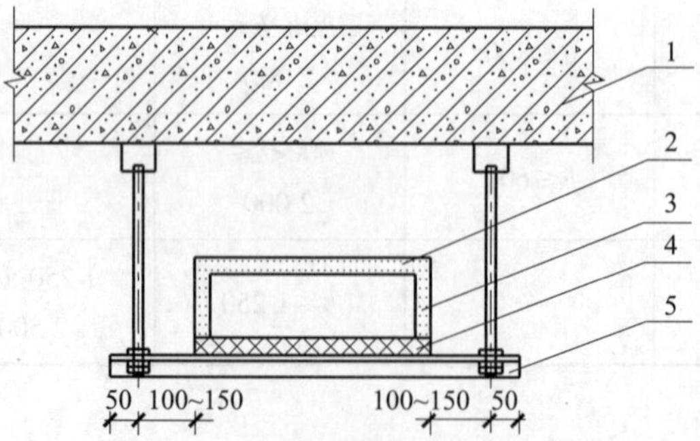

图 7.2.5–1 风管横担预留长度示意图

1—楼板；2—风管；3—保温层；4—隔热木托；5—横担

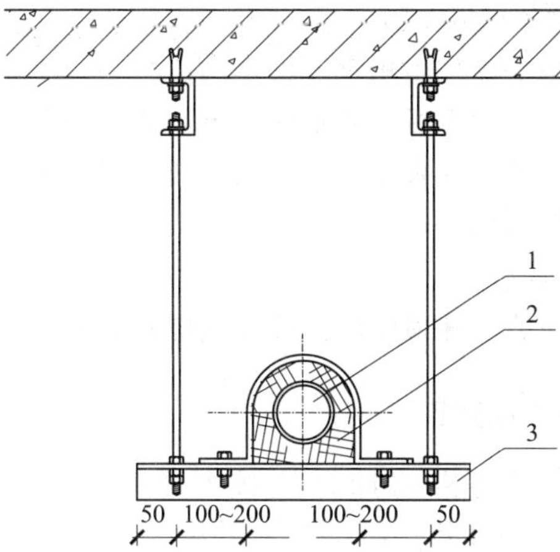

图 7.2.5–2 水管横担预留长度示意图

1—水管；2—隔热木托；3—横担

3 有绝热层的吊环，应按保温厚度计算；采用扁钢或圆钢制作吊环时，螺栓孔中心线应一致，并应与大圆环垂直；

4 吊杆的长度应按实际尺寸确定，并应满足在允许范围内的调节余量；

5 柔性风管的吊环宽度应大于 25mm，圆弧长应大于 1/2 周长，并应与风管贴合紧密（图 7.2.5–3）。

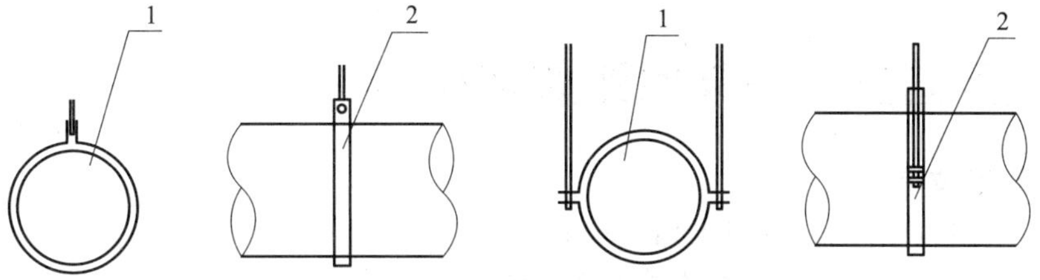

图 7.2.5–3 柔性风管吊环安装

1—风管；2—吊环或抱箍

7.2.6 型钢应采用机械开孔，开孔尺寸应与螺栓相匹配。

7.2.7 采用圆钢制作 U 型卡时，应采用圆板牙扳手在圆钢的两端套出螺纹，活动支架上的 U 型卡可一头套丝，螺纹的长度宜套上固定螺母后留出 2 扣～3 扣。

7.2.8 支、吊架焊接应采用角焊缝满焊，焊缝高度应与较薄焊接件厚度相同，焊缝饱满、均匀，不应出现漏焊、夹渣、裂纹、咬肉等现象。采用圆钢吊杆时，与吊架根部焊接长度应大于 6 倍的吊杆直径。

【问题解答】

《通风与空调工程施工质量验收规范》GB 50243—2016 没有对支、吊架的制作做出明确的规定。在施工中，应按《通风与空调工程施工规范》GB 50738—2011 要求进行支、吊架制作。

一、支、吊架材料选择

1）支、吊架的悬臂、斜支撑采用角钢或槽钢制作。

2）支、吊架的吊架根部采用钢板、角钢或槽钢与墙柱固定。

3）悬臂、斜支撑、吊臂及吊杆采用角钢、槽钢或圆钢制作。

4）横担采用角钢、槽钢制作。

5）抱箍采用圆钢或扁钢制作。

6）支、吊架的固定件与墙、柱采用焊接或膨胀螺栓固定。

二、支、吊架型钢规格选择

支、吊架制作时，型钢规格的选择应按照《通风与空调工程施工规范》GB 50738—2011 中不同材质、不同安装方式严格执行。

三、支、吊架成品保护措施

1）支、吊架制作完成后，应用钢刷、砂布进行除锈，并应清除表面污物，再进行刷漆处理。

2）支、吊架明装时，应涂面漆。

3）管道成品支、吊架应分类单独存放，做好标识。

4）2m 以下范围的支、吊架型钢应倒角。

060 金属风管支、吊架间距如何确定？

【规范条文】

《通风管道技术规程》JGJ/T 141—2017

4.2.12 金属风管支吊架安装应符合下列规定：

1 不锈钢板、铝板风管与碳素钢支架的横担接触处，应采取防腐隔离措施。

2 不隔热矩形风管立面与吊杆的间隙不宜大于 50mm，吊杆距风管末端不应大于 1 000mm。

3 距离水平弯管 500mm 范围内应设置一个支吊架；水平弯管、三通边长或风管直径超过 1 250mm 时应设置独立支吊架；支管距干管 1 200mm 内应设置一个支架。

4 风管垂直安装时，其支架间距不应大于 4 000mm；当单根直风管长度大于或等于 1 000mm 时，应设置不少于 2 个固定点。垂直安装的风管支架宜设置在法兰连接处，不宜单独以抱箍的形式固定风管，使用型钢支架并使风管重量通过法兰作用于支架上，且法兰应采用角钢法兰的形式连接。

4.2.16 水平悬吊的主干风管或长度超过 20m 的系统风管，应设置不少于 1 个防止风管摆动的固定支架。

《通风与空调工程施工规范》GB 50738—2011

7.3.4　支、吊架定位放线时，应按施工图中管道、设备等的安装位置，弹出支、吊架的中心线，确定支、吊架的安装位置。严禁将管道穿墙套管作为管道支架。支、吊架的最大允许间距应满足设计要求，并应符合下列规定：

1　金属风管（含保温）水平安装时，支、吊架的最大间距应符合表 7.3.4–1 规定；

表 7.3.4–1　水平安装金属风管支吊架的最大间距（mm）

风管边长 b 或直径 D	矩形风管	圆形风管	
		纵向咬口风管	螺旋咬口风管
b（D）≤400	4 000	4 000	5 000
b（D）>400	3 000	3 000	3 750

注：薄钢板法兰，C 形、S 形插条连接风管的支、吊架间距不应大于 3 000mm。

7　垂直安装的风管和水管支架的最大间距应符合表 7.3.4–7 的规定。

表 7.3.4–7　垂直安装风管和水管支架的最大间距（mm）

管道类别		最大间距	支架最少数量
金属风管	钢板、镀锌钢板、不锈钢板、铝板	4 000	风管长度 L≥1 000mm，支架≥2 个
复合风管	聚氨酯铝箔复合风管	2 400	单根直管不少于 2 个
	酚醛铝箔复合风管		
	玻璃纤维复合风管	1 200	
	玻镁复合风管	3 000	
非金属风管	无机玻璃钢风管		
	硬聚氯乙烯风管		
金属管道	钢管、钢塑复合管	楼层高度小于或等于 5m 时，每层应安装 1 个；楼层高度大于 5m 时，每层不应少于 2 个	

《通风与空调工程施工质量验收规范》GB 50243—2016

6.3.1　风管支、吊架的安装应符合下列规定：

1　金属风管水平安装，直径或边长小于或等于 400mm 时，支、吊架间距不应大于 4m；大于 400mm 时，间距不应大于 3m。螺旋风管的支、吊架的间距可为 5m 与 3.75m；薄钢板法兰风管的支、吊架间距不应大于 3m。垂直安装时，应设置至少 2 个固定点，支架间距不应大于 4m。

【问题解答】

支、吊架设置首先应符合设计要求。在符合设计要求的基础上，确定间距时应严格按《通风与空调工程施工规范》GB 50738—2011 的要求进行施工，并满足《通风与空调工程施工质量验收规范》GB 50243—2016 的要求。根据现行国标规定，风管支、吊架间距汇总如下：

一、金属水平风管

1）直径或边长小于或等于 400mm 的圆形风管或矩形风管，支、吊架间距不应大于 4m。

2）直径或边长大于 400mm 的圆形风管或矩形风管，间距不应大于 3m。

3）螺旋风管直径小于或等于 400mm 时，支、吊架的间距为 5m；螺旋风管直径大于 400mm 时，支、吊架的间距为 3.75m。

4）薄钢板法兰风管的支、吊架间距不应大于 3m。

5）水平悬吊的主干风管应设置不少于 1 个防止风管摆动的固定支架。

6）长度超过 20m 的水平悬吊风管，应设置至少 1 个防晃支架。

二、金属竖向风管

1）风管垂直安装时，其支架间距不应大于 4 000mm。

2）垂直风管当单根风管长度大于或等于 1 000mm 时，应设置不少于 2 个固定点。

061 非金属与复合风管支、吊架间距有哪些要求？

【规范条文】

《通风管道技术规程》JGJ/T 141—2017

4.2.13 非金属风管及复合材料风管支吊架应符合下列规定：

1 边长（或直径）大于 200mm 的风阀等部件与非金属风管连接时，应单独设置支吊架。风管支吊架的安装不应有碍连接件的安装。

2 无机玻璃钢风管垂直支架间距应小于或等于 3m，每根垂直风管不应少于 2 个支架。边长或直径大于 2 000mm 的超宽、超高等特殊风管的支吊架，其规格及间距应符合设计要求。

3 无机玻璃钢消声弯管、边长或直径大于 1 250mm 的弯管、三通等应单独设置支吊架。

4 无机玻璃钢圆形风管的托座和抱箍所采用的扁钢不应小于 30×4。托座和抱箍的圆弧应均匀且与风管的外径一致，托架的弧长应大于风管外周长的 1/3。

5 酚醛铝箔复合板风管与聚氨酯铝箔复合板风管垂直安装的支架间距不应超过 2.4m，每根立管的支架不应少于 2 个。

6 玻璃纤维板复合材料风管垂直安装的支架间距不应大于 1.2m。

4.2.14 柔性风管支吊架应符合下列规定：

1 风管支吊架的间隔宜小于 1.5m。风管在支架间的最大允许垂直度宜小于 40mm/m。

2 柔性风管的吊卡箍应采用扁钢条制作（图 4.2.14），其宽度应大于或等于 25mm。卡箍的圆弧长应大于 1/2 风管周长且与风管外径相符。柔性风管外隔热层应有防潮措施，吊卡箍可安装在隔热层外。

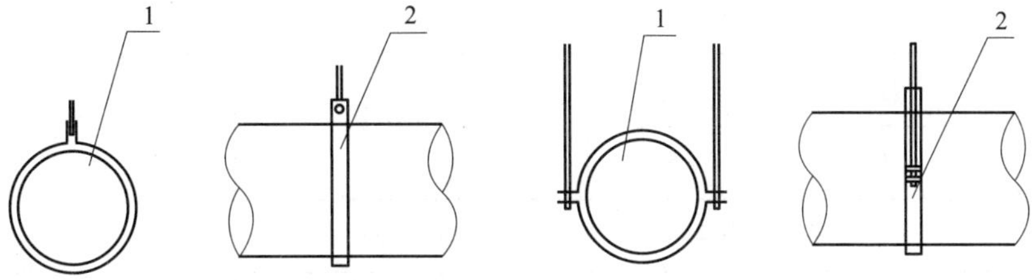

图 4.2.14 柔性风管卡箍安装

1—风管；2—吊卡箍

4.2.16 水平悬吊的主干风管或长度超过 20m 的系统风管，应设置不少于 1 个防止风管摆动的固定支架。

《通风与空调工程施工规范》GB 50738—2011

7.3.4 支、吊架定位放线时，应按施工图中管道、设备等的安装位置，弹出支、吊架的中心线，确定支、吊架的安装位置。严禁将管道穿墙套管作为管道支架。支、吊架的最大允许间距应满足设计要求，并应符合下列规定：

2 非金属与复合风管水平安装时，支、吊架的最大间距应符合表 7.3.4–2 规定；

表 7.3.4–2 水平安装非金属与复合风管支、吊架的最大间距（mm）

<table>
<tr><th colspan="2" rowspan="3">风管类别</th><th colspan="7">风管边长 b</th></tr>
<tr><th>≤400</th><th>≤450</th><th>≤800</th><th>≤1 000</th><th>≤1 500</th><th>≤1 600</th><th>≤2 000</th></tr>
<tr><th colspan="7">支、吊架最大间距</th></tr>
<tr><td rowspan="2">非金属风管</td><td>无机玻璃钢风管</td><td>4 000</td><td colspan="3">3 000</td><td>2 500</td><td colspan="2">2 000</td></tr>
<tr><td>硬聚氯乙烯风管</td><td>4 000</td><td colspan="6">3 000</td></tr>
<tr><td rowspan="4">复合风管</td><td>聚氨酯铝箔复合风管</td><td>4 000</td><td colspan="6">3 000</td></tr>
<tr><td>酚醛铝箔复合风管</td><td colspan="3">2 000</td><td colspan="3">1 500</td><td>1 000</td></tr>
<tr><td>玻璃纤维复合风管</td><td colspan="2">2 400</td><td>2 200</td><td colspan="4">1 800</td></tr>
<tr><td>玻镁复合风管</td><td>4 000</td><td colspan="2">3 000</td><td>2 500</td><td colspan="3">2 000</td></tr>
</table>

注：边长大于 2 000mm 的风管可参考边长为 2 000mm 风管。

7 垂直安装的风管和水管支架的最大间距应符合表 7.3.4–7 的规定；

8 柔性风管支、吊架的最大间距宜小于 1 500mm。

表 7.3.4–7 垂直安装风管和水管支架的最大间距（mm）

<table>
<tr><th colspan="2">管道类别</th><th>最大间距</th><th>支架最少数量</th></tr>
<tr><td>金属风管</td><td>钢板、镀锌钢板、不锈钢板、铝板</td><td>≤4 000</td><td>风管长度 L≥1 000mm，支架≥2 个</td></tr>
<tr><td rowspan="4">复合风管</td><td>聚氨酯铝箔复合风管</td><td rowspan="2">≤2 400</td><td rowspan="6">≥2 个</td></tr>
<tr><td>酚醛铝箔复合风管</td></tr>
<tr><td>玻璃纤维复合风管</td><td>≤1 200</td></tr>
<tr><td>玻镁复合风管</td><td rowspan="3">≤3 000</td></tr>
<tr><td rowspan="2">非金属风管</td><td>无机玻璃钢风管</td></tr>
<tr><td>硬聚氯乙烯风管</td></tr>
<tr><td>金属管道</td><td>钢管、钢塑复合管</td><td colspan="2">楼层高度小于或等于 5m 时，每层应安装 1 个；楼层高度大于 5m 时，每层不应少于 2 个</td></tr>
</table>

《通风与空调工程施工质量验收规范》GB 50243—2016

6.3.5 柔性短管的安装，应松紧适度，目测平顺、不应有强制性的扭曲。可伸缩金属或非金属柔性风管的长度不宜大于 2m。柔性风管支、吊架的间距不应大于 1 500mm，承托的座或箍的宽度不应小于 25mm，两支架间风道的最大允许下垂应为 100mm，且不应有死弯或塌凹。

6.3.6 非金属风管的安装除应符合本规范第 6.3.2 条的规定外，尚应符合下列规定：

1 风管连接应严密，法兰螺栓两侧应加镀锌垫圈。

2 风管垂直安装时，支架间距不应大于 3m。

4 织物布风管的安装应符合下列规定：

1）悬挂系统的安装方式、位置、高度和间距应符合设计要求。

2）水平安装钢绳垂吊点的间距不得大于 3m。长度大于 15m 的钢绳应增设吊架或可调节的花篮螺栓。风管采用双钢绳垂吊时，两绳应平行，间距应与风管的吊点相一致。

3）滑轨的安装应平整牢固，目测不应有扭曲；风管安装后应设置定位固定。

4）织物布风管与金属风管的连接处应采取防止锐口划伤的保护措施。

5）织物布风管垂吊吊带的间距不应大于 1.5m，风管不应呈现波浪形。

【问题解答】

一、无机玻璃钢风管垂直支架

1）无机玻璃钢风管垂直支架间距应小于或等于 3m，每根垂直风管不应少于 2 个支架。边长或直径大于 2 000mm 的超宽、超高等特殊风管的支、吊架，其规格及间距应符合设计要求。

2）酚醛铝箔复合板风管与聚氨酯铝箔复合板风管垂直安装的支架间距不应超过2.4m，每根立管的支架不应少于2个。

3）玻璃纤维板复合材料风管垂直安装的支架间距不应大于1.2m。

二、柔性风管支、吊架

柔性风管支、吊架的间隔宜小于1.5m，风管在支架间的最大允许垂直度宜小于40mm/m。

三、双面彩钢板复合材料风管支、吊架

水平安装双面彩钢板复合材料风管支、吊架间距应符合表5–2的规定。

表5–2 水平安装双面彩钢板复合材料风管支、吊架间距（mm）

风管隔热层类别	风管边长 b			
	$b \leqslant 500$	$500<b \leqslant 1\,000$	$1\,000<b \leqslant 1\,600$	$1\,600<b \leqslant 2\,000$
	支、吊架最大间距			
玻璃纤维板	2 800	2 400	1 800	1 400

四、机制玻镁复合材料风管支、吊架

矩形水平安装机制玻镁复合材料风管支、吊架的形式、间距、规格应符合表5–3～表5–5的规定。

表5–3 节能（或低温节能）、净化、普通隔热风管支、吊架设置（mm）

风管边长 b	$b \leqslant 400$	$400<b \leqslant 630$	$630<b \leqslant 2\,000$	$b>2\,000$
支、吊架最大间距	2 200			1 500
水平横担规格	L 30×3	L 30×3	L 40×4	L 50×5
吊杆直径	$\phi 6$	$\phi 8$	$\phi 10$	$\phi 10$

表5–4 防火、耐火型风管支、吊架设置（mm）

风管边长 b	$b \leqslant 400$	$400<b \leqslant 630$	$630<b \leqslant 2\,000$	$b>2\,000$
支、吊架最大间距	2 200			1 500
水平横担规格	L 40×4	L 40×4	L 50×5	[5
吊杆直径	$\phi 8$	$\phi 8$	$\phi 10$	$\phi 12$

表 5–5 排烟型风管支吊架型钢规格表

风管边长 b	$b \leqslant 400$	400< $b \leqslant 630$	630<$b \leqslant$ 1 250	1 250< $b \leqslant 1\,600$	1 600< $b \leqslant 2\,500$	b>2 500
支、吊架最大间距	2 200		2 000	1 500	1 300	1 300
水平横担规格	∟30 × 3	∟30 × 3	∟40 × 4	∟50 × 5	[5	[6 或 [8
吊杆直径	$\phi 6$	$\phi 8$	$\phi 10$	$\phi 10$	$\phi 10$	$\phi 12$

062 空调水管道支、吊架间距怎么确定?

【规范条文】

《通风与空调工程施工规范》GB 50738—2011

7.3.4 支、吊架定位放线时，应按施工图中管道、设备等的安装位置，弹出支、吊架的中心线，确定支、吊架的安装位置。严禁将管道穿墙套管作为管道支架。支、吊架的最大允许间距应满足设计要求，并应符合下列规定:

3 钢管水平安装时，支、吊架的最大间距应符合表 7.3.4–3 的规定;

表 7.3.4–3 钢管支、吊架的最大间距

公称直径（mm）		15	20	25	32	40	50	70	80	100	125	150	200	250	300
支架的最大间距（m）	L_1	1.5	2.0	2.5	2.5	3.0	3.5	4.0	5.0	5.0	5.5	6.5	7.5	8.5	9.5
	L_2	2.5	3.0	3.5	4.0	4.5	5.0	6.0	6.5	6.5	7.5	7.5	9.0	9.5	10.5
	管径大于 300mm 的管道可参考管径为 300mm 管道														

注：1 适用于设计工作压力不大于 2.0MPa，不保温或保温材料密度不大于 200kg/m^3 的管道系统。

2 L_1 用于绝热管道，L_2 用于非绝热管道。

4 管道采用沟槽连接水平安装时，支、吊架的最大间距应符合表 7.3.4–4 的规定;

表 7.3.4–4 沟槽连接管道支、吊架允许最大间距

公称直径（mm）	50	70	80	100	125	150	200	250	300	350	400
间距（m）	3.6			4.20			4.80			5.40	

注：支、吊架不应支承在连接头上，水平管的任意两个连接头之间应有支、吊架。

5　铜管支、吊架的最大间距应符合表 7.3.4–5 的规定；

表 7.3.4–5　铜管道支、吊架的最大间距

公称直径（mm）		15	20	25	32	40	50	65	80	100	125	150	200
支、吊架的最大间距（m）	垂直管道	1.8	2.4	2.4	3.0	3.0	3.0	3.5	3.5	3.5	3.5	4.0	4.0
	水平管道	1.2	1.8	1.8	2.4	2.4	2.4	3.0	3.0	3.0	3.0	3.5	3.5

6　塑料及复合管道支、吊架的最大间距应符合表 7.3.4–6 的规定；

表 7.3.4–6　塑料管及复合管道支、吊架的最大间距

管径（mm）			12	14	16	18	20	25	32	40	50	63	75	90	110
支、吊架的最大间距（m）	立管		0.5	0.6	0.7	0.8	0.9	1.0	1.1	1.3	1.6	1.8	2.0	2.2	2.4
	水平管	冷水管	0.4	0.4	0.5	0.5	0.6	0.7	0.8	0.9	1.0	1.1	1.2	1.35	1.55
		热水管	0.2	0.2	0.25	0.3	0.3	0.35	0.4	0.5	0.6	0.7	0.8	—	—

7　垂直安装的风管和水管支架的最大间距应符合表 7.3.4–7 的规定。

表 7.3.4–7　垂直安装风管和水管支架的最大间距（mm）

管道类别		最大间距	支架最少数量
金属风管	钢板、镀锌钢板、不锈钢板、铝板	≤4 000	风管长度 L≥1 000mm，支架≥2 个
复合风管	聚氨酯铝箔复合风管	≤2 400	≥2 个
	酚醛铝箔复合风管		
	玻璃纤维复合风管	≤1 200	
	玻镁复合风管	≤3 000	
非金属风管	无机玻璃钢风管		
	硬聚氯乙烯风管		
金属管道	钢管、钢塑复合管	楼层高度小于或等于 5m 时，每层应安装 1 个；楼层高度大于 5m 时，每层不应少于 2 个	

7.3.7　水管系统支、吊架的安装应符合下列规定：

1　设有补偿器的管道应设置固定支架和导向支架，其形式和位置应符合设计要求。

2　支、吊架安装应平整、牢固，与管道接触紧密。支、吊架与管道焊缝的距离应大于 100mm。

3　管道与设备连接处，应设独立的支、吊架，并应有减振措施。

4 水平管道采用单杆吊架时，应在管道起始点、阀门、弯头、三通部位及长度在15m内的直管段上设置防晃支、吊架。

5 无热位移的管道吊架，其吊杆应垂直安装；有热位移的管道吊架，其吊架应向热膨胀或冷收缩的反方向偏移安装，偏移量为1/2的膨胀值或收缩值。

6 塑料管道与金属支、吊架之间应有柔性垫料。

7 沟槽连接的管道，水平管道接头和管件两侧应设置支吊架，支、吊架与接头的间距不宜小于150mm，且不宜大于300mm。

《通风与空调工程施工质量验收规范》GB 50243—2016

9.3.6 沟槽式连接管道的沟槽与橡胶密封圈和卡箍套应为配套，沟槽及支、吊架的间距应符合表9.3.6的规定。

表9.3.6 沟槽式连接管道的沟槽及支、吊架的间距

公称直径（mm）	沟槽		端面垂直度允许偏差（mm）	支、吊架的间距（mm）
	深度（mm）	允许偏差（mm）		
65～100	2.20	0～0.3	1.0	3.5
125～150	2.20	0～0.3	1.5	4.2
200	2.50	0～0.3		4.2
225～250	2.50	0～0.3		5.0
300	3.0	0～0.5		5.0

注：1 连接管端面应平整光滑、无毛刺；沟槽深度在规定范围。

2 支、吊架不得支承在连接头上。

3 水平管的任两个连接头之间应设置支、吊架。

9.3.8 金属管道的支、吊架的形式、位置、间距、标高应符合设计要求。当设计无要求时，应符合下列规定：

5 竖井内的立管应每两层或三层设置滑动支架。建筑结构负重允许时，水平安装管道支、吊架的最大间距应符合表9.3.8的规定，弯管或近处应设置支、吊架。

表9.3.8 水平安装管道支、吊架的最大间距

公称直径（mm）		15	20	25	32	40	50	70	80	100	125	150	200	250	300
支架的最大间距（m）	L_1	1.5	2.0	2.5	2.5	3.0	3.5	4.0	5.0	5.0	5.5	6.5	7.5	8.5	9.5
	L_2	2.5	3.0	3.5	4.0	4.5	5.0	6.0	6.5	6.5	7.5	7.5	9.0	9.5	10.5

注：1 适用于工作压力不大于2.0MPa，不保温或保温材料密度不大于200kg/m^{3}的管道系统。

2 L_1用于保温管道，L_2用于不保温管道。

3 洁净区（室内）管道支、吊架应采用镀锌或采取其他的防腐措施。

4 公称直径大于300mm的管道，可参考公称直径为300mm的管道执行。

9.3.9　采用聚丙烯（PP-R）管道时，管道与金属支、吊架之间应采取隔绝措施，不宜直接接触，支、吊架的间距应符合设计要求。当设计无要求时，聚丙烯（PP-R）冷水管支、吊架的间距应符合表 9.3.9 的规定，使用温度大于或等于 60℃热水管道应加宽支承面积。

表 9.3.9　聚丙烯（PP-R）冷水管支、吊架的间距（mm）

公称外径 *Dn*	20	25	32	40	50	63	75	90	110
水平安装	600	700	800	900	1 000	1 100	1 200	1 350	1 550
垂直安装	900	1 000	1 100	1 300	1 600	1 800	2 000	2 200	2 400

【问题解答】

关于空调冷热水管道支、吊架间距，丝接、焊接、法兰连接时，《通风与空调工程施工规范》GB 50738—2011 及《通风与空调工程施工质量验收规范》GB 50243—2016 均有要求，且基本一致。但对沟槽连接时，两者的要求有所不同。尽管均要求“水平管的任意两个连接头之间应有支、吊架”和“水平管的任两个连接头之间应设置支、吊架”，但《通风与空调工程施工规范》GB 50738—2011 又规定：“沟槽连接的管道，水平管道接头和管件两侧应设置支、吊架，支、吊架与接头的间距不宜小于 150mm，且不宜大于 300mm。”

空调水管道属于循环管道，水流过程中会产生一定的振动；尽管沟槽接头分为刚性接头和柔性接头，但考虑到沟槽连接的安全性，施工规范要求接头两侧均应设置支吊架，以保证连接接头不受垂直荷载影响。

沟槽式连接管道的沟槽与连接使用的橡胶密封圈和卡箍套，也必须为配套合格产品。这点应该引起重视，否则不易保证施工质量。

对于焊接及法兰连接的管道，两个规范均给出最大管径为 300mm 支、吊架间距要求；管径大于 300mm 的管道，也应按管径 300mm 的最大间距进行设置；或由设计给出支、吊架型式和间距；或由施工方通过受力分析计算，并经设计确认支、吊架型式和间距。

063 制冷剂管道支、吊架设置及间距要求有哪些？

【规范条文】

《通风与空调工程施工规范》GB 50738—2011

7.3.4　支、吊架定位放线时，应按施工图中管道、设备等的安装位置，弹出支、吊架的中心线，确定支、吊架的安装位置。严禁将管道穿墙套管作为管道支架。支、吊架的最大允许间距应满足设计要求，并应符合下列规定：

5　铜管支、吊架的最大间距应符合表 7.3.4-5 的规定。

表 7.3.4–5 铜管道支、吊架的最大间距

公称直径（mm）		15	20	25	32	40	50	65	80	100	125	150	200
支、吊架的最大间距（m）	垂直管道	1.8	2.4	2.4	3.0	3.0	3.0	3.5	3.5	3.5	3.5	4.0	4.0
	水平管道	1.2	1.8	1.8	2.4	2.4	2.4	3.0	3.0	3.0	3.0	3.5	3.5

7.3.8 制冷剂系统管道支、吊架的安装应符合下列规定：

1 与设备连接的管道应设独立的支、吊架；

2 管径小于或等于 20mm 的铜管道，在阀门处应设置支、吊架；

3 不锈钢管、铜管与碳素钢支、吊架接触处应采取防电化学腐蚀措施。

《通风与空调工程施工质量验收规范》GB 50243—2016

8.3.3 制冷剂管道、管件的安装应符合下列规定：

1 管道、管件的内外壁应清洁干燥，连接制冷机的吸、排气管道应设独立支架；管径小于或等于 40mm 的铜管道，在与阀门连接处应设置支架。水平管道支架的间距不应大于 1.5m，垂直管道不应大于 2.0m；管道上、下平行敷设时，吸气管应在下方。

【问题解答】

制冷剂管道支、吊架的设置及间距应符合以下要求：

1）设备连接处的管道要单独安装支、吊架，一方面防止管道及部件重量传递给设备，另一方面防止系统运行时产生的冲力对管道或部件的连接接口造成损坏。

2）管径小于或等于 20mm 的铜管道，承受能力小，因此在阀门处应设置支、吊架。

3）不锈钢管、铜管与碳素钢支、吊架直接接触时，在潮湿环境中会发生电化学反应，碳素钢会迅速腐蚀，因此不锈钢管、铜管与碳素钢支、吊架之间要采取电绝缘措施。

4）制冷剂管道支、吊架应使用隔热衬垫。衬垫应为硬质材料，厚度不应小于绝热层厚度，宽度应大于或等于支、吊架支承面的宽度。衬垫的表面应平整、上下两衬垫接合面的空隙应填实。

5）制冷剂管道一般采用铜管，其支、吊架间距应符合《通风与空调工程施工规范》GB 50738—2011 第 7.3.4 条的要求。

064 风管支、吊架安装质量控制要点有哪些？

【规范条文】

《通风与空调工程施工规范》GB 50738—2011

7.3.6 风管系统支、吊架的安装应符合下列规定：

1 风机、空调机组、风机盘管等设备的支、吊架应按设计要求设置隔振器，其品

种、规格应符合设计及产品技术文件要求。

2 支、吊架不应设置在风口、检查口处以及阀门、自控机构的操作部位，且距风口不应小于 200mm。

3 圆形风管 U 型卡圆弧应均匀，且应与风管外径相一致。

4 支、吊架距风管末端不应大于 1 000mm，距水平弯管的起弯点间距不应大于 500mm，设在支管上的支、吊架距干管不应大于 1 200mm。

5 吊杆与吊架根部连接应牢固。吊杆采用螺纹连接时，拧入连接螺母的螺纹长度应大于吊杆直径，并应有防松动措施。吊杆应平直，螺纹完整、光洁。安装后，吊架的受力应均匀，无变形。

6 边长（直径）大于或等于 630mm 的防火阀宜设独立的支、吊架；水平安装的边长（直径）大于 200mm 的风阀等部件与非金属风管连接时，应单独设置支、吊架。

7 水平安装的复合风管与支、吊架接触面的两端，应设置厚度大于或等于 1.0mm，宽度宜为 60mm ~ 80mm，长度宜为 100mm ~ 120mm 的镀锌角形垫片。

8 垂直安装的非金属与复合风管，可采用角钢或槽钢加工成“井”字形抱箍作为支架。支架安装时，风管内壁应衬镀锌金属内套，并应采用镀锌螺栓穿过管壁将抱箍与内套固定。螺孔间距不应大于 120mm，螺母应位于风管外侧。螺栓穿过的管壁处应进行密封处理。

9 消声弯管或边长（直径）大于 1 250mm 的弯头、三通等应设置独立的支、吊架。

10 长度超过 20m 的水平悬吊风管，应设置至少 1 个防晃支架。

11 不锈钢板、铝板风管与碳素钢支架的接触处，应采取防电化学腐蚀措施。

《通风与空调工程施工质量验收规范》GB 50243—2016

6.2.1 风管系统支、吊架的安装应符合下列规定：

1 预埋件位置应正确、牢固可靠，埋入部分应去除油污，且不得涂漆。

2 风管系统支、吊架的形式和规格应按工程实际情况选用。

3 风管直径大于 2 000mm 或边长大于 2 500mm 风管的支、吊架的安装要求，应按设计要求执行。

6.3.1 风管支、吊架的安装应符合下列规定：

1 金属风管水平安装，直径或边长小于或等于 400mm 时，支、吊架间距不应大于 4m；大于 400mm 时，间距不应大于 3m。螺旋风管的支、吊架的间距可为 5m 与 3.75m；薄钢板法兰风管的支、吊架间距不应大于 3m。垂直安装时，应设置至少 2 个固定点，支架间距不应大于 4m。

2 支、吊架的设置不应影响阀门、自控机构的正常动作，且不应设置在风口、检查门处，离风口和分支管的距离不宜小于 200mm。

3 悬吊的水平主、干风管直线长度大于 20m 时，应设置防晃支架或防止摆动的固定点。

4 矩形风管的抱箍支架，折角应平直，抱箍应紧贴风管。圆形风管的支架应设托座或抱箍，圆弧应均匀，且应与风管外径一致。

5　风管或空调设备使用的可调节减振支、吊架，拉伸或压缩量应符合设计要求。

6　不锈钢板、铝板风管与碳素钢支架的接触处，应采取隔绝或防腐绝缘措施。

7　边长（直径）大于 1 250mm 的弯头、三通等部位应设置单独的支、吊架。

【问题解答】

一、支、吊架型式

根据风管大小选择支、吊架型式，按《通风与空调工程施工规范》GB 50738—2011 要求进行选用。

二、支、吊架间距

按风管材质及规格确定支、吊架间距。

三、支、吊架位置

1）支、吊架不应设置在风口、检查口处以及阀门、自控机构的操作部位，且离风口不应小于 200mm。

2）支、吊架距风管末端不应大于 1 000mm，距水平弯管的起弯点间距不应大于 500mm，距干管不应大于 1 200mm。

3）金属矩形风管立面与吊杆的间隙不宜大于 50mm。

4）边长（直径）大于 1 250mm 的弯头、三通等部位应设置单独的支、吊架。

5）长边尺寸（直径）大于或等于 630mm 的防火阀宜设独立的支、吊架；水平安装的边长（直径）大于 200mm 的风阀等部件与非金属风管连接时，应单独设置支、吊架。

四、防晃支、吊架

长度超过 20m 的水平悬吊风管，应设置至少 1 个防晃支架。

五、绝热支、吊架

空调送回风管及经空调机组处理后的新风管，与支、吊架之间应设置硬质隔热衬垫，厚度不应小于绝热层厚度。

六、其他要求

1）风管支、吊架安装位置不应影响手动、自动操作的阀部件。

2）不锈钢板、铝板风管与碳素钢支、吊架直接接触时，在潮湿环境中会发生电化学反应，碳素钢会迅速腐蚀，因此不锈钢板、铝板风管与碳素钢支、吊架之间要采取电绝缘措施。可采用加衬垫的方法，使支、吊架与风管隔开。衬垫可采用 3mm ~ 5mm 的橡胶垫或 10mm ~ 20mm 的木托。

3）矩形风管的抱箍支架，折角应平直，抱箍应紧贴风管。圆形风管的支架应设托座或抱箍，圆弧应均匀，且应与风管外径一致。

4）吊杆与吊件连接应牢固。吊杆采用螺纹连接时，拧入连接螺母的螺丝长度应大于吊杆直径，并应有防松动措施。吊杆应平直，螺纹完整、光洁。安装后，吊架的受力应均匀，无变形。

065 空调水管道系统支、吊架安装质量控制要点有哪些?

【规范条文】

《通风与空调工程施工规范》GB 50738—2011

7.3.7 水管系统支、吊架的安装应符合下列规定：

1 设有补偿器的管道应设置固定支架和导向支架，其形式和位置应符合设计要求。

2 支、吊架安装应平整、牢固，与管道接触紧密。支、吊架与管道焊缝的距离应大于100mm。

3 管道与设备连接处，应设独立的支、吊架，并应有减振措施。

4 水平管道采用单杆吊架时，应在管道起始点、阀门、弯头、三通部位及长度在15m内的直管段上设置防晃支、吊架。

5 无热位移的管道吊架，其吊杆应垂直安装；有热位移的管道吊架，其吊架应向热膨胀或冷收缩的反方向偏移安装，偏移量为1/2的膨胀值或收缩值。

6 塑料管道与金属支、吊架之间应有柔性垫料。

7 沟槽连接的管道，水平管道接头和管件两侧应设置支吊架，支、吊架与接头的间距不宜小于150mm，且不宜大于300mm。

《通风与空调工程施工质量验收规范》GB 50243—2016

9.3.5 钢制管道的安装应符合下列规定：

3 冷（热）水管道与支、吊架之间，应设置衬垫。衬垫的承压强度应满足管道全重，且应采用不燃与难燃硬质绝热材料或经防腐处理的木衬垫。衬垫的厚度不应小于绝热层厚度，宽度应大于或等于支、吊架支承面的宽度。衬垫的表面应平整、上下两衬垫接合面的空隙应填实。

9.3.8 金属管道的支、吊架的形式、位置、间距、标高应符合设计要求。当设计无要求时，应符合下列规定：

1 支、吊架的安装应平整牢固，与管道接触应紧密，管道与设备连接处应设置独立支、吊架。当设备安装在减振基座上时，独立支架的固定点应为减振基座。

2 冷（热）媒水、冷却水系统管道机房内总、干管的支、吊架，应采用承重防晃管架，与设备连接的管道管架宜采取减振措施。当水平支管的管架采用单杆吊架时，应在系统管道的起始点、阀门、三通、弯头处及长度每隔15m处设置承重防晃支、吊架。

3 无热位移的管道吊架的吊杆应垂直安装，有热位移的管道吊架的吊杆应向热膨胀（或冷收缩）的反方向偏移安装。偏移量应按计算位移量确定。

4 滑动支架的滑动面应清洁平整，安装位置应满足管道要求，支承面中心应向反方向偏移1/2位移量或符合设计文件要求。

6 管道支、吊架的焊接应符合本规范第9.3.2-3的规定。固定支架与管道焊接时，管道侧的咬边量应小于10%的管壁厚度，且小于1mm。

《建筑节能与可再生能源利用通用规范》GB 55015—2021

6.3.8 供暖空调系统绝热工程施工应在系统水压试验和风管系统严密性检验合格后进行，并应符合下列规定：

1 绝热材料性能及厚度应对照图纸进行核查；

2 绝热层与管道、设备应贴合紧密且无缝隙；

3 防潮层应完整，且搭接缝应顺水；

4 管道穿楼板和穿墙处的绝热层应连续不间断；

5 阀门、过滤器、法兰部位的绝热应严密，并能单独拆卸，且不得影响其操作功能；

6 冷热水管道及制冷剂管道与支、吊架之间应设置绝热衬垫，其厚度不应小于绝热层厚度。

【问题解答】

通风与空调系统空调水管道支、吊架安装应注意以下事项：

一、绝热支、吊架

空调冷热水管道与支、吊架之间应设置硬质隔热衬垫，厚度不应小于绝热层厚度。需要强调的是，供暖管道支、吊架也应设置隔热衬垫，这是在以往的标准规范中未明确的。考虑到节能的重要性，避免管道与支、吊架进行热量传递，也应设置衬垫进行绝热，并且作为强制性条文要求，必须执行。

二、固定支架和导向支架

设有补偿器的空调水管道应检查固定支架和导向支架形式和位置应符合设计和规范要求。

三、独立支、吊架

管道与设备连接处，应设独立的支、吊架，并应有减振措施，当设备安装在减振基座上时，独立支架的固定点应为减振基座。

四、防晃支、吊架

空调水管道水平安装采用单杆吊架时，应检查管道的起始点、阀门、三通、弯头处，以及长度每隔15m处是否设置防晃支、吊架。

五、滑动支架

滑动支架的滑动面应清洁平整，安装位置应满足管道要求，支承面中心应向反方向偏移1/2位移量或符合设计文件要求。

六、支、吊架位置

管道采用焊接连接时，支、吊架与管道焊缝的距离应大于100mm。管道采用沟槽连接时，水平管道接头和管件两侧应设置支、吊架，支、吊架与接头的间距不宜小于150mm，且不宜大于300mm。

066 哪些部位需要设置独立支、吊架？

【规范条文】

《通风与空调工程施工规范》GB 50738—2011

7.3.6　风管系统支、吊架的安装应符合下列规定：

6　边长（直径）大于或等于630mm的防火阀宜设独立的支、吊架；水平安装的边长（直径）大于200mm的风阀等部件与非金属风管连接时，应单独设置支、吊架。

9　消声弯头或边长（直径）大于1 250mm的弯头、三通等应设置独立的支、吊架。

7.3.7　水管系统支、吊架的安装应符合下列规定：

3　管道与设备连接处，应设独立的支、吊架，并应有减振措施。

7.3.8　制冷剂系统管道支、吊架的安装应符合下列规定：

1　与设备连接的管道应设独立的支、吊架。

《通风与空调工程施工质量验收规范》GB 50243—2016

6.3.1　风管支、吊架的安装应符合下列规定：

7　边长（直径）大于1 250mm的弯头、三通等部位应设置单独的支、吊架。

6.3.8　风阀的安装应符合下列规定：

2　直径或长边尺寸大于或等于630mm的防火阀，应设独立支、吊架。

6.3.11　消声器及静压箱的安装应符合下列规定：

1　消声器及静压箱安装时，应设置独立支、吊架，固定应牢固。

9.3.8　金属管道的支、吊架的形式、位置、间距、标高应符合设计要求。当设计无要求时，应符合下列规定：

1　支、吊架的安装应平整牢固，与管道接触应紧密，管道与设备连接处应设置独立支、吊架。当设备安装在减振基座上时，独立支架的固定点应为减振基座。

《建筑防烟排烟系统技术标准》GB 51251—2017

6.4.1　排烟防火阀的安装应符合下列规定：

1　型号、规格及安装的方向、位置应符合设计要求；

2　阀门应顺气流方向关闭，防火分区隔墙两侧的排烟防火阀距墙端面不应大于200mm；

3　手动和电动装置应灵活、可靠，阀门关闭严密；

4　应设独立的支、吊架，当风管采用不燃材料防火隔热时，阀门安装处应有明显标识。

【问题解答】

一、部件

无论是金属风管还是非金属、复合风管，管道边长或直径大于 1 250mm 的管道弯头、三通等部位均应设置单独的支、吊架。

二、风阀

1. 防火阀

边长（直径）大于或等于 630mm 的防火阀宜设独立的支、吊架。

2. 排烟防火阀

所有排烟防火阀均应设独立的支、吊架，不区分规格，以保证阀门的稳定性，确保动作性能。

3. 与非金属风管连接的风阀

水平安装的边长（直径）大于 200mm 的风阀等部件与非金属风管连接时，应单独设置支、吊架。

非金属风管的材料一般强度较低，因此除小于或等于 200mm 阀件以外的各类阀件和设备应单独设支、吊架，不应将这些阀件设备重量由非金属风管来承担。

三、消声器及静压箱

风管系统中，消声器及消声静压箱相对于风管重量大，不宜由风管来承受，故应设置独立支、吊架，固定应牢固。

四、空调水管系统

空调水管道与设备连接处应设独立的支、吊架，并应有减振措施。

五、制冷剂系统管道

与设备连接的制冷剂管道应设独立的支、吊架；管径小于或等于 20mm 的铜管道，在阀门处应设置支、吊架。

067 哪些部位需要设置防晃支、吊架？

【规范条文】

《通风与空调工程施工规范》GB 50738—2011

7.3.6 风管系统支、吊架的安装应符合下列规定：

10 长度超过 20m 的水平悬吊风管，应设置至少 1 个防晃支架。

7.3.7 水管系统支、吊架的安装应符合下列规定：

4 水平管道采用单杆吊架时，应在管道起始点、阀门、弯头、三通部位及长度在

15m 内的直管段上设置防晃支、吊架。

《通风与空调工程施工质量验收规范》GB 50243—2016

6.3.1　风管支、吊架的安装应符合下列规定：

3　悬吊的水平主、干风管直线长度大于 20m 时，应设置防晃支架或防止摆动的固定点。

9.3.8　金属管道的支、吊架的形式、位置、间距、标高应符合设计要求。当设计无要求时，应符合下列规定：

2　冷（热）媒水、冷却水系统管道机房内总、干管的支、吊架，应采用承重防晃管架，与设备连接的管道管架宜采取减振措施。当水平支管的管架采用单杆吊架时，应在系统管道的起始点、阀门、三通、弯头处及长度每隔 15m 处设置承重防晃支、吊架。

【问题解答】

一、防晃支、吊架定义

防晃支架是防止风管或管道晃动位移的支、吊架或管架。

二、设置防晃支、吊架位置

除需要设置防晃支、吊架的风管以外，空调水管系统水平管道采用单杆吊架时，应在管道起始点、阀门、弯头、三通部位及长度在 15m 内的直管段上设置防晃支、吊架。

三、防晃支、吊架做法

防晃支、吊架不因管道或设备的位移而产生晃动，吊架采用角钢或槽钢制作，与吊架根部和横担焊接牢固。

防晃支、吊架用于支撑风管和水管。

风管防晃支架见图 5-15。

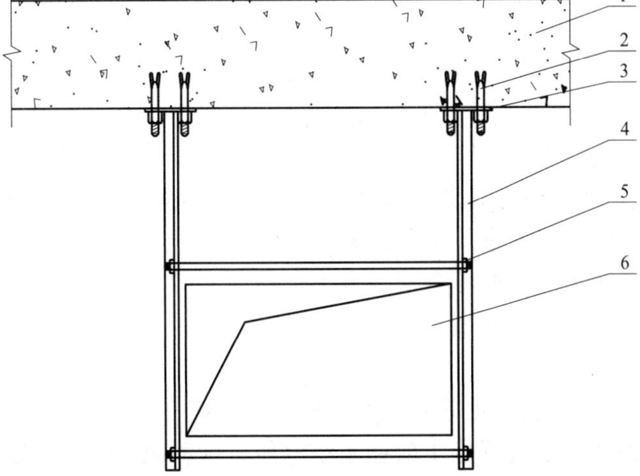

图 5-15　风管防晃支架示意图

1—楼板；2—膨胀螺栓；3—钢板；4—角钢；5—圆钢；6—风管

068 哪些管道支、吊架需要设置绝热衬垫？

【规范条文】

《通风与空调工程施工规范》GB 50738—2011

7.1.3 空调风管和冷热水管的支、吊架选用的绝热衬垫应满足设计要求，并应符合下列规定：

1 绝热衬垫厚度不应小于管道绝热层厚度，宽度应大于支、吊架支承面宽度，衬垫应完整，与绝热材料之间应密实、无空隙；

2 绝热衬垫应满足其承压能力，安装后不变形；

3 采用木质材料作为绝热衬垫时，应进行防腐处理；

4 绝热衬垫应形状规则，表面平整，无缺损。

《通风与空调工程施工质量验收规范》GB 50243—2016

9.3.5 钢制管道的安装应符合下列规定：

1 管道和管件安装前，应将其内、外壁的污物和锈蚀清除干净。管道安装后应保持管内清洁。

2 热弯时，弯制弯管的弯曲半径不应小于管道外径的3.5倍；冷弯时，不应小于管道外径的4倍。焊接弯管不应小于管道外径的1.5倍；冲压弯管不应小于管道外径的1倍。弯管的最大外径与最小外径之差，不应大于管道外径的8%，管壁减薄率不应大于15%。

3 冷（热）水管道与支、吊架之间，应设置衬垫。衬垫的承压强度应满足管道全重，且应采用不燃与难燃硬质绝热材料或经防腐处理的木衬垫。衬垫的厚度不应小于绝热层厚度，宽度应大于或等于支、吊架支承面的宽度。衬垫的表面应平整、上下两衬垫接合面的空隙应填实。

《建筑节能工程施工质量验收标准》GB 50411—2019

10.2.4 风管的安装应符合下列规定：

1 风管的材质、断面尺寸及壁厚应符合设计要求；

2 风管与部件、建筑风道及风管间的连接应严密、牢固；

3 风管的严密性检验结果应符合设计和国家现行标准的有关要求；

4 需要绝热的风管与金属支架的接触处，需要绝热的复合材料风管及非金属风管的连接处和内部支撑加固处等，应有防热桥的措施，并应符合设计要求。

10.2.10 空调冷热水管道及制冷剂管道与支、吊架之间应设置绝热衬垫，其厚度不应小于绝热层厚度，宽度应大于支、吊架支承面的宽度。衬垫的表面应平整，衬垫与绝热材料之间应填实无空隙。

《建筑节能与可再生能源利用通用规范》GB 55015—2021

6.3.8 供暖空调系统绝热工程施工应在系统水压试验和风管系统严密性检验合格后进行，并应符合下列规定：

1 绝热材料性能及厚度应对照图纸进行核查；

2　绝热层与管道、设备应贴合紧密且无缝隙；

3　防潮层应完整，且搭接缝应顺水；

4　管道穿楼板和穿墙处的绝热层应连续不间断；

5　阀门、过滤器、法兰部位的绝热应严密，并能单独拆卸，且不得影响其操作功能；

6　冷热水管道及制冷剂管道与支、吊架之间应设置绝热衬垫，其厚度不应小于绝热层厚度。

【问题解答】

众所周知，在以往的工程中，空调系统风管及空调系统冷热水管道、制冷剂管道与支、吊架之间均应设绝热衬垫。《通风与空调工程施工规范》GB 50738—2011 明确了风管及冷热水管的要求。也就是说，空调新风、送风、回风管道，以及空调水系统冷水管道、热水管道（一般情况下冷热合用）需要加隔热衬垫。《通风与空调工程施工质量验收规范》GB 50243—2016 只对冷（热）水管道与支、吊架之间提出要求，没有空调风管衬垫的要求。《建筑节能工程施工质量验收标准》GB 50411—2019 对风管及空调冷热水管道、制冷剂管道与支、吊架之间均应设绝热衬垫提出了要求。全文强制标准《建筑节能与可再生能源利用通用规范》GB 55015—2021 又对供暖管道、空调冷热水管道、制冷剂管道与支吊架之间设绝热衬垫提出了强制要求。需要注意的是，供暖管道绝热施工也纳入强制性条文要求。

一、设置隔热衬垫的管道种类

设置隔热衬垫的目的是隔绝热量从管道传递到支、吊架。需要设置隔热衬垫的管道有：

1）空调风管道。包括空调新风管道、送风管道、回风管道。

2）空调水管道。包括空调系统冷水管道、空调热水管道。

3）制冷剂管道。制冷剂管道也要根据管径大小设置隔热衬垫。

4）空调凝结水管道。凝结水温度较低，如不设置隔热衬垫，则会产生结露。

5）供热管道。供热管道热量也会随着金属支、吊架进行热量传导，因此处于节能考虑要设置隔热衬垫。

二、隔热衬垫的材质

支、吊架隔热衬垫既需要一定绝热性能，又要有一定的强度要求。供暖通风与空调工程中常用的绝热衬垫的材质主要是木质和聚氨酯绝热材料。

绝热型管道支、吊架中的绝热支撑材料应有包括抗压强度测试数据的质量检验合格的记录。绝热型管道支、吊架在室温下施加 1.6 倍许用荷载时，钢构件不应出现塑性变形，绝热支撑材料不应凹陷和开裂；室温下施加 4 倍许用荷载时，钢构件不应开裂，绝热支撑材不应碎裂，支、吊架不应丧失承载能力。

绝热型滑动支架和导向支架的滑动摩擦阻力系数不应大于 0.1。硬质发泡聚氨酯绝热支撑块的使用温度为 −196℃ ~ +135℃。安装承受管道轴向力的固定管座之前，须在管道上焊接承力环。

硬质发泡聚氨酯绝热支撑块性能参数执行《工程管道用聚氨酯、蛭石绝热材料支吊架》JG/T 202—2007 的以下要求：抗压强度：≥4.5N/mm^2；抗折强度：≥3.5N/mm^2；导热系数：≤0.05W/（m · K）；吸水率：≤0.01g/cm^2。

三、隔热衬垫设置位置

隔热衬垫既起到隔热作用，又能承受管道及介质总重量压力。因此，支、吊架隔热衬垫应直接与管道接触。

而行业标准《通风管道技术规程》JGJ/T 141—2017 的下列表述很容易引起误解。

《通风管道技术规程》JGJ/T 141—2017

4.2.17 有隔热层风管吊装横担设置应符合下列规定：

1 有隔热层风管的横担宜设在风管隔热层外部，且不得损坏隔热层。

2 采用硬质垫木作为衬垫时，垫木厚度应与隔热层厚度相同，宽度不应小于横担的宽度，垫木应采取防腐措施，隔热层与垫木边缘应紧密贴合。

“有隔热层风管的横担宜设在风管隔热层外部，且不得损坏隔热层”。很容易误解成支、吊架横担可以直接设置在绝热层外层，而不再单独设置隔热衬垫。支、吊架设置在绝热层外侧，由于管道重量压缩绝热层使绝热层厚度缩小，会改变绝热层材质结构孔隙大小，破坏绝热效果。因此，《通风管道技术规程》JGJ/T 141—2017 的表述是不妥的。风管支、吊架与风管接触处必须设置隔热衬垫。

第六章　风管系统安装

069 风管安装前应具备哪些安装条件？

【规范条文】

《通风与空调工程施工质量验收规范》GB 50243—2016

6.1.3　净化空调系统风管及其部件的安装，应在该区域的建筑地面工程施工完成，且室内具有防尘措施的条件下进行。

《通风与空调工程施工规范》GB 50738—2011

8.1.1　风管与部件安装前应具备下列施工条件：

1　安装方案已批准，采用的技术标准和质量控制措施文件齐全；

2　风管及附属材料进场检验已合格，满足安装要求；

3　施工部位环境满足作业条件；

4　风管的安装坐标、标高、走向已经过技术复核，并应符合设计要求；

5　安装施工机具已齐备，满足安装要求；

6　核查建筑结构的预留孔洞位置，孔洞尺寸应满足套管及管道不间断保温的要求。

【问题解答】

一、风管及部件进场检验内容

1. 外观

外表面无粉尘，管内无杂物；金属风管不应有变形、扭曲、开裂、孔洞、法兰脱落、焊口开裂、漏铆、缺孔等缺陷。

非金属风管与复合风管表面平整、光滑、厚度均匀，无毛刺、气泡、气孔、分层，无扭曲变形及裂纹等缺陷。

无机玻璃钢风管和硬聚氯乙烯风管宜采用成品风管，成品风管在进场时，应检查其合格证或强度及严密性等技术性能证明资料。无机玻璃钢风管外购预制成品应按有关标准要求制作，并标明生产企业名称、商标、生产日期、燃烧性能等级等标记。现场组装前验收时，重点检查表面裂纹、四角垂直度、法兰螺栓孔间距与定位尺寸等内容。

2. 加工质量

风管与法兰翻边应平整、长度一致，四角没有裂缝，断面应在同一平面；法兰与风管管壁铆接应严密牢固，法兰与风管应垂直；法兰螺栓孔间距符合要求，螺栓孔应能互换。

硬聚氯乙烯风管焊接不应出现焦黄、断裂等缺陷，焊缝应饱满、平整。

3. 附属材料

风管安装的附属材料有连接材料、垫料、焊接材料、防腐材料、型钢等，其规格、型号、生产时间、防火性能等应满足施工要求，与风管材质匹配，并应符合相关标准规定。

二、施工作业环境

1）建筑结构工程已验收完成。

2）安装部位和操作场地已清理，无灰尘、油污污染；设计有特殊要求时，安装现场地面应铺设玻璃布、彩条布、包装纸张或制作表面水平、光滑、洁净的工作平台，人员机具进场保持干净。

3）风管与热力管道或发热设备间应保持安全距离，防止风管过热发生变形。当通过可燃结构时，应按设计要求安装防火隔层。

4）硬聚氯乙烯塑料风管不应用于输送温度或环境温度高于 50℃的通风系统；硬聚氯乙烯风管安装现场的环境温度不应低于 5℃。当运输和储存环境温度低于 0℃时，安装前应在室温下放置 24h。

5）粘接接口的风管组合场地应清理干净，严禁灰尘、油污污染及粉尘、纤维飞扬。对于有特殊要求的风管，有必要在地面铺设玻璃布、彩条布、包装纸张等用于堆放风管成品及半成品，也可制作表面水平、光滑、洁净的工作平台用于堆放及涂胶、组对安装，避免风管与地面接触。

三、洁净空调系统风管特殊要求

洁净空调系统风管安装，应在建筑结构、门窗和地面施工已完成，墙面抹灰完毕，室内无灰尘飞扬或有防尘措施的条件下进行。规定净化空调工程施工环境条件，目的是规范施工管理，有益于工程质量。

四、主要施工机具和工具

金属风管和非金属风管安装需要的施工机具和工具有升降机、移动式组装平台、吊装葫芦、滑轮绳索、手电钻、砂轮锯、电锤、台钻、电气焊工具、扳手、柔性吊带等，测量工具有钢直尺、钢卷尺、角尺、经纬仪、线坠。复合风管安装还需要配备专用裁切刀具、电加热熨斗等工具。

070 风管穿越墙体和楼板需要设置套管吗？

【规范条文】

《通风与空调工程施工规范》GB 50738—2011

3.2.3 管道穿越墙体和楼板时，应按设计要求设置套管，套管与管道间应采用阻燃材料填塞密实；当穿越防火分区时，应采用不燃材料进行防火封堵。

《通风与空调工程施工质量验收规范》GB 50243—2016

6.2.2　当风管穿过需要封闭的防火、防爆的墙体或楼板时，必须设置厚度不小于1.6mm的钢制防护套管；风管与防护套管之间应采用不燃柔性材料封堵严密。

6.3.2　风管系统的安装应符合下列规定：

1　风管应保持清洁，管内不应有杂物和积尘。

2　风管安装的位置、标高、走向，应符合设计要求。现场风管接口的配置应合理，不得缩小其有效截面。

3　法兰的连接螺栓应均匀拧紧，螺母宜在同一侧。

4　风管接口的连接应严密牢固。风管法兰的垫片材质应符合系统功能的要求，厚度不应小于3mm。垫片不应凸入管内，且不宜突出法兰外；垫片接口交叉长度不应小于30mm。

5　风管与砖、混凝土风道的连接接口，应顺着气流方向插入，并应采取密封措施。风管穿出屋面处应设置防雨装置，且不得渗漏。

6　外保温风管必需穿越封闭的墙体时，应加设套管。

7　风管的连接应平直。明装风管水平安装时，水平度的允许偏差应为3‰，总偏差不应大于20mm；明装风管垂直安装时，垂直度的允许偏差应为2‰，总偏差不应大于20mm。暗装风管安装的位置应正确，不应有侵占其他管线安装位置的现象。

【问题解答】

风管穿过墙体时是否加套管，《通风与空调工程施工规范》GB 50738—2011和《通风与空调工程施工质量验收规范》GB 50243—2016两部规范有不同的表述。

《通风与空调工程施工规范》GB 50738—2011要求按设计要加设套管；一般情况下，设计时不给出明确的要求。而《通风与空调工程施工质量验收规范》GB 50243—2016只要求有绝热的风管穿越封闭的墙体时，应加设套管；当风管穿过需要封闭的防火、防爆的墙体或楼板时，必须设置厚度不小于1.6mm的钢制防护套管。

从实际情况来看，如果不设置套管，当穿越防火墙体及楼板时，需对孔洞需进行防火堵料进行封堵，根据预留孔洞大小，耗费一定量的防火堵料，施工质量不易控制。设置套管时，保持了均匀的缝隙，后期防火堵料封堵时，方便施工，且施工质量易控制。因此，风管穿越墙体和楼板均需要设置套管。

071 为什么当风管穿过需要封闭的防火、防爆的墙体或楼板时，必须设置厚度不小于1.6mm的钢制防护套管？

【规范条文】

《通风与空调工程施工规范》GB 50738—2011

8.1.2　风管穿过需要密闭的防火、防爆的楼板或墙体时，应设壁厚不小于1.6mm的钢制预埋管或防护套管，风管与防护套管之间应采用不燃且对人体无害的柔性材料封堵。

《通风与空调工程施工质量验收规范》GB 50243—2016

6.2.2 当风管穿过需要封闭的防火、防爆的墙体或楼板时，必须设置厚度不小于1.6mm 的钢制防护套管；风管与防护套管之间应采用不燃柔性材料封堵严密。

【问题解答】

一、设置不小于 1.6mm 钢制防护套管的必要性

需要密闭的防火、防爆的墙体或楼板是建筑物防止火灾扩散的安全防护结构，当风管穿越时不得破坏其相应的性能。发生火灾时，排烟风管内的烟气温度很高，如果没有防护套管，结构安全可能受到破坏。

当风管穿越时，墙体或楼板上必须设置钢制防护套管，且其钢板厚度不应小于1.6mm，风管与防护套管之间应采用不燃柔性材料封堵严密，不燃柔性材料宜为矿棉或岩棉，以保证其相应的结构强度和可靠阻火功能。

风管穿过封闭的防火、防爆的墙体或楼板时，应设置钢制防护套管，防护套管厚度不小于 1.6mm，风管与防护套管之间应采用不燃柔性材料封堵严密。穿墙套管与墙体两面平齐、穿楼板套管底端与楼板底面平齐，顶端应高出楼板面 30mm。防护套管的安装以图 6–1 为例。

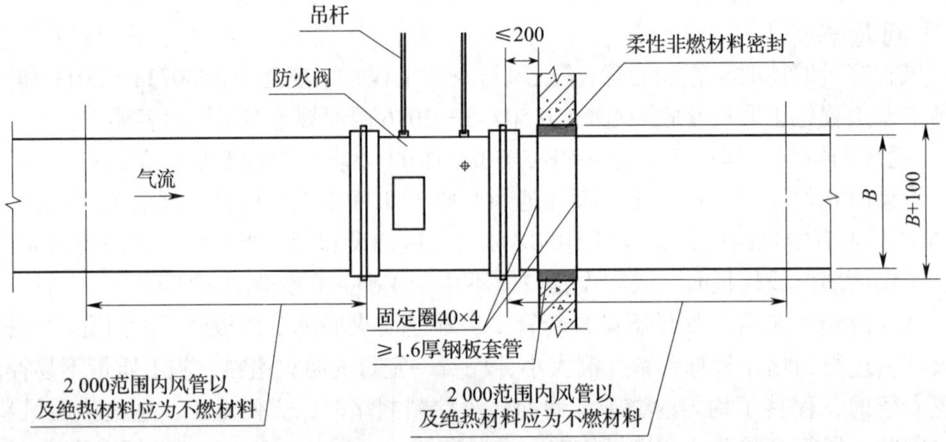

图 6–1 防护套管安装示意图（单位：mm）

二、穿过哪些墙体需要加设不小于 1.6mm 钢制防护套管

《通风与空调工程施工质量验收规范》GB 50243—2002 对此的表述为：

“6.2.1 在风管穿过需要密闭的防火、防爆的墙体或楼板时，应设钢制预埋管或防护套管，其钢板厚度不小于 1.6mm。风管与防护套管之间，应采用不燃且对人体无害的柔性材料封堵。”修订后的《通风与空调工程施工质量验收规范》GB 50243—2016关于该条的内容，去掉了“钢制预埋管”；风管穿过需要封闭的防火、防爆的墙体或楼板时，只设置钢制防护套管。

防火、防爆的墙体指哪些墙体呢？

根据《通风与空调工程施工质量验收规范》GB 50243—2016 条文说明对此的解释为："防火、防爆的墙体或楼板是建筑物防止火灾扩散的安全防护结构，当风管穿越时不得破坏其相应的性能。本条规定当风管穿越时，墙体或楼板上必须设置钢制防护套管，并规定其钢板厚度不应小于 1.6mm，风管与防护套管之间应采用不燃柔性材料封堵严密，不燃柔性材料宜为矿棉或岩棉，以保证其相应的结构强度和可靠阻火功能。本条为强制性条文，必须严格执行。"该条文解释没有完全说明该防火、防爆的墙体及楼板是指哪些部位的。

目前，实际应用时，对该条文没有正确理解，以至于有的从业人员要求风管穿防火墙、防火隔墙、防爆墙及楼板时都必须加 1.6mm 厚钢板套管。

1. 防火墙与防火隔墙

防火墙是一种特殊的防火隔墙，是指防止火灾蔓延至相邻建筑或相邻水平防火分区且耐火极限不低于 3.00h 的不燃性墙体，少数要求不应低于 4.00h，而且对其构造与设置位置均有较高要求。

防火隔墙是指建筑内防止火灾蔓延至相邻区域且耐火极限不低于规定要求的不燃性墙体；防火隔墙的耐火极限要求以 2.00h 为主，其他还有 1.00h、1.50h、2.50h 和 3.00h 等，其构造要求低于防火墙。

在防火墙及防火隔墙上，一般不允许开设洞口或敷设、穿越管线，特别是要禁止可燃气体、可燃液体管道和风管穿越；当不可避免需要开设洞口或穿越管线时，应采取可靠的防火措施，如采取设置防火门、防火窗、防火阀、紧急切断阀等，并对相应的缝隙进行防火封堵。

2. 防火、防爆的墙

防火、防爆的墙是指需要密闭的防火、防爆的墙，不是指所有的防火墙及防火隔墙。需要密闭的防火、防爆房间，一般是指空气中含有易燃、易爆危险物质的房间；火灾危险性大的场所的房间，如配电机房、弱电机房、危险品库房等。风管穿过这些房间的墙体或楼板，距墙 200mm 以内除了安装防火阀以外，墙体处设置的钢套管还要具备一定强度，要求套管钢板厚度不小于 1.6mm。

3. 防火封堵

风管在穿越防火隔墙、楼板和防火墙处的孔隙应采用防火封堵材料封堵。

风管穿过防火隔墙、楼板和防火墙时，穿越处风管上的防火阀、排烟防火阀两侧各 2.0m 范围内的风管应采用耐火风管或风管外壁应采取防火保护措施，且耐火极限不应低于该防火分隔体的耐火极限。

072 风管安装有哪些基本要求？

【规范条文】

《通风与空调工程施工规范》GB 50738—2011

8.1.3　风管安装应符合下列规定：

1　按设计要求确定风管的规格尺寸及安装位置；

2 风管及部件连接接口距墙面、楼板的距离不应影响操作，连接阀部件的接口严禁安装在墙内或楼板内；

3 风管采用法兰连接时，其螺母应在同一侧；法兰垫片不应凸入风管内壁，也不应凸出法兰外；

4 风管与风道连接时，应采取风道预埋法兰或安装连接件的形式接口，结合缝应填耐火密封填料，风道接口应牢固；

5 风管内严禁穿越和敷设各种管线；

6 固定室外立管的拉索，严禁与避雷针或避雷网相连；

7 输送含有易燃、易爆气体或安装在易燃、易爆环境的风管系统应有良好的接地措施，通过生活区或其他辅助生产房间时，不应设置接口，并应具有严密不漏风措施；

8 输送产生凝结水或含蒸汽的潮湿空气风管，其底部不应设置拼接缝，并应在风管最低处设排液装置；

9 风管测定孔应设置在不产生涡流区且便于测量和观察的部位；吊顶内的风管测定孔部位，应留有活动吊顶板或检查口。

《通风与空调工程施工质量验收规范》GB 50243—2016

6.2.3 风管安装必须符合下列规定：

1 风管内严禁其他管线穿越。

2 输送含有易燃、易爆气体或安装在易燃、易爆环境的风管系统必须设置可靠的防静电接地装置。

3 输送含有易燃、易爆气体的风管系统通过生活区或其他辅助生产房间时不得设置接口。

4 室外风管系统的拉索等金属固定件严禁与避雷针或避雷网连接。

6.3.2 风管系统的安装应符合下列规定：

1 风管应保持清洁，管内不应有杂物和积尘。

2 风管安装的位置、标高、走向，应符合设计要求。现场风管接口的配置应合理，不得缩小其有效截面。

3 法兰的连接螺栓应均匀拧紧，螺母宜在同一侧。

4 风管接口的连接应严密牢固。风管法兰的垫片材质应符合系统功能的要求，厚度不应小于3mm。垫片不应凸入管内，且不宜突出法兰外；垫片接口交叉长度不应小于30mm。

5 风管与砖、混凝土风道的连接接口，应顺着气流方向插入，并应采取密封措施。风管穿出屋面处应设置防雨装置，且不得渗漏。

6 外保温风管必需穿越封闭的墙体时，应加设套管。

7 风管的连接应平直。明装风管水平安装时，水平度的允许偏差应为3‰，总偏差不应大于20mm；明装风管垂直安装时，垂直度的允许偏差应为2‰，总偏差不应大于20mm。暗装风管安装的位置应正确，不应有侵占其他管线安装位置的现象。

【问题解答】

风管安装的基本要求除了安装位置、规格、标高等，还规定了风管系统安装涉及安全的内容，如不按规定施工有可能带来严重后果，因此必须严格执行。

一、管线穿越

风管内严禁其他管线穿越是为保证风管系统的安全使用而规定的。无论是电、水或气体管线，均应遵守，尤其是改造工程或维修时，由于条件受限，容易出现在风管内布置其他管线的情况，应全数检查。

二、防静电

对于输送含有易燃、易爆气体或安装在易燃、易爆环境的风管系统，为了防止静电引起意外事故的发生，必须设置可靠的防静电接地装置。

三、密封性

输送含有易燃、易爆气体的风管系统通过生活区或其他辅助生产房间时，为了避免易燃、易爆气体的泄露、扩散，不得设置接口。该规定同样适用于排风系统风管。

四、室外管道固定

风管系统的室外管道，当无其他可依靠结构固定时，宜采用拉索等金属固定件进行固定，但不得固定在防雷电的避雷针或避雷网上。因为拉索等金属固定件与避雷针或避雷网相连接，当雷电来临时，可能使风管系统成为带电体和导电体，危及整个设备系统的安全使用。为了保证风管系统的安全使用，因此做出此规定。

073 风管出屋面施工有什么要求?

【规范条文】

《通风与空调工程施工规范》GB 50738—2011

8.1.9　风管穿出屋面处应设防雨装置，风管与屋面交接处应有防渗水措施（图 8.1.9）。

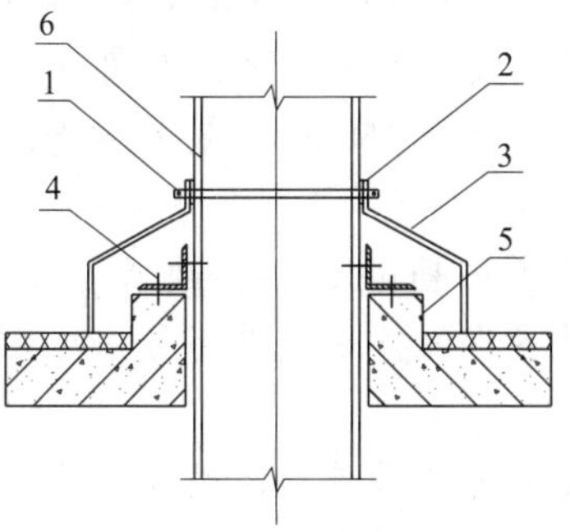

（a）风管穿过平屋面

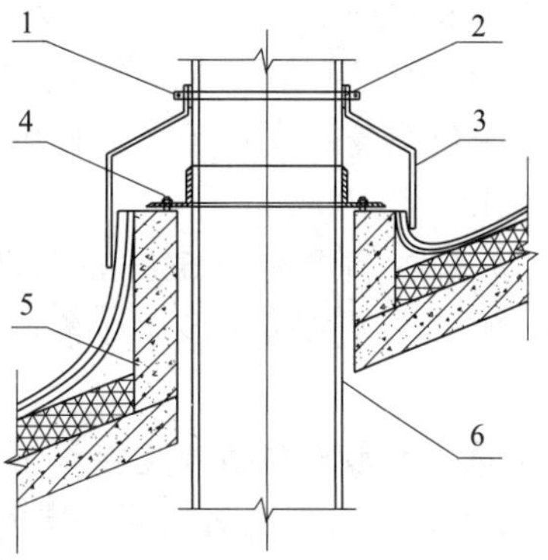

（b）风管穿过坡屋面

图 8.1.9　风管穿屋面防雨渗漏装置示意

1—卡箍；2—防水材料；3—防雨罩；4—固定支架；5—挡水圈；6—风管

《通风与空调工程施工质量验收规范》GB 50243—2016

6.3.2 风管系统的安装应符合下列规定：

5 风管与砖、混凝土风道的连接接口，应顺着气流方向插入，并应采取密封措施。风管穿出屋面处应设置防雨装置，且不得渗漏。

6.3.10 风帽安装应牢固，连接风管与屋面或墙面的交接处不应渗水。

【问题解答】

屋面风管进、出风口如果处理不当，下雨时经常会出现屋内漏雨情况。屋面风管处理分为两部分，一是风口处理，二是穿屋面部位处理。屋面风口常见的做法有设置防雨帽、45° 向下弯头、建筑竖井格栅等方式，避免雨水进入风管内。风管穿出屋面的防雨罩应设置在建筑结构预制的挡水圈外侧，使雨水不能沿壁面渗漏到屋内。

屋面出管道应注意以下问题：

1）平屋面管道周围的找平层应抹出高度不小于 30mm 的排水坡。

2）管道泛水处的防水层下应增设附加层，附加层在平面和立面的宽度均不应小于 250mm。

3）管道泛水处的防水层泛水高度不应小于 250mm。

4）卷材收头应用金属箍紧固和密封材料封严，涂膜收头应用防水涂料多遍涂刷。

074 金属风管连接质量控制要点有哪些？

【规范条文】

《通风与空调工程施工规范》GB 50738—2011

8.2.6 金属矩形风管连接宜采用角钢法兰连接、薄钢板法兰连接、C 形或 S 形插条连接、立咬口等形式；金属圆形风管宜采用角钢法兰连接、芯管连接。风管连接应牢固、严密，并应符合下列规定：

1 角钢法兰连接时，接口应无错位，法兰垫料无断裂、无扭曲，并在中间位置。螺栓应与风管材质相对应，在室外及潮湿环境中，螺栓应有防腐措施或采用镀锌螺栓。

2 薄钢板法兰连接时，薄钢板法兰应与风管垂直、贴合紧密，四角采用螺栓固定，中间采用弹簧夹或顶丝卡等连接件，其间距不应大于 150mm，最外端连接件距风管边缘不应大于 100mm。

3 边长小于或等于 630mm 的风管可采用 S 形平插条连接；边长小于或等于 1 250mm 的风管可采用 S 形立插条连接，应先安装 S 形立插条，再将另一端直接插入平缝中。

4 C 形、S 形直角插条连接适用于矩形风管主管与支管连接，插条应从中间外弯 90° 做连接件，插入翻边的主管、支管，压实结合面，并应在接缝处均匀涂抹密封胶。

5 立咬口连接适用于边长（直径）小于或等于 1 000mm 的风管。应先将风管两端翻边制作小边和大边的咬口，然后将咬口小边全部嵌入咬口大边中，并应固定几点，检查无误后进行整个咬口的合缝，在咬口接缝处应涂抹密封胶。

6　芯管连接时，应先制作连接短管，然后在连接短管和风管的结合面涂胶，再将连接短管插入两侧风管，最后用自攻螺丝或铆钉紧固，铆钉间距宜为100mm ~ 120mm。带加强筋时，在连接管1/2长度处应冲压一圈ϕ8mm的凸筋，边长（直径）小于700mm的低压风管可不设加强筋。

8.2.7　边长小于或等于630mm的支风管与主风管连接应符合下列规定：

1　S形直角咬接［图8.2.7（a）］支风管的分支气流内侧应有30°斜面或曲率半径为150mm的弧面，连接四角处应进行密封处理；

2　联合式咬接［图8.2.7（b）］连接四角处应作密封处理；

3　法兰连接［图8.2.7（c）］主风管内壁处应加扁钢垫，连接处应密封。

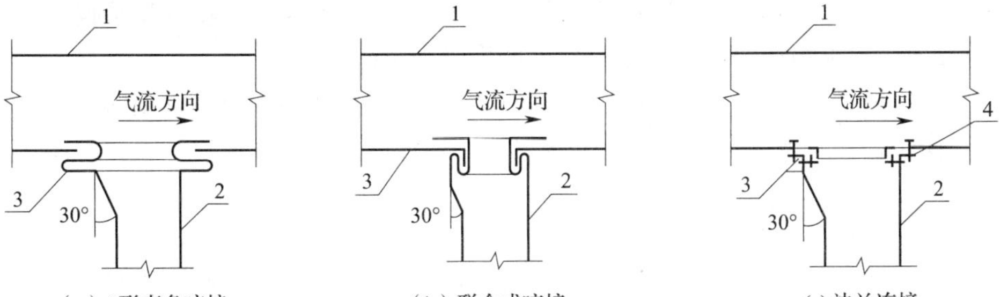

图8.2.7　支风管与主风管连接方式

1—主风管；2—支风管；3—接口；4—扁钢垫

《通风与空调工程施工质量验收规范》GB 50243—2016

6.3.2　风管系统的安装应符合下列规定：

1　风管应保持清洁，管内不应有杂物和积尘。

2　风管安装的位置、标高、走向，应符合设计要求。现场风管接口的配置应合理，不得缩小其有效截面。

3　法兰的连接螺栓应均匀拧紧，螺母宜在同一侧。

4　风管接口的连接应严密牢固。风管法兰的垫片材质应符合系统功能的要求，厚度不应小于3mm。垫片不应凸入管内，且不宜突出法兰外；垫片接口交叉长度不应小于30mm。

5　风管与砖、混凝土风道的连接接口，应顺着气流方向插入，并应采取密封措施。风管穿出屋面处应设置防雨装置，且不得渗漏。

6　外保温风管必需穿越封闭的墙体时，应加设套管。

7　风管的连接应平直。明装风管水平安装时，水平度的允许偏差应为3‰，总偏差不应大于20mm；明装风管垂直安装时，垂直度的允许偏差应为2‰，总偏差不应大于20mm。暗装风管安装的位置应正确，不应有侵占其他管线安装位置的现象。

8　金属无法兰连接风管的安装应符合下列规定：

1）风管连接处应完整，表面应平整。

2）承插式风管的四周缝隙应一致，不应有折叠状褶皱。内涂的密封胶应完整，外粘的密封胶带应粘贴牢固。

3）矩形薄钢板法兰风管可采用弹性插条、弹簧夹或U形紧固螺栓连接。连接固定的间隔不应大于150mm，净化空调系统风管的间隔不应大于100mm，且分布应均匀。当采用弹簧夹连接时，宜采用正反交叉固定方式，且不应松动。

4）采用平插条连接的矩形风管，连接后板面应平整。

5）置于室外与屋顶的风管，应采取与支架相固定的措施。

【问题解答】

一、角钢法兰连接

1）角钢法兰的连接螺栓应均匀拧紧，螺母宜在同一侧。

2）不锈钢板风管法兰的连接宜采用同材质的不锈钢螺栓。采用普通碳素钢螺栓时，应按设计要求喷涂涂料或采取有效的防腐隔离措施。

3）铝板风管法兰的连接应采用镀锌螺栓，并在法兰两侧加垫镀锌垫圈。

4）安装在室外或潮湿环境的风管角钢法兰连接应采用镀锌螺栓和镀锌垫圈。

二、薄钢板法兰的连接

1）风管四角处的角件与法兰四角接口的固定应稳固、紧贴、端面平整，相连处不应有大于2mm的连续通缝。

2）法兰端面粘贴密封胶条并紧固法兰四角螺栓后，方可安装插条或弹簧夹、顶丝卡。弹簧夹、顶丝卡不应松动。

3）薄钢板法兰风管的弹性插条、弹簧夹或紧固螺栓应分布均匀，无松动现象，间距不应大于150mm，最外端的连接件距风管边缘不应大于100mm。

4）一般情况下，薄钢板法兰弹簧夹连接风管边长不宜大于1 500mm。当对法兰采取相应的加固措施时，风管边长不得大于2 000mm。

风管边长在1 500mm～2 000mm之间时，可在法兰一侧采用螺杆内支撑或钢制板条对法兰进行加固，管内支撑距法兰内侧距离宜为60mm～80mm且置于管中心位置；采用钢制板条时，板条的宽度与薄钢板法兰的高度相适应，厚度不宜小于2mm，长度与风管的边长相同，端头设ϕ9螺孔与法兰孔间距相同。

风管安装时板条置于法兰外侧面与法兰紧密贴合，两端与法兰角紧固，并沿两端依次向内不大于300mm于弹簧夹的间隔处中间位置采用ϕ5mm旋翼自攻螺钉与法兰固定。

5）弹簧夹宜采用正反交叉固定方式，不宜与其他连接形式混合使用。

6）组合式薄钢板法兰与风管管壁的组合，应在调整法兰口的平面度后，再将法兰条与风管铆接（或本体铆接）。

三、C形、S形插条连接

1）C形、S形插条连接风管的折边四角处、纵向接缝部位及所有相交处均应密封。

2）C形平插条连接，应先插入风管水平插条，再插入垂直插条，最后将垂直插条两端延长部分，分别折90°封压水平插条。

3）C 形立插条、S 形立插条的法兰四角立面处，应采取包角及密封措施。

4）S 形平插条或立插条单独使用时，在连接处应有固定措施。

5）矩形风管采用 C 形、S 形插条连接时，连接应平整、严密，四角端部固定的折边长度不应小于 20mm。

6）平插条连接的矩形风管，连接后的板面应平整、无明显弯曲。

四、立咬口、包边立咬口连接

同一规格风管的咬口高度应一致。紧固螺钉或铆钉间距应小于或等于 150mm；四角连接处应铆固长度大于 60mm 的 90° 贴角。

五、圆形风管采用芯管连接

1）连接短管与风管的结合面应涂胶密封。

2）连接短管与两侧风管应采用自攻螺钉或铆钉紧固，间距宜为 100mm ~ 120mm。

3）带加强筋时，在连接短管 1/2 长度处应冲压一圈 ϕ8mm 的凸筋，直径小于 700mm 的低压风管可不设加强筋。

六、边长小于或等于 630mm 的支风管与主风管连接

按《通风与空调工程施工规范》GB 50738—2011 第 8.2.7 条的要求施工。

075 非金属风管安装质量控制要点有哪些？

【规范条文】

《通风与空调工程施工规范》GB 50738—2011

8.3.5　非金属风管连接应符合下列规定：

1　法兰连接时，应以单节形式提升管段至安装位置，在支、吊架上临时定位，侧面插入密封垫料，套上带镀锌垫圈的螺栓，检查密封垫料无偏斜后，做两次以上对称旋紧螺母，并检查间隙均匀一致。在风管与支、吊架横担间应设置宽于支撑面、厚 1.2mm 的钢制垫板。

2　插接连接时，应逐段顺序插接，在插口处涂专用胶，并应用自攻螺钉固定。

《通风与空调工程施工质量验收规范》GB 50243—2016

6.3.6　非金属风管的安装除应符合本规范第 6.3.2 条的规定外，尚应符合下列规定：

1　风管连接应严密，法兰螺栓两侧应加镀锌垫圈。

2　风管垂直安装时，支架间距不应大于 3m。

3　硬聚氯乙烯风管的安装尚应符合下列规定：

1）采用承插连接的圆形风管，直径小于或等于 200mm 时，插口深度宜为 40mm ~ 80mm，粘接处应严密牢固；

2）采用套管连接时，套管厚度不应小于风管壁厚，长度宜为 150mm ~ 250mm；

3）采用法兰连接时，垫片宜采用 3mm ~ 5mm 软聚氯乙烯板或耐酸橡胶板；

4）风管直管连续长度大于 20m 时，应按设计要求设置伸缩节，支管的重量不得由干管承受；

5）风管所用的金属附件和部件，均应进行防腐处理。

4 织物布风管的安装应符合下列规定：

1）悬挂系统的安装方式、位置、高度和间距应符合设计要求。

2）水平安装钢绳垂吊点的间距不得大于 3m。长度大于 15m 的钢绳应增设吊架或可调节的花篮螺栓。风管采用双钢绳垂吊时，两绳应平行，间距应与风管的吊点相一致。

3）滑轨的安装应平整牢固，目测不应有扭曲；风管安装后应设置定位固定。

4）织物布风管与金属风管的连接处应采取防止锐口划伤的保护措施。

5）织物布风管垂吊吊带的间距不应大于 1.5m，风管不应呈现波浪形。

【问题解答】

一、风管管板与法兰（或其他连接件）采用插接连接

风管管板与法兰（或其他连接件）采用插接连接时，管板厚度与法兰（或其他连接件）槽宽度应有适度的过盈量，插接面应涂满胶粘剂。法兰四角接头处应平整，不平度应小于或等于 1.5mm，接头处的内边应涂抹密封胶。

二、无机玻璃钢风管安装

1）风管边长或直径大于 1 250mm 的整体型风管吊装时不应超过 2.5m，边长或直径大于 1 250mm 的组合型风管吊装时不应超过 3.75m。

2）风管连接应严密，法兰连接螺栓的两侧应加镀锌垫圈并均匀拧紧，其螺母宜在同一侧。

3）承插式风管的连接处四周缝隙应一致，内外涂的密封胶应完整。

4）氯氧镁水泥无机玻璃钢风管与金属横担间应有防腐蚀措施。

三、有机玻璃钢风管安装

有机玻璃钢风管按无机玻璃钢要求进行施工。当采用套管连接时，套管厚度不得小于风管板材厚度。

四、硬聚氯乙烯、聚丙烯（PP）风管安装

硬聚氯乙烯、聚丙烯风管按有机玻璃风管要求进行施工，并符合以下要求：

1）圆形风管可采用套管连接或承插连接，套管厚度及宽度应符合表 6–1 的规定。

表 6–1 圆形风管连接套管厚度及宽度（mm）

管径 D	$D\leqslant 320$	$320<D\leqslant 630$	$630<D\leqslant 1\,000$	$1\,000<D\leqslant 1\,600$	$D>1\,600$
垂直厚度	3	4	5	6	8
套管宽度	60	60	70	80	100

2）采用承插连接的圆形风管，直径小于或等于200mm时，插口深度宜为40mm～80mm。连接处应粘结严密和牢固。

3）采用套管连接时，套管长度宜为150mm～250mm，其厚度不应小于风管壁厚。

4）采用法兰连接时，垫片宜采用3mm～5mm软聚氯乙烯板或耐酸橡胶板，连接法兰的螺栓应加钢制垫圈。

5）风管与支吊架间应垫入3mm～5mm厚的塑料垫片。

6）矩形风管主管与支管连接处应加设加强板，加强板的厚度应与主风管一致；从矩形主风管接圆形干支管则应采用45°板立焊加固。

五、伸缩节安装

机制玻镁风管、无机玻璃钢风管、硬聚氯乙烯风管或聚丙烯（PP）风管水平安装直管段连续长度大于20m时，应按设计要求设置伸缩节或软接头，软接头长度以150mm左右为宜。风管安装时，应在伸缩节两端的风管上设置独立防晃支、吊架。支管长度大于6m时，末端应增设防止风管摆动的固定支架。

076 风口安装质量控制要点有哪些?

【规范条文】

《通风与空调工程施工规范》GB 50738—2011

8.1.10　风机盘管的送、回风口安装位置应符合设计要求。当设计无要求时，安装在同一平面上的送、回风口间距不宜小于1 200mm。

8.5.1　风管与风口连接宜采用法兰连接，也可采用槽形或工形插接连接。

8.5.2　风口不应直接安装在主风管上，风口与主风管间应通过短管连接。

8.5.3　风口安装位置应正确，调节装置定位后应无明显自由松动。室内安装的同类型风口应规整，与装饰面应贴合严密。

8.5.4　吊顶风口可直接固定在装饰龙骨上，当有特殊要求或风口较重时，应设置独立的支、吊架。

《通风与空调工程施工质量验收规范》GB 50243—2016

6.2.8　风口的安装位置应符合设计要求，风口或结构风口与风管的连接应严密牢固，不应存在可察觉的漏风点或部位，风口与装饰面贴合应紧密。X射线发射房间的送、排风口应采取防止射线外泄的措施。

6.3.13　风口的安装应符合下列规定：

1　风口表面应平整、不变形，调节应灵活、可靠。同一厅室、房间内的相同风口的安装高度应一致，排列应整齐。

2　明装无吊顶的风口，安装位置和标高允许偏差应为10mm。

3　风口水平安装，水平度的允许偏差应为3‰。

4　风口垂直安装，垂直度的允许偏差应为2‰。

6.3.14 洁净室（区）内风口的安装除应符合本规范第6.3.13条的规定外，尚应符合下列规定：

1 风口安装前应擦拭干净，不得有油污、浮尘等。

2 风口边框与建筑顶棚或墙壁装饰面应紧贴，接缝处应采取可靠的密封措施。

3 带高效空气过滤器的送风口，四角应设置可调节高度的吊杆。

《建筑防烟排烟系统技术标准》GB 51251—2017

4.4.12 排烟口的设置应按本标准第4.6.3条经计算确定，且防烟分区内任一点与最近的排烟口之间的水平距离不应大于30m。除本标准第4.4.13条规定的情况以外，排烟口的设置尚应符合下列规定：

1 排烟口宜设置在顶棚或靠近顶棚的墙面上。

2 排烟口应设在储烟仓内，但走道、室内空间净高不大于3m的区域，其排烟口可设置在其净空高度的1/2以上；当设置在侧墙时，吊顶与其最近边缘的距离不应大于0.5m。

4 火灾时由火灾自动报警系统联动开启排烟区域的排烟阀或排烟口，应在现场设置手动开启装置。

5 排烟口的设置宜使烟流方向与人员疏散方向相反，排烟口与附近安全出口相邻边缘之间的水平距离不应小于1.5m。

4.5.4 补风口与排烟口设置在同一空间内相邻的防烟分区时，补风口位置不限；当补风口与排烟口设置在同一防烟分区时，补风口应设在储烟仓下沿以下；补风口与排烟口水平距离不应少于5m。

【问题解答】

一、普通风口安装

1）安装位置应符合设计要求，深化设计图纸更改位置时应经设计同意。

2）风口与风管的连接，应采用短管连接。风口不应直接把风口插进风管内，造成管道截面减小，增加管道阻力，影响气体流通。

3）送风口与回风口安装应避免气流短路，影响空调效果。

4）风口安装应平整。

5）风口应与装饰面贴合面严密。

6）风口与软接风管连接时，应保证连接严密、不扭曲。

二、洁净室风口安装

根据《洁净室施工及验收规范》GB 50591—2010，对洁净空调系统风口安装有以下要求：

1）安装系统新风口处的环境应清洁，新风口底部距室外地面应大于3m，新风口应低于排风口6m以上。当新风口、排风口在同侧同高度时，两风口水平距离不应小于10m，新风口应位于排风口上风侧。

2）新风入口处最外端应有金属防虫滤网，并应便于清扫其上的积尘、积物。新风入口处应有挡雨措施，净通风面积应使通过风速在 5m/s 以内。

3）新风过滤装置的安装应便于更换过滤器、检查压差显示或报警装置。

4）回风口上的百叶叶片应竖向安装，宜为可关闭的，室内回风口有效通风面积应使通风速度在 2m/s 以内，走廊等场所在 4m/s 以内。当对噪声有较严要求时，上述速度应分别在 1.5m/s 以内和 3m/s 以内。

5）回风口的安装方式和位置应方便更换回风过滤器。

6）在回、排风口上安有高效过滤器的洁净室及生物安全柜等装备，在安装前应用现场检漏装置对高效过滤器扫描检漏，并应确认无漏后安装。回、排风口安装后，对非零泄漏边框密封结构，应再对其边框扫描检漏，并应确认无漏；当无法对边框扫描检漏时，必须进行生物学等专门评价。

7）当在回、排风口上安装动态气流密封排风装置时，应将正压接管与接嘴牢靠连接，压差表应安装于排风装置近旁目测高度处。排风装置中的高效过滤器应在装置外进行扫描检漏，并应确认无漏后再安入装置。

8）当回、排风口通过的空气含有高危险性生物气溶胶时，在改建洁净室拆装其回、排风过滤器前必须对风口进行消毒，工作人员人身应有防护措施。

9）当回、排风过滤器安装在夹墙内并安有扫描检漏装置时，夹墙内净宽不应小于 0.6m。

077 阀部件安装质量控制要点有哪些?

【规范条文】

《通风与空调工程施工规范》GB 50738—2011

8.1.7 非金属风管或复合风管与金属风管及设备连接时，应采用“h”形金属短管作为连接件；短管一端为法兰，应与金属风管法兰或设备法兰相连接；另一端为深度不小于 100mm 的“h”形承口，非金属风管或复合风管应插入“h”形承口内，并应采用铆钉固定牢固、密封严密。

8.6.1 带法兰的风阀与非金属风管或复合风管插接连接时，应按本规范第 8.1.7 条执行。

8.6.2 阀门安装方向应正确、便于操作，启闭灵活。斜插板风阀的阀板向上为拉启，水平安装时，阀板应顺气流方向插入。手动密闭阀安装时，阀门上标志的箭头方向应与受冲击波方向一致。

8.6.3 风阀支、吊架安装应按本规范第 7 章的有关规定执行。

8.6.4 电动、气动调节阀的安装应保证执行机构动作的空间。

《通风与空调工程施工质量验收规范》GB 50243—2016

6.2.7 风管部件的安装应符合下列规定：

1 风管部件及操作机构的安装应便于操作。

2 斜插板风阀安装时，阀板应顺气流方向插入；水平安装时，阀板应向上开启。

3 止回阀、定风量阀的安装方向应正确。

4 防爆波活门、防爆超压排气活门安装时，穿墙管的法兰和在轴线视线上的杠杆应铅垂，活门开启应朝向排气方向，在设计的超压下能自动启闭。关闭后，阀盘与密封圈贴合应严密。

5 防火阀、排烟阀（口）的安装位置、方向应正确。位于防火分区隔墙两侧的防火阀，距墙表面不应大于200mm。

【问题解答】

一、风阀与非金属风管或复合风管连接

带法兰的风阀与非金属风管或复合风管连接时，采用“h”形金属短管作为连接件；短管一端为法兰，与风阀的法兰相连接；另一端为深度不小于100mm的“h”形承口，非金属风管或复合风管应插入“h”形承口内，并应采用铆钉固定牢固、密封严密。

二、方便操作维护

风阀部件安装方向应正确，安装位置有空间便于操作，电动、气动调节阀的安装应保证执行机构动作的空间，同时保证方便检修、更换。

三、方向性

止回阀、定风量阀、防火阀、排烟阀（口）等的安装方向应正确，防爆波活门、防爆超压排气活门安装时，活门开启应朝向排气方向。

四、阀门支、吊架

按照《通风与空调工程施工质量验收规范》GB 50243—2016与《建筑防烟排烟系统技术标准》GB 51251—2017的规定，检查阀门是否设置设独立的支、吊架。

五、斜插板风阀

斜插板风阀主要应用于除尘系统，以防止风管中碎屑堵塞风管，安装时应考虑不易积尘，因此水平安装时应顺气流安装，垂直安装时应向上开启。

止回阀、定风量阀的阀体上标注有气流方向，安装时标注方向和气流方向必须保持一致。

078 防爆阀安装有何特殊要求？

【规范条文】

《通风与空调工程施工质量验收规范》GB 50243—2016

6.2.7 风管部件的安装应符合下列规定：

4 防爆波活门、防爆超压排气活门安装时，穿墙管的法兰和在轴线视线上的杠杆

应铅垂，活门开启应朝向排气方向，在设计的超压下能自动启闭。关闭后，阀盘与密封圈贴合应严密。

【问题解答】

一、防爆阀门作用

防爆波活门是人防工程中用于在遭受空袭的情况下，保证工程内不间断通风的防护通风设备。主体为钢制结构，一般与扩散室结合使用，根据材质的不同分为悬摆式（或悬板式）和胶管式两种。

防爆超压排气活门主要用于防护工程的排风口部。平时处于关闭状态，当需要进行滤毒通风时，防护工程内部必须造成并保持 30Pa ~ 50Pa 超压，此时超压排气活门的阀盖在超压的作用下自动开启，以排除防毒通道内的毒气。当战时需要进行隔绝防护体时，用人工将阀盖锁紧，此时超压排气活门具有防护密闭功能。

防爆波活门和防爆超压排气活门的安装，是为了便于排气和防止高压冲击波对人体的造成伤害，活门开启必须朝向排气方向，其方向必须正确不得有误；超压下不但能自动关闭，且关闭时阀盘与密封圈贴合还应严密。

二、安装要求

防爆波悬摆活门、防爆超压排气活门和自动排气活门安装时，位置的允许偏差应为 10mm，标高的允许偏差应为 ±5mm，框正、侧面与平衡锤连杆的垂直度允许偏差应为 5mm。

079 洁净空调风管安装质量控制要点有哪些？

【规范条文】

《通风与空调工程施工规范》GB 50738—2011

8.1.8 洁净空调系统风管安装应符合下列规定：

1 风管安装场地所用机具应保持清洁，安装人员应穿戴清洁工作服、手套和工作鞋等。

2 经清洗干净包装密封的风管、静压箱及其部件，在安装前不应拆封。安装时，拆开端口封膜后应随即连接，安装中途停顿时，应将端口重新封好。

3 法兰垫料应采用不产尘、不易老化并具有一定强度和弹性的材料，厚度宜为 5mm ~ 8mm，不应采用乳胶海绵、厚纸板、石棉橡胶板、铅油麻丝及油毡纸等。法兰垫料不应直缝对接连接，表面严禁涂刷涂料。

4 风管与洁净室吊顶、隔墙等围护结构的接缝处应严密。

《通风与空调工程施工质量验收规范》GB 50243—2016

6.2.5 净化空调系统风管的安装应符合下列规定：

1 在安装前风管、静压箱及其他部件的内表面应擦拭干净，且应无油污和浮尘。

当施工停顿或完毕时，端口应封堵。

2 法兰垫料应采用不产尘、不易老化，且具有强度和弹性的材料，厚度应为5mm～8mm，不得采用乳胶海绵。法兰垫片宜减少拼接，且不得采用直缝对接连接，不得在垫料表面涂刷涂料。

3 风管穿过洁净室（区）吊顶、隔墙等围护结构时，应采取可靠的密封措施。

【问题解答】

一、法兰垫料

1）法兰垫料厚度宜为3mm～5mm。

2）输送温度低于70℃的空气时，可用橡胶板、密封胶带或其他闭孔弹性材料。

3）输送烟气或温度高于70℃的空气时，应根据介质及工作温度采用耐高温的材料或不燃等耐热、防火的材料密封。防排烟系统应采用不燃、耐高温防火材料密封。

4）输送含有腐蚀性介质的气体时，应根据介质特性采用耐酸橡胶板、软聚氯乙烯板或硅胶带（圈）。

5）净化系统风管的法兰垫料应为不产尘、不易老化、具有一定强度和弹性的材料。

6）法兰密封垫料不得使用厚纸板、石棉橡胶板、铅油麻丝及油毡纸等。垫料应减少接头，可采用梯形或榫形连接，并应涂抹胶粘剂粘牢。法兰均匀压紧后的垫料不应凸出风管内壁。

二、风管安装

1）风管系统安装前，建筑结构、门窗和地面施工应已完成，具备相对封闭条件。

2）风管安装场地及所用机具应保持清洁。安装人员应穿戴清洁工作服、手套和工作鞋等。

3）风管支、吊架应在风管安装前定位固定好，减少大量产尘作业。经清洗干净端口密封的风管及其部件在安装前不得拆卸。安装时拆开端口封膜后应随即连接，安装中途停顿，应将端口重新封好。

4）风管与洁净室吊顶、隔墙等围护结构的接缝处应严密，并采用弹性密封胶进行密封。

5）风管所用的螺栓、螺母、垫圈和铆钉均应采用与管材性能相适应、不产生电化学腐蚀的材料。

080 软接风管安装质量控制要点有哪些？

【规范条文】

《通风与空调工程施工规范》GB 50738—2011

8.4.1 柔性短管的安装宜采用法兰接口形式。

8.4.2　风管与设备相连处应设置长度为 150mm ~ 300mm 的柔性短管，柔性短管安装后应松紧适度，不应扭曲，并不应作为找正、找平的异径连接管。

8.4.3　风管穿越建筑物变形缝空间时，应设置长度为 200mm ~ 300mm 的柔性短管（图 8.4.3–1）；风管穿越建筑物变形缝墙体时，应设置钢制套管，风管与套管之间应采用柔性防水材料填塞密实。穿越建筑物变形缝墙体的风管两端外侧应设置长度为 150mm ~ 300mm 的柔性短管，柔性短管距变形缝墙体的距离宜为 150mm ~ 200mm（图 8.4.3–2），柔性短管的保温性能应符合风管系统功能要求。

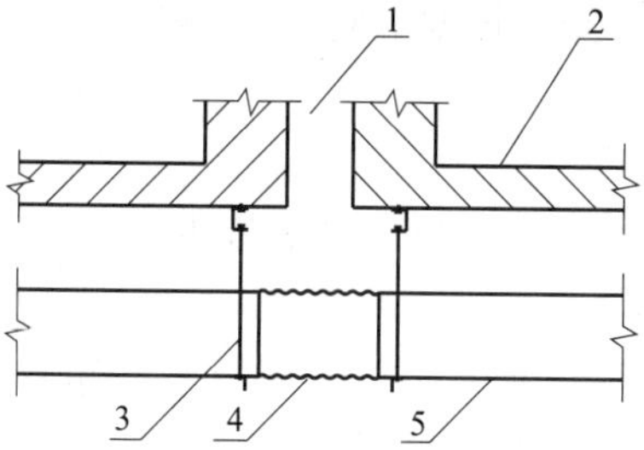

图 8.4.3–1　风管过变形缝空间的安装示意

1—变形缝；2—楼板；3—吊架；
4—柔性短管；5—风管

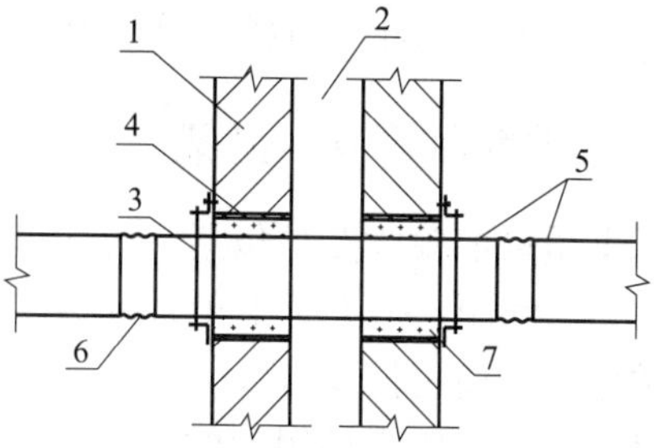

图 8.4.3–2　风管穿越变形缝墙体的安装示意

1—墙体；2—变形缝；3—吊架；4—防护套管；
5—风管；6—柔性短管；7—柔性防水填充材料

8.4.4　柔性风管连接应顺畅、严密，并应符合下列规定：

1　金属圆形柔性风管与风管连接时，宜采用卡箍（抱箍）连接（图 8.4.4），柔性风管的插接长度应大于 50mm。当连接风管直径小于或等于 300mm 时，宜用不少于 3 个自攻螺钉在卡箍紧固件圆周上均布紧固；当连接风管直径大于 300mm 时，宜用不少于 5 个自攻螺钉紧固。

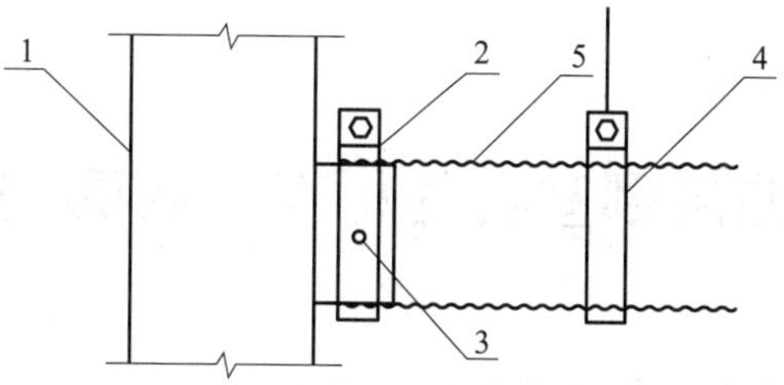

图 8.4.4　卡箍（抱箍）连接示意

1—主风管；2—卡箍；3—自攻螺钉；4—抱箍吊架；5—柔性风管

2　柔性风管转弯处的截面不应缩小，弯曲长度不宜超过 2m，弯曲形成的角度应大于 90°。

3　柔性风管安装时长度应小于 2m，并不应有死弯或塌凹。

《通风与空调工程施工质量验收规范》GB 50243—2016

6.3.5　柔性短管的安装，应松紧适度，目测平顺、不应有强制性的扭曲。可伸缩金属或非金属柔性风管的长度不宜大于 2m。柔性风管支、吊架的间距不应大于 1 500mm，承托的座或箍的宽度不应小于25mm，两支架间风道的最大允许下垂应为100mm，且不应有死弯或塌凹。

【问题解答】

软接风管包括柔性短管和柔性风管。

一、长度要求

风管与设备连接采用的柔性短管长度为150mm~300mm；为了保证隔振的效果，柔性短管柔性材料长度不应小于150mm。柔性风管管壁阻力比钢板风管大，管道过长时压力损失大。因此，风管与风口连接的柔性风管安装长度不应大于2m。

二、柔性风管支、吊架

基本质量的验收要求包括：柔性风管设置承托的座或箍，其宽度不应小于25mm，支、吊架的间距不得大于1 500mm等。

柔性短管使用长度与口径有关，直径小于或等于300mm的，应遵守规范条文的规定。对于大口径的柔性短管的使用，在系统阻力允许的前提下可适当放宽。可伸缩的柔性风管安装后，应能充分伸展，伸展度宜大于或等于60%。风管转弯处其截面不得缩小。金属圆形柔性风管宜采用抱箍将风管与法兰紧固，当直接采用螺钉紧固时，紧固螺钉距离风管端部应大于12mm，螺钉间距应小于150mm。

用于支管安装的铝箔聚酯膜复合柔性风管长度宜小于2m，超过2m的可在中间位置加装不大于600mm金属直管段，总长度不应大于5m。柔性风管与角钢法兰采用铆接的方式，采用厚度大于或等于0.5mm的镀锌钢板将风管与法兰铆接紧固。

圆形风管连接宜采用卡箍紧固，插接长度应大于50mm。当连接套管直径大于320mm时，应在套管端面10mm~15mm处压制环形凸槽，安装时卡箍应放置在套管的环形凸槽后面。

081 风管连接时使用哪些密封材料？有哪些具体要求？

【规范条文】

《通风与空调工程施工规范》GB 50738—2011

8.1.4 风管连接的密封材料应根据输送介质温度选用，并应符合该风管系统功能的要求，其防火性能应符合设计要求，密封垫料应安装牢固，密封胶应涂抹平整、饱满，密封垫料的位置应正确（图8.1.4-1、图8.1.4-2），密封垫料不应凸入管内或脱落。当设计无要求时，法兰垫料材质及厚度应符合下列规定：

1 输送温度低于70℃的空气时，可采用橡胶板、闭孔海绵橡胶板、密封胶带或其他闭孔弹性材料；输送温度高于70℃的空气时，应采用耐高温材料；

2 防、排烟系统应采用不燃材料；

3 输送含有腐蚀性介质的气体，应采用耐酸橡胶板或软聚乙烯板；

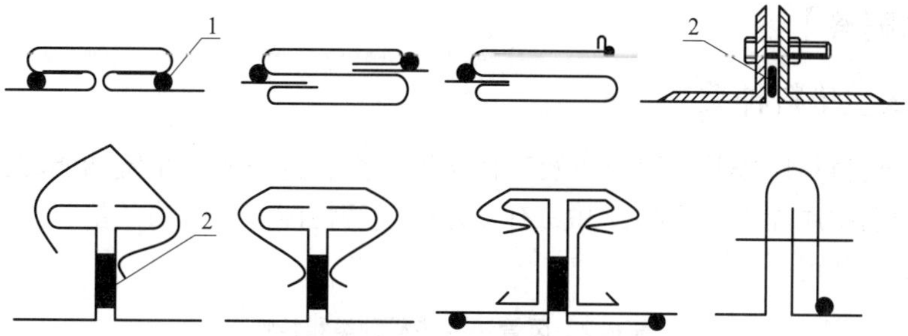

图 8.1.4-1　矩形风管连接的密封示意

1—密封胶；2—密封垫

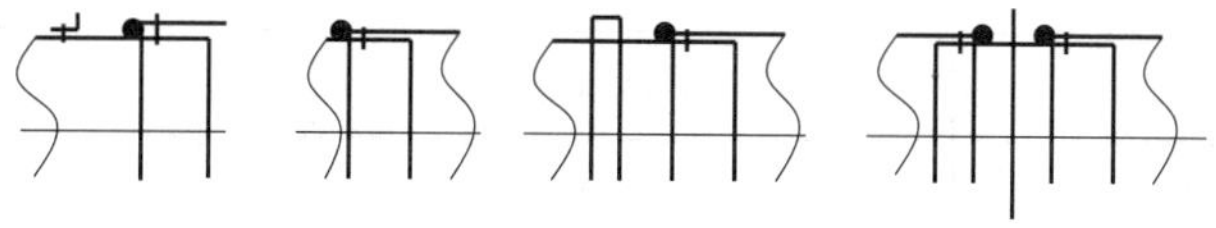

图 8.1.4-2　圆形风管连接的密封示意

4　法兰垫料厚度宜为 3mm ~ 5mm。

《通风与空调工程施工质量验收规范》GB 50243—2016

6.2.5　净化空调系统风管的安装应符合下列规定：

1　在安装前风管、静压箱及其他部件的内表面应擦拭干净，且应无油污和浮尘。当施工停顿或完毕时，端口应封堵。

2　法兰垫料应采用不产尘、不易老化，且具有强度和弹性的材料，厚度应为 5mm ~ 8mm，不得采用乳胶海绵。法兰垫片宜减少拼接，且不得采用直缝对接连接，不得在垫料表面涂刷涂料。

3　风管穿过洁净室（区）吊顶、隔墙等围护结构时，应采取可靠的密封措施。

6.3.2　风管系统的安装应符合下列规定：

4　风管接口的连接应严密牢固。风管法兰的垫片材质应符合系统功能的要求，厚度不应小于 3mm。垫片不应凸入管内，且不宜突出法兰外；垫片接口交叉长度不应小于 30mm。

6.3.6　非金属风管的安装除应符合本规范第 6.3.2 条的规定外，尚应符合下列规定：

3　硬聚氯乙烯风管的安装尚应符合下列规定：

3）采用法兰连接时，垫片宜采用 3mm ~ 5mm 软聚氯乙烯板或耐酸橡胶板；

6.3.7　复合材料风管的安装除应符合本规范第 6.3.6 条的规定外，尚应符合下列规定：

3　酚醛铝箔复合板风管与聚氨酯铝箔复合板风管的安装，尚应符合下列规定：

2）插接连接法兰四角的插条端头与护角应有密封胶封堵；

4　玻璃纤维复合板风管的安装应符合下列规定：

1）风管的铝箔复合面与丙烯酸等树脂涂层不得损坏，风管的内角接缝处应采用密封胶勾缝。

2）榫连接风管的连接应在榫口处涂胶粘剂，连接后在外接缝处应采用扒钉加固，间距不宜大于 50mm，并宜采用宽度大于或等于 50mm 的热敏胶带粘贴密封。

3）采用槽形插接等连接构件时，风管端切口应采用铝箔胶带或刷密封胶封堵。

【问题解答】

一、法兰垫料种类

风管密封材料应按其输送介质及工作温度选用，并应满足系统功能的技术条件要求，对风管的材质无不良影响，并具有良好的气密性能。风管法兰垫料种类和特性应符合表 6–2 的规定。

表 6–2　风管法兰垫料种类和特性

种类	燃烧性能	主要基材耐热性能
橡胶石棉板	不燃 A 级	—
陶瓷类	不燃 A 级	600℃
玻璃纤维类	不燃 A 级	300℃
硅玻钛金胶板	不燃 A 级	300℃
硅胶制品	难燃 B_1 级	225℃
丁腈橡胶类	难燃 B_1 级	120℃
氯丁橡胶类	难燃 B_1 级	100℃
聚氯乙烯	难燃 B_1 级	100℃
8501 密封胶带	难燃 B_1 级	80℃
异丁基橡胶类	难燃 B_1 级	80℃

二、法兰垫料选用要求

1）法兰垫料厚度宜为 3mm ~ 5mm，净化空调系统法兰垫料厚度为 5mm ~ 8mm。

2）输送温度低于 70℃的空气时，可用橡胶板、密封胶带或其他闭孔弹性材料。

3）输送烟气或温度高于 70℃的空气时，应根据介质及工作温度采用耐高温的材料或不燃等耐热、防火的材料密封。防排烟系统应采用不燃、耐高温防火材料密封。

4）输送含有腐蚀性介质的气体时，应根据介质特性采用耐酸橡胶板、软聚氯乙烯板或硅胶带（圈）。

5）净化系统风管的法兰垫料应为不产尘、不易老化、具有一定强度和弹性的材料。

三、风管连接密封

1）非金属风管采用 PVC 或铝合金插条法兰连接，应对四角连接处或漏风缝隙处进行密封处理。玻璃纤维板风管采用板材自有的子母口榫接，缝隙处插接密封。

2）风管与风道连接时，应采取风道预埋法兰或安装连接件的形式接口，结合缝应填耐火密封填料。

3）风管密封胶应设置在风管正压侧。密封材料应符合通风介质以及外部环境的要求。

4）密封垫料应减少拼接，接头连接应采用阶梯形或榫形方式。密封垫料不应凸入管内或脱落。

5）薄钢板（或组合式）法兰风管的法兰角件连接处应进行密封。

082 什么是低温送风系统？与其他送风系统有何区别？

【规范条文】

《建筑节能与可再生能源利用通用规范》GB 55015—2021

6.3.6　低温送风系统风管安装过程中，应进行风管系统的漏风量检测；风管系统漏风量应符合表 6.3.6 的规定。

表 6.3.6　风管系统允许漏风量

风管类别	允许漏风量［$m^3/(h \cdot m^3)$］
低压风管	$Q_l \leqslant 0.105\,6\,P^{0.65}$
中压风管	$Q_m \leqslant 0.035\,2\,P^{0.65}$

注：P 为系统风管工作压力（Pa）。

《通风与空调工程施工质量验收规范》GB 50243—2016

4.2.1　风管加工质量应通过工艺性的检测或验证，强度和严密性要求应符合下列规定：

1　风管在试验压力保持 5min 及以上时，接缝处应无开裂，整体结构应无永久性的变形及损伤。试验压力应符合下列规定：

1）低压风管应为 1.5 倍的工作压力；

2）中压风管应为 1.2 倍的工作压力，且不低于 750Pa；

3）高压风管应为 1.2 倍的工作压力。

2　矩形金属风管的严密性检验，在工作压力下的风管允许漏风量应符合表 4.2.1 的规定。

表 4.2.1　风管允许漏风量

风管类别	允许漏风量［$m^3/(h \cdot m^2)$］
低压风管	$Q_l \leqslant 0.105\,6\,P^{0.65}$
中压风管	$Q_m \leqslant 0.035\,2\,P^{0.65}$
高压风管	$Q_h \leqslant 0.011\,7\,P^{0.65}$

注：Q_l 为低压风管允许漏风量，Q_m 为中压风管允许漏风量，Q_h 为高压风管允许漏风量，P 为系统风管工作压力（Pa）。

【问题解答】

低温送风空调系统是送风温度低于常规数值的全空气空调系统。常规送风系统设计温度为14~18℃，而低温送风空调系统一般设计温度为4~12℃。

低温空调系统允许漏风量与普通空调系统允许漏风量是一致的，《建筑节能与可再生能源利用通用规范》GB 55015—2021与《通风与空调工程施工质量验收规范》GB 50243—2016两部标准要求一样。

一、低温送风空调系统分类

以低于常规空调系统送风的空调通称为低温送风系统，低温送风系统按其送风温度的高低，一般可分为三类：

1）一类低温送风：送风温度范围为4℃~6℃。

2）二类低温送风：送风温度范围为6℃~8℃，标准送风温度为7℃。

3）三类低温送风：送风温度为9℃~12℃，标准送风温度为10℃。

二、低温送风空调系统应注意的问题

1）空气冷却器出风温度与冷媒进口温度之间的温差不宜小于3℃，出风温度宜采用4~10℃，直接膨胀系统不应低于7℃。

2）计算送风机、送风管道及送风末端装置的温升，确定室内送风量及送风温度，并应保证在室内温湿度条件下风口不结露。

3）采用向空气调节区直接送低温冷风的送风口，应采取能够在系统开始运行时，使送风温度逐渐降低的措施。

4）低温送风空调系统安装时，应全数对各空调系统进行漏风量测试，确保严密性符合规定的要求。

5）低温送风系统的空气处理机组、管道及附件、末端送风装置绝热施工必须严密，厚度应符合设计要求，不应有负偏差。

6）凝结水管绝热层厚度，应确保管道表面不结露。

7）应确保各支、吊架不存在热桥现象。

083 如何区分风管主管、干管、支管？

【规范条文】

《通风与空调工程施工质量验收规范》GB 50243—2016

6.1.1 风管系统安装后应进行严密性检验，合格后方能交付下道工序。风管系统严密性检验应以主、干管为主，并应符合本规范附录C的规定。

【问题解答】

空调系统风管的主管、干管、支管是一个笼统的叫法，没有严格的定义和界限。一般与设备直接连接的风管，风量最大，且无分支的管道称为主管；从主管分支出来的管道一般称为干管；干管再分支出来的管道称为支管，支管也是连接风口的管道。

干管与支管的区分是相对的。有些系统主管上安装风口，没有干管。

084 风管支管与主管、干管连接有哪些要求?

【规范条文】

《通风与空调工程施工规范》GB 50738—2011

8.2.7　边长小于或等于 630mm 的支风管与主风管连接应符合下列规定：

1　S 形直角咬接［图 8.2.7（a）］支风管的分支气流内侧应有 30° 斜面或曲率半径为 150mm 的弧面，连接四角处应进行密封处理；

2　联合式咬接［图 8.2.7（b）］连接四角处应做密封处理；

3　法兰连接［图 8.2.7（c）］主风管内壁处应加扁钢垫，连接处应密封。

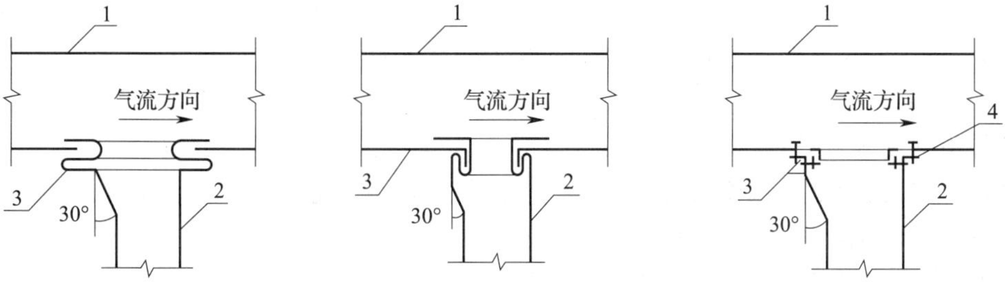

（a）S形直角咬接　（b）联合式咬接　(c) 法兰连接

图 8.2.7　支风管与主风管连接方式

1—主风管；2—支风管；3—接口；4—扁钢垫

【问题解答】

通风与空调系统风管的支管与主管连接时应注意以下问题：

一、密封要求

不管采用哪种连接方式，均应在接缝处、连接四角处做好密封处理。

二、支管与干管的链接

1. 钢板风管

金属风管的支管与主管的连接方式有 S 形直角咬接、联合式咬接、法兰连接、S 形止口式咬接、C 形直角插条咬接等方式。边长大于 630mm 的支管与主风管连接时，制作三通配件连接。边长小于或等于 630mm 的支风管与主风管连接应符合下列规定：①迎风面应有 30° 斜面或 R=150mm 弧面，支管长度宜为 150mm ~ 200mm；②支管与主管的连接形式可采用 S 形直角咬接、联合角口式咬接、法兰螺栓连接、S 形止口式咬接、C 形直角插条咬接等形式制作，结合面应压实，并应在接缝处及连接四角处密封处理；③采用法兰连接形式时，主风管内壁处上螺钉前应加扁钢垫并做密封处理。

2. 复合管道

风管边长小于或等于 500mm 的支风管与主风管接连时，可采用在主、支风管接口处切 45° 坡口直接粘接的方法连接。连接件四角处应涂抹密封胶，粘贴严密。

085 如何进行风管系统严密性试验？

【规范条文】

《通风与空调工程施工规范》GB 50738—2011

15.3.3 风管系统漏风量测试应符合下列规定：

1 风管分段连接完成或系统主干管已安装完毕。

2 系统分段、面积测试应已完成，试验管段分支管口及端口已密封。

3 按设计要求及施工图上该风管（段）风机的风压，确定测试风管（段）的测试压力。

4 风管漏风量测试方法可按本规范第 15.2.2 条执行。

15.2.2 风管严密性试验采用测试漏风量的方法，应在设计工作压力下进行。漏风量测试可按下列要求进行：

1 风管组两端的风管端头应封堵严密，并应在一端留有两个测量接口，分别用于连接漏风量测试装置及管内静压测量仪。

2 将测试风管组置于测试支架上，使风管处于安装状态，并安装测试仪表和漏风量测试装置（图 15.2.2）。

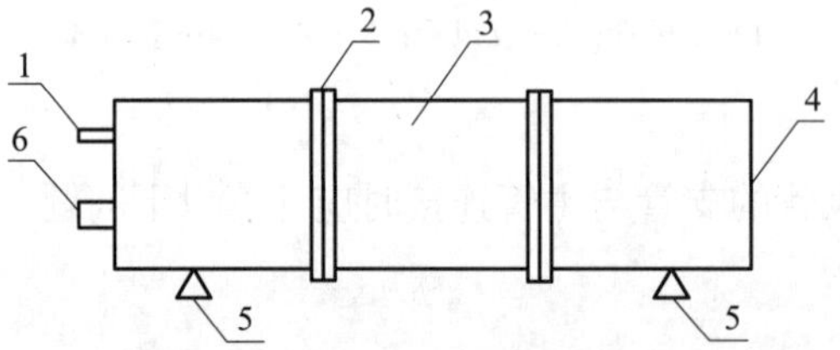

图 15.2.2 漏风量测试装置连接示意

1—静压测管；2—法兰连接处；3—测试风管组（按规定加固）；
4—端板；5—支架；6—漏风量测试装置接口

3 接通电源、启动风机，调整漏风量测试装置节流器或变频调速器，向测试风管组内注入风量，缓慢升压，使被测风管压力示值控制在要求测试的压力点上，并基本保持稳定，记录漏风量测试装置进口流量测试管的压力或孔板流量测试管的压差。

4 记录测试数据，计算漏风量；应根据测试风管组的面积计算单位面积漏风量；计算允许漏风量；对比允许漏风量判定是否符合要求。实测风管组单位面积漏风量不大于允许漏风量时，应判定为合格。

15.2.3 风管的允许漏风量应符合下列规定：

1 矩形风管的允许漏风量可按下列公式计算：

低压系统：　$Q_L \leqslant 0.105\,6P^{0.65}$　（15.2.3-1）

中压系统：　$Q_M \leqslant 0.035\,2P^{0.65}$　（15.2.3-2）

高压系统：　$Q_H \leqslant 0.011\,7P^{0.65}$　（15.2.3-3）

式中：Q_L、Q_M、Q_H——在相应设计工作压力下，单位面积风管单位时间内的允许漏风量［$m^3/(h \cdot m^2)$］；

P——风管系统的设计工作压力（Pa）。

2　圆形金属风管、复合风管及采用非法兰连接的非金属风管的允许漏风量，应为矩形风管规定值的50%。

3　排烟、低温送风系统的允许漏风量应按中压系统风管确定；1级～5级洁净空调系统的允许漏风量应按高压系统风管确定。

《建筑防烟排烟系统技术标准》GB 51251—2017

6.3.3　风管应按系统类别进行强度和严密性检验，其强度和严密性应符合设计要求或下列规定：

1　风管强度应符合现行行业标准《通风管道技术规程》JGJ/T 141的规定。

2　金属矩形风管的允许漏风量应符合下列规定：

低压系统风管：　$L_{low} \leqslant 0.105\,6P_{风管}^{0.65}$　（6.3.3-1）

中压系统风管：　$L_{mid} \leqslant 0.035\,2P_{风管}^{0.65}$　（6.3.3-2）

高压系统风管：　$L_{high} \leqslant 0.011\,7P_{风管}^{0.65}$　（6.3.3-3）

式中：L_{low}，L_{mid}，L_{high}——系统风管在相应工作压力下，单位面积风管单位时间内的允许漏风量［$m^3/(h \cdot m^2)$］；

$P_{风管}$——指风管系统的工作压力（Pa）。

3　风管系统类别应按本标准表6.3.3划分。

表6.3.3　风管系统类别划分

系统类别	系统工作压力 $P_{风管}$（Pa）
低压系统	$P_{风管} \leqslant 500$
中压系统	$500 < P_{风管} \leqslant 1\,500$
高压系统	$P_{风管} > 1\,500$

4　金属圆形风管、非金属风管允许的气体漏风量应为金属矩形风管规定值的50%。

5　排烟风管应按中压系统风管的规定。

6.3.5　风管（道）系统安装完毕后，应按系统类别进行严密性检验，检验应以主、干管道为主，漏风量应符合设计与本标准第6.3.3条的规定。

《通风与空调工程施工质量验收规范》GB 50243—2016

6.1.1　风管系统安装后应进行严密性检验，合格后方能交付下道工序。风管系统严密性检验应以主、干管为主，并应符合本规范附录C的规定。

6.2.9　风管系统安装完毕后，应按系统类别要求进行施工质量外观检验。合格后，应进行风管系统的严密性检验，漏风量除应符合设计要求和本规范第4.2.1条的规定外，尚应符合下列规定：

1 当风管系统严密性检验出现不合格时，除应修复不合格的系统外，受检方应申请复验或复检。

2 净化空调系统进行风管严密性检验时，N1 级 ~ N5 级的系统按高压系统风管的规定执行；N6 级 ~ N9 级，且工作压力小于或等于 1 500Pa 的，均按中压系统风管的规定执行。

检查数量：微压系统，按工艺质量要求实行全数观察检验；低压系统，按Ⅱ方案实行抽样检验；中压系统，按Ⅰ方案实行抽样检验；高压系统，全数检验。

检查方法：除微压系统外，严密性测试按本规范附录 C 的规定执行。

C.1.2 风管强度应满足微压和低压风管在 1.5 倍的工作压力，中压风管在 1.2 倍的工作压力且不低于 750Pa，高压风管在 1.2 倍的工作压力下，保持 5min 及以上，接缝处无开裂，整体结构无永久性的变形及损伤为合格。

C.1.3 风管的严密性测试应分为观感质量检验与漏风量检测。观感质量检验可应用于微压风管，也可作为其他压力风管工艺质量的检验，结构严密与无明显穿透的缝隙和孔洞应为合格。漏风量检测应为在规定工作压力下，对风管系统漏风量的测定和验证，漏风量不大于规定值应为合格。系统风管漏风量的检测，应以总管和干管为主，宜采用分段检测，汇总综合分析的方法。检验样本风管宜为 3 节及以上组成，且总表面积不应少于 $15m^2$。

《建筑工程施工质量验收统一标准》GB 50300—2013

3.0.9 检验批抽样样本应随机抽取，满足分布均匀、具有代表 性的要求，抽样数量应符合有关专业验收规范的规定。当采用计数抽样时，最小抽样数量应符合表 3.0.9 的要求。

明显不合格的个体可不纳入检验批，但应进行处理，使其满足有关专业验收规范的规定，对处理的情况应予以记录并重新验收。

表 3.0.9 检验批最小抽样数量

检验批的容量	最小抽样数量	检验批的容量	最小抽样数量
2 ~ 15	2	151 ~ 280	13
16 ~ 25	3	281 ~ 500	20
26 ~ 90	5	501 ~ 1 200	32
91 ~ 150	8	1 201 ~ 3 200	50

【问题解答】

一、通风与空调施工质量验收规范的有关规定

关于风管系统漏风量检测，《通风与空调工程施工质量验收规范》GB 50243—2016 有以下要求：

1. 检验批样本量确定的基本要求

根据《通风与空调工程施工质量验收规范》GB 50243—2016 第 3.0.9 条的要求，

通风与空调工程分项工程施工质量的验收应按分项工程对应的具体规定执行。各个分项工程应根据施工工程的实际情况，采用一次或多次验收，检验验收批的批次、样本数量可根据工程的实物量与分布情况而定，并应覆盖整个分项工程。

当分项工程中包含多种材质、施工工艺的风管或管道时，检验验收批宜按不同材质进行分列。

2. 检验批抽样的基本要求

根据《通风与空调工程施工质量验收规范》GB 50243—2016 第 3.0.10 条的要求，产品合格率大于或等于 95% 的抽样评定方案，应定为第Ⅰ抽样方案（以下简称Ⅰ方案），主要适用于主控项目；产品合格率大于或等于 85% 的抽样评定方案，应定为第Ⅱ抽样方案（以下简称Ⅱ方案），主要适用于一般项目。

强制性条款的检验应采用全数检验方案。

3. 严密性试验的范围

根据《通风与空调工程施工质量验收规范》GB 50243—2016 第 6.1.1 条的要求，风管系统安装后应进行严密性检验，合格后方能交付下道工序。风管系统严密性检验应以主、干管为主，并应符合《通风与空调工程施工质量验收规范》GB 50243—2016 附录 C 的规定。

4. 严密性试验的基本要求

根据《通风与空调工程施工质量验收规范》GB 50243—2016 第 6.2.9 条的要求，风管系统安装完毕后，应按系统类别要求进行施工质量外观检验。合格后，应进行风管系统的严密性检验。

净化空调系统进行风管严密性检验时，N1 级 ~ N5 级的系统按高压系统风管的规定执行；N6 级 ~ N9 级，且工作压力小于或等于 1 500 Pa 的，均按中压系统风管的规定执行。

微压系统，按工艺质量要求实行全数观察检验；低压系统，按Ⅱ方案实行抽样检验；中压系统，按Ⅰ方案实行抽样检验；高压系统，全数检验。

除微压系统外，严密性测试按《通风与空调工程施工质量验收规范》GB 50243—2016 附录 C 的规定执行。

5. 严密性试验的具体方法

风管的严密性测试应分为观感质量检验与漏风量检测。

观感质量检验可应用于微压风管，也可作为其他压力风管工艺质量的检验，结构严密与无明显穿透的缝隙和孔洞应为合格。

漏风量检测应为在规定工作压力下，对风管系统漏风量的测定和验证，漏风量不大于规定值应为合格。系统风管漏风量的检测，应以总管和干管为主，宜采用分段检测，汇总综合分析的方法。

检验样本风管宜为 3 节及以上组成，且总表面积不应少于 15 m^2。

二、风管系统漏风检测抽样数量的确定

1. 漏风量检验对象

根据《通风与空调工程施工质量验收规范》GB 50243—2016 的要求，高压风管系

统的泄漏对系统的正常运行会产生较大的影响，应进行全数检测，将漏风量控制在微量的范围之内。

中压风管系统大多为低级别的除尘系统、净化空调系统、恒温恒湿与排烟系统等，对风管的质量有较高的要求，按Ⅰ方案进行系统的抽查检测，以保证系统的正常运行。

低压风管系统在通风与空调工程中占有最大的数量，大都为送、排风和舒适性空调系统。它们对系统的严密性要求相对较低，可以容忍一定量的漏风。但是从节省能源的角度考虑，漏风就是浪费，限制其漏风的数量意义重大。因此规定对低压风管系统按Ⅱ方案进行风管系统的漏风量测定，以控制风管的质量。

微压风管主要适用于建筑内的全面送、排风系统，风管的漏风一般不会严重影响系统的使用性能。故规定以严格施工工艺的监督的方法，来控制风管的严密性能。

洁净度为N1级～N5级风管系统工作压力低于1 500Pa的净化空调系统，风管的过量泄漏会严重影响洁净度目标的实现，故规定以高压系统的严密性要求进行验收。

2. 漏风量测试时间

主、干管安装完成后进行漏风量试验，而不是系统全部安装完成后再对主、干管进行试验。系统安装完成后再进行漏风量测试是很难实现的，也是不符合逻辑的，根本上也失去漏风测试的意义。一切描述在系统全部安装完成之后的严密性试验都是造假。

3. 检验批容量的确定

《通风与空调工程施工质量验收规范》GB 50243—2016引用了质量核查的抽样方法，在表述检验批大小时，用检验批产品量的多少。而《建筑工程施工质量验收统一标准》GB 50300—2013和《建筑节能工程施工质量验收标准》GB 50411—2019均采用了质量验收的抽样方法，在表述一个检验批大小时，都用检验批容量来表示。

《建筑节能工程施工质量验收标准》GB 50411—2019规定按系统进行检验试验，而不是按风管面积折算确定检验批容量。因此，正确的表述是：同一个子分部工程的分项工程，每个风管系统计算为一个检验批容量，以此计算该分项工程检验批总容量。

不同子分部的分项工程漏风测试应分别进行，不能合并一起计算检验批容量。

4. 抽样数量

质量验收不是质量检查评定。

为了检验施工质量成果，施工单位在每个系统开始施工时，可以对样板风管进行漏风量测试，如果测试合格，就可以按照该施工方法和技术交底内容进行全面施工；其他系统也应进行样板施工，并进行测试。

质量验收应在施工单位自检合格的基础上进行，也就是说施工单位应做到100%合格，而不是在申报时还有一定比例的不合格项。但做到100%合格，并不是要求施工单位全部进行漏风量测试才得出的结果，而是在样板施工的基础上，严格按照施工方案和技术交底内容施工的基础之上得出的结论，并通过施工过程随机测试结果进行验证。

如果申报有不合格项时，是不应该进行申报质量验收的。因此，不能按照《通风与空调工程施工质量验收规范》GB 50243—2016第6.2.9条进行抽样。

实际严密性试验抽样时，应按照《建筑工程施工质量验收统一标准》GB 50300—2013 第 3.0.9 条的要求进行。例如，一个写字楼共 25 层，有消防防排烟系统和空调系统；空调系统为风机盘管加新风系统，每层设两个新风机机组。消防防排烟系统为中压，单独进行严密性漏风量测试验收。空调系统中新风系统漏风量测试为一个分项工程检验批，该检验批总量为 50 个，按统一标准进行抽样，抽取 5 个新风系统进行漏风测试，5 个系统中测试结果没有不合格项，该检验批判定为合格。

第七章 防排烟系统安装

086 防排烟系统风管的材质有什么特殊要求?

【规范条文】

《通风与空调工程施工规范》GB 50738—2011

4.1.6 钢板矩形风管与配件的板材最小厚度应按风管断面长边尺寸和风管系统的设计工作压力选定，并应符合表4.1.6–1的规定；钢板圆形风管与配件的板材最小厚度应按断面直径、风管系统的设计工作压力及咬口形式选定，并应符合表4.1.6–2的规定。排烟系统风管采用镀锌钢板时，板材最小厚度可按高压系统选定。

表 4.1.6–1 钢板矩形风管与配件的板材最小厚度（mm）

风管长边尺寸 b	低压系统（P≤500 Pa） 中压系统（500 Pa<P≤1 500 Pa）	高压系统（P >1 500 Pa）
b≤320	0.5	0.75
320<b≤450	0.6	0.75
450<b≤630	0.6	0.75
630<b≤1 000	0.75	1.0
1 000<b≤1 250	1.0	1.0
1 250<b≤2 000	1.0	1.2
2 000<b≤4 000	1.2	按设计

表 4.1.6–2 钢板圆形风管与配件的板材最小厚度（mm）

风管直径 D	低压系统（P≤500 Pa）		中压系统（500 Pa< P≤1 500 Pa）		高压系统（P >1 500 Pa）	
	螺旋咬口	纵向咬口	螺旋咬口	纵向咬口	螺旋咬口	纵向咬口
D≤320	0.50		0.50		0.50	
320<D≤450	0.50	0.60	0.50	0.7	0.60	0.7
450<D≤1 000	0.60	0.75	0.60	0.7	0.60	0.7

表 4.1.6–2（续）

风管直径 D	低压系统（$P \leq 500$ Pa）		中压系统（500 Pa< $P \leq 1\,500$ Pa）		高压系统（P >1 500 Pa）	
	螺旋咬口	纵向咬口	螺旋咬口	纵向咬口	螺旋咬口	纵向咬口
1 000<$D \leq$1 250	0.7（0.8）	1.00	1.00	1.00	1.00	
1 250<$D \leq$2 000	1.00	1.20	1.20		1.20	
D>2 000	1.20	按设计				

注：对于椭圆风管，表中风管直径是指其最大直径。

《通风与空调工程施工质量验收规范》GB 50243—2016

4.1.2 风管制作所用的板材、型材以及其他主要材料进场时应进行验收，质量应符合设计要求及国家现行标准的有关规定，并应提供出厂检验合格证明。工程中所选用的成品风管，应提供产品合格证书或进行强度和严密性的现场复验。

4.2.3 金属风管的制作应符合下列规定：

1 金属风管的材料品种、规格、性能与厚度应符合设计要求。当风管厚度设计无要求时，应按本规范执行。钢板风管板材厚度应符合表 4.2.3–1 的规定。镀锌钢板的镀锌层厚度应符合设计或合同的规定，当设计无规定时，不应采用低于 80g/m^2 板材；不锈钢板风管板材厚度应符合表 4.2.3–2 的规定；铝板风管板材厚度应符合表 4.2.3–3 的规定。

表 4.2.3–1 钢板风管板材厚度

类别 风管直径或长边尺寸 b（mm）	板材厚度（mm）				
	微压、低压系统风管	中压系统风管		高压系统风管	除尘系统风管
		圆形	矩形		
$b \leq$320	0.5	0.5	0.5	0.75	2.0
320<$b \leq$450	0.5	0.6	0.6	0.75	2.0
450<$b \leq$630	0.6	0.75	0.75	1.0	3.0
630<$b \leq$1 000	0.75	0.75	0.75	1.0	4.0
1 000<$b \leq$1 500	1.0	1.0	1.0	1.2	5.0
1 500<$b \leq$2 000	1.0	1.2	1.2	1.5	按设计要求
2 000<$b \leq$4 000	1.2	按设计要求	1.2	按设计要求	按设计要求

注：1 螺旋风管的钢板厚度可按圆形风管减少 10%～15%。
2 排烟系统风管钢板厚度可按高压系统。
3 不适用于地下人防与防火隔墙的预埋管。

《建筑防烟排烟系统技术标准》GB 51251—2017

6.2.1 风管应符合下列规定：

1 风管的材料品种、规格、厚度等应符合设计要求和现行国家标准的规定。当采用金属风管且设计无要求时，钢板或镀锌钢板的厚度应符合本标准表 6.2.1 的规定。

表 6.2.1 钢板风管板材厚度

风管直径 D 或长边尺寸 B（mm）	送风系统（mm）		排烟系统（mm）
	圆形风管	矩形风管	
D（B）≤320	0.50	0.50	0.75
320<D（B）≤450	0.60	0.60	0.75
450<D（B）≤630	0.75	0.75	1.00
630<D（B）≤1 000	0.75	0.75	1.00
1 000<D（B）≤1 500	1.00	1.00	1.20
1 500<D（B）≤2 000	1.20	1.20	1.50
2 000<D（B）≤4 000	按设计	1.20	按设计

注：1 螺旋风管的钢板厚度可适当减小 10%～15%。

2 不适用于防火隔墙的预埋管。

【问题解答】

防排烟系统风管壁厚，《通风与空调工程施工规范》GB 50738—2011、《通风与空调工程施工质量验收规范》GB 50243—2016 两部规范均提出“可按高压系统”。《建筑防烟排烟系统技术标准》GB 51251—2017 明确表示：“钢板或镀锌钢板的厚度应符合本标准表 6.2.1 的规定”，表 6.2.1 排烟系统板材厚度数据与《通风与空调工程施工质量验收规范》GB 50243—2016 中高压系统板材尺寸是一致的。也就是说，施工时没有选择余地，排烟系统板材厚度是应按高压系统确定的。因此，施工时应以《建筑防烟排烟系统技术标准》GB 51251—2017 的规定为准。

有耐火极限要求的风管的本体、框架与固定材料、密封垫料等必须为不燃材料，材料品种、规格、厚度及耐火极限等应符合设计要求和国家现行标准的规定。

需要指出的是，排烟系统板材按高压系统进行选择，但排烟系统不一定是高压系统；排烟系统工作压力是根据管道系统功能需求由设计进行确定。

087 防排烟风管耐火极限有何要求?

【规范条文】

《建筑防烟排烟系统技术标准》GB 51251—2017

3.3.8 机械加压送风管道的设置和耐火极限应符合下列规定：

1 竖向设置的送风管道应独立设置在管道井内，当确有困难时，未设置在管道井内或与其他管道合用管道井的送风管道，其耐火极限不应低于 1.00h；

2　水平设置的送风管道，当设置在吊顶内时，其耐火极限不应低于 0.50h；当未设置在吊顶内时，其耐火极限不应低于 1.00h。

4.4.8　排烟管道的设置和耐火极限应符合下列规定：

1　排烟管道及其连接部件应能在 280℃时连续 30min 保证其结构完整性。

2　竖向设置的排烟管道应设置在独立的管道井内，排烟管道的耐火极限不应低于 0.50h。

3　水平设置的排烟管道应设置在吊顶内，其耐火极限不应低于 0.50h；当确有困难时，可直接设置在室内，但管道的耐火极限不应小于 1.00h。

4　设置在走道部位吊顶内的排烟管道，以及穿越防火分区的排烟管道，其管道的耐火极限不应小于 1.00h，但设备用房和汽车库的排烟管道耐火极限可不低于 0.50h。

4.5.7　补风管道耐火极限不应低于 0.50h，当补风管道跨越防火分区时，管道的耐火极限不应小于 1.50h。

【问题解答】

材料耐火极限与燃烧性能不是一个概念。耐火极限是在标准耐火试验条件下，建筑构件、配件或结构从受到火的作用时起，至失去承载能力、完整性或隔热性时止所用时间，用小时表示。风管耐火试验方法按《通风管道耐火试验方法》GB/T 17428—2009 执行，以耐火完整性和耐火隔热性表示。当耐火完整性和隔热性同时达到标准时，方能视作符合要求。

一、竖向管道设置

1. 排烟管道

排烟管道必须单独设置在独立管井内。

2. 加压送风管道

竖向设置的送风管道应独立设置在管道井内，当确有困难时，也可以与其他管道合用管道井。相关规范中没有区分管道井的类型。

加压送风管道与电气设施合用管道井时，为了保证电气设施的安全性，应严格管道耐火极限。加压送风管道与金属水管合用管道井时，是否可以当做独立设置在管井内考虑。有些省市已补充了相应的内容；执行时，也应符合当地主管部门发布的有关技术文件的要求。

3. 补风管道

相关规范中没有明确设置位置，只要求补风管道耐火极限不应低于 0.50h，包括竖向管道和水平管道。

二、耐火极限

1. 加压送风管

加压送风管道耐火极限要求见表 7-1。

表 7-1 加压送风管道耐火极限

风管场所	管井内衬	管井合用	室内明装	吊顶暗装
耐火极限（h）	未明确（0.5）	1.0	1.0	0.5

2. 排烟管道

排烟管道耐火极限要求见表 7-2。

表 7-2 排烟管道耐火极限

风管场所	管井内衬	房间吊顶	车库、备用机房	室内明装	走道吊顶	穿防火分区
耐火极限（h）	0.5	0.5	0.5	1.0	1.0	1.0

3. 补风风管

补风管道耐火极限要求见表 7-3。

表 7-3 补风管道耐火极限

风管场所	管井内衬	穿防火分区
耐火极限（h）	0.5	1.5

088 防火阀、排烟阀的安装需进行哪些方面的检查?

【规范条文】

《通风与空调工程施工质量验收规范》GB 50243—2016

6.2.7 风管部件的安装应符合下列规定：

5 防火阀、排烟阀（口）的安装位置、方向应正确。位于防火分区隔墙两侧的防火阀，距墙表面不应大于200mm。

6.3.8 风阀的安装应符合下列规定：

3 排烟阀（排烟口）及手控装置（包括钢索预埋套管）的位置应符合设计要求。钢索预埋套管弯管不应大于 2 个，且不得有死弯及瘪陷；安装完毕后应操控自如，无卡涩等现象。

《建筑防烟排烟系统技术标准》GB 51251—2017

6.4.1 排烟防火阀的安装应符合下列规定：

1 型号、规格及安装的方向、位置应符合设计要求；

2 阀门应顺气流方向关闭，防火分区隔墙两侧的排烟防火阀距墙端面不应大于200mm；

3 手动和电动装置应灵活、可靠，阀门关闭严密；

4 应设独立的支、吊架，当风管采用不燃材料防火隔热时，阀门安装处应有明显标识。

【问题解答】

一、产品质量

防火阀与排烟阀使用于建筑工程中的救生系统，直接涉及人民生命财产安全，其质量必须符合消防产品的规定。

二、安装方向

防火阀、排烟防火阀的安装方向、位置会影响动作功能的正常发挥，因此安装位置和方向应正确。

三、安装位置

防火分区隔墙两侧的防火阀离墙越远，则对穿越墙的管道耐火性能要求越高，阀门功能作用越差，因此防火阀距防火分区隔墙的距离有一定的要求。

四、支、吊架

防火阀规格大于630mm的应设立独立支、吊架。

排烟防火阀应设独立的支、吊架，不管排烟防火阀尺寸大小；设置独立支、吊架保证阀门的稳定性，确保动作性能。

089 排烟口及风机进风口与出风口的安装有哪些要求？

【规范条文】

《通风与空调工程施工质量验收规范》GB 50243—2016

6.3.9　排风口、吸风罩（柜）的安装应排列整齐、牢固可靠，安装位置和标高允许偏差应为 ±10mm，水平度的允许偏差应为3‰，且不得大于20mm。

《建筑防烟排烟系统技术标准》GB 51251—2017

3.3.5　机械加压送风风机宜采用轴流风机或中、低压离心风机，其设置应符合下列规定：

1　送风机的进风口应直通室外，且应采取防止烟气被吸入的措施。

2　送风机的进风口宜设在机械加压送风系统的下部。

3　送风机的进风口不应与排烟风机的出风口设在同一面上。当确有困难时，送风机的进风口与排烟风机的出风口应分开布置，且竖向布置时，送风机的进风口应设置在排烟出口的下方，其两者边缘最小垂直距离不应小于6.0m；水平布置时，两者边缘最小水平距离不应小于20.0m。

6.4.2　送风口、排烟阀或排烟口的安装位置应符合标准和设计要求，并应固定牢靠，表面平整、不变形，调节灵活；排烟口距可燃物或可燃构件的距离不应小于1.5m。

6.4.3　常闭送风口、排烟阀或排烟口的手动驱动装置应固定安装在明显可见、距楼地面

1.3m ~ 1.5m 之间便于操作的位置，预埋套管不得有死弯及瘪陷，手动驱动装置操作应灵活。

【问题解答】

《通风与空调工程施工质量验收规范》GB 50243—2016 中只对排风口的安装位置及标高做了规定，未涉及对排烟口安装的具体要求。《建筑防烟排烟系统技术标准》GB 51251—2017 对排烟口的安装从以下三个方面进行了规定：

一、排烟口与可燃物距离

为防止火灾时烟气被吸引至排烟阀（口）周围而将附近可燃物高温辐射起火，规定了其与可燃物保持不小于 1.5m 的距离。

二、手动驱动装置

规范规定了常闭送风口、排烟阀（口）手动操作装置的安装质量及位置要求。

在有些情况下，常闭送风口，特别是排烟阀（口）安装在建筑空间的上部，不便于日常维护、检修，火灾时的特殊情况下到阀体上应急手动操作更是不可能。因此，应将常闭送风口、排烟阀（口）的手动操作装置安装在明显可见、距楼地面 1.3m ~ 1.5m 间便于操作的位置，以提高系统的可靠性和方便日常维护检修。

三、风机进风口与出风口位置要求

机械加压送风系统是火灾时保证人员快速疏散的必要条件。除了保证该系统能正常运行外，还必须保证其所输送的是能使人正常呼吸的空气。因此，加压送风机的进风必须是室外不受火灾和烟气污染的空气。

一般应将进风口设在排烟口下方，并保持一定的高度差；必须设在同一层面时，应保持两风口边缘间的相对距离，或设在不同朝向的墙面上，并应将进风口设在该地区主导风向的上风侧。

《建筑防烟排烟系统技术标准》GB 51251—2017 只是规定了送风机进风口及排烟风机出风口其两者边缘最小垂直距离不应小于 6.0m，两者边缘最小水平距离不应小于 20.0m；不在一个平面时的最小距离是多少呢？一些省份对该项内容进行了补充和完善，在施工时及检查验收时，应按照设计图纸规定的内容进行。

090 防排烟风管可以采用薄钢板法兰连接吗？

【规范条文】

《建筑防烟排烟系统技术标准》GB 51251—2017

6.3.1 金属风管的制作和连接应符合下列规定：

1 风管采用法兰连接时，风管法兰材料规格应按本标准表 6.3.1 选用，其螺栓孔的间距不得大于 150mm，矩形风管法兰四角处应设有螺孔；

表 6.3.1　风管法兰及螺栓规格

风管直径 D 或风管长边尺寸 B（mm）	法兰材料规格（mm）	螺栓规格
D（B）≤630	25×3	M6
630<D（B）≤1 500	30×3	M8
1 500<D（B）≤2 500	40×4	
2 500<D（B）≤4 000	50×5	M10

2　板材应采用咬口连接或铆接，除镀锌钢板及含有复合保护层的钢板外，板厚大于 1.5mm 的可采用焊接；

3　风管应以板材连接的密封为主，可辅以密封胶嵌缝或其他方法密封，密封面宜设在风管的正压侧；

4　无法兰连接风管的薄钢板法兰高度及连接应按本标准表 6.3.1 的规定执行；

5　排烟风管的隔热层应采用厚度不小于 40mm 的不燃绝热材料，绝热材料的施工及风管加固、导流片的设置应按现行国家标准《通风与空调工程施工质量验收规范》GB 50243 的有关规定执行。

6.3.4　风管的安装应符合下列规定：

1　风管的规格、安装位置、标高、走向应符合设计要求，且现场风管的安装不得缩小接口的有效截面。

2　风管接口的连接应严密、牢固，垫片厚度不应小于 3mm，不应凸入管内和法兰外；排烟风管法兰垫片应为不燃材料，薄钢板法兰风管应采用螺栓连接。

3　风管吊、支架的安装应按现行国家标准《通风与空调工程施工质量验收规范》GB 50243 的有关规定执行。

4　风管与风机的连接宜采用法兰连接，或采用不燃材料的柔性短管连接。当风机仅用于防烟、排烟时，不宜采用柔性连接。

5　风管与风机连接若有转弯处宜加装导流叶片，保证气流顺畅。

6　当风管穿越隔墙或楼板时，风管与隔墙之间的空隙应采用水泥砂浆等不燃材料严密填塞。

7　吊顶内的排烟管道应采用不燃材料隔热，并应与可燃物保持不小于 150mm 的距离。

《通风与空调工程施工质量验收规范》GB 50243—2016

4.2.3　金属风管的制作应符合下列规定：

1　金属风管的材料品种、规格、性能与厚度应符合设计要求。当风管厚度设计无要求时，应按本规范执行。钢板风管板材厚度应符合表 4.2.3-1 的规定。镀锌钢板的镀锌层厚度应符合设计或合同的规定，当设计无规定时，不应采用低于 $80g/m^2$ 板材；不锈钢板风管板材厚度应符合表 4.2.3-2 的规定；铝板风管板材厚度应符合表 4.2.3-3 的规定。

表 4.2.3–1 钢板风管板材厚度

类别 风管直径或长边尺寸 b（mm）	板材厚度（mm）				
	微压、低压系统风管	中压系统风管		高压系统风管	除尘系统风管
		圆形	矩形		
$b \leqslant 320$	0.5	0.5	0.5	0.75	2.0
$320<b \leqslant 450$	0.5	0.6	0.6	0.75	2.0
$450<b \leqslant 630$	0.6	0.75	0.75	1.0	3.0
$630<b \leqslant 1\,000$	0.75	0.75	0.75	1.0	4.0
$1\,000<b \leqslant 1\,500$	1.0	1.0	1.0	1.2	5.0
$1\,500<b \leqslant 2\,000$	1.0	1.2	1.2	1.5	按设计要求
$2\,000<b \leqslant 4\,000$	1.2	按设计要求	1.2	按设计要求	按设计要求

注：1 螺旋风管的钢板厚度可按圆形风管减少 10%～15%。
2 排烟系统风管钢板厚度可按高压系统。
3 不适用于地下人防与防火隔墙的预埋管。

2 金属风管的连接应符合下列规定：

1）风管板材拼接的接缝应错开，不得有十字形拼接缝。

2）金属圆形风管法兰及螺栓规格应符合表 4.2.3–4 的规定，金属矩形风管法兰及螺栓规格应符合表 4.2.3–5 的规定。微压、低压与中压系统风管法兰的螺栓及铆钉孔的孔距不得大于 150mm；高压系统风管不得大于 100mm。矩形风管法兰的四角部位应设有螺孔。

3）用于中压及以下压力系统风管的薄钢板法兰矩形风管的法兰高度，应大于或等于相同金属法兰风管的法兰高度。薄钢板法兰矩形风管不得用于高压风管。

表 4.2.3–5 金属矩形风管法兰及螺栓规格

风管长边尺寸 b（mm）	法兰角钢规格（mm）	螺栓规格
$b \leqslant 630$	25×3	M6
$630<b \leqslant 1\,500$	30×3	M8
$1\,500<b \leqslant 2\,500$	40×4	
$2\,500<b \leqslant 4\,000$	50×5	M10

4.3.1 金属风管的制作应符合下列规定：

2 金属无法兰连接风管的制作应符合下列规定：

2）矩形薄钢板法兰风管的接口及附件，尺寸应准确，形状应规则，接口应严密；风管薄钢板法兰的折边应平直，弯曲度不应大于 5‰。弹性插条或弹簧夹应与薄钢板法兰折边宽度相匹配，弹簧夹的厚度应大于或等于 1mm，且不应低于风管本体厚度。角件与风管薄钢板法兰四角接口的固定应稳固紧贴，端面应平整，相连处的连续通缝不应大于 2mm；角件的厚度不应小于 1mm 及风管本体厚度。薄钢板法兰弹簧夹连接风管，边长不宜大于 1 500mm。当对法兰采取相应的加固措施时，风管边长不得大于 2 000mm。

【问题解答】

关于防排烟系统风管是否可以采用薄钢板法兰连接，相关规范中已有明确的规定。实际工作中，很多从业者没有认真学习、掌握相关规范内容，才会产生疑惑。

一、问题的提出

《通风与空调工程施工质量验收规范》GB 50243—2016 要求排烟管道可按高压系统选用板材厚度。有些从业人员认为，板材厚度按高压系统选择，那就意味着排烟系统就得按高压系统对待；《通风与空调工程施工质量验收规范》GB 50243—2016 也明确指出："薄钢板法兰矩形风管不得用于高压风管"。因此，有些人就得出结论：排烟系统不允许采用薄钢板法兰连接，并指导施工。

二、薄钢板法兰连接方式

薄钢板法兰是可以使用到防烟、排烟管道系统中的，只是与普通空调薄钢板法兰连接有所不同。

1. 薄钢板风管尺寸

薄钢板法兰风管边长一般不大于 1 500mm，最大不得大于 2 000mm；当边长在 1 500mm ~ 2 000mm 范围内时，法兰应加固。

2. 连接方式

用于防排烟系统的薄钢板法兰连接时，不能采用弹簧夹等连接方式，应采用螺栓连接。

3. 法兰高度

薄钢板法兰矩形风管的法兰高度，《通风与空调工程施工质量验收规范》GB 50243—2016 和《建筑防烟排烟系统技术标准》GB 51251—2017 两部标准的要求是一致的：应大于或等于相同金属法兰风管的法兰高度。

091 挡烟垂壁有何作用？安装时应注意哪些问题？

【规范条文】

《建筑防烟排烟系统技术标准》GB 51251—2017

6.4.4 挡烟垂壁的安装应符合下列规定：

1 型号、规格、下垂的长度和安装位置应符合设计要求；

2 活动挡烟垂壁与建筑结构（柱或墙）面的缝隙不应大于 60mm，由两块或两块以上的挡烟垂帘组成的连续性挡烟垂壁，各块之间不应有缝隙，搭接宽度不应小于 100mm；

3 活动挡烟垂壁的手动操作按钮应固定安装在距楼地面1.3m~1.5m之间便于操作、明显可见处。

7.3.4 活动挡烟垂壁的联动调试方法及要求应符合下列规定：

1 活动挡烟垂壁应在火灾报警后联动下降到设计高度；

2 动作状态信号应反馈到消防控制室。

8.2.2 防烟、排烟系统设备手动功能的验收方法及要求应符合下列规定：

1 送风机、排烟风机应能正常手动启动和停止，状态信号应在消防控制室显示；

2 送风口、排烟阀或排烟口应能正常手动开启和复位，阀门关闭严密，动作信号应在消防控制室显示；

3 活动挡烟垂壁、自动排烟窗应能正常手动开启和复位，动作信号应在消防控制室显示。

【问题解答】

挡烟垂壁是用不燃材料制成，垂直安装在建筑顶棚、梁或吊顶下，能在火灾时形成一定的蓄烟空间的挡烟分隔设施。挡烟垂壁施工时应注意以下要点：

一、外观

挡烟垂壁应设置永久性标牌，标牌应牢固，标识内容清楚。挡烟垂壁的挡烟部件表面不应有裂纹、压坑、缺角、孔洞及明显的凹凸、毛刺等缺陷；金属材料的防锈涂层或镀层应均匀，不应有斑驳、流淌现象。挡烟垂壁的组装、拼接或连接等应牢固，符合设计要求，不应有错位和松动现象。

二、材料

挡烟垂壁应采用不燃材料制作。垂壁的金属板材的厚度不应小于0.8mm，其熔点不应低于750℃。垂壁的不燃无机复合板的厚度不应小于10.0mm，其性能应符合现行国家标准《不燃无机复合板》GB 25970的规定。

制作挡烟垂壁的无机纤维织物的拉伸断裂强力经向不应低于600N，纬向不应低于300N，其燃烧性能不应低于现行国家标准《建筑材料及制品燃烧性能分级》GB 8624规定的A级；玻璃材料应为防火玻璃，其性能应符合现行国家标准《建筑用安全玻璃 第1部分：防火玻璃》GB 15763.1的规定。

三、尺寸与极限偏差

挡烟垂壁的挡烟高度应符合设计要求，其最小值不应低于500mm，最大值不应大于企业申请检测产品型号的公示值。

采用不燃无机复合板、金属板材、防火玻璃等材料制作的刚性挡烟垂壁的单节宽度不应大于2 000mm；采用金属板材、无机纤维织物等制作的柔性挡烟垂壁的单节宽度不应大于4 000mm。

挡烟垂壁挡烟高度的极限偏差不应大于 ±5mm，单节宽度的极限偏差不应大于±10mm。

四、漏烟量

挡烟垂壁应能在（200±15）℃的温度下，挡烟部件前后保持（25±5）Pa的气体静压差时，其单位面积漏烟量（标准状态）不应大于25m³/（m²·h）；如果挡烟部件由不渗透材料（如金属板材、不燃无机复合板、防火玻璃等刚性材料）制造，且不含有任何连接结构时，对漏烟量无要求。

五、耐高温性能

检验型式检验报告。挡烟垂壁在（620±20）℃的高温作用下，保持完整性的时间不应小于30min。

092 排烟口的朝向有哪些要求？

【规范条文】

《建筑防烟排烟系统技术标准》GB 51251—2017

4.4.12　排烟口的设置应按本标准第4.6.3条经计算确定，且防烟分区内任一点与最近的排烟口之间的水平距离不应大于30m。除本标准第4.4.13条规定的情况以外，排烟口的设置尚应符合下列规定：

1　排烟口宜设置在顶棚或靠近顶棚的墙面上。

2　排烟口应设在储烟仓内，但走道、室内空间净高不大于3m的区域，其排烟口可设置在其净空高度的1/2以上；当设置在侧墙时，吊顶与其最近边缘的距离不应大于0.5m。

3　对于需要设置机械排烟系统的房间，当其建筑面积小于50m²时，可通过走道排烟，排烟口可设置在疏散走道；排烟量应按本标准第4.6.3条第3款计算。

4　火灾时由火灾自动报警系统联动开启排烟区域的排烟阀或排烟口，应在现场设置手动开启装置。

5　排烟口的设置宜使烟流方向与人员疏散方向相反，排烟口与附近安全出口相邻边缘之间的水平距离不应小于1.5m。

6　每个排烟口的排烟量不应大于最大允许排烟量，最大允许排烟量应按本标准第4.6.14条的规定计算确定。

7　排烟口的风速不宜大于10m/s。

4.4.13　当排烟口设在吊顶内且通过吊顶上部空间进行排烟时，应符合下列规定：

1　吊顶应采用不燃材料，且吊顶内不应有可燃物；

2　封闭式吊顶上设置的烟气流入口的颈部烟气速度不宜大于1.5m/s；

3　非封闭式吊顶的开孔率不应小于吊顶净面积的25%，且孔洞应均匀布置。

4.6.2　当采用自然排烟方式时，储烟仓的厚度不应小于空间净高的20%，且不应小于500mm；当采用机械排烟方式时，不应小于空间净高的10%，且不应小于500mm。同时储烟仓底部距地面的高度应大于安全疏散所需的最小清晰高度，最小清晰高度应按本标准第 4.6.9 条的规定计算确定。

4.6.9 走道、室内空间净高不大于 3m 的区域，其最小清晰高度不宜小于其净高的 1/2，其他区域的最小清晰高度应按下式计算：

$$H_q=1.6+0.1H' \quad (4.6.9)$$

式中：H_q——最小清晰高度（m）；

H'——对于单层空间，取排烟空间的建筑净高度（m）；对于多层空间，取最高疏散层的层高（m）。

4.6.14 机械排烟系统中，单个排烟口的最大允许排烟量 V_{max} 宜按下式计算，或按本标准附录 B 选取。

$$V_{max}=4.16\cdot\gamma\cdot d_b\frac{2}{5}\left(\frac{T-T_0}{T_0}\right)^{\frac{1}{2}} \quad (4.6.14)$$

式中：V_{max}——排烟口最大允许排烟量（m^3/s）；

γ——排烟位置系数；当风口中心点到最近墙体的距离≥2 倍的排烟口当量直径时，γ 取 1.0；当风口中心点到最近墙体的距离 <2 倍的排烟口当量直径时，γ 取 0.5；当吸入口位于墙体上时，γ 取 0.5；

d_b——排烟系统吸入口最低点之下烟气层厚度（m）；

T——烟层的平均绝对温度（K）；

T_0——环境的绝对温度（K）。

【问题解答】

现行国家标准中，没有对排烟口朝向做出规定。排烟风口一般安装在排烟管道下面或侧面；对于净空较低的空间，排烟口也可以设在上面。具体安装位置、朝向应依据设计而定。对于封闭吊顶及非封闭式吊顶内的排烟口安装，按设计要求施工即可。

问题是对于非吊顶区域的排烟口，是安装在风管下面、侧面？还是上面？

风口的位置决定风口的朝向，是和储烟仓、垂烟挡壁及排烟系统吸入口最低点之下烟气层厚度 d_b（m）及最小清晰高度有关系。

设置机械排烟的目的，是要把排烟口设置在储烟仓内或高位，能将起火区域产生的烟气最有效、快速地排出，以利于人员安全疏散。发生火灾时，排烟风机开启，排烟口局部形成负压，排烟口不管是设在侧面、下面或上面，都能起到排除房间烟气的作用，只要把烟气尽量控制在房间上部，不影响人员的安全疏散即可。

当满足最小烟层厚度及安全疏散所需的最小清晰高度时，排烟口不一定要安装在排烟管道的最上部；相反，还会给安装和维修带来困难。

排烟口设置在排烟管道上面，对排烟是有利的，但存在以下问题：

1）风口安装在风管上面，不便操作，尤其是对管道比较多的设备层或车库。

2）排烟管道一般尺寸较大，设置在上面不便维修；维修时，攀爬反而对风管造成侵害。

3）调试及维修人员站在下面很难看见风口，无法判断风口的启闭状态。

4）施工过程中灰尘、渣滓易漏入风口，污染风管系统。

093 防火风管与防排烟风管有何区别?

【规范条文】

《通风与空调工程施工质量验收规范》GB 50243—2016

4.2.2　防火风管的本体、框架与固定材料、密封垫料等必须采用不燃材料，防火风管的耐火极限时间应符合系统防火设计的规定。

4.3.8　防火风管的制作应符合下列规定：

1　防火风管的口径允许偏差应符合本规范第4.3.1条的规定。

2　采用型钢框架外敷防火板的防火风管，框架的焊接应牢固，表面应平整，偏差不应大于2mm。防火板敷设形状应规整，固定应牢固，接缝应用防火材料封堵严密，且不应有穿孔。

3　采用在金属风管外敷防火绝热层的防火风管，风管严密性要求应按本规范第4.2.1条中有关压金属风管的规定执行。防火绝热层的设置应按本规范第10章的规定执行。

《建筑设计防火规范》GB 50016—2014（2018年版）

6.3.5　防烟、排烟、供暖、通风和空气调节系统中的管道及建筑内的其他管道，在穿越防火隔墙、楼板和防火墙处的孔隙应采用防火封堵材料封堵。

风管穿过防火隔墙、楼板和防火墙时，穿越处风管上的防火阀、排烟防火阀两侧各2.0m范围内的风管应采用耐火风管或风管外壁应采取防火保护措施，且耐火极限不应低于该防火分隔体的耐火极限。

《建筑防烟排烟系统技术标准》GB 51251—2017

3.3.8　机械加压送风管道的设置和耐火极限应符合下列规定：

1　竖向设置的送风管道应独立设置在管道井内，当确有困难时，未设置在管道井内或与其他管道合用管道井的送风管道，其耐火极限不应低于1.00h；

2　水平设置的送风管道，当设置在吊顶内时，其耐火极限不应低于0.50h；当未设置在吊顶内时，其耐火极限不应低于1.00h。

3.3.9　机械加压送风系统的管道井应采用耐火极限不低于1.00h的隔墙与相邻部位分隔，当墙上必须设置检修门时应采用乙级防火门。

4.4.8　排烟管道的设置和耐火极限应符合下列规定：

1　排烟管道及其连接部件应能在280℃时连续30min保证其结构完整性。

2　竖向设置的排烟管道应设置在独立的管道井内，排烟管道的耐火极限不应低于0.50h。

3　水平设置的排烟管道应设置在吊顶内，其耐火极限不应低于0.50h；当确有困难时，可直接设置在室内，但管道的耐火极限不应小1.00h。

4　设置在走道部位吊顶内的排烟管道，以及穿越防火分区的排烟管道，其管道的耐火极限不应小于1.00h，但设备用房和汽车库的排烟管道耐火极限可不低于0.50h。

4.4.9　当吊顶内有可燃物时，吊顶内的排烟管道应采用不燃材料进行隔热，并应与可燃物保持不小于150mm的距离。

【问题解答】

一、防排烟风管

1. 防烟管道

防烟系统是特指火灾发生时，为防止烟气侵入作为疏散通道的走廊、楼梯间及其前室等所采取的措施通风管道系统；由送风机、送风管、防火阀、风口等组成。

为使整个加压送风系统在火灾时能发挥正常的防烟功能，除了进风口和风机不能受火焰和烟气的威胁外，还应保证其风管系统的完整性和密闭性。常用的加压风道是采用钢板制作的，在燃烧的火焰中，它很容易变形和损坏，因此要求送风管道设置在管道井内，并不应与其他管道合用管道井。

未设置在管道井内或与其他管道合用管道井的送风管道，在发生火灾时从管道外部受到烟火侵袭的概率高。因此，未设置在独立管道井内的加压风管应有耐火极限的要求。对于管道的耐火极限的判定也应按照现行国家标准《通风管道耐火试验方法》GB/T 17428—2009 的测试方法进行，当耐火完整性和隔热性同时达到时，方能视作符合要求。

2. 排烟管道

排烟系统是特指将火灾时产生的烟气和有毒气体排出，防止烟气扩散的措施的风管系统；由排烟风机、排风管、防火阀、排烟风口（阀）等组成。排烟管道是高温气流通过的管道，为了防止引发管道的燃烧，必须使用不燃管材。

当排烟管道竖向穿越防火分区时，为了防止火焰烧坏排烟风管而蔓延到其他防火分区，竖向排烟管道应设在管井内；如果排烟管道未设置在管井内，或未设置排烟防火阀，一旦热烟气烧坏排烟管道，火灾的竖向蔓延非常迅速，而且竖向容易跨越多个防火分区，所造成的危害极大。

二、防火风管

防火风管主要应用于建筑中的安全救生系统，是指建筑物局部起火后，仍能维持一定时间正常功能的风管。为了保证防火功能的正常发挥，防火风管的本体、框架与固定材料、密封垫料等必须采用不燃材料，而且防火风管的耐火极限时间还要满足系统防火设计的规定。

1. 防排烟防火风管

防排烟风管均应有一定的耐火极限，保证火灾时的排烟和正压送风的救生保障系统正常运行。因此，防排烟管道也是防火风管。

把应用于防止排烟系统高温引发电气线缆及其他易燃物二次火灾的风管称为排烟防火风管。把用于避难空间与安全通道送风系统，能满足设计与消防耐火极限时间的风管称为正压送风防火风管。防排烟管道位置不同，有不同的耐火等级要求。

2. 空调防火风管

防火风管不只是防排烟系统风管。对于穿过防火隔墙、楼板和防火墙的空调风管，防火阀两侧各 2.0m 范围内的风管应采用耐火风管或风管外壁应采取防火保护措施；该处的风管也称作防火风管。

穿越墙体、楼板的空调风管设置防火阀，就是要防止烟气和火势蔓延到不同的区域。在阀门之间的管道采取防火保护措施，可保证管道不会因受热变形而破坏整个分隔的有效性和完整性。

3. 排风防火风管

厨房排油烟风管也应进行防火处理。输送带有油烟的废气，如果外部有明火就有可能引燃，外部进行防火处理的作用并不完全是防火，而是延长通风管耐受时间，否则风管一旦烧毁，大量气体溢出会导致爆燃。

风管输送的气体对温度敏感，这时不仅要有恒温处理，也要有防火处理，以免意外情况发生。

094 防排烟风机与管道的连接有哪些要求？

《通风与空调工程施工规范》GB 50738—2011

9.3.5　风机与风管连接时，应采用柔性短管连接，风机的进出风管、阀件应设置独立的支、吊架。

《通风与空调工程施工质量验收规范》GB 50243—2016

5.2.7　防排烟系统的柔性短管必须采用不燃材料。

《建筑防烟排烟系统技术标准》GB 51251—2017

4.4.5　排烟风机应设置在专用机房内，并应符合本标准第3.3.5条第5款的规定，且风机两侧应有600mm以上的空间。对于排烟系统与通风空气调节系统共用的系统，其排烟风机与排风风机的合用机房应符合下列规定：

1　机房内应设置自动喷水灭火系统；

2　机房内不得设置用于机械加压送风的风机与管道；

3　排烟风机与排烟管道的连接部件应能在280℃时连续30min保证其结构完整性。

6.3.4　风管的安装应符合下列规定：

4　风管与风机的连接宜采用法兰连接，或采用不燃材料的柔性短管连接。当风机仅用于防烟、排烟时，不宜采用柔性连接。

【问题解答】

《通风与空调工程施工规范》GB 50738—2011与《通风与空调工程施工质量验收规范》GB 50243—2016表明，风机与风管连接时应采用柔性短管，防排烟系统柔性应为不燃材料。

根据《通风与空调工程施工质量验收规范》GB 50243—2016第5.2.7条条文说明，有以下补充内容：防排烟系统作为独立系统时，风机与风管应采用直接连接，不应加设柔性短管。只有在排烟与排风共用风管系统，或其他特殊情况时应加设柔性短管。该柔性短管应满足排烟系统运行的要求，即在当高温280℃下持续安全运行30min及以上的不燃材料。

规范只是对防排烟系统的柔性短管材质的可燃性做出规定，并没有强调风机与风管应采用直接连接，不应加设柔性短管。

防排烟系统的柔性短管进场材料检验时，除了查验不燃性材质检验报告，还要有高温（280℃以上）状态下连续30min以上不被破坏的性能检验报告。

当风机为专用防排烟风机时，风机与风管不宜采用柔性连接；也就是说，在条件许可时首选不用柔性连接。如果不是安装条件不允许，或设计要求加设柔性连接，均不加柔性短管，风管与风机直接法兰连接。

095 防排烟风机安装有哪些要求？

【规范条文】

《通风与空调工程施工质量验收规范》GB 50243—2016

7.2.1 风机及风机箱的安装应符合下列规定：

1 产品的性能、技术参数应符合设计要求，出口方向应正确。

2 叶轮旋转应平稳，每次停转后不应停留在同一位置上。

3 固定设备的地脚螺栓应紧固，并应采取防松动措施。

4 落地安装时，应按设计要求设置减振装置，并应采取防止设备水平位移的措施。

5 悬挂安装时，吊架及减振装置应符合设计及产品技术文件的要求。

《建筑防烟排烟系统技术标准》GB 51251—2017

3.3.5 机械加压送风风机宜采用轴流风机或中、低压离心风机，其设置应符合下列规定：

1 送风机的进风口应直通室外，且应采取防止烟气被吸入的措施。

2 送风机的进风口宜设在机械加压送风系统的下部。

3 送风机的进风口不应与排烟风机的出风口设在同一面上。当确有困难时，送风机的进风口与排烟风机的出风口应分开布置，且竖向布置时，送风机的进风口应设置在排烟出口的下方，其两者边缘最小垂直距离不应小于6.0m；水平布置时，两者边缘最小水平距离不应小于20.0m。

4 送风机宜设置在系统的下部，且应采取保证各层送风量均匀性的措施。

5 送风机应设置在专用机房内，送风机房并应符合现行国家标准《建筑设计防火规范》GB 50016的规定。

6 当送风机出风管或进风管上安装单向风阀或电动风阀时，应采取火灾时自动开启阀门的措施。

4.4.4 排烟风机宜设置在排烟系统的最高处，烟气出口宜朝上，并应高于加压送风机和补风机的进风口，两者垂直距离或水平距离应符合本标准第3.3.5条第3款的规定。

4.4.5 排烟风机应设置在专用机房内，并应符合本标准第3.3.5条第5款的规定，且风机两侧应有600mm以上的空间。对于排烟系统与通风空气调节系统共用的系统，其排烟风机与排风风机的合用机房应符合下列规定：

1 机房内应设置自动喷水灭火系统；

2　机房内不得设置用于机械加压送风的风机与管道；

3　排烟风机与排烟管道的连接部件应能在280℃时连续30min保证其结构完整性。

6.5.2　风机外壳至墙壁或其他设备的距离不应小于600mm。

6.5.3　风机应设在混凝土或钢架基础上，且不应设置减振装置；若排烟系统与通风空调系统共用且需要设置减振装置时，不应使用橡胶减振装置。

6.5.4　吊装风机的支、吊架应焊接牢固、安装可靠，其结构形式和外形尺寸应符合设计或设备技术文件要求。

6.5.5　风机驱动装置的外露部位应装设防护罩；直通大气的进、出风口应装设防护网或采取其他安全设施，并应设防雨措施。

【问题解答】

防排烟系统作为防灾、逃生保障系统，除了对风管安装有具体的要求以外，对于作为动力设施的送风风机及排烟风机也有特殊的规定。防排烟风机是特定情况下的应急设备，发生火灾紧急情况，并不需要考虑设备运行所产生的振动和噪声。

设备减振装置大部分采用橡胶、弹簧或两者的组合，当设备在高温下运行时，橡胶会变形熔化、弹簧会失去弹性或性能变差，影响排烟风机可靠的运行。因此，安装排烟风机时不设减振装置。若与通风与空调系统合用风机时，也不应选用橡胶或含有橡胶的减振装置。

防排烟风机安装应注意以下问题：

1）风机外壳至墙壁或其他设备的距离不应小于600mm，以便于维修保养。

2）风机应设在混凝土或钢架基础上，且不应设置减振装置；若排烟系统与通风与空调系统共用且需要设置减振装置时，不应使用橡胶减振装置。

3）为保证加压送风机不因受风、雨、异物等侵蚀损坏，在火灾时能可靠运行，规定送风机应设置在专用机房内，送风机房应符合现行国家标准《建筑设计防火规范》GB 50016—2014（2018年版）的规定。

4）排烟风机应设置在专用机房内，对于排烟系统与通风与空气调节系统共用的系统，机房内应设置自动喷水灭火系统，机房内不得设置用于机械加压送风的风机与管道。

5）轴流式消防排烟通风机电动机动力引出线，应有耐高温隔离套管或采用耐高温电缆。

096 防烟风机如何进行连锁控制？

【规范条文】

《消防设施通用规范》GB 55036—2023

11.1.5　加压送风机、排烟风机、补风机应具有现场手动启动、与火灾自动报警系统联动启动和在消防控制室手动启动的功能。当系统中任一常闭加压送风口开启时，相应的加压风机均应能联动启动；当任一排烟阀或排烟口开启时，相应的排烟风机、补风

机均应能联动启动。

5.1.4 机械加压送风系统宜设有测压装置及风压调节措施。

5.1.5 消防控制设备应显示防烟系统的送风机、阀门等设施启闭状态。

【问题解答】

防烟风机也是常说的加压送风机。加压送风机是送风系统工作的“心脏”，必须具备多种方式可以启动，除接收火灾自动报警系统信号联动启动外，还应能独立控制，不受火灾自动报警系统故障因素的影响：

1）首先应具有现场手动启动；当出现火情时，现场人员能第一时间启动正压送风机启动。

2）当火情被自动报警系统感应到时，火灾自动报警系统也能自动启动正压送风系统。

3）如值班室发现某处火情后，消防控制室直接可以手动启动。

4）当火情造成系统中任一常闭加压送风口开启时，加压风机应能自动启动。

由于防烟系统的可靠运行将直接影响到人员安全疏散，《建筑防烟排烟系统技术标准》GB 51251—2017 第 5.1.3 条规定火灾时按设计要求准确开启着火层及其上下层送风口，既符合防烟需要，也能避免系统出现超压现象。

机械加压送风系统设置测压装置，既可作为系统运作的信息掌控，又可作为超压后启动余压阀、风压调节措施的动作信号。由于疏散门的方向是朝疏散方向开启，而加压送风作用方向与疏散方向恰好相反。若风压过高则会引起开门困难，甚至不能打开门，影响疏散。

防烟系统设施动作反馈信号至消防控制室是为了方便消防值班人员准确掌握和控制设备运行情况。

097 排烟风机与排烟阀如何进行连锁控制？

【规范条文】

《消防设施通用规范》GB 55036—2023

11.1.5 加压送风机、排烟风机、补风机应具有现场手动启动、与火灾自动报警系统联动启动和在消防控制室手动启动的功能。当系统中任一常闭加压送风口开启时，相应的加压风机均应能联动启动；当任一排烟阀或排烟口开启时，相应的排烟风机、补风机均应能联动启动。

11.3.5 下列部位应设置排烟防火阀，排烟防火阀应具有在 280℃时自行关闭和联锁关闭相应排烟风机、补风机的功能：

1 垂直主排烟管道与每层水平排烟管道连接处的水平管段上；

2 一个排烟系统负担多个防烟分区的排烟支管上；

3 排烟风机入口处；

4 排烟管道穿越防火分区处。

《建筑防烟排烟系统技术标准》GB 51251—2017

4.4.6　排烟风机应满足280℃时连续工作30min的要求，排烟风机应与风机入口处的排烟防火阀连锁，当该阀关闭时，排烟风机应能停止运转。

5.2.3　机械排烟系统中的常闭排烟阀或排烟口应具有火灾自动报警系统自动开启、消防控制室手动开启和现场手动开启功能，其开启信号应与排烟风机联动。当火灾确认后，火灾自动报警系统应在15s内联动开启相应防烟分区的全部排烟阀、排烟口、排烟风机和补风设施，并应在30s内自动关闭与排烟无关的通风、空调系统。

5.2.4　当火灾确认后，担负两个及以上防烟分区的排烟系统，应仅打开着火防烟分区的排烟阀或排烟口，其他防烟分区的排烟阀或排烟口应呈关闭状态。

5.2.5　活动挡烟垂壁应具有火灾自动报警系统自动启动和现场手动启动功能，当火灾确认后，火灾自动报警系统应在15s内联动相应防烟分区的全部活动挡烟垂壁，60s以内挡烟垂壁应开启到位。

5.2.6　自动排烟窗可采用与火灾自动报警系统联动和温度释放装置联动的控制方式。当采用与火灾自动报警系统自动启动时，自动排烟窗应在60s内或小于烟气充满储烟仓时间内开启完毕。带有温控功能自动排烟窗，其温控释放温度应大于环境温度30℃且小于100℃。

5.2.7　消防控制设备应显示排烟系统的排烟风机、补风机、阀门等设施启闭状态。

【问题解答】

一、排烟风机和排烟防火阀连锁

《消防设施通用规范》GB 55036—2023规定，排烟防火阀280℃时应自行关闭，并应连锁关闭排烟风机和补风机。该条款是强制性条款，必须严格执行。

该条款中没有明确是什么位置的排烟防火阀与排烟风机进行连锁控制；从条款字面上理解，是所有排烟防火阀都应与排烟风机连锁关闭。实际上，要求的是排烟风机应与风机入口处的排烟防火阀连锁，当该阀关闭时，排烟风机应能停止运转，不是所有排烟防火阀都与排烟风机连锁关闭。该条款内容不严谨，存在问题，执行时很容易让人误解。应该明确是排烟风机前主风道上排烟防火阀连锁关闭排烟风机和补风机。

当排烟风道内烟气温度达到280℃时，烟气中已带火，此时应停止排烟；否则，烟火扩散到其他部位会造成新的危害。因此，排烟风机入口处应设置能自动关闭的排烟防火阀并连锁关闭排烟风机。

二、防排烟系统连锁控制要求

1）排烟风机入口前的排烟防火阀应常开，必须连锁排烟风机关闭。

2）现场手动及消防控制室内直接控制启动排烟风机、补风机。

3）系统中任一排烟阀（口）开启后应连锁启动排烟风机、补风机。

4）当火灾确认后，火灾报警系统应在15s内联动相应防烟分区的全部排烟阀（口）、排烟风机和补风设施。同时为了防止烟气受到通风与空调系统的干扰，确保在火灾发生时，烟气能迅速得到控制和排放，不向非火灾区域蔓延、扩散，要求在30s内自动关闭与排烟无关的通风与空调系统。

5）担负两个及以上防烟分区的排烟系统，当火灾确认后，应仅打开着火防烟分区的排烟阀或排烟口，其他防烟分区的排烟阀或排烟口应呈关闭状态。

6）活动挡烟垂壁应具有火灾自动报警系统自动启动和现场手动启动功能，当火灾确认后，火灾自动报警系统应在15s内联动相应防烟分区的全部活动挡烟垂壁，60s以内挡烟垂壁应开启到位。

7）公用竖管的水平管处，管井前的280°防火阀不连锁风机关闭，通常反馈状态信号。

8）穿越其他防火分区处的280°防火阀不连锁风机关闭，通常反馈状态信号。

9）担负两个及以上防烟分区的排烟系统，平时排烟阀或排烟口应关闭，当出现着火时，应仅打开着火防烟分区的排烟阀或排烟口，其他防烟分区的排烟阀或排烟口应呈关闭状态。

10）补风机必须与排烟风机连锁启停，同时补风系统安装70°防火阀，该防火阀动作时应关闭补风机。

11）消防控制设备应显示排烟系统的排烟风机、补风机、阀门等设施启闭状态。排烟系统设施动作反馈信号至消防控制室是为了方便消防值班人员准确掌握和控制设备运行情况。

098 防排烟系统如何调试？

【规范条文】

《通风与空调工程施工质量验收规范》GB 50243—2016

11.2.4 防排烟系统联合试运行与调试后的结果，应符合设计要求及国家现行标准的有关规定。

《建筑防烟排烟系统技术标准》GB 51251—2017

7.2.1 排烟防火阀的调试方法及要求应符合下列规定：

1 进行手动关闭、复位试验，阀门动作应灵敏、可靠，关闭应严密；

2 模拟火灾，相应区域火灾报警后，同一防火分区内排烟管道上的其他阀门应联动关闭；

3 阀门关闭后的状态信号应能反馈到消防控制室；

4 阀门关闭后应能联动相应的风机停止。

7.2.2 常闭送风口、排烟阀或排烟口的调试方法及要求应符合下列规定：

1 进行手动开启、复位试验，阀门动作应灵敏、可靠，远距离控制机构的脱扣钢丝连接不应松弛、脱落；

2 模拟火灾，相应区域火灾报警后，同一防火分区的常闭送风口和同一防烟分区内的排烟阀或排烟口应联动开启；

3 阀门开启后的状态信号应能反馈到消防控制室；

4 阀门开启后应能联动相应的风机启动。

7.2.5 送风机、排烟风机调试方法及要求应符合下列规定：

1 手动开启风机，风机应正常运转2.0h，叶轮旋转方向应正确、运转平稳、无异常振动与声响；

2 应核对风机的铭牌值，并应测定风机的风量、风压、电流和电压，其结果应与设计相符；

3 应能在消防控制室手动控制风机的启动、停止，风机的启动、停止状态信号应能反馈到消防控制室；

4 当风机进、出风管上安装单向风阀或电动风阀时，风阀的开启与关闭应与风机的启动、停止同步。

7.2.6 机械加压送风系统风速及余压的调试方法及要求应符合下列规定：

1 应选取送风系统末端所对应的送风最不利的三个连续楼层模拟起火层及其上下层，封闭避难层（间）仅需选取本层，调试送风系统使上述楼层的楼梯间、前室及封闭避难层（间）的风压值及疏散门的门洞断面风速值与设计值的偏差不大于10%；

2 对楼梯间和前室的调试应单独分别进行，且互不影响；

3 调试楼梯间和前室疏散门的门洞断面风速时，设计疏散门开启的楼层数量应符合本标准第3.4.6条的规定。

7.2.7 机械排烟系统风速和风量的调试方法及要求应符合下列规定：

1 应根据设计模式，开启排烟风机和相应的排烟阀或排烟口，调试排烟系统使排烟阀或排烟口处的风速值及排烟量值达到设计要求；

2 开启排烟系统的同时，还应开启补风机和相应的补风口，调试补风系统使补风口处的风速值及补风量值达到设计要求；

3 应测试每个风口风速，核算每个风口的风量及其防烟分区总风量。

7.3.1 机械加压送风系统的联动调试方法及要求应符合下列规定：

1 当任何一个常闭送风口开启时，相应的送风机均应能联动启动；

2 与火灾自动报警系统联动调试时，当火灾自动报警探测器发出火警信号后，应在15s内启动与设计要求一致的送风口、送风机，且其联动启动方式应符合现行国家标准《火灾自动报警系统设计规范》GB 50116的规定，其状态信号应反馈到消防控制室。

7.3.2 机械排烟系统的联动调试方法及要求应符合下列规定：

1 当任何一个常闭排烟阀或排烟口开启时，排烟风机均应能联动启动。

2 应与火灾自动报警系统联动调试。当火灾自动报警系统发出火警信号后，机械排烟系统应启动有关部位的排烟阀或排烟口、排烟风机；启动的排烟阀或排烟口、排烟风机应与设计和标准要求一致，其状态信号应反馈到消防控制室。

3 有补风要求的机械排烟场所，当火灾确认后，补风系统应启动。

4 排烟系统与通风、空调系统合用，当火灾自动报警系统发出火警信号后，由通风、空调系统转换为排烟系统的时间应符合本标准第5.2.3条的规定。

【问题解答】

一、正确处理《通风与空调工程施工质量验收规范》GB 50243—2016与《建筑防烟排烟系统技术标准》GB 51251—2017的关系

指导防排烟系统调试的标准有《通风与空调工程施工质量验收规范》GB 50243—2016和《建筑防烟排烟系统技术标准》GB 51251—2017，后者是专业技术标准。在《通风与空调工程施工质量验收规范》GB 50243—2016中，防排烟系统归属于一个子分部工程；而《建筑防烟排烟系统技术标准》GB 51251—2017把防排烟系统作为一个分部工程。

如何处理两者的关系呢？根据《建筑工程施工质量验收统一标准》GB 50300—2013，防排烟系统作为通风与空调工程分部工程中一个子分部工程，施工资料纳入通风与空调工程中；但施工质量验收又要符合《建筑防烟排烟系统技术标准》GB 51251—2017的要求。建议防排烟系统工程施工资料编制按《建筑防烟排烟系统技术标准》GB 51251—2017要求执行，单独组卷，并作为一个子分部工程资料纳入通风与空调分部工程的资料中。

二、调试要求

防排烟系统调试包括设备单机调试和系统联动调试，系统调试前，施工单位应编制调试方案，报送专业监理工程师审核批准；调试结束后，必须提供完整的调试资料和报告。

系统调试是一项技术性很强的工作，调试质量直接影响到系统功能的实现和性能参数。编制调试方案可指导调试人员按规定的程序、正确的方法进行调试，也有利于监理人员对调试过程的监督。

防排烟系统调试不论是单机调试，还是系统联动调试，都应该是全数调试、检查，不能有遗漏。

1. 执行机构调试

对防火阀、排烟防火阀、常闭送风口、排烟阀（口）的执行机构进行手动开启及复位的试验，是考虑到当前我国防排烟系统阀门安装质量和阀门本身可靠性方面尚存在各种问题。因此，通过调试时手动开启及复位试验，能及时发现系统安装及产品质量上存在的问题，并及时排除，以保证系统能可靠、正常地工作。

动作信号的反馈是为了消防控制室操作人员能掌握系统各部件的工作状态，为正确操作系统做判断。

2. 风量测试

送风机、排烟风机能够正常运转2.0h，无异常声响，送风机、排烟风机风量的要求应与铭牌相符。

由于风机的选型是根据系统本身要求的性能参数所决定，而安装位置、安装方式又对风机的性能参数影响很大，如果实测风机风量风压与铭牌标定值或设计要求相差很大，就很难使该正压送风系统或排烟系统达到规范要求，需对系统风机的安装或选型做出调整。

风机风量和风压的测定可使用毕托管和微压计，测定时测定截面位置和测定截面内测点位置要选得合适，因其将会直接影响到测量结果的准确性和可靠性。

测定风管内的风量和风压时，应选择气流比较均匀稳定的部位，一般选在直管段，尽可能选择远离调节阀门、弯头、三通以及送、排风口处。

测定风机时，应尽可能使测定断面位于风机的入口和出口处，或者在离风机入口处1.5*D*处和离风机出口处2.5*D*处（*D*为风机入口或出口处风管直径或当量直径），如果在距离风机入口或出口处较远时，风机的全压应为吸入段测得的全压和压出段测得的全压之和再增加测定断面距风机入口和出口之间的阻力损失值（包括沿程阻力和局部阻力）。

为了求得风管断面内的平均流速和全压值，需求出断面上各点的流速和全压值，然后取其平均值。对于风管断面测点的选取，应根据不同风管分别决定。对于矩形风管，应将矩形断面划分成若干相等的小截面，且使这些小截面尽可能接近正方形，每个断面的小截面数目不得少于9个，然后将每个小截面的中心作为测点，如图7–1所示。

对于圆形风管，应将圆形截面分成若干个面积相等的同心圆环，在每个圆环上布置4个测点且使4个测点位于互相垂直的两条直径上，如图7–2所示。所划分圆环的数目可按表7–4选用。

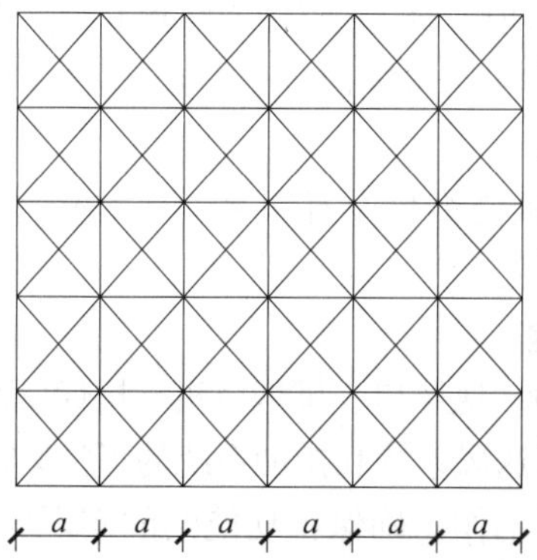

图7–1　矩形风管测点布置图

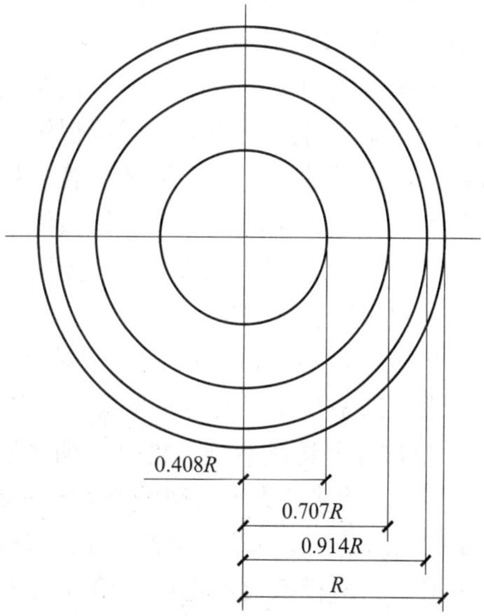

图7–2　形风管测点布置图

表7–4　圆形管道环数划分推荐表

风管直径（m）	圆环数	风管直径（m）	圆环数
0.3	5	0.6	10
0.35	6	0.7	12
0.4	7	0.8	14
0.5	8	1.0以上	16

测点距风管的距离按下式计算：

$$R_n=R\sqrt{\frac{2n-1}{2m}}$$

式中：R——风管的半径（m）；

R_n——从风管中心到第 n 个测点距离（m）；

n——自风管中心算起测点的顺序号（即圆环顺序号）；

m——风管划分的圆环数。

风机的全压、静压和动压一般可采用毕托管和微压计进行测定。测定时，将毕托管的全压接头与压力计的一端连接，压力计的读数即为该测点的全压值，把静压头与压力计的一端连接，压力计的读数即为该测点的静压值，全压与静压之差即为该测点的动压值。

机械加压送风系统调试中测试各相应部位性能参数应达到设计要求，若各相应部位的余压值出现低于或高于设计标准要求，均应采取措施做出调整。测试应分上、中、下多点进行。

送风口处的风速测试可采用风速仪（常用风速仪有叶轮风速仪、热球风速仪、转杯式风速仪等），测试时应按要求将风口截面划分为若干相等、接近正方形的小截面，进行多点测量，求其平均风速值。

楼梯间及其前室、合用前室、消防电梯前室、封闭避难层（间）余压值的测试宜使用补偿式微压计进行测量，以确保测量值的准确。测量时，将微压计放置在被测试区域内，微压计的“—”端接橡皮管，把橡皮管的另一端经门缝（或其他方式）拉出室外与大气相通，从微压计上读取被测区域内的静压值，即是所保持的余压值。也可将微压计放置在被测区域外与大气相通，微压计的“+”端接橡皮管，将橡皮管另一端拉入被测区域进行测量。

在机械排烟系统调试中，测试排烟口风速、风机排烟量及补风系统各性能参数，以检测设备选型及施工安装质量应达到的设计要求。

3. 机械加压送风系统、机械排烟系统的联动试验

一旦发生火灾，火灾自动报警系统应能联动送风机、送风口、排烟风机、排烟口、自动排烟窗和活动挡烟垂壁等设备动作，以保证机械加压送风系统和排烟系统的正常运行。

试验时，应模拟火灾现场，检查系统是否一系列动作，确保各功能给的实现。

099
防排烟系统功能试验与性能试验如何进行？

【规范条文】

《建筑防烟排烟系统技术标准》GB 51251—2017

8.2.2 防烟、排烟系统设备手动功能的验收方法及要求应符合下列规定：

1 送风机、排烟风机应能正常手动启动和停止，状态信号应在消防控制室显示；

2 送风口、排烟阀或排烟口应能正常手动开启和复位，阀门关闭严密，动作信号应在消防控制室显示；

3　活动挡烟垂壁、自动排烟窗应能正常手动开启和复位，动作信号应在消防控制室显示。

8.2.3　防烟、排烟系统设备应按设计联动启动，其功能验收方法及要求应符合下列规定：

1　送风口的开启和送风机的启动应符合本标准第 5.1.2 条、第 5.1.3 条的规定；

2　排烟阀或排烟口的开启和排烟风机的启动应符合本标准第 5.2.2 条、第 5.2.3 条和第 5.2.4 条的规定；

3　活动挡烟垂壁开启到位的时间应符合本标准第 5.2.5 条的规定；

4　自动排烟窗开启完毕的时间应符合本标准第 5.2.6 条的规定；

5　补风机的启动应符合本标准第 5.2.2 条的规定；

6　各部件、设备动作状态信号应在消防控制室显示。

8.2.5　机械防烟系统的验收方法及要求应符合下列规定：

1　选取送风系统末端所对应的送风最不利的三个连续楼层模拟起火层及其上下层，封闭避难层（间）仅需选取本层，测试前室及封闭避难层（间）的风压值及疏散门的门洞断面风速值，应分别符合本标准第 3.4.4 条和第 3.4.6 条的规定，且偏差不大于设计值的 10%；

2　对楼梯间和前室的测试应单独分别进行，且互不影响；

3　测试楼梯间和前室疏散门的门洞断面风速时，应同时开启三个楼层的疏散门。

8.2.6　机械排烟系统的性能验收方法及要求应符合下列规定：

1　开启任一防烟分区的全部排烟口，风机启动后测试排烟口处的风速，风速、风量应符合设计要求且偏差不大于设计值的 10%；

2　设有补风系统的场所，应测试补风口风速，风速、风量应符合设计要求且偏差不大于设计值的 10%。

【问题解答】

一、功能试验

1. 试验内容

1）送风机、排烟风机应能正常手动启动和停止，状态信号应在消防控制室显示。

2）送风口、排烟阀或排烟口应能正常手动开启和复位，阀门关闭严密，动作信号应在消防控制室显示。

3）活动挡烟垂壁、自动排烟窗应能正常手动开启和复位，动作信号应在消防控制室显示。

2. 送风口及送风机启动试验

（1）送风口的开启和送风机的启动

1）现场手动启动。

2）通过火灾自动报警系统自动启动。

3）消防控制室手动启动。

4）系统中任一常闭加压送风口开启时，加压风机应能自动启动。

（2）联动试验

当防火分区内火灾确认后，应能在15s内联动开启常闭加压送风口和加压送风机：

1）应开启该防火分区楼梯间的全部加压送风机。

2）应开启该防火分区内着火层及其相邻上下层前室及合用前室的常闭送风口，同时开启加压送风机。

3. 排烟阀、排烟口及排烟风机、补风机启动试验

（1）排烟风机控制方式试验

1）现场应手动启动。

2）火灾自动报警系统自动启动。

3）消防控制室手动启动。

4）系统中任一排烟阀或排烟口开启时，排烟风机自动启动。

5）排烟防火阀在280℃时应自行关闭，排烟风机前防火阀并应连锁关闭排烟风机。

（2）排烟口、排烟阀连锁启动

机械排烟系统中的常闭排烟阀或排烟口应具有火灾自动报警系统自动开启、消防控制室手动开启和现场手动开启功能，其开启信号应与排烟风机联动。

当火灾确认后，火灾自动报警系统应在15s内联动开启相应防烟分区的全部排烟阀、排烟口、排烟风机和补风设施，并应在30s内自动关闭与排烟无关的通风、空调系统。担负两个及以上防烟分区的排烟系统，应仅打开着火防烟分区的排烟阀或排烟口，其他防烟分区的排烟阀或排烟口应呈关闭状态。

（3）活动挡烟垂壁开启到位的时间

活动挡烟垂壁应具有火灾自动报警系统自动启动和现场手动启动功能，当火灾确认后，火灾自动报警系统应在15s内联动相应防烟分区的全部活动挡烟垂壁，60s以内挡烟垂壁应开启到位。

（4）自动排烟窗开启完毕的时间

自动排烟窗可采用与火灾自动报警系统联动和温度释放装置联动的控制方式。当采用与火灾自动报警系统自动启动时，自动排烟窗应在60s内或小于烟气充满储烟仓时间内开启完毕。带有温控功能自动排烟窗，其温控释放温度应大于环境温度30℃且小于100℃。

（5）补风机启动

1）现场应手动启动。

2）火灾自动报警系统时应自动启动。

3）消防控制室应手动启动。

4）系统中任一排烟阀或排烟口开启时，补风机自动启动。

5）排烟防火阀在280℃时应自行关闭，排烟风机前防火阀并应连锁关闭补风机。

（6）状态显示

各部件、设备动作状态信号应在消防控制室显示。

二、性能试验

1）开启任一防烟分区的全部排烟口，风机启动后测试排烟口处的风速，风速、风量应符合设计要求且偏差不大于设计值的10%。

2）设有补风系统的场所，应测试补风口风速，风速、风量应符合设计要求且偏差不大于设计值的10%。

100 防排烟系统施工质量控制要点及施工质量合格条件有哪些？

【规范条文】

《建筑防烟排烟系统技术标准》GB 51251—2017

6.1.4　防烟、排烟系统应按下列规定进行施工过程质量控制：

1　施工前，应对设备、材料及配件进行现场检查，检验合格后经监理工程师签证方可安装使用；

2　施工应按批准的施工图、设计说明书及其设计变更通知单等文件的要求进行；

3　各工序应按施工技术标准进行质量控制，每道工序完成后，应进行检查，检查合格后方可进入下道工序；

4　相关各专业工种之间交接时，应进行检验，并经监理工程师签证后方可进入下道工序；

5　施工过程质量检查内容、数量、方法应符合本标准相关规定；

6　施工过程质量检查应由监理工程师组织施工单位人员完成；

7　系统安装完成后，施工单位应按相关专业调试规定进行调试；

8　系统调试完成后，施工单位应向建设单位提交质量控制资料和各类施工过程质量检查记录。

8.1.4　工程竣工验收时，施工单位应提供下列资料：

1　竣工验收申请报告；

2　施工图、设计说明书、设计变更通知书和设计审核意见书、竣工图；

3　工程质量事故处理报告；

4　防烟、排烟系统施工过程质量检查记录；

5　防烟、排烟系统工程质量控制资料检查记录。

8.2.1　防烟、排烟系统观感质量的综合验收方法及要求应符合下列规定：

1　风管表面应平整、无损坏；接管合理，风管的连接以及风管与风机的连接应无明显缺陷。

2　风口表面应平整，颜色一致，安装位置正确，风口可调节部件应能正常动作。

3　各类调节装置安装应正确牢固、调节灵活，操作方便。

4　风管、部件及管道的支、吊架形式、位置及间距应符合要求。

5　风机的安装应正确牢固。

8.2.7　系统工程质量验收判定条件应符合下列规定：

1　系统的设备、部件型号规格与设计不符，无出厂质量合格证明文件及符合国家市场准入制度规定的文件，系统验收不符合本标准第 8.2.2 条 ~ 第 8.2.6 条任一款功能及主要性能参数要求的，定为 A 类不合格；

2 不符合本标准第 8.1.4 条任一款要求的定为 B 类不合格；

3 不符合本标准第 8.2.1 条任一款要求的定为 C 类不合格；

4 系统验收合格判定应为：A=0 且 B+≤2，B+C≤6 为合格，否则为不合格。

【问题解答】

一、防排烟系统施工质量控制

防排烟系统施工时除了遵守《通风与空调工程施工规范》GB 50738—2011 和《通风与空调工程施工质量验收规范》GB 50243—2016 的规定以外，更要遵守《建筑防烟排烟系统技术标准》GB 51251—2017 的规定。《建筑防烟排烟系统技术标准》GB 51251—2017 第 6.1.4 条规定了施工质量过程控制的主要内容，应严格执行。

二、防排烟系统施工质量验收

《建筑防烟排烟系统技术标准》GB 51251—2017 第 8.1.4 条规定了防排烟系统验收前应提交的工程技术资料，完整的技术资料是对工程建设项目的设计和施工实施有效监督的基础，也是竣工验收时对系统的质量做出合理评价的依据，同时也便于用户的操作、维护和管理。技术资料出现的问题列为 B 类不合格项。

《建筑防烟排烟系统技术标准》GB 51251—2017 第 8.2.1 条规定了防排烟系统外观检查项目和质量标准，主要从观感和阀部件风口可调部件的调节灵活性上做出规定，这些方面出现的问题列为 C 类不合格项。

防排烟系统除技术资料、观感质量、阀部件风口可调部件的调节灵活性以外，系统中所有阀门、风口、设备等在手动操作、联动运行时，启动、关闭、复位、反馈以及系统的风速、风量等功能性问题，均为 A 类不合格项，不能出现一项不符合设计和规范要求的项目，否则质量验收判定为不合格。

系统验收合格判定是以检查验收过程中出现的 A 项、B 项、C 项三者的数量来判定。验收过程中，合格的工程不允许出现 A 项不合格，最多出现 2 项 B 项不合格项，B 项和 C 项不合格项加在一起不超过 6 项。

第八章　冷热水管道安装

101
管道螺纹连接有何要求?

【规范条文】

《通风与空调工程施工规范》GB 50738—2011

11.2.2　管道螺纹连接应符合下列规定：

1　管道与管件连接应采用标准螺纹，管道与阀门连接应采用短螺纹，管道与设备连接应采用长螺纹。

2　螺纹应规整，不应有毛刺、乱丝，不应有超过10%的断丝或缺扣。

3　管道螺纹应留有足够的装配余量可供拧紧，不应用填料来补充螺纹的松紧度。

4　填料应按顺时针方向薄而均匀地紧贴缠绕在外螺纹上，上管件时，不应将填料挤出。

5　螺纹连接应紧密牢固。管道螺纹应一次拧紧，不应倒回。螺纹连接后管螺纹根部应有2扣～3扣的外露螺纹。多余的填料应清理干净，并做好外露螺纹的防腐处理。

《通风与空调工程施工质量验收规范》GB 50243—2016

9.3.3　螺纹连接管道的螺纹应清洁规整，断丝或缺丝不应大于螺纹全扣数的10%。管道的连接应牢固，接口处的外露螺纹应为2扣～3扣，不应有外露填料。镀锌管道的镀锌层应保护完好，局部破损处应进行防腐处理。

【问题解答】

管道螺纹通常使用电动套丝机进行，有时也在车床上加工，电动套丝机有多种型号，以加工15mm～100mm的机型最为常用，用套丝机套丝时，将管材夹在套丝机卡盘上，留出适当长度，将卡盘夹紧，对准套板号码，上好板牙，按管径对好刻度的适当位置，夹紧固定板机，将润滑剂管对准丝头，开机推板，待丝扣套至适当长度，轻轻松开板机。

无论是手工套丝或者机械套丝，管子上加工出来的圆锥形螺纹管，螺纹要完整、光滑，不得有毛刺和乱丝，断丝或缺丝不应大于螺纹全扣数的10%。

管道螺纹连接一般采用圆锥形外螺纹与圆柱形内螺纹连接，称为锥接柱。管道螺纹数见表8-1。

管道螺纹连接的强度和严密度取决于管道螺纹的加工质量、填料及拧紧力的适度。

表 8-1　管道丝扣连接要求

项次	公称直径		普通丝头		长丝（连接设备用）		短丝（连接阀类用）	
	公制（mm）	英制（in）	长度（mm）	螺纹数（个）	长度（mm）	螺纹数（个）	长度（mm）	螺纹数（个）
1	15	1/2	14	8	50	28	12.0	6.5
2	20	3/4	16	9	55	30	13.5	7.5
3	25	1	18	8	60	26	15.0	6.5
4	32	$1\frac{1}{4}$	20	9	—	—	17.0	7.5
5	40	$1\frac{1}{2}$	22	10	—	—	19.0	8.0
6	50	2	24	11	—	—	21.0	9.0
7	70	$2\frac{1}{2}$	27	12	—	—	—	—
8	80	3	30	13	—	—	—	—
9	100	4	33	14	—	—	—	—

管道螺纹加工的长度、锥度、表面光洁度、椭圆度必须符合要求，一切丝扣不圆整、烂牙、丝扣局部损伤、细丝、偏丝等缺陷均应在加工过程中予以消除；填料应按要求加好，螺纹清洁、规整、无断丝；拧紧的力度要适当。

螺纹连接时要注意，连接对象不同，丝扣长短也不一样。连接管件用普通丝扣，如三通、弯头；长丝用作连接设备，比如连接水泵或连接散热器等；短丝用作连接阀门。

102 管道法兰连接有何要求？

【规范条文】

《通风与空调工程施工规范》GB 50738—2011

11.2.6　法兰连接应符合下列规定：

1　法兰应焊接在长度大于 100mm 的直管段上，不应焊接在弯管或弯头上。

2　支管上的法兰与主管外壁净距应大于100mm，穿墙管道上的法兰与墙面净距应大于200mm。

3　法兰不应埋入地下或安装在套管中，埋地管道或不通行地沟内的法兰处应设检查井。

4　法兰垫片应放在法兰的中心位置，不应偏斜，且不应凸入管内，其外边缘宜接近螺栓孔。除设计要求外，不应使用双层、多层或倾斜形垫片。拆卸重新连接法兰时，应更换新垫片。

5　法兰对接应平行、紧密，与管道中心线垂直，连接法兰的螺栓应长短一致，朝向相同，螺栓露出螺母部分不应大于螺栓直径的一半。

《通风与空调工程施工质量验收规范》GB 50243—2016

9.3.4　法兰连接管道的法兰面应与管道中心线垂直，且应同心。法兰对接应平行，偏差不应大于管道外径的1.5‰，且不得大于2mm。连接螺栓长度应一致，螺母应在同一侧，并应均匀拧紧。紧固后的螺母应与螺栓端部平齐或略低于螺栓。法兰衬垫的材料、规格与厚度应符合设计要求。

【问题解答】

法兰应焊接在长度大于100mm的直管段上，不应焊接在弯管或弯头上。有很多工程都是弯头直接焊法兰，尤其是在所谓的装配式机房中。图8–1所示就是错误的：弯头直接焊法兰，弯头上开孔。

图8–1　法兰焊在弯头上

支管上的法兰与主管外壁净距应大于100mm，穿墙管道上的法兰与墙面净距应大于200mm。管道法兰连接时应注意以下问题：

1）法兰接口应平行，允许偏差不应大于法兰外径的1.5%，且不应大于2mm。

2）螺孔中心允许偏差不应大于螺孔径的5%。

3）进行法兰连接时，应先将法兰密封面清理干净。

4）法兰垫圈应放置平整。管道公称尺寸大于 *DN*600 的法兰以及使用拼粘垫片的法兰，均应在两法兰的密封面上各涂一道铅油。

5）所有螺栓及螺母应涂抹机油。

6）螺母应在法兰的同一侧，并应对称、均匀拧紧。拧紧后的螺栓宜高出螺母外 2 个丝扣，且不应大于螺栓直径的 1/2。

7）法兰接口埋地敷设时，应对法兰、螺栓和螺母采取防腐措施。

103 管道焊接连接有何要求?

【规范条文】

《通风与空调工程施工规范》GB 50738—2011

11.2.4 管道焊接应符合下列规定：

1 管道坡口应表面整齐、光洁，不合格的管口不应进行对口焊接；管道对口形式和组对要求应符合表 11.2.4-1 和表 11.2.4-2 的规定。

2 管道对口、管道与管件对口时，外壁应平齐。

3 管道对口后进行点焊，点焊高度不超过管道壁厚的 70%，其焊缝根部应焊透，点焊位置应均匀对称。

4 采用多层焊时，在焊下层之前，应将上一层的焊渣及金属飞溅物清理干净。各层的引弧点和熄弧点均应错开 20mm。

表 11.2.4-1 手工电弧焊对口形式及组对要求

接头名称	对口形式	接头尺寸（mm）			
		壁厚 δ	间隙 C	钝边 P	坡口角度 α（°）
对接不开坡口	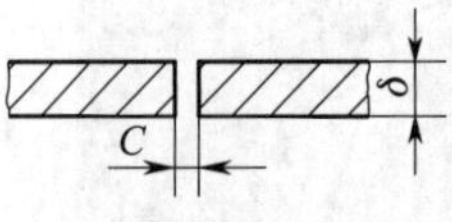	1 ~ 3	0 ~ 1.5	—	—
		3 ~ 6 双面焊	1 ~ 2.5		
对接V型坡口	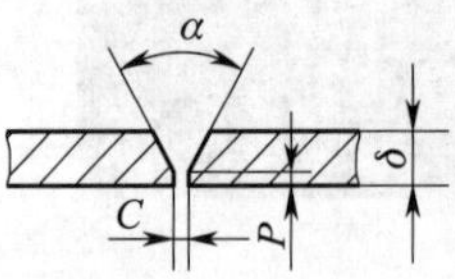	6 ~ 9	0 ~ 2	0 ~ 2	65 ~ 75
		9 ~ 26	0 ~ 3	0 ~ 3	55 ~ 65
T型坡口	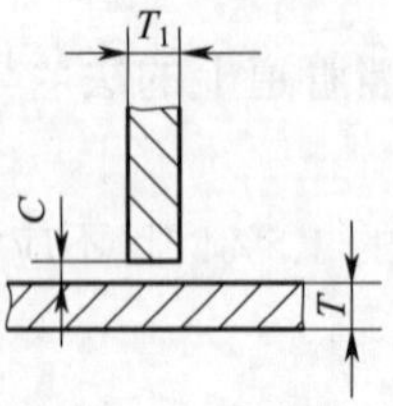	2 ~ 30	0 ~ 2	—	—

表 11.2.4–2　氧 – 乙炔焊对口形式及组对要求

接头名称	对口形式	接头尺寸（mm）			
		厚度 δ	间隙 C	钝边 P	坡口角度 α（°）
对接 不开坡口	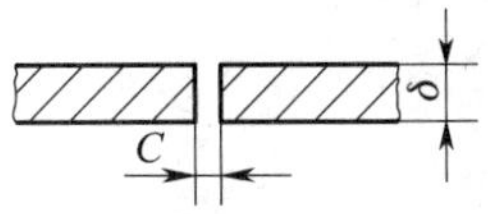	<3	1 ~ 2	—	—
对接 V 型坡口	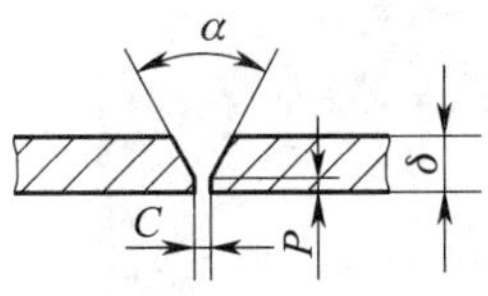	3 ~ 6	2 ~ 3	0.5 ~ 1.5	70 ~ 90

5　管材与法兰焊接时，应先将管材插入法兰内，先点焊 2 点 ~ 3 点，用角尺找正、找平后再焊接。法兰应两面焊接，其内侧焊缝不应凸出法兰密封面。

6　焊缝应满焊，高度不应低于母材表面，并应与母材圆滑过渡。焊接后应立刻清除焊缝上的焊渣、氧化物等。焊缝外观质量不应低于现行国家标准《现场设备、工业管道焊接工程施工规范》GB 50236 的有关规定。

11.2.5　焊缝的位置应符合下列规定：

1　直管段管径大于或等于 *DN*150 时，焊缝间距不应小于 150mm；管径小于 *DN*150 时，焊缝间距不应小于管道外径；

2　管道弯曲部位不应有焊缝；

3　管道接口焊缝距支、吊架边缘不应小于 100mm；

4　焊缝不应紧贴墙壁和楼板，并严禁置于套管内。

【问题解答】

管道焊接前应将焊接处清理干净，焊接质量除了应符合《通风与空调工程施工规范》GB 50738—2011 的要求以外，还应特别注意以下问题：

1）应清理端口，并清洁连接部位。

2）焊口焊接质量应符合现行国家标准《工业金属管道工程施工规范》GB 50235 的规定，填缝金属应高出管外壁 1mm ~ 3mm，焊缝表面应光滑且不得有裂纹、气孔、砂眼和其他缺陷。有的焊口不是专业焊工人员施工，质量无法保证，如图 8–2 所示。

3）不得在焊缝处焊接支管。如图 8–3 所示，在变径管上开孔，焊缝边沿开孔。

4）管道的横向焊缝与管道的连接焊缝间的距离应符合相关标准的规定。

5）管道接口焊缝距支、吊架边缘不应小于 100mm。如图 8–4 所示，管道托架托在弯头焊缝边沿。

6）在环境温度低于 –20℃进行焊接时，接头处应预热到 100℃以上再进行焊接。预热管端的长度应为 100mm ~ 150mm。在环境温度低于 0℃时，焊缝成形后应在焊接处和管道上采取适当的保温措施。

7）镀锌钢管焊接后，应对焊缝处进行二次镀锌。

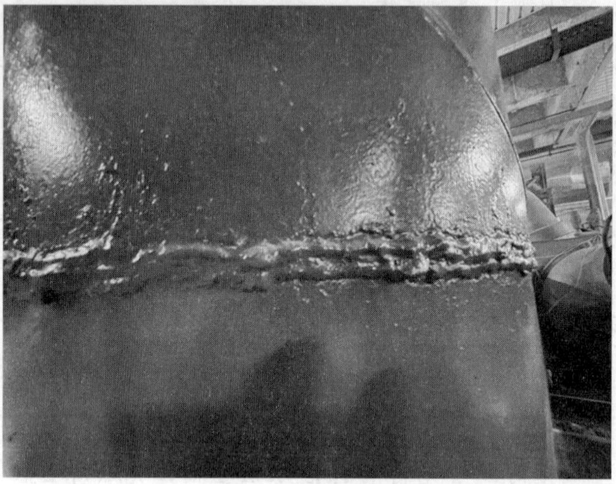

图 8-2 焊口质量缺陷

图 8-3 焊缝焊接管道

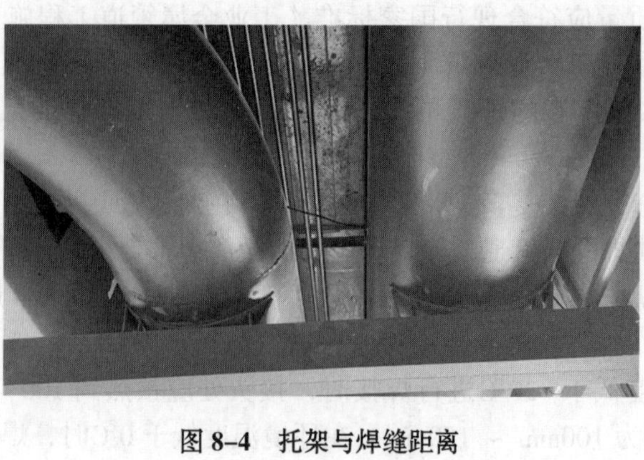

图 8-4 托架与焊缝距离

104 管道熔接连接有何要求?

【规范条文】

《通风与空调工程施工规范》GB 50738—2011

11.2.3 管道熔接应符合下列规定:

1 管材连接前，端部宜去掉20mm ~ 30mm，切割管材宜采用专用剪和割刀，切口应平整、无毛刺，并应擦净连接断面上的污物。

2 承插热熔连接前，应标出承插深度，插入的管材端口外部宜进行坡口处理，坡角不宜小于30°，坡口长度不宜大于4mm。

3 对接热熔连接前，检查连接管的两个端面应吻合，不应有缝隙，调整好对口的两连接管间的同心度，错口不宜大于管道壁厚的10%。

4 电熔连接前，应检查机具与管件的导线连接正确，通电加热电压满足设备技术文件的要求。

5 熔接加热温度、加热时间、冷却时间、最小承插深度应满足热熔加热设备和管材产品技术文件的要求。

6 熔接接口在未冷却前可校正，严禁旋转。管道接口冷却过程中，不应移动、转动管道及管件，不应在连接件上施加张拉及剪切力。

7 热熔接口应接触紧密、完全重合，熔接圈的高度宜为2mm ~ 4mm，宽度宜为4mm ~ 8mm，高度与宽度的环向应均匀一致，电熔接口的熔接圈应均匀地挤在管件上。

《通风与空调工程施工质量验收规范》GB 50243—2016

9.3.1 采用建筑塑料管道的空调水系统，管道材质及连接方法应符合设计和产品技术的要求，管道安装尚应符合下列规定:

1 采用法兰连接时，两法兰面应平行，误差不得大于2mm。密封垫为与法兰密封面相配套的平垫圈，不得突入管内或突出法兰之外。法兰连接螺栓应采用两次紧固，紧固后的螺母应与螺栓齐平或略低于螺栓。

2 电熔连接或热熔连接的工作环境温度不应低于5℃环境。插口外表面与承口内表面应作小于0.2mm的刮削，连接后同心度的允许误差应为2%；热熔熔接接口圆周翻边应饱满、匀称，不应有缺口状缺陷、海绵状的浮渣与目测气孔。接口处的错边应小于10%的管壁厚。承插接口的插入深度应符合设计要求，熔融的包浆在承、插件间形成均匀的凸缘，不得有裂纹凹陷等缺陷。

3 采用密封圈承插连接的胶圈应位于密封槽内，不应有皱褶扭曲。插入深度应符合产品要求，插管与承口周边的偏差不得大于2mm。

【问题解答】

管道熔接包括电熔连接和热熔连接。管道材质不同，熔接的温度也不同，一般最佳温度可根据制造厂家推荐的温度，通过现场试验后得到。

一、电熔连接

1. 电熔连接特点

电熔连接主要为承插连接，是利用电熔管件内电阻丝的热作用熔化塑料管上连接部位，达到紧密连接目的。

管道组合件与系统的连接宜采用电熔套筒管件。在施工安装困难的场合，宜采用电熔管件连接。

2. 电熔连接施工要点

管材电熔连接应按下列步骤进行操作：

1）管材的连接部位表层应采用专用工具刮除，且刮除深度不得超过 1mm。

2）端口应进行坡口，坡口角度宜为 15° ~ 30°。

3）管材、管件连接部位的表面应擦净；应测量管件承口的深度，并在管材端部做出标记。

4）将管材插入电熔管件或电熔套筒内，直到标记位置；然后，应采用配套的专用电源通电进行熔接，直至管件上的信号眼内嵌件突出；电熔连接结束，应切断电熔电源。

5）切断电熔电源后应进行自然冷却，1h 后方可受力。

6）施工过程中，已使用过的电熔管件不得再重复利用。

二、热熔连接

热熔连接是采用特殊的加热工具，将两个连接面加热到规定温度，通过一定的加热时间，施加一定的压力使加热的连接面熔融成一体。

热熔连接所使用的连接设备应由管道生产单位配套或采用指定的专用设备。在热熔连接过程中，管材管件的加热时间、温度、轴向推力、冷却方法和冷却时间等应符合加热设备的性能要求。

热熔连接又分为对接连接和承插连接。

热熔承插连接或热熔对接连接安装过程中，可根据管道系统安装位置及尺寸，在工作间内预制成管道组合件，然后到现场进行安装连接。

1. 热熔承插连接施工要点

管材热熔承插连接宜按下列步骤进行操作：

1）管口应采用专用工具进行坡口，坡口角度宜为 15° ~ 30°。

2）擦除管材、管件和加热工具表面的污物，并保持表面清洁。

3）测量管件承口深度，并在管材插口上做出标记。

4）将管材、管件插入加热工具，进行加热。

5）加热结束，应迅速脱离加热器，并用均匀的外力将管材插入管件的承口中，直到管材表面的标记位置，然后自然冷却。

6）管径大于 63mm 的管道宜采用台式工具加热和连接。

2. 热熔对接连接施工要点

管材热熔对接连接应按下列步骤进行操作：

1）热熔对接连接应在专用的连接设备上进行；管材、管件上架固定后应在同一轴线上，对接连接点两端面的错边量不得大于管壁厚度的10%。

2）管材、管件热熔对接的端面应进行铣切，铣切后的端面应相互吻合并与管道轴线垂直。

3）应对连接设备上的加热板进行清理，然后将管材、管件的连接面移到加热板表面，通电加热。

4）按规定时间加热结束后，应移去加热板，将对接端面进行轴向挤压对接，使对接部位的两支管端表面呈“∞”形的凸缘后焊接工序结束。

5）将焊接件移出台架，静置冷却、免受外力。

105 冷凝水管道安装应注意哪些问题？

【规范条文】

《通风与空调工程施工规范》GB 50738—2011

11.3.5　冷凝水管道安装应符合下列规定：

1　冷凝水管道的坡度应满足设计要求，当设计无要求时，干管坡度不宜小于0.8%，支管坡度不宜小于1%。

2　冷凝水管道与机组连接应按设计要求安装存水弯。采用的软管应牢固可靠、顺直，无扭曲，软管连接长度不宜大于150mm。

3　冷凝水管道严禁直接接入生活污水管道，且不应接入雨水管道。

《通风与空调工程施工质量验收规范》GB 50243—2016

9.2.3　管道系统安装完毕，外观检查合格后，应按设计要求进行水压试验。当设计无要求时，应符合下列规定：

4　凝结水系统采用通水试验，应以不渗漏，排水畅通为合格。

9.3.7　风机盘管机组及其他空调设备与管道的连接，应采用耐压值大于或等于1.5倍工作压力的金属或非金属柔性接管，连接应牢固，不应有强扭和瘪管。冷凝水排水管的坡度应符合设计要求。当设计无要求时，管道坡度宜大于或等于8‰，且应坡向出水口。设备与排水管的连接应采用软接，并应保持畅通。

【问题解答】

一、冷凝水管道坡度

冷凝水管道的坡度应满足设计要求，当设计无要求时，干管坡度不宜小于8‰，支管坡度不宜小于10‰。由于支管管径更小，更容易堵塞，因此在《通风与空调工程施工规范》GB 50738—2011中，规定了支管坡度大于干管坡度。

二、冷凝水管道与机组连接

冷凝水管道与空调机组连接应按设计要求安装存水弯，并应符合产品技术文件的要求。

表冷段的设置分正压侧和负压侧，水封高度和凝结水所处位置及空调机组压力有关。一般情况下，空调机组冷凝水接管处均有水封安装图示，水封高度应根据图示公式要求计算得出。

三、冷凝水排出总管连接

冷凝水排入污水系统时，应有空气隔断措施，冷凝水管道不应与污水系统直接连接。民用建筑室内雨水系统均为密闭系统，冷凝水管道不得与室内雨水系统直接连接，以防臭味和雨水从空气处理机组凝水盘外溢。

第九章 设备安装

106 设备基础质量控制要点有哪些?

【规范条文】

《通风与空调工程施工规范》GB 50738—2011

9.3.4 风机安装应符合下列规定:

1 风机安装位置应正确，底座应水平;

2 落地安装时，应固定在隔振底座上，底座尺寸应与基础大小匹配，中心线一致；隔振底座与基础之间应按设计要求设置减振装置;

3 风机吊装时，吊架及减振装置应符合设计及产品技术文件的要求。

9.4.3 基础表面应无蜂窝、裂纹、麻面、露筋；基础位置及尺寸应符合设计要求；当设计无要求时，基础高度不应小于150mm，并应满足产品技术文件的要求，且能满足凝结水排放坡度要求；基础旁应留有不小于机组宽度的空间。

10.2.2 蒸汽压缩式制冷（热泵）机组的基础应满足设计要求，并应符合下列规定:

1 型钢或混凝土基础的规格和尺寸应与机组匹配;

2 基础表面应平整，无蜂窝、裂纹、麻面和露筋;

3 基础应坚固，强度经测试满足机组运行时的荷载要求;

4 混凝土基础预留螺栓孔的位置、深度、垂直度应满足螺栓安装要求；基础预埋件应无损坏，表面光滑平整;

5 基础四周应有排水设施;

6 基础位置应满足操作及检修的空间要求。

10.10.2 冷热源与辅助设备的基础安装允许偏差应符合表 10.10.2 的规定。

表 10.10.2 设备基础的允许偏差和检验方法

序号	项目	允许偏差（mm）	检验方法
1	基础坐标位置	20	经纬仪、拉线、尺量
2	基础各不同平面的标高	0，-20	水准仪、拉线、尺量
3	基础平面外形尺寸	20	尺量检查
4	凸台上平面尺寸	0，-20	
5	凹穴尺寸	+20，0	

表 10.10.2（续）

序号	项目		允许偏差（mm）	检验方法
6	基础上平面水平度	每米	5	水平仪（水平尺）和楔形塞尺检查
		全长	10	
7	竖向偏差	每米	5	经纬仪、吊线、尺量
		全高	10	
8	预埋地脚螺栓	标高（顶端）	+20，0	水准仪、拉线、尺量
		中心距（根部）	2	

《通风与空调工程施工质量验收规范》GB 50243—2016

7.1.3 设备就位前应对其基础进行验收，合格后再安装。

8.2.1 制冷机组及附属设备的安装应符合下列规定：

1 制冷（热）设备、制冷附属设备产品性能和技术参数应符合设计要求，并应具有产品合格证书、产品性能检验报告。

2 设备的混凝土基础应进行质量交接验收，且应验收合格。

3 设备安装的位置、标高和管口方向应符合设计要求。采用地脚螺栓固定的制冷设备或附属设备，垫铁的放置位置应正确，接触应紧密，每组垫铁不应超过 3 块；螺栓应紧固，并应采取防松动措施。

【问题解答】

通风与空调设备主要有水泵、风机、空调机组、制冷机组、换热设备、冷却塔、蓄热蓄冷设备、软化装置、净化装置、稳压罐、集分水器等设备。设备安装前要对设备基础进行验收。

一、设备基础基本要求

1）基础位置及尺寸应符合设计要求，与设备安装要求相匹配。

2）空调机组基础的高度应满足凝结水存水弯安装要求，不小于 150mm。

3）混凝土设备基础表面应平整，无蜂窝、裂纹、麻面和露筋等质量缺陷。

4）混凝土基础应坚固，型钢型号选用应满足设计计算要求，强度经测试应满足机组运行时的荷载要求。

5）混凝土基础预留螺栓孔的位置、深度、垂直度应满足螺栓安装要求。

6）基础预埋件应无损坏，表面光滑平整。

7）用水设备的设备基础四周应有排水设施。

8）设备基础周边应留有足够的空间，以便设备安装、检修。

二、设备基础验收

设备基础，尤其是混凝土基础，涉及不同专业的施工，应进行质量交接验收，且应验收合格，并填写交接验收记录。

交接验收记录作为重要的施工记录纳入竣工资料中。

107 如何选择设备减振方式？

【规范条文】

《民用建筑供暖通风与空气调节设计规范》GB 50736—2012

10.3.1 当通风、空调、制冷装置以及水泵等设备的振动靠自然衰减不能达标时，应设置隔振器或采取其他隔振措施。

10.3.2 对不带有隔振装置的设备，当其转速小于或等于 1 500r/min 时，宜选用弹簧隔振器；转速大于 1 500r/min 时，根据环境需求和设备振动的大小，亦可选用橡胶等弹性材料的隔振垫块或橡胶隔振器。

10.3.5 符合下列要求之一时，宜加大隔振台座质量及尺寸：

1 设备重心偏高；

2 设备重心偏离中心较大，且不易调整；

3 不符合严格隔振要求的。

10.3.8 在有噪声要求严格的房间的楼层设置集中的空调机组设备时，应采用浮筑双隔振台座。

《工程隔振设计标准》GB 50463—2019

3.1.3 隔振方式的选用宜符合下列规定：

1 当采用支承式隔振时，如图 3.1.3（a）、图 3.1.3（b）所示，隔振器宜设置在隔振对象的底座或台座结构下，可用于隔离竖向和水平振动。

2 当采用悬挂式隔振时，如图 3.1.3（c）、图 3.1.3（d）所示，隔振对象宜安置在两端铰接刚性吊杆悬挂的台座上或将隔振对象底座悬挂在两端铰接刚性吊杆上，可用于隔离水平振动；当在悬挂吊杆上端或下端设置隔振器时，可用于隔离竖向和水平振动，如图 3.1.3（e）、图 3.1.3（f）所示。

3 当采用屏障隔振时，可采用沟式屏障、排桩式屏障、波阻板屏障及组合式屏障等隔振方式，可用于隔离近地表层场地振动的传播。

3.1.5 隔振器应进行承载力验算，振动荷载及内力组合应符合现行国家标准《建筑振动荷载标准》GB/T 51228 和《建筑结构荷载规范》GB 50009 的有关规定。

8.2.1 圆柱螺旋弹簧隔振器方式的选用宜符合下列规定：

1 动力设备的主动隔振可采用支承式；

2 精密仪器与设备的被动隔振可采用支承式或悬挂式；

3 动力管道的主动隔振可采用悬挂式。

8.2.3 圆柱螺旋弹簧的选用应符合下列规定：

1 用于冲击式机器隔振时，宜选择铬钒弹簧钢丝、硅锰弹簧钢丝或热扎圆钢类产品。

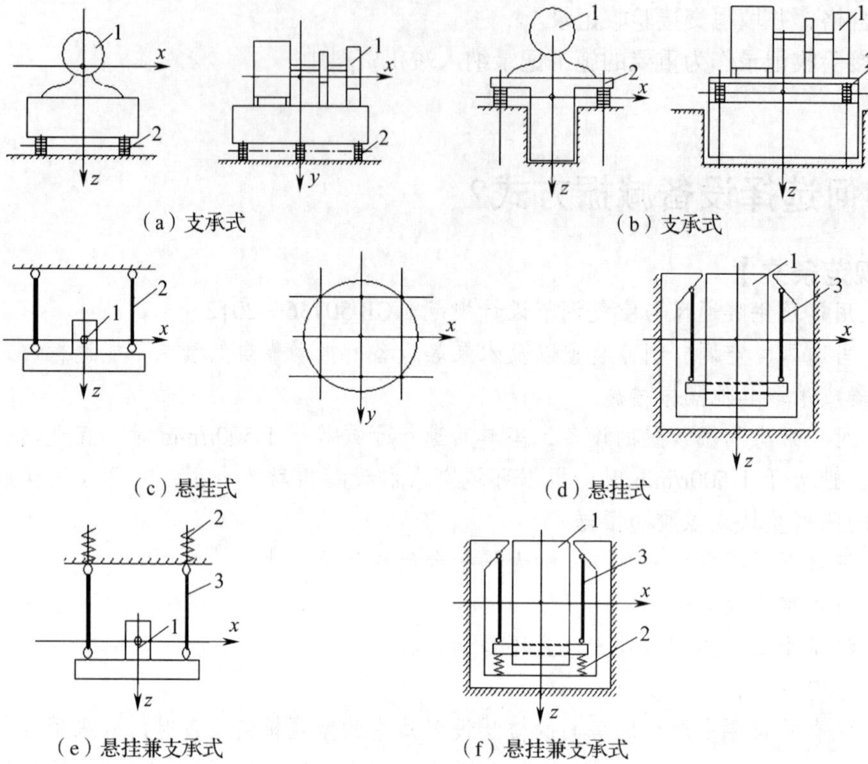

图 3.1.3　隔振方式

1—隔振对象；2—隔振器；3—刚性吊杆

2　用于其他隔振对象隔振时，应符合下列规定：

1）材料直径小于 8mm 时，宜采用优质碳素弹簧钢丝或硅锰弹簧钢丝类产品；

2）材料直径为 8mm ~ 12mm 时，宜采用硅锰弹簧钢丝或铬钒弹簧钢丝类产品；

3）材料直径大于 12mm 时，宜采用热轧硅锰弹簧钢丝或圆钢类产品。

3　弹簧应进行表面防腐处理，当有较高防腐要求时，宜采用不锈钢弹簧钢丝或圆钢类产品。

8.2.5　圆柱螺旋弹簧隔振器的弹簧配置和组装应符合下列规定：

1　隔振器应采用同一规格的弹簧或同一匹配的弹簧组，弹簧组的内圈弹簧与外圈弹簧的旋向宜相反，弹簧之间的间隙不宜小于外圈弹簧内径的 5%；

2　压缩弹簧的两端应磨平并紧，最大工作荷载作用下，弹簧的节间间隙不宜小于弹簧线径的 10% 和最大变形量的 2%；

3　弹簧两端的支承板应设定位挡圈或挡块，其高度不宜小于弹簧的线径；

4　隔振器组装时，宜对圆柱螺旋弹簧施加预应力预紧，当预应力超过工作荷载时，其预紧螺栓在隔振器安装后、工作前应予放松；

5　隔振器应设保护外壳、高度调节或调平装置，支承式隔振器的上下支承面应平整、平行，其平行度不宜大于 3mm/m，并宜设置由柔性材料制作的防滑垫片；

6　隔振器的金属零部件表面应做防锈、防腐处理。

8.4.1　橡胶隔振器的选型应符合下列规定：

1　当橡胶隔振器承受的动力荷载较大，或机器转速大于 1 600r/min，或安装隔振器部位空间受限制时，可采用压缩型橡胶隔振器；

2　当橡胶隔振器承受的动力荷载较大且机器转速大于 1 000r/min 时，可采用压缩－剪切型橡胶隔振器；

3　当橡胶隔振器承受的动力荷载较小或机器转速大于 600r/min 或要求振动主方向的刚度较低时，可采用剪切型橡胶隔振器。

【问题解答】

一、振与震

“震”源于雨，雨即雷雨。“震”原指大自然的震动，如地震，从未有人写“地振”。

“振”源于两手相击，振动做声。“振”是指人为的振动，如机械振动，一般也不写“机械震动”。

震动，是不可抗力的；振动，是可以消除的。

振动，是物体系统运动的一种形式。物体（或物体中的一部分）沿直线或曲线经过其平衡位置作的往复运动称为“机械振动”，简称振动。工程上，减振一般是指减少设备和管道振动。

“减振”与“隔振”，前者是主动减，后者是被动隔。

二、空气振动

声音是由振动产生的。所谓声音频率就是发声源的振动频率。

频率是用 Hz 作单位，读作赫兹，低频噪声是指频率在 500Hz（倍频程）以下的声音。在人耳范围内，20Hz ~ 500Hz 是低频，即在 1 秒内振动 20 次 ~ 500 次所发出无规则的声音称为低频噪声。

常规的定义，频率在 250Hz 以下为低频，频率在 500Hz ~ 2 000Hz 为中频，而高频的频率为 2 000Hz ~ 16 000Hz。一般人所能听到的声音在 20Hz ~ 20 000Hz 之间，20Hz 以下的是次声波，20 000Hz 以上的是超声波。

低频噪声与高频噪声不同，高频噪声随着距离越远或遭遇障碍物，能迅速衰减，如高频噪声的点声源，每 10m 距离就能下降 6dB；而低频噪声却穿透力极强，递减得很慢，声波又较长，能轻易穿越障碍物，长距离奔袭和穿墙透壁直入人耳。

三、设备振动

1. 振动传递

热泵机组、冷水机组、风机、水泵等设备在运转过程中会产生振荡，是由于旋转部件的惯性力、偏心不平衡产生的扰动力而引起的强迫振动。设备运转产生振动，传给基础，再传给结构，再通过结构固体材料振动传递到房间，转化为噪声。

2. 振动的危害

产生高频噪声，通过设备底座、管道与构筑物的连接部分引起建筑结构的振动。

以声波形式向空间辐射产生固体噪声污染，过大的振动影响建筑物的使用寿命。

四、振动形式

1. 积极隔振（主动隔振）

隔离振动源的振动，防止或减小振动对外部的影响。

2. 消极隔振（被动隔振）

防止或减小外部振动（如机械设备锻锤、交通轨道等）对构筑物及室内仪器、仪表、精密机械的影响，而采取的隔振措施。

3. 振动传递方向

水泵运行时，其本身产生的振动，振动方向总是垂直于轴向。

立式水泵振动方向为水平方向，卧式水泵振动方向为垂直方向。

弹簧减振器垂直方向隔振，因此大多适合卧式水泵隔振。

橡胶隔振器水平和垂直方向均有隔振效果，立式水泵采用橡胶隔振器效果较好。

五、隔振频率

1. 隔振器固有频率

从隔振器的一般原理可知，工作区的固有频率，或者说包括振动设备、支座和隔振器在内的整个隔振体系的固有频率，与隔振体系的质量成反比，与隔振器的刚度成正比，也可以借助于隔振器的静态压缩量用下式计算：

$$f_0=\frac{1}{2\pi}\sqrt{\frac{K}{m}}\approx\frac{5}{\sqrt{x}}$$

式中：f_0——隔振器的固有频率（Hz）；

K——隔振器的刚度（kg/cm^2）；

m——隔振体系的质量（kg）；

x——隔振器的静态压缩量（cm）；

π——圆周率。

2. 振动设备扰动频率

振动设备的扰动频率取决于振动设备本身的转速，即：

$$f=\frac{n}{60}$$

式中：f——振动设备的扰动频率（Hz）；

n——振动设备的转速（r/min）。

六、振动传递率

隔振器的隔振效果一般以传递率表示，它主要取决于振动设备的扰动频率与隔振器的固有频率之比，如忽略系统的阻尼作用，其关系式为：

$$T=\left|\frac{1}{1-\left(\frac{f}{f_0}\right)^2}\right|$$

式中：T——振动传递率。

其他符号意义同前面。

当 f/f_0 趋近于 0 时，振动传递率 T 接近于 1，此时隔振器不起隔振作用。

当 $f = f_0$ 时，传递率趋于无穷大，表示系统发生共振，这时不仅没有隔振作用，反而使系统的振动急剧增加，这是隔振设计必须避免的。

只有当 $f/f_0 > \sqrt{2}$ 时，即振动传递率小于 1 时，隔振器才能起作用，其比值愈大，隔振效果愈好。

虽然在理论上，f/f_0 越大越好，但因设计很低的 f_0 不但有困难、造价高，而且当 $f/f_0 > 5$ 时，隔振效果提高得也很缓慢，通常在工程设计上选用 $f/f_0 = 2.5 \sim 5$。因此，规定设备运转频率（即扰动频率或驱动频率）与隔振器的固有频率之比应大于或等于 2.5。

弹簧隔振器的固有频率较低（一般为 2Hz ~ 5Hz），橡胶隔振器的固有频率较高（一般为 5Hz ~ 10Hz），为了发挥其应有的隔振作用，使 $f/f_0 = 2.5 \sim 5$。

因此，规范规定当设备转速小于或等于 1 500r/min 时，宜选用弹簧隔振器；设备转速大于 1 500r/min 时，宜选用橡胶等弹性材料垫块或橡胶隔振器。

对弹簧隔振器适用范围的限制，并不意味着它不能用于高转速的振动设备，而是因为采用橡胶等弹性材料已能满足隔振要求，而且做法简单，比较经济。

七、隔振效率

隔振效率也可以用通过隔振装置传给基础的力与振动作用于机组的总力之比来表示，又称隔振系数或隔振效率：

$$T=F_T/F_0$$

式中：F_T——基础受到的振动力，也称为振动传递力；

F_0——机组产生的总振动力。

振动传递率 $T<1$，即有：$F_T<F_0$。基础受到的振动力小于机组总的振动力，说明隔振装置起到了减振作用。

T 越小，隔振效果越好。

八、隔振器的选择

为了保证隔振器的隔振效果并考虑某些安全因素，橡胶隔振器的计算压缩变形量，一般按制造厂提供的极限压缩量的 1/3 ~ 1/2 采用。橡胶隔振器和弹簧隔振器所承受的荷载，均不应超过允许工作荷载。由于弹簧隔振器的压缩变形量大，阻尼作用小，其振幅也较大，当设备启动与停止运行通过共振区其共振振幅达到最大时，有可能使设备及基础起破坏作用。因此，当共振振幅较大时，弹簧隔振器宜与阻尼大的材料联合使用。

当设备的运转频率与弹簧隔振器或橡胶隔振器垂直方向的固有频率之比为 2.5 时，隔振效率约为 80%，比值为 4 ~ 5 时，隔振效率大于 93%，此时的隔振效果才比较明显。在保证稳定性的条件下，应尽量增大这个比值。

选择隔振器时，务必按照产品技术文件及实际隔振对象的情况进行计算后确定，不能随便购买安装。

九、隔振板（基础）

水泵是经常运转的动力设备，为了增强隔振效果及保证水泵运行平稳，水泵应安装在隔振板（基础）上。加大隔振台座的质量及尺寸等，能够增强隔振基础的稳定性和降低隔振器的固有频率，提高隔振效果。水泵安装在隔振板上，与隔振板成为一整体；隔振器设置在隔振板下。

十、隔振器安装应注意的问题

隔振器设计安装时，要使设备的重心尽量落在各隔振器的几何中心上，整个振动体系的重心要尽量低，以保证其稳定性；同时应使隔振器的自由高度尽量一致，基础底面也应平整，使各隔振器在平面上均匀对称，受压均匀。

108 常用设备隔振器有哪些？如何选用？

【规范条文】

《民用建筑供暖通风与空气调节设计规范》GB 50736—2012

10.3.2 对不带有隔振装置的设备，当其转速小于或等于 1 500r/min 时，宜选用弹簧隔振器；转速大于 1 500r/min 时，根据环境需求和设备振动的大小，亦可选用橡胶等弹性材料的隔振垫块或橡胶隔振器。

10.3.3 选择弹簧隔振器时，应符合下列规定：

1 设备的运转频率与弹簧隔振器垂直方向的固有频率之比，应大于或等于 2.5，宜为 4 ~ 5；

2 弹簧隔振器承受的载荷，不应超过允许工作载荷；

3 当共振振幅较大时，宜与阻尼大的材料联合使用；

4 弹簧隔振器与基础之间宜设置一定厚度的弹性隔振垫。

10.3.4 选择橡胶隔振器时，应符合下列要求：

1 应计入环境温度对隔振器压缩变形量的影响；

2 计算压缩变形量，宜按生产厂家提供的极限压缩量的 1/3 ~ 1/2 采用；

3 设备的运转频率与橡胶隔振器垂直方向的固有频率之比，应大于或等于 25，宜为 4 ~ 5；

4 橡胶隔振器承受的荷载，不应超过允许工作荷载；

5 橡胶隔振器与基础之间宜设置一定厚度的弹性隔振垫。

注：橡胶隔振器应避免太阳直接辐射或与油类接触。

【问题解答】

一、橡胶隔振器

橡胶隔振器指在设备和支承结构之间，旨在减少振动或冲击从该设备向支承结构或从支承结构向该设备的传递，以橡胶为主要材料构成的弹性元件。

橡胶隔振器可分为压缩型、剪切型和复合型。优点是弹性好、阻尼比大，造型压制方便、价格低，可多层叠合、降低固有频率；缺点是易老化、寿命短。常用橡胶隔振器的SD型橡胶隔振垫作为隔振垫的一种，采用优质橡胶为材料，有圆形凹陷镂空、剪切瓦楞形。SD橡胶隔振器，必须安装在有一定重量的隔振板下面。

在实际工程中，根据隔振要求，一般是两层及以上叠加使用，层与层之间应采用镀锌钢板粘贴牢固，但最多不超过五层。当采用SD隔振器时，不能使用螺栓固定。

SD橡胶隔振器对高频设备隔振效果显著，低频隔振效果不明显，因为橡胶制品适合于吸收高频振动。设置时，放在水泵基础四个角的下面，大型水泵也可放置六组，长边各三组。

1. 橡胶隔振器的特点

1）阻尼较大，固有频率较低，能有效地抑制共振时的振幅。

2）当工作温度低于 –30℃时，橡胶的弹性显著降低。工作温度不应超过 70 ~ 80℃。

3）需定期检查更换。橡胶隔振器受环境因素影响大，对工作环境条件适应性也较差，易产生性能变化与老化，在长时间静载作用下，有蠕变现象。

2. 橡胶隔振器的选择

1）选择橡胶隔振器时应考虑环境温度对隔振器压缩变形量的影响。

2）计算橡胶隔振器压缩变形量时，宜按生产厂家提供的极限压缩量的 1/3 ~ 1/2 采用。

3）设备的运转频率与橡胶隔振器垂直方向的固有频率之比，应大于或等于 2.5，宜为 4 ~ 5。

4）橡胶隔振器承受的荷载不应超过允许工作荷载。

5）当橡胶隔振器不需要与基础固定时，与基础之间宜设置一定厚度的弹性隔振垫。

6）橡胶隔振器安装时，应避免太阳直接辐射或与油类接触。

7）严寒寒冷地区室外安装的设备不应选择橡胶隔振器。

8）生活热水及供暖循环水泵基座不应与橡胶隔振器直接连接。

二、阻尼弹簧隔振器

阻尼弹簧隔振器指用在设备和支承结构之间的弹性元件，该弹性元件由螺旋钢弹簧经阻尼处理构成，旨在减少从该设备向支承结构或从支承结构向该设备传递振动或冲击力。

隔振器分为支承式阻尼弹簧隔振器和悬挂式阻尼弹簧隔振器。弹簧隔振器，主要有自由式弹簧减振器和限位式弹簧减振器。弹簧隔振器应安装在水泵隔振板下面，或水泵支架下面。弹簧隔振器承载力强，刚度低、阻尼比小；加工方便，性能稳定；耐久性好，寿命长。弹簧隔振器由于刚度低，固有频率低，适合用于振动频率不高的设备。

1. 弹簧隔振器特点

1）静态压缩量大，固有频率低，低频隔振性能好。

2）能耐受油、水等侵蚀，温度变化不影响性能。

3）不会老化，不发生蠕变。

4）本身阻尼很小，在共振时传递比非常大。

2. 弹簧隔振器的选用

对不带有隔振装置的设备，当其转速小于或等于 1 500r/min 时，宜选用弹簧隔振器。选择弹簧隔振器时，应遵守以下原则：

1）设备的运转频率与弹簧隔振器垂直方向的固有频率之比，应大于或等于 2.5，宜为 4 ~ 5。

2）弹簧隔振器承受的载荷不应超过允许工作荷载。

3）当共振振幅较大时，宜与阻尼大的材料联合使用。

4）弹簧隔振器与基础之间宜设置一定厚度的弹性隔振垫。

109 水泵安装应注意哪些问题？

【规范条文】

《通风与空调工程施工规范》GB 50738—2011

10.8.3 水泵减振装置安装应满足设计及产品技术文件的要求，并应符合下列规定：

1 水泵减振板可采用型钢制作或采用钢筋混凝土浇筑。多台水泵成排安装时，应排列整齐。

2 水泵减振装置应安装在水泵减振板下面。

3 减振装置应成对放置。

4 弹簧减振器安装时，应有限制位移措施。

10.8.4 水泵就位安装应符合下列规定：

1 水泵就位时，水泵纵向中心轴线应与基础中心线重合对齐，并找平找正；

2 水泵与减振板固定应牢靠，地脚螺栓应有防松动措施。

《通风与空调工程施工质量验收规范》GB 50243—2016

9.3.12 水泵及附属设备的安装应符合下列规定：

1 水泵的平面位置和标高允许偏差应为 ±10mm，安装的地脚螺栓应垂直，且与设备底座应紧密固定。

2 垫铁组放置位置应正确、平稳，接触应紧密，每组不应大于 3 块。

3 整体安装的泵的纵向水平偏差不应大于 0.1‰，横向水平偏差不应大于 0.2‰。组合安装的泵的纵、横向安装水平偏差不应大于 0.05‰。水泵与电机采用联轴器连接时，联轴器两轴芯的轴向倾斜不应大于 0.2‰，径向位移不应大于 0.05mm。整体安装的小型管道水泵目测应水平，不应有偏斜。

4 减振器与水泵及水泵基础的连接，应牢固平稳、接触紧密。

《风机、压缩机、泵安装工程施工及验收规范》GB 50275—2010

4.1.5　管道的安装除应符合现行国家标准《工业金属管道工程施工及验收规范》GB 50235 的有关规定外，尚应符合下列要求：

1　管子内部和管端应清洗洁净，并应清除杂物；密封面和螺纹不应损伤；

2　泵的进、出管道应有各自的支架，泵不得直接承受管道等的质量；

3　相互连接的法兰端面应平行；螺纹管接头轴线应对中，不应借法兰螺栓或管接头强行连接；泵体不得受外力而产生变形；

4　密封的内部管路和外部管路，应按设计规定和标记进行组装；其进、出口和密封介质的流动方向，严禁发生错乱；

5　管道与泵连接后，应复检泵的原找正精度；当发现管道连接引起偏差时，应调整管道；

6　管道与泵连接后，不应在其上进行焊接和气割；当需焊接和气割时，应拆下管道或采取必要的措施，并应防止焊渣进入泵内；

7　泵的吸入和排出管道的配置应符合设计规定；无规定时，应符合本规范附录 C 的规定；

8　液压、润滑、冷却、加热的管路安装，应符合现行国家标准《机械设备安装工程施工及验收通用规范》GB 50231 的有关规定。

C.0.1　泵的吸入和排出管路的配置，应符合下列要求：

1　与泵连接的管路应具有独立、牢固的支承；

2　吸入和排出管路的直径，不应小于泵的入口和出口直径；

3　吸入管路宜短，并宜减少弯头；

4　当采用变径管时，变径管的长度不应小于管径差的 5 倍 ~ 7 倍；

5　泵的吸入管道的安装，应符合图 C.0.1 所示，不得有空气团存在。当泵的安装位置高于吸入液面时，吸入管路的任何部分均不应高于泵的入口；水平吸入管道应向泵的吸入口方向倾斜，斜度不应小于 5‰；

6　高温管路应设置膨胀节；

7　阀门应按工程设计图要求设置；

8　两台及以上的泵并联时，每台泵的出口均应装设止回阀。

C.0.2　离心泵的管路配置除应符合本规范第 C.0.1 条的要求外，尚应符合下列要求：

1　吸入管路应符合下列要求：

1）泵入口前的直管段长度不应小于入口直径的 3 倍（图 C.0.2–1）；

2）当泵的安装位置高于吸入液面、泵的入口直径小于 350mm 时，应设置底阀；入口直径大于或等于 350mm 时，应设置真空引水装置；

3）吸入管口浸入水面下的深度不应小于入口直径的 1.5 倍 ~ 2 倍，且不应小于 500mm；吸入管口距池底的距离，不应小于入口直径的 1 倍 ~ 1.5 倍，且不应小于 500mm；吸入管口中心距池壁的距离，不应小于入口直径的 1.25 倍 ~ 1.5 倍；相邻两泵吸入口中心距离，不应小于入口直径的 2.5 倍 ~ 3 倍（图 C.0.2–2）；

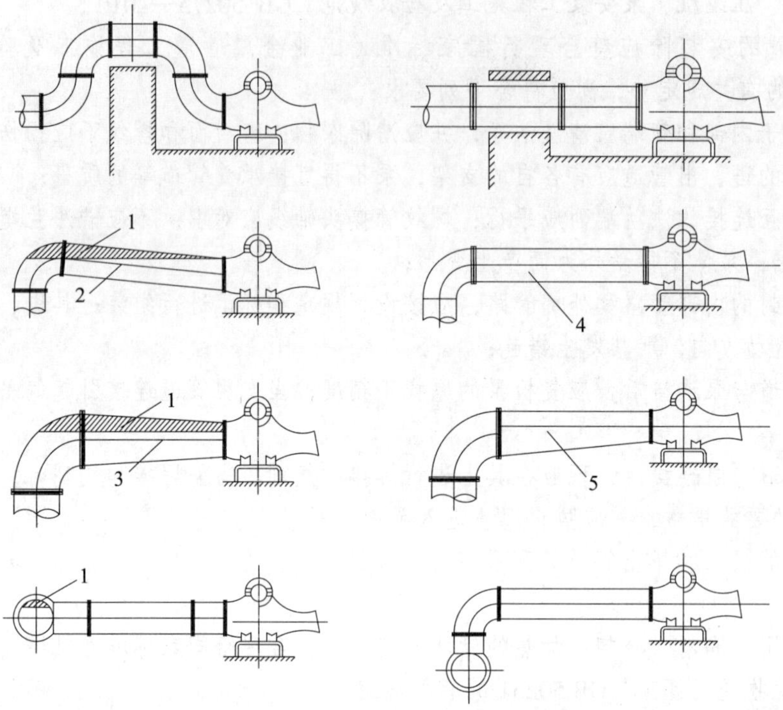

图 C.0.1 吸入管道的安装

1—空气团；2—向水泵下降；3—同心变径管；4—向水泵上升；5—偏心变径管

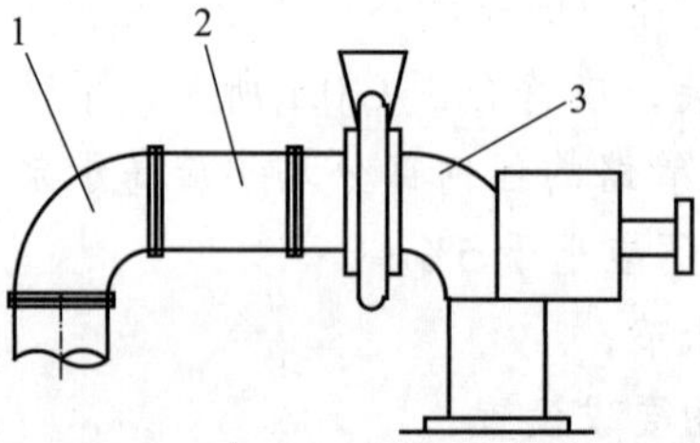

图 C.0.2–1 吸入管安装

1—弯管；2—直管段；3—泵

4）当吸入管路装置滤网时，滤网的总过流面面积，不应小于吸入管口面积的 2 倍 ~ 3 倍；

5）可在吸水池进口或吸入管周围加设拦污网或拦污栅；

6）泥浆泵、灰渣泵和砂泵应在倒灌情况下运转。倒灌高度宜为 2m ~ 3m，且吸入管宜倾斜 30°。

2 泵的排出管路，应符合下列要求：

1）应装设闸阀，闸阀内径不应小于管子内径；旋涡泵尚应装设安全阀；

2）当扬程大于 20m 时，应装设止回阀。

3 杂质泵的进、出口管路，均不应急剧转弯。

【问题解答】

水泵进出水管道安装应在水泵隔振基础安装找平、找正以后进行。管道安装经过试压、冲洗完成后，方可与水泵连接。

目前，工程中水泵进出水管安装存在的问题较多，大部分体现在对标准要求认识不足，以及对使用功能的不理解，主要集中体现在以下几个方面。

一、水泵安装水平度

水泵安装水平度关系到水泵运行的平稳性。实际工程中，对水平度重视度不够，尤其是所谓的整体式机房。

二、减振基础（减振板）

对水泵减振基础的形式及有效性认识不足，造成实际安装过程中没有起到任何作用。

减振基础的设置主要有以下作用：

1）增加水泵的质量，减少固有频率。

2）降低立式水泵的重心，使水泵运行更平稳。

3）减少卧式水泵不平衡度，也能减少水泵扰动性。

三、管道隔振

管道与水泵连接时采用隔振器类型及安装位置出现问题较多。为了降低水泵转动引起的振动和噪声，除了水泵基础要进行隔振以外，还要对水泵进出水管进行隔振处理。

管道安装隔振器有两个方面的作用：一是减缓水泵振动对管道的影响；二是能有效阻止水泵振动带来的噪声通过管道进行传递。隔振器应在不受力的自然状态下进行安装，与隔振器连接的管道均应固定在支、吊架或托架上（图 9–1）。

图 9–1 隔振器安装（位置错误）

隔振器一般选用可挠曲橡胶软接头。因与管道是不同的材质，能有效阻止管道振动的传递。

在水泵运行状态下，因水泵出口压力最大，当采用金属软管或波纹伸缩器时，与管道成为一体，对减缓水泵振动对管道的影响作用不大。

四、水泵与管道的连接

水泵与管道的连接前应保证管道系统冲洗干净。

目前，很多工程为了抢进度，管道未经冲洗，水泵安装的同时与管道一起连接，给以后水泵的正常运行带来隐患。

110 连接水泵的进出水管道安装有何要求？

【规范条文】

《通风与空调工程施工规范》GB 50738—2011

10.8.5 水泵吸入管安装应满足设计要求，并应符合下列规定：

1 吸入管水平段应有沿水流方向连续上升的不小于 0.5% 坡度。

2 水泵吸入口处应有不小于 2 倍管径的直管段，吸入口不应直接安装弯头。

3 吸入管水平段上严禁因避让其他管道安装向上或向下的弯管。

4 水泵吸入管变径时，应做偏心变径管，管顶上平。

5 水泵吸入管应按设计要求安装阀门、过滤器。水泵吸入管与泵体连接处，应设置可挠曲软接头，不宜采用金属软管。

6 吸入管应设置独立的管道支、吊架。

10.8.6 水泵出水管安装应满足设计要求，并应符合下列规定：

1 出水管段安装顺序应依次为变径管、可挠曲软接头、短管、止回阀、闸阀（蝶阀）；

2 出水管变径应采用同心变径；

3 出水管应设置独立的管道支、吊架。

《通风与空调工程施工质量验收规范》GB 50243—2016

9.3.12 水泵及附属设备的安装应符合下列规定：

1 水泵的平面位置和标高允许偏差应为 ±10mm，安装的地脚螺栓应垂直，且与设备底座应紧密固定。

2 垫铁组放置位置应正确、平稳，接触应紧密，每组不应大于 3 块。

3 整体安装的泵的纵向水平偏差不应大于 0.1‰，横向水平偏差不应大于 0.2‰。组合安装的泵的纵、横向安装水平偏差不应大于 0.05‰。水泵与电机采用联轴器连接时，联轴器两轴芯的轴向倾斜不应大于 0.2‰，径向位移不应大于 0.05mm。整体安装的小型管道水泵目测应水平，不应有偏斜。

4 减振器与水泵及水泵基础的连接，应牢固平稳、接触紧密。

【问题解答】

一、压力表安装

为了观察水泵运行情况，水泵压力表应安装在逆止阀以内，同时应在水泵并联汇集公共管道上安装系统压力表。

压力表安装三要素：缓冲弯、旋塞放气阀、压力表。

压力表安装存在问题较多的是安装位置以及缺少附件。旋塞阀安装位置错误是常见问题，因压力表是局部高点，缓冲弯有空气时不能放出，当缓冲弯内积存空气时，空气可压缩，会引起表针的摆动，不能真实反映介质压力的真实情况。因此，旋塞阀应安装在缓冲弯与压力表之间，以便能排出缓冲弯内积存空气。

二、管道变径

根据水泵的工作特性，一般离心水泵出口比进口管径要小，为了降低水泵出水管内流速，减少管道水头损失，需要放大出水管管径，在水泵出水管上安装变径短管。

工程实际中，变径位置安装随意性较大，没有理解设置变径的意义。很多情况是水泵出口接一段短管才安装管道变径短管，造成管道阻力损失加大，影响系统正常运行。

三、吸入管安装

1）吸入管水平段应有沿水流方向连续上升的不小于5‰坡度。

2）吸入管靠近水泵入口处，应有不小于2倍管径的直管段，吸入口不应直接安装弯头。

3）吸水管水平段上严禁因避让其他管道安装向上或向下的弯管。

4）水泵吸入管变径时，应做偏心变径管，管顶上平。

5）水泵吸入管应按设计要求安装阀门、过滤器。

6）水泵吸入管与泵体连接处应设置隔振器。

7）吸水管应设置独立的管道支架，支架与被支撑点应加橡胶隔振垫，隔振垫要确保处于独立状态。

四、出水管安装

1）出水管段安装顺序应依次为变径管、隔振器、短管、止回阀、闸阀（蝶阀）。

2）出水管变径应采用同心变径。

3）出水管应单独设置支、吊架。

五、管道支、吊架位置

1. 隔振软接头在水平管道上安装

由于管道内压力的作用，水泵进出水口竖管背离水泵向外侧位移。水泵进出水管隔振软接头受拉，不仅降低隔振效果，压力较大时甚至会损坏隔振软接头。

支架应按固定支架设计安装。支架承受的水平推力 F_1 按下式计算：

$$F_1=P_1A_1$$

式中：F_1——支架承受推力；

P_1——水泵出口压力；

A_1——出水管软接头接管截面积。

水泵运行时，水泵进出水管压差较大，尤其是大扬程大流量水泵，水泵泵体向进口方向移动。

当采用弹簧减振器时，应在水泵进口侧设置限位移措施，设置挡板。

挡板受力 F_2 按下式计算：

$$F_2=P_1A_1-P_2A_2$$

式中：F_2——支架承受推力；

P_2——水泵进口压力；

A_2——进水管软接头接管截面积。

2. 隔振软接头在竖直管道上安装

水泵进出水弯管与水泵刚性连接，水泵运行时不会产生位移。

由于管道内压力的作用，隔振软接头下部的水泵进出水口水平管向下位移；当压力较大时，软接头上部的管道向上位移，如果没有约束，会造成水泵进出水口水平管段的管件损坏和隔振软接头受拉甚至损坏。

隔振软接头下部水平管弹性支架受力：水平管道重量、竖直管道及水平管段内水的重量、管道内压力在弯管上产生的向下的盲板力之和。

隔振软接头上部水平管支架受力：根据管道、管件、横管及横管水重量，介质压力在上部三通产生的盲板推力两者的大小；因此，要考虑上部支架的型式，以满足管道在运行时产生的推力。

实际工程中，很多工程不通过受力计算，而随便选用钢管作为支架支撑出水管弯头，这是不安全的。

111 风机安装应注意哪些问题？

【规范条文】

《通风与空调工程施工规范》GB 50738—2011

9.3.4 风机安装应符合下列规定：

1 风机安装位置应正确，底座应水平；

2 落地安装时，应固定在隔振底座上，底座尺寸应与基础大小匹配，中心线一致；隔振底座与基础之间应按设计要求设置减振装置；

3 风机吊装时，吊架及减振装置应符合设计及产品技术文件的要求。

9.3.5 风机与风管连接时，应采用柔性短管连接，风机的进出风管、阀件应设置独立的支、吊架。

《通风与空调工程施工质量验收规范》GB 50243—2016

7.2.1　风机及风机箱的安装应符合下列规定：

1　产品的性能、技术参数应符合设计要求，出口方向应正确。

2　叶轮旋转应平稳，每次停转后不应停留在同一位置上。

3　固定设备的地脚螺栓应紧固，并应采取防松动措施。

4　落地安装时，应按设计要求设置减振装置，并应采取防止设备水平位移的措施。

5　悬挂安装时，吊架及减振装置应符合设计及产品技术文件的要求。

7.2.2　通风机传动装置的外露部位以及直通大气的进、出风口，必须装设防护罩、防护网或采取其他安全防护措施。

7.3.1　风机及风机箱的安装应符合下列规定：

1　通风机安装允许偏差应符合表 7.3.1 的规定，叶轮转子与机壳的组装位置应正确。叶轮进风口插入风机机壳进风口或密封圈的深度，应符合设备技术文件要求或应为叶轮直径的 1/100。

表 7.3.1　通风机安装允许偏差

<table>
<tr><th>项次</th><th colspan="2">项目</th><th>允许偏差</th><th>检验方法</th></tr>
<tr><td>1</td><td colspan="2">中心线的平面位移</td><td>10mm</td><td>经纬仪或拉线和尺量检查</td></tr>
<tr><td>2</td><td colspan="2">标高</td><td>±10mm</td><td>水准仪或水平仪、直尺、拉线和尺量检查</td></tr>
<tr><td>3</td><td colspan="2">皮带轮轮宽中心平面偏移</td><td>1mm</td><td>在主、从动皮带轮端面拉线和尺量检查</td></tr>
<tr><td>4</td><td colspan="2">传动轴水平度</td><td>纵向 0.2‰
横向 0.3‰</td><td>在轴或皮带轮 0°和 180°的两个位置上，用水平仪检查</td></tr>
<tr><td rowspan="2">5</td><td rowspan="2">联轴器</td><td>两轴芯径向位移</td><td>0.05mm</td><td rowspan="2">采用百分表圆周法或塞尺四点法检查验证</td></tr>
<tr><td>两轴线倾斜</td><td>0.2‰</td></tr>
</table>

2　轴流风机的叶轮与筒体之间的间隙应均匀，安装水平偏差和垂直度偏差均不应大于 1‰。

3　减振器的安装位置应正确，各组或各个减振器承受荷载的压缩量应均匀一致，偏差应小于 2mm。

4　风机的减振钢支、吊架，结构形式和外形尺寸应符合设计或设备技术文件的要求。焊接应牢固，焊缝外部质量应符合本规范第 9.3.2 条第 3 款的规定。

5　风机的进、出口不得承受外加的重量，相连接的风管、阀件应设置独立的支、吊架。

【问题解答】

风机安装时应注意以下几点：

一、风机平衡度

工程现场对风机叶轮安装的质量和平衡性的检查，最有效、粗略的方法就是盘动叶轮，观察它的转动情况，如不停留在同一个位置，则说明相对平衡。

二、风机落地安装

风机落地安装时，为了风机运行的稳定性，应设置型钢基础或水泥隔振板，并安装隔振装置。当采用弹簧减振器时，应采取防止设备水平位移的措施。

三、风机吊装

悬挂安装的风机在运行的时候也会产生持续的振动，若处理不当会由于吊架金属疲劳而断裂，可能造成事故。因此应对风机进行减振处理，减振器应在风机与型钢吊架之间设置。

吊架及减振装置应符合设计及产品技术文件的要求。风机吊装时，支、吊架不应采用吊杆活动吊架，应采用型钢防晃吊架。

实际工程中，很多情况是采用吊杆活动吊架；而且，减振器安装在吊杆上部与楼板连接处，是不妥的。

四、防护装置

为防止风机对人的意外伤害，通风机传动装置的外露部分及敞开的孔口应采取保护性措施的规定。

五、减振装置

风机的钢支、吊架和减振器，应按其荷载重量、转速和使用场合进行选用，并应符合设计和设备技术文件的规定，以防止两者不匹配而造成减振失效。

六、风机与风管的连接

风机与风管连接时应设置 150mm ~ 300mm 的柔性法兰短管。

风机机壳承受额外的负担，易产生变形而危及其正常的运行，与风机相连的风管与阀件应设独立支、吊架。

112 风机安全防护及防雨措施有哪些作用？

【规范条文】

《通风与空调工程施工质量验收规范》GB 50243—2016

7.2.2 通风机传动装置的外露部位以及直通大气的进、出风口，必须装设防护罩、防护网或采取其他安全防护措施。

《建筑防烟排烟系统技术标准》GB 51251—2017

6.5.5　风机驱动装置的外露部位应装设防护罩；直通大气的进、出风口应装设防护网或采取其他安全设施，并应设防雨措施。

【问题解答】

综合《通风与空调工程施工质量验收规范》GB 50243—2016 与《建筑防烟排烟系统技术标准》GB 51251—2017 两个规范对风机安全方面的规定，设置防护措施有以下几个方面的用途：

1）对通风机传动装置的外露部分及敞开的孔口采取保护性措施的规定，防止风机对人的意外伤害。

2）采用适当规格的防护网，防止飞鸟等小动物进入设备、管道系统内，从而影响系统运行。

3）设置防雨措施，防止雨水进入系统造成设备故障，同时防止雨水通过管道进入室内。

113 管道与水泵、制冷机组连接采用何种柔性连接方式？

【规范条文】

《民用建筑供暖通风与空气调节设计规范》GB 50736—2012

10.3.6　冷（热）水机组、空调机组、通风机以及水泵等设备的进口、出口宜采用软管连接。水泵出口设止回阀时，宜选用消锤式止回阀。

10.3.7　受设备振动影响的管道应采用弹性支吊架。

《通风与空调工程施工质量验收规范》GB 50243—2016

9.2.2　管道的安装应符合下列规定：

3　系统管道与设备的连接应在设备安装完毕后进行。管道与水泵、制冷机组的接口应为柔性接管，且不得强行对口连接。与其连接的管道应设置独立支架。

《供热站房噪声与振动控制技术规程》CJJ/T 247—2016

4.0.5　减振吊架应符合下列规定：

1　弹簧减振吊架应符合国家现行标准《可变弹簧支吊架》NB/T 47039 和《圆柱螺旋弹簧设计计算》GB/T 23935 的有关规定；

2　连接螺杆与套筒轴心线应保持同心，弹性受力杆件不应与底孔或框架刚性接触；

3　减振吊架实测荷载力值不应小于额定荷载理论值，且不应大于理论值的 10%；

4　弹簧减振吊架内部应设置防止高频失效功能的隔离结构；

5　减振吊架应有最大允许变形标记。

【问题解答】

水泵、制冷机组等设备运行时产生振动较为明显，如果管道与设备采用刚性连接，势必会影响接口的密封性及管网的安全性。

管道与水泵、制冷机组及空调机组连接时，不能直接连接，应采用可挠曲软接头连接，软接头宜为橡胶软接头，且公称压力应符合系统工作压力的要求，同时管道应设置独立支架，不能用设备和软接头承担管道重量，起到固定管道不受设备振动的影响。

管道与设备的连接应在设备安装完毕、外观检查合格、管网冲洗试验验收合格后进行。

一、金属软管

根据《波纹金属软管通用技术条件》GB/T 14525—2010，金属软管也称为金属软连接、金属软接头、不锈钢软管，能起到温度补偿、消除机械移位、吸收振动、降低噪声等方面的作用。金属软接头具有优越的可挠性及耐温、耐压、耐侵蚀功能，可用于过热蒸汽管、低温管路、液压和气压设备的高压管道。

1. 金属软接头的构成

金属软接头主要由三部分组成，即波纹管、钢丝网套、接头。

波纹管是金属软接头的主体，起着可挠曲的作用；钢丝网套起承压和保护的作用；接头起着连接的作用。通过这三部分的不同组合，就形成了各种类型的金属软接头，在管路系统中发挥着各自的作用。

（1）波纹管

波纹管是一种具有横向波纹的圆柱形的薄壁壳体，在轴向拉力或压力作用下可以伸长或缩短，如果给它施加产生弯曲力矩的横向力，则可沿轴平面得到相应的位移。

波纹管是用无缝或纵缝焊接的薄壁管，经机械轧制或液压胀形而成，整个过程应为连续过程。

波纹管按其外形可以分为螺旋形波纹或环形波纹：螺旋波纹管就是波纹按照右旋螺纹的方式以不变的螺距连续盘旋而成，而环形波纹管是由许多等间距的单个波纹组成。

波纹管的性能取决于波纹管自身的几何参数。当两个波纹管类型相同，且除波高不同而其他几何参数相同时，波高稍大的波纹管承压能力较小，挠性较好。当两个波纹管类型相同且除波距不同而其他几何参数相同时，波距稍大的波纹管承压力较小挠性较差。当两个波纹管类型相同且除壁厚不同而其他几何参数相同，壁厚稍大的波纹管承压能力较大，挠性较差。

螺旋波纹管与环形波纹管相比较而言，螺旋形波纹管承压能力高，刚度较大，挠性较差。

（2）钢丝网套

钢丝网套是由相互交叉的若干股金属丝或若干锭金属带按一定顺序以规定的角度编织而成的。

钢丝网套装在金属波纹管的外表面，不仅分担了金属软接头在轴向径向上的静负荷，还在流体沿着管道流动产生压力的条件下保证金属软接头安全可靠工作，同时还能保证软管波纹部分不直接受到相对摩擦、撞击等方面的机械损伤。因此，波纹金属软接头可根据使用条件不同由单层、双层或三层钢丝网套制造，钢丝网套的材料一般与波纹管材料相同，也可以由不同的材料制造。

（3）接头

接头是将金属软接头与其他管件、设备相连接的部件，它保证介质在管路系统中正常的工作，接头可以有多种形式。

2. 金属软接头适用场合

1）管道与压力罐的连接处。建筑工程上，气压罐、压力容器等承压设备进出口管道上设置金属软接头，可以防止因基础沉降、地震等因素造成的管道损坏。

2）需经常拆卸或工艺要求有一定位移的设备与管道连接。移动式制冷站等与固定设备或管件之间的连接，最好采用金属软接头连接。

3）管道穿越建筑物变形缝处。穿越建筑物变形缝管道，应采用金属软接头连接，以补偿两侧墙体的沉降不均。

4）热力管道与设备连接处。在热力管道与设备管连接时，加设金属软接头，以吸收管道的膨胀量，消除管道对设备管口的推力。

二、可曲挠橡胶软接头

根据《可曲挠橡胶接头》GB/T 26121—2010、《可曲挠橡胶接头》CJ/T 208—2005、《环境保护产品技术要求　可曲挠橡胶接头》HJ/T 391—2007 可知：

1. 可曲挠橡胶软接头的材料组成

可曲挠橡胶软接头又称为橡胶接头、橡胶柔性接头、软接头、减振器、管道减振器、避振喉等，是一种高弹性、高气密性、耐介质性和耐气候性的柔性管道接头。

可曲挠橡胶软接头一般由内胶层、织物增强层（帘布）、中胶层、外胶层、端部加固用织物、钢丝绳圈或金属矩形钢环复合而成的橡胶件与法兰、平形活接头、金属喉箍组成。

2. 可曲挠橡胶软接头的分类

（1）按使用性能区分

按使用性能分为普通接头和特种接头。

1）普通接头：适用于输送温度为 −15℃ ~ 80℃的介质，浓度为 10% 以下的酸碱溶液。

2）特种接头：适用于特殊性能要求的介质，如：耐油、耐热、耐寒、耐臭氧、耐磨或耐化学腐蚀等。

（2）按结构形式区分

按结构形式分为单球体、双球体、三球体、四球体、水泵内吸式球体和弯头体六种。球体橡胶接头又分为同心同径、同心异径和偏心异径三种形式。

（3）按法兰密封面形式区分

按法兰密封面形式分为突面法兰密封和全平面法兰密封。

（4）按连接形式区分

按连接形式分为法兰连接、螺纹连接和喉箍套管式连接。

（5）按工作压力区分

按工作压力分为：0.25MPa、0.6MPa、1.0MPa、1.6MPa、2.5MPa 和 4.0MPa。

按真空度分为：32kPa、40kPa、53kPa、86kPa 和 100kPa。

常用的单球橡胶软接头公称尺寸及适应的工作压力：

*DN*32–350：0.25MPa、0.6MPa、1.0MPa、1.6MPa、2.5MPa、4.0MPa。

*DN*400–600：0.25MPa、0.6MPa、1.0MPa、1.6MPa、2.5MPa。

3. 可曲挠橡胶软接头表示方法

比如，公称尺寸为 *DN*200，工作压力为 1.0MPa 的突面法兰密封连接的单球体橡胶软接头表示为：

XT Q1 □ RF 1.0–200 GB/T 26121（XT Q1 RF1.0–200 GB/T 26121）。

XT——产品代号。

Q1——结构代号：Q1，单球；Q2，双球；Q3，三球。

□——分类代号：同心同径（不标记）；Y_T 同心异径；Y_p 偏心异径。

RF——连接形式：RF，突面法兰；FF，全平面法兰；L，螺纹；G，喉箍。

1.0——工作压力（MPa）。

GB/T 26121——标准代号。

200——公称直径。

又比如，公称尺寸为 *DN*200，工作压力为 1.0MPa 的全平面法兰密封连接的单球体橡胶软接头表示为：

XT Q1FF1.0–200 GB/T 26121。

4. 可曲挠橡胶软接头质量检验

1）检查规格、型号是否与工程需要相符合。

2）检查可曲挠橡胶接头内层：不允许有起泡脱层、杂质和疤痕、外界损伤，以及胶料破裂、针孔、海绵状、增强层脱层等现象。

3）检查可曲挠橡胶接头外层：不允许有胶料破裂、针孔、海绵状、增强层脱层等现象，以及明显泡脱层、杂质和疤痕、外界损伤等缺陷。

5. 可曲挠橡胶软接头安装注意事项

在水泵上安装可曲挠橡胶软接头时，应位于水泵一侧，与水泵之间应安装金属变径接头，且安装在变径的大口径处。

可曲挠软接头一般为水平安装，应让其处于自由状态，严禁在安装时产生变形，严禁超位移极限安装。

垂直安装和水平安装时，管道侧与橡胶软接头需安装不少于 200mm 的短管，并安装固定支架和受力支架，以防止工作受压后拉脱。

安装可曲挠橡胶软接头时，螺栓螺杆应伸向外侧，螺栓要对称逐步加压拧紧。

橡胶接头在初次承受压力（强度试验）后或长期停用再次启用前，应将螺栓重新加压拧紧再投入运行。

114 管道与设备连接应具备哪些条件？

【规范条文】

《通风与空调工程施工规范》GB 50738—2011

11.3.4　管道安装应符合下列规定：

1　管道安装位置、敷设方式、坡度及坡向应符合设计要求。

2　管道与设备连接应在设备安装完毕，外观检查合格，且冲洗干净后进行；与水泵、空调机组、制冷机组的接管应采用可挠曲软接头连接，软接头宜为橡胶软接头，且公称压力应符合系统工作压力的要求。

3　管道和管件在安装前，应对其内、外壁进行清洁。管道安装间断时，应及时封闭敞开的管口。

4　管道变径应满足气体排放及泄水要求。

5　管道开三通时，应保证支路管道伸缩不影响主干管。

11.3.7　管道与设备连接前应进行冲洗试验。冲洗试验应按本规范第 15.7 节的规定执行。

《通风与空调工程施工质量验收规范》GB 50243—2016

9.2.2 管道的安装应符合下列规定：

1　隐蔽安装部位的管道安装完成后，应在水压试验，合格后方能交付隐蔽工程的施工。

2　并联水泵的出口管道进入总管应采用顺水流斜向插接的连接形式，夹角不应大于 60°。

3　系统管道与设备的连接应在设备安装完毕后进行。管道与水泵、制冷机组的接口应为柔性接管，且不得强行对口连接。与其连接的管道应设置独立支架。

4　判定空调水系统管路冲洗、排污合格的条件是目测排出口的水色和透明度与入口的水对比应相近，且无可见杂物。当系统继续运行 2h 以上，水质保持稳定后，方可与设备相贯通。

5　固定在建筑结构上的管道支、吊架，不得影响结构体的安全。管道穿越墙体或楼板处应设钢制套管，管道接口不得置于套管内，钢制套管应与墙体饰面或楼板底部平齐，上部应高出楼层地面 20mm ~ 50mm，且不得将套管作为管道支撑。当穿越防火分区时，应采用不燃材料进行防火封堵；保温管道与套管四周的缝隙应使用不燃绝热材料填塞紧密。

【问题解答】

管道与空调设备的连接应在设备定位和管道冲洗合格后进行。这样做，一是可以保证接管的质量，二是可以防止管路内的垃圾堵塞空调设备。

《通风与空调工程施工质量验收规范》GB 50243—2016 要求“当系统继续运行 2h 以上，水质保持稳定后，方可与设备相贯通”，是否能行得通呢？空调系统设备包括制冷（热）机组、冷却塔、空调机组、风机盘管、循环水泵、换热器等。显然，《通风与空调工程施工质量验收规范》GB 50243—2016 没有表达清楚。

水泵也是设备之一，系统运行动力来源就是水泵；对于空调机组设备，一般情况下是要安装旁通管，系统运行时可以关闭设备进水阀门，打开旁通管；但对于风机盘管末端设备，是没有旁通管的，如果系统运行，必然与盘管一起运行。

管道与设备连接的前提是管道系统冲洗干净，系统冲洗干净后就可以与设备连接。因此，不应再要求系统继续运行 2h 以上，水质保持稳定后，方可与设备相贯通。

115 空调机组安装时如何设置减振装置？

【规范条文】

《通风与空调工程施工规范》GB 50738—2011

9.1.3 空气处理设备的安装应满足设计和技术文件的要求，并应符合下列规定：

1 设备安装前，油封、气封应良好，且无腐蚀；

2 设备安装位置应正确，设备安装平整度应符合产品技术文件的要求；

3 采用隔振器的设备，其隔振安装位置和数量应正确，各个隔振器的压缩量应均匀一致，偏差不应大于 2mm；

4 空气处理设备与水管道连接时，应设置隔振软接头，其耐压值应大于或等于设计工作压力的 1.5 倍。

9.4.4 设备吊装安装时，其吊架及减振装置应符合设计及产品技术文件的要求。

9.4.7 组合式空调机组的配管应符合下列规定：

1 水管道与机组连接宜采用橡胶柔性接头，管道应设置独立的支、吊架；

2 机组接管最低点应设泄水阀，最高点应设放气阀；

3 阀门、仪表应安装齐全，规格、位置应正确，风阀开启方向应顺气流方向；

4 凝结水的水封应按产品技术文件的要求进行设置；

5 在冬季使用时，应有防止盘管、管路冻结的措施；

6 机组与风管采用柔性短管连接时，柔性短管的绝热性能应符合风管系统的要求。

《通风与空调工程施工质量验收规范》GB 50243—2016

7.2.3 单元式与组合式空气处理设备的安装应符合下列规定：

1 产品的性能、技术参数和接口方向应符合设计要求。

2 现场组装的组合式空调机组应按现行国家标准《组合式空调机组》GB/T 14294 的有关规定进行漏风量的检测。通用机组在 700Pa 静压下，漏风率不应大于 2%；净化空调系统机组在 1 000Pa 静压下，漏风率不应大于 1%。

3 应按设计要求设置减振支座或支、吊架，承重量应符合设计及产品技术文件的要求。

【问题解答】

空调机组的隔振如何设置？目前理解上普遍存在偏差。空调机组隔振体现在以下三个方面。

一、机组与水管道连接隔振

空气处理设备与水管道连接时，应设置隔振软接头，其耐压值应大于或等于设计工作压力的 1.5 倍。软接头一般为可曲挠橡胶软接头。

二、机组与风管连接隔振

机组与风管连接时应采用柔性短管进行隔振。柔性短管的长度为 150mm ~ 300mm，绝热性能应符合风管系统的要求。

三、机组与基础或支架的减振

1. 落地安装

空调机组振动源来自风机转动时的振动，空调机组本省重量远远大于风机重量。为了减少振动带来的影响，风机底座一般均设置弹簧减振器，但仍然会有固体振动传递至机组。

为了减少机组振动噪声的传递，机组基础下应设置橡胶垫隔振即可，不必再用弹簧隔振器进行隔振。机组风机底座没有采取隔振措施时，空调机组底座安装弹簧减振器隔振效果最好。

2. 吊装

有些空调机组是安装在吊顶内，采用吊装。采用吊装时，机组支、吊架形式采用型钢防晃支架，机组安装在不活动支架上，机组与支架之间采用橡胶垫进行隔振，并有限位措施。

有些工程在机组吊装时，采用调杆式活动吊架 ，在吊架上安装弹簧隔振器；这样做不能有效解决振动问题，因为风机底座安装有弹簧隔振器，再安装弹簧式吊架，会产生共振的风险。

116 制冷机组安装就位时需注意哪些问题?

【规范条文】

《通风与空调工程施工规范》GB 50738—2011

10.2.4　蒸汽压缩式制冷（热泵）机组就位安装应符合下列规定：

1　机组安装位置应符合设计要求，同规格设备成排就位时，尺寸应一致；

2　减振装置的种类、规格、数量及安装位置应符合产品技术文件的要求；采用弹簧隔振器时，应设有防止机组运行时水平位移的定位装置；

3　机组应水平，当采用垫铁调整机组水平度时，垫铁放置位置应正确、接触紧密，每组不超过 3 块。

《通风与空调工程施工质量验收规范》GB 50243—2016

8.2.1　制冷机组及附属设备的安装应符合下列规定：

1 制冷（热）设备、制冷附属设备产品性能和技术参数应符合设计要求，并应具有产品合格证书、产品性能检验报告。

2 设备的混凝土基础应进行质量交接验收，且应验收合格。

3 设备安装的位置、标高和管口方向应符合设计要求。采用地脚螺栓固定的制冷设备或附属设备，垫铁的放置位置应正确，接触应紧密，每组垫铁不应超过3块；螺栓应紧固，并应采取防松动措施。

8.3.1 制冷（热）机组与附属设备的安装应符合下列规定：

1 设备与附属设备安装允许偏差和检验方法应符合表8.3.1的规定。

表8.3.1 设备与附属设备安装允许偏差和检验方法

项次	项目	允许偏差	检验方法
1	平面位置	10mm	经纬仪或拉线或尺量检查
2	标高	±10mm	水准仪或经纬仪、拉线和尺量检查

2 整体组合式制冷机组机身纵、横向水平度的允许偏差应为1‰。当采用垫铁调整机组水平度时，应接触紧密并相对固定。

3 附属设备的安装应符合设备技术文件的要求，水平度或垂直度允许偏差应为1‰。

4 制冷设备或制冷附属设备基（机）座下减振器的安装位置应与设备重心相匹配，各个减振器的压缩量应均匀一致，且偏差不应大于2mm。

5 采用弹性减振器的制冷机组，应设置防止机组运行时水平位移的定位装置。

6 冷热源与辅助设备的安装位置应满足设备操作及维修的空间要求，四周应有排水设施。

【问题解答】

制冷机组安装就位时应注意以下问题：

1）机组减振装置的种类、规格、数量及安装位置应符合规范、设计及产品技术文件的要求。

2）不论是压缩式制冷机组，还是吸收式制冷设备，它们对机体的水平度、垂直度等安装质量都有严格的要求，安装质量不合格会给机组的运行带来不良影响。

3）在机组找平时，每组垫铁的块数一般不宜超过3块，以保证有足够的刚性和稳定性。平垫铁应放在最下面，一对斜铁放在最上面，同一组垫铁的面积要一样，放置必须整齐。

4）机组本身振动大，弹簧减振器只负责机组上下振动微小位移，无法克服水平位移。因此，当采用弹簧减振器时，应有防止机组水平位移的措施。

第十章 施工试验

117 通风与空调系统有哪些检测与试验项目?

【规范条文】

《通风与空调工程施工规范》GB 50738—2011

15.1.1 通风与空调系统检测与试验项目应包括下列内容:

1 风管批量制作前，对风管制作工艺进行验证试验时，应进行风管强度与严密性试验。

2 风管系统安装完成后，应对安装后的主、干风管分段进行严密性试验，应包括漏光检测和漏风量检测。

3 水系统阀门进场后，应进行强度与严密性试验。

4 水系统管道安装完毕，外观检查合格后．应进行水压试验。

5 冷凝水管道系统安装完毕，外观检查合格后，应进行通水试验。

6 水系统管道水压试验合格后，在与制冷机组、空调设备连接前，应进行管道系统冲洗试验。

7 开式水箱（罐）在连接管道前，应进行满水试验；换热器及密闭容器在连接管道前，应进行水压试验。

8 风机盘管进场检验时，应进行水压试验。

9 制冷剂管道系统安装完毕，外观检查合格后，应进行吹污、气密性和抽真空试验。

10 通风与空调设备进场检验时，应进行电气检测与试验。

15.1.2 检测与试验前应具备下列条件:

1 检测与试验技术方案已批准。

2 检测与试验所使用的测试仪器和仪表齐备，已检定合格，并在有效期内；其量程范围、精度应能满足测试要求。

3 参加检测与试验的人员已经过培训，熟悉检测与试验内容，掌握测试仪器和仪表的使用方法。

4 所需用的水、电、蒸汽、压缩空气等满足检测与试验要求。

5 检测与试验的项目外观检查合格。

15.1.3 检测与试验时，应根据检测与试验项目选择相应的测试仪器和仪表。

15.1.4 检测与试验应在监理工程师（建设单位代表）的监督下进行，并应形成书面记录，签字应齐全；检测与试验结束后，应提供完整的检测与试验报告。

15.1.5 检测与试验用水应清洁，试验结束后，试验用水应排入指定地点。水压试验的环境温度不宜低于5℃，当环境温度低于5℃时，应有防冻措施。试验后应排净管道内积水，并使用0.1MPa～0.2MPa的压缩空气吹扫管道内积水。

15.1.6 检测与试验时的成品保护措施应包括下列内容：

1 检测与试验时，不应损坏管道、设备的外保护（绝热）层。

3 管道冲洗合格后，应采取保护措施防止污物进入管内。

【问题解答】

《通风与空调工程施工规范》GB 50738—2011对检测与试验条件、检测与试验环境、成品保护措施、安全和环保措施等方面做出了详细的要求，各项检测与试验前应满足相应的要求。值得注意的是，检测与试验是施工过程的一项重要内容，监理工程师应旁站验收。

施工试验是施工过程中的重要内容，是检验系统使用功能和安全功能的重要手段。

通风与空调系统各项施工试验应同时遵守《建筑水暖及空调工程检测技术规程》JGJ/T 260—2011、《通风与空调工程施工规范》GB 50738—2011、《通风与空调工程施工质量验收规范》GB 50243—2016、《建筑防烟排烟系统技术标准》GB 51251—2017、《建筑节能工程施工质量验收标准》GB 50411—2019及《建筑节能与可再生能源利用通用规范》GB 55015—2021的相关要求。通风与空调系统有以下主要试验项目：

1）风阀进场验收时应做强度及严密性试验。

2）风管批量加工前，各功能型号风管应先加工出样品，分别做强度及严密性试验，合格后方能大批量加工。

3）风管安装过程中，对安装工艺进行验证，并对主、干管应进行风管系统严密性试验。

4）水系统阀门进场验收时，以公称压力为基础，进行强度及严密性试验。

5）水系统管道安装过程中，需要提前隐蔽的部位，应进行强度和严密性试验；系统安装完成后应进行系统强度及严密性试验。

6）冷凝水管道系统应进行通水试验，以检验管道的严密性和是否畅通。

7）水管道系统完成后，应分别对支管、立管及主干管进行冲洗试验。

8）水箱、罐及换热器强度及严密性试验。

9）风机盘管进场验收时应进行强度及严密性试验。

10）制冷剂系统强度及严密性试验。

11）设备电气检测与试验。

118 风管系统严密性试验何时进行?

【规范条文】

《通风与空调工程施工规范》GB 50738—2011

15.3.3 风管系统漏风量测试应符合下列规定：

1 风管分段连接完成或系统主干管已安装完毕。

2 系统分段、面积测试应已完成，试验管段分支管口及端口已密封。
3 按设计要求及施工图上该风管（段）风机的风压，确定测试风管（段）的测试压力。
4 风管漏风量测试方法可按本规范第 15.2.2 条执行。

《通风与空调工程施工质量验收规范》GB 50243—2016

6.1.1 风管系统安装后应进行严密性检验，合格后方能交付下道工序。风管系统严密性检验应以主、干管为主，并应符合本规范附录 C 的规定。

6.2.9 风管系统安装完毕后，应按系统类别要求进行施工质量外观检验。合格后，应进行风管系统的严密性检验，漏风量除应符合设计要求和本规范第 4.2.1 条的规定外，尚应符合下列规定：

1 当风管系统严密性检验出现不合格时，除应修复不合格的系统外，受检方应申请复验或复检。

2 净化空调系统进行风管严密性检验时，N1 级 ~ N5 级的系统按高压系统风管的规定执行；N6 级 ~ N9 级，且工作压力小于或等于 1 500Pa 的，均按中压系统风管的规定执行。

《建筑防烟排烟系统技术标准》GB 51251—2017

6.3.5 风管（道）系统安装完毕后，应按系统类别进行严密性检验，检验应以主、干管道为主，漏风量应符合设计与本标准第 6.3.3 条的规定。

《建筑节能与可再生能源利用通用规范》GB 55015—2021

6.3.6 低温送风系统风管安装过程中，应进行风管系统的漏风量检测；风管系统漏风量应符合表 6.3.6 的规定。

表 6.3.6 风管系统允许漏风量

风管类别	允许漏风量［$m^3/(h \cdot m^2)$］
低压风管	$Q_l \leqslant 0.105\,6P^{0.65}$
中压风管	$Q_m \leqslant 0.035\,2P^{0.65}$

注：P 为系统风管工作压力（Pa）。

6.3.8 供暖空调系统绝热工程施工应在系统水压试验和风管系统严密性检验合格后进行，并应符合下列规定：

1 绝热材料性能及厚度应对照图纸进行核查；

2 绝热层与管道、设备应贴合紧密且无缝隙；

3 防潮层应完整，且搭接缝应顺水；

4 管道穿楼板和穿墙处的绝热层应连续不间断；

5 阀门、过滤器、法兰部位的绝热应严密，并能单独拆卸，且不得影响其操作功能；

6 冷热水管道及制冷剂管道与支、吊架之间应设置绝热衬垫，其厚度不应小于绝热层厚度。

【问题解答】

风管加工时需要对加工工艺进行验证，验证内容包括外观质量检查及加工的风管强度及严密性试验。风管加工工艺验证是在风管批量加工之前进行。

风管安装时，也需要对安装工艺进行验证，施工过程中的质量检查就是对安装工艺的验证；同时，为了验证风管的功能性，需要对风管的严密性进行检测；检测是采取抽样的方式，检测的对象不是全部风管，只是对主、干风管进行检测。

《通风与空调工程施工质量验收规范》GB 50243—2016 关于风管系统安装完毕后进行严密性检验的描述值得商榷："风管系统安装后应进行严密性检验，合格后方能交付下道工序。风管系统严密性检验应以主、干管为主，并应符合本规范附录 C 的规定"。该条文内容表述前后矛盾：严密性检验是针对风管系统？还是针对主、干管？风管严密性检验的范围有哪些？何时进行呢？

一、严密性检验范围

风管系统严密性试验是针对主、干风管，而不是针对包括支管在内的全部风管。因此，"风管系统安装完毕后，应按系统类别要求进行施工质量外观检验。合格后，应进行风管系统的严密性检验"。这样的要求是不妥的，容易引起歧义。

测试风管严密性试验不是针对全系统。在施工时，规格较大的主、干风管如果安装严密性得以保证的话，支管安装时也被认为其严密性是没有问题的。因此，无论何种风管系统，对全系统进行严密性试验是没有必要的，而且是浪费人力物力的。

二、严密性检验时间

风管系统严密性检验是检验安装工艺质量的重要措施。

风管加工过程中，已经对加工工艺进行验证，包括风管强度及严密性试验；但是，风管安装质量不等风管加工质量。因此，也要对风管安装工艺质量进行验证，要对安装的风管进行严密性检验。

严密性检验不能等到全部风管安装完成后进行，那样再去验证安装工艺质量已无意义。

作为风管系统主要管道——主管和干管，其安装工艺质量得到保证后，相对尺寸较小的支管也不会有大问题。因此，规范规定风管系统的严密性检验是在主、干管连接完成以后，支管未安装之前进行。如果经严密性检验发现漏风量超出标准要求，要进行返工处理。

119 风管系统进行严密性检验有哪些要求？

【规范条文】

《通风与空调工程施工规范》GB 50738—2011

15.3.3 风管系统漏风量测试应符合下列规定：

1 风管分段连接完成或系统主干管已安装完毕。

2　系统分段、面积测试应已完成，试验管段分支管口及端口已密封。

3　按设计要求及施工图上该风管（段）风机的风压，确定测试风管（段）的测试压力。

4　风管漏风量测试方法可按本规范第 15.2.2 条执行。

《通风与空调工程施工质量验收规范》GB 50243—2016

6.1.1　风管系统安装后应进行严密性检验，合格后方能交付下道工序。风管系统严密性检验应以主、干管为主，并应符合本规范附录 C 的规定。

C.1.3　风管的严密性测试应分为观感质量检验与漏风量检测。观感质量检验可应用于微压风管，也可作为其他压力风管工艺质量的检验，结构严密与无明显穿透的缝隙和孔洞应为合格。漏风量检测应为在规定工作压力下，对风管系统漏风量的测定和验证，漏风量不大于规定值应为合格。系统风管漏风量的检测，应以总管和干管为主，宜采用分段检测，汇总综合分析的方法。检验样本风管宜为 3 节及以上组成，且总表面积不应少于 $15m^2$。

C.1.5　净化空调系统风管漏风量测试时，高压风管和空气洁净度等级为 1 级 ~ 5 级的系统应按高压风管进行检测，工作压力不大于 1 500Pa 的 6 级 ~ 9 级的系统应按中压风管进行检测。

【问题解答】

风管的严密性检验分为观感质量检验与漏风量检测。

风管漏风量测试不是风量测试。漏风量测试是空气不流动静态工况下进行的，风量测试是空气流动动态工况下进行。

微压风管严密性试验采用观感质量检验的方法，其他压力级别的管道的严密性试验，除了观感质量检验，还应进行漏风量测试。

对风管主、干管严密性测试，也不是针对全部的主、干风管，而是根据风管系统的大小进行抽样试验。根据通风与空调工程施工的实际情况，将工程的风管系统严密性的检验分为四个等级，分别规定了抽检数量和方法。

1）高压风管系统的泄漏对系统的正常运行会产生较大的影响，应进行全数检测，将漏风量控制在微量的范围之内。洁净度为 N1 级 ~ N5 级、风管系统工作压力低于 1 500Pa 的净化空调系统，尽管属于中压系统，但风管的过量泄漏会严重影响洁净度目标的实现，也应以高压系统的严密性要求进行验收。

2）中压风管系统大都为低级别的除尘系统、净化空调系统、恒温恒湿与排烟系统等，对风管的质量有较高的要求。试验时，进行系统的抽查检测，以保证系统的正常运行。

3）低压风管系统在通风与空调工程中占有最大的数量，大都为送、排风和舒适性空调系统。它们对系统的严密性要求相对较低，可以容忍一定量的漏风。但是从节省能源的角度考虑，漏风就是浪费，限制其漏风的数量意义重大。对低压风管系统应抽样检测其漏风量。

4）微压风管的漏风一般不会严重影响系统的使用性能。以严格施工工艺的监督的方法来控制风管的严密性能，不再进行漏风量测试。

120 空调水系统阀门的强度与严密性试验有哪些要求?

【规范条文】

《通风与空调工程施工规范》GB 50738—2011

15.4.1 阀门进场检验时，设计工作压力大于1.0MPa及在主干管上起切断作用的阀门应进行水压试验（包括强度和严密性试验），合格后再使用。其他阀门不单独进行水压试验，可在系统水压试验中检验。阀门水压试验应在每批（同牌号、同规格、同型号）数量中抽查20%，且不应少于1个。安装在主干管上起切断作用的阀门应全数检查。

15.4.2 阀门强度试验应符合下列规定：

1 试验压力应为公称压力的1.5倍。

2 试验持续时间应为5min。

3 试验时，应把阀门放在试验台上，封堵好阀门两端，完全打开阀门启闭件。从一端口引入压力（止回阀应从进口端加压），打开上水阀门，充满水后，及时排气。然后缓慢升至试验压力值。到达强度试验压力后，在规定的时间内，检查阀门壳体无破裂或变形，压力无下降，壳体（包括填料函及阀体与阀盖连接处）不应有结构损伤，强度试验为合格。

15.4.3 阀门严密性试验应符合下列规定：

1 阀门的严密性试验压力应为公称压力的1.1倍。

2 试验持续时间应符合表15.4.3的规定。

表15.4.3 阀门严密性试验持续时间

公称直径 *DN*（mm）	最短试验持续时间（s）	
	金属密封	非金属密封
≤50	15	15
65～200	30	15
250～450	60	30
≥500	120	60

3 规定介质流通方向的阀门，应按规定的流通方向加压（止回阀除外）。试验时应逐渐加压至规定的试验压力，然后检查阀门的密封性能。在试验持续时间内无可见泄漏，压力无下降，阀瓣密封面无渗漏为合格。

《通风与空调工程施工质量验收规范》GB 50243—2016

9.2.4 阀门的安装应符合下列规定：

1 阀门安装前应进行外观检查，阀门的铭牌应符合现行国家标准《工业阀门 标志》GB/T 12220的有关规定。工作压力大于1.0MPa及在主干管上起到切断作用和系统冷、热水运行转换调节功能的阀门和止回阀，应进行壳体强度和阀瓣密封性能的试验，且应试验合格。其他阀门可不单独进行试验。壳体强度试验压力应为常温条件下公称压力的 1.5 倍，持续时间不应少于 5min，阀门的壳体、填料应无渗漏。严密性试验压力应为公称压力的 1.1 倍，在试验持续的时间内应保持压力不变，阀门压力试验持续时间与允许泄漏量应符合表 9.2.4 的规定。

表 9.2.4 阀门压力试验持续时间与允许泄漏量

公称直径 *DN*（mm）	最短试验持续时间（s）	
	严密性试验（水）	
	止回阀	其他阀门
≤50	60	15
65～150	60	60
200～300	60	120
≥350	120	120
允许泄漏量	3 滴 ×（*DN*/25）/min	小于 *DN*65 为 0 滴，其他为 2 滴 ×（*DN*/25）/min

注：压力试验的介质为洁净水。用于不锈钢阀门的试验水，氯离子含量不得高于 25mg/L。

2 阀门的安装位置、高度、进出口方向应符合设计要求，连接应牢固紧密。

3 安装在保温管道上的手动阀门的手柄不得朝向下。

4 动态与静态平衡阀的工作压力应符合系统设计要求，安装方向应正确。阀门在系统运行时，应按参数设计要求进行校核、调整。

5 电动阀门的执行机构应能全程控制阀门的开启与关闭。

【问题解答】

一、检验数量

空调水系统中的阀门质量是系统工程质量验收的一个重要项目。对阀门的检验规定为阀门安装前必须进行外观检查，其外表应无损伤、阀体无锈蚀，阀体的铭牌应符合现行国家标准《工业阀门 标志》GB/T 12220—2015 的规定。

管道阀门的强度与严密性试验应根据各种阀门的不同要求予以区别对待：

1）对于工作压力高于 1.0MPa 的阀门，按规定抽检。

2）对于安装在主干管上起切断作用的阀门，全数试验。

3）调节阀、止回阀，全数试验。

4）其他阀门的强度检验工作可结合管道的强度试验工作一起进行。

《通风与空调工程施工规范》GB 50738、《通风与空调工程施工质量验收规范》GB 50243 规定的阀门强度试验压力（1.5 倍的工作压力）和压力持续时间（5min）均与现行国家标准《阀门的检验和试验》GB/T 26480 的规定相符。

二、空调工程水阀门与水暖工程阀门抽样的区别

对于阀门抽检数量，空调工程与水暖工程要求有所区别。对于安装在主干管上起切断作用的阀门，《通风与空调工程施工质量验收规范》GB 50243—2016 和《建筑给水排水及采暖工程施工质量验收规范》GB 50242—2002 的要求是一致的；对于其他阀门，两部规范编制组对其要求没有统一，也是疏忽的地方；《通风与空调工程施工质量验收规范》GB 50243—2016 是按工作压力进行区分，《建筑给水排水及采暖工程施工质量验收规范》GB 50242—2002 不按压力进行区分，计入总数进行抽样检验。因此，在填写试验记录时，同一个工程水暖及空调水系统末端采用同厂家、同型号的阀门，应分别记录。

三、阀门壳体强度试验方法

阀门强度试验应在启闭件（阀瓣）完全打开时进行，主要检查壳体、填料函及阀体与阀盖连接处的耐压强度。

试验时，应把阀门放在试验台上，封堵好阀门两端，完全打开阀门启闭件。从一端口引入压力（止回阀应从进口端加压），打开上水阀门，充满水后，及时排气。然后缓慢升至试验压力值。到达强度试验压力后，在规定的时间内，阀门壳体无破裂或变形，压力无下降，壳体（包括填料函及阀体与阀盖连接处）无结构损伤，强度试验为合格。

四、阀门严密性试验方法

阀门严密性试验主要检查在关闭状态下阀门是否严密。阀门严密性试验压力应为公称压力的 1.1 倍。

规定介质流通方向的阀门，应按规定的流通方向加压（止回阀除外）。试验时应逐渐加压至规定的试验压力，然后检查阀门的密封性能。在试验持续时间内无可见泄漏，压力无下降，阀瓣密封面无渗漏为合格。

五、试验持续时间

《通风与空调工程施工规范》GB 50738—2011 中对阀门的强度和严密性试验持续时间规定如表 10-1 所示。

表 10-1 阀门的强度和严密性试验持续时间

公称直径 *DN*（mm）	最短试验持续时间（s）		
	严密性试验		强度试验
	金属密封	非金属密封	
≤50	15	15	300
65～200	30	15	
250～450	60	30	
≥500	120	60	

《建筑给水排水及采暖工程施工质量验收规范》GB 50242—2002 中对阀门的强度和严密性试验持续时间规定如表 10–2 所示。

表 10–2 阀门的强度和严密性试验持续时间

公称直径 DN（mm）	最短试验持续时间（s）		
	严密性试验		强度试验
	金属密封	非金属密封	
≤50	15	15	15
65 ~ 200	30	15	60
250 ~ 450	60	30	180

《阀门的检验和试验》GB/T 26480—2011 中阀门的强度和严密性试验持续时间规定如表 10–3 所示。

表 10–3 阀门的强度和严密性试验持续时间

公称直径 DN（mm）	保持试验压力最短试验持续时间（s）				
	壳体试验		上密封试验	密封试验	
	止回阀	其他阀门		止回阀	其他阀门
≤50	60	15	15	60	15
50 ~ 150	60	60	60	60	60
200 ~ 300	60	120		60	120
≥350	120	300		120	120

121 空调水系统进行水压试验时试验压力取值位置如何规定？

【规范条文】

《通风与空调工程施工规范》GB 50738—2011

15.5.1 水系统管道水压试验可分为强度试验和严密性试验，包括分区域、分段的水压试验和整个管道系统水压试验。试验压力应满足设计要求，当设计无要求时，应符合下列规定：

1 设计工作压力小于或等于 1.0MPa 时，金属管道及金属复合管道的强度试验压力应为设计工作压力的 1.5 倍，但不应小于 0.6MPa；设计工作压力大于 1.0MPa 时，强度试验压力应为设计工作压力加上 0.5MPa。严密性试验压力应为设计工作压力。

2 塑料管道的强度试验压力应为设计工作压力的 1.5 倍；严密性试验压力应为设计工作压力的 1.15 倍。

《通风与空调工程施工质量验收规范》GB 50243—2016

9.2.3 管道系统安装完毕，外观检查合格后，应按设计要求进行水压试验。当设计无要求时，应符合下列规定：

1 冷（热）水、冷却水与蓄能（冷、热）系统的试验压力，当工作压力小于或等于 1.0MPa 时，应为 1.5 倍工作压力，最低不应小于 0.6MPa；当工作压力大于 1.0MPa 时，应为工作压力加 0.5MPa。

2 系统最低点压力升至试验压力后，应稳压 10min，压力下降不应得大于 0.02MPa，然后应将系统压力降至工作压力，外观检查无渗漏为合格。对于大型、高层建筑等垂直位差较大的冷（热）水、冷却水管道系统，当采用分区、分层试压时，在该部位的试验压力下，应稳压 10min，压力不得下降，再将系统压力降至该部位的工作压力，在 60min 内压力不得下降、外观检查无渗漏为合格。

3 各类耐压塑料管的强度试验压力（冷水）应为 1.5 倍工作压力，且不应小于 0.9MPa；严密性试验压力应为 1.15 倍的设计工作压力。

【问题解答】

一、工作压力的确定

水系统中的压力分为静压和动压，静压最大处在系统的最低点，动压的最大处应在水泵的出口，水泵一般都处于系统的最低点。因此，系统工作压力应为水泵出口处的全压值，此值就作为定压装置选择和设计的依据。

工作压力就是空调水系统在运行工况下管道系统承受的最大压力。设计图纸标注的系统工作压力是指设计工作压力，不是实际运行的工作压力；一般情况下，设计工作压力要比实际工作压力要高。施工时的水压试验压力以设计工作压力为基础。楼层不同，其水静压力不同，故系统内各点工作压力不同。

1. 机组设在最低处管道系统最大工作压力

常规的机组和水泵都设置在系统最低处，可能的实际最大工作压力就是水泵出口压力 = 扬程 + 定压点静压。该系统任何一点 A 的实际工作压力 =A 点静压 + 水泵扬程 - 水泵至 A 点的管道阻力。

2. 机组设在最高处管道系统最大工作压力

对于风冷热泵系统，水泵、机组都在最高点；定压点在水泵入口，工作压力的确定与常规机组在最低处的情况有所不同。系统任何一点 B 的实际工作压力 =B 点静压 + 水泵扬程 - 水泵至 B 点的管道阻力。最低处的工作压力应该是小于水泵扬程 + 静压。因此，最低处承受的实际最大压力不是水泵扬程 + 静压。

二、试验压力的规定

1. 系统试验压力

空调工程管道水系统安装后必须进行水压试验（凝结水系统除外），试验压力根据工程系统的设计工作压力分为两种：当工作压力小于或等于 1.0MPa 时，为 1.5 倍工作压力，最低不小于 0.6MPa；当工作压力大于 1.0MPa 时，为工作压力加 0.5MPa。

一般建筑的空调工程，空调水系统的工作压力大多数不会大于 1.0MPa。当工作压力小于或等于 1.0MPa 时，试验压力为 1.5 倍的工作压力，并不得小于 0.6MPa，稳压 10min，压降不大于 0.02MPa，然后降至工作压力做外观检查。对于大型或高层建筑的空调水系统，其系统下部受建筑高度水压力的影响，工作压力往往很高，采用常规 1.5 倍工作压力的试验方法极易造成设备和零部件损坏。因此，对于工作压力大于 1.0MPa 的空调水系统，试验压力为工作压力加上 0.5MPa。

空调水系统绝大多数为闭式循环系统，水泵的扬程主要是克服水系统运行阻力，一般情况下，循环水泵的扬程不大于 50m，即 0.5MPa。因此，试验压力为工作压力加 0.5MPa，能达到检验系统安全的目的。

2. 分段试验压力

对于大型、高层建筑等垂直位差较大的冷（热）水、冷却水管道系统，当采用分区、分层试压时，在该部位的试验压力下，应稳压 10min，压力不得下降，再将系统压力降至该部位的工作压力，在 60min 内压力不下降、外观检查无渗漏为合格。

分段试验时，试验压力参照系统试验方式进行计算；需要强调是，要根据设计给出的系统工作压力计算该段的工作压力。有的设计会直接给出系统水压试验压力，当进行分段试压时，该段试验压力 = 系统试验压力 − 该段与水泵之间高差 − 水泵至该段管道阻力。当不便计算管道阻力时，可以简化为该段试验压力 = 系统试验压力 − 该段与水泵之间高差。

三、试验压力取值位置

系统试验压力是以系统最高处还是最低处的压力为准?《通风与空调工程施工质量验收规范》GB 50243—2016 明确了应以最低处的压力为准。对于分层、分段试验，试验压力表也应设置在该试验段的最低点。

四、非金属管道系统试验压力

各类耐压非金属（塑料）管道系统的试验压力规定为 1.5 倍的工作压力,（试验）工作压力为 1.15 倍的设计工作压力，这是考虑非金属管道的强度随着温度的上升而下降，故适当提高了（试验）工作压力的压力值。

122 凝结水管道通水试验如何实施?

【规范条文】

《通风与空调工程施工规范》GB 50738—2011

15.6.1　冷凝水管道通水试验应符合下列规定：

1　分层、分段进行。

2 封堵冷凝水管道最低处，由该系统风机盘管接水盘向该管段内注水，水位应高于风机盘管接水盘最低点。

3 应充满水后观察15min，检查管道及接口；应确认无渗漏后，从管道最低处泄水，排水畅通，同时应检查各盘管接水盘无存水为合格。

《通风与空调工程施工质量验收规范》GB 50243—2016

9.2.3 管道系统安装完毕，外观检查合格后，应按设计要求进行水压试验。当设计无要求时，应符合下列规定：

4 凝结水系统采用通水试验，应以不渗漏，排水畅通为合格。

【问题解答】

空调凝结水管的通水试验与污水排水管道的灌水试验有所区别。

空调凝结水管道由于施工杂物堵塞容易造成接水盘满水后漏水，因此应进行通水试验。通水试验应分层、分段进行。封堵凝结水管道最低处，由该系统风机盘管接水盘向该管段内注水，水位应高于风机盘管接水盘最低点。充满水后观察15min，检查管道及接口，应确认无渗漏后从管道最低处泄水，排水要畅通，同时应检查各盘管接水盘有无存水，无存水为合格。

123 开式水箱（罐）和密闭容器的满水试验或水压试验如何进行?

【规范条文】

《通风与空调工程施工规范》GB 50738—2011

15.8.1 开式水箱（罐）进行满水试验时，应先封堵开式水箱（罐）最低处的排水口，再向开式水箱（罐）内注水至满水。灌满水后静置24h，检查开式水箱（罐）及接口有无渗漏，无渗漏为合格。

15.8.2 密闭容器进行水压试验时，试验压力应满足设计要求。设计无要求时，按设计工作压力的1.5倍进行试验，换热器试验压力不应小于0.6MPa，密闭容器试验压力不应小于0.4MPa。水压试验可按下列步骤进行：

1 试压管道连接后，应开启进水阀门向密闭容器或换热器内充水，同时打开放气阀，待水灌满后，关闭放气阀。

2 应缓慢升压至设计工作压力，检查无渗漏后，再升压至规定的试验压力值，关闭进水阀门，稳压10min，观察各接口无渗漏、压力无下降为合格。

3 排水时应先打开放气阀。

《通风与空调工程施工质量验收规范》GB 50243—2016

9.2.7 水箱、集水器、分水器与储水罐的水压试验或满水试验应符合设计要求，内外壁防腐涂层的材质、涂抹质量、厚度应符合设计或产品技术文件的要求。

【问题解答】

开式水箱（罐）进行满水试验，密闭容器进行强度水压试验。

一、满水试验要求

开式水箱（罐）进行满水试验时，应先封堵开式水箱（罐）最低处的排水口，再向开式水箱（罐）内注水至满水。灌满水后静置24h，检查开式水箱（罐）及接口有无渗漏，无渗漏为合格。

二、密闭容器水压试验

密闭容器进行水压试验时，试验压力应满足设计要求。设计无要求时，按设计工作压力的1.5倍进行试验，换热器试验压力不应小于0.6MPa，密闭容器试验压力不应小于0.4MPa。

水压试验可按下列步骤进行：

1）试压管道连接后，应开启进水阀门向密闭容器或换热器内充水，同时打开放气阀，待水灌满后，关闭放气阀。

2）应缓慢升压至设计工作压力，检查无渗漏后，再升压至规定的试验压力值，关闭进水阀门，稳压10min，各接口无渗漏、压力无下降为合格。

3）排水时应先打开放气阀。

三、注意事项

1）工程施工中，开式水箱（罐）的满水试验经常被忽略，尤其是拼装而成且容积较大的水箱，经常出现使用过程中出现漏水现象。

2）热交换器进行水压试验时，升压过程应缓慢，以免造成局部压力过大，损坏加热面。

124 风机盘管安装前的水压试验如何实施？

【规范条文】

《通风与空调工程施工规范》GB 50738—2011

15.9.1 风机盘管水压试验应符合下列规定：

1 试验压力应为设计工作压力的1.5倍。

2 应将风机盘管进、出水管道与试压泵连接，开启进水阀门向风机盘管内充水，同时打开放气阀，待水灌满后，关闭放气阀。

3 应缓慢升压至风机盘管的设计工作压力，检查无渗漏后，再升压至规定的试验压力值，关闭进水阀门，稳压2min，观察风机盘管各接口无渗漏、压力无下降为合格。

《通风与空调工程施工质量验收规范》GB 50243—2016

7.3.9 风机盘管机组的安装应符合下列规定：

1 机组安装前宜进行风机三速试运转及盘管水压试验。试验压力应为系统工作压力的 1.5 倍，试验观察时间应为 2min，不渗漏为合格。

【问题解答】

风机盘管安装前的水压试验应按以下步骤进行：

1）应将风机盘管进、出水管道与试压泵连接，开启进水阀门向风机盘管内充水，同时打开放气阀，待水灌满后，关闭放气阀。

2）缓慢升压至风机盘管的设计工作压力，检查无渗漏后，再升压至规定的试验压力值，关闭进水阀门，稳压 2min，风机盘管各接口无渗漏、压力无下降为合格。

注意事项：工程施工中，应按规范要求检查数量进行试验，不能省略此试验步骤，这是保证风机盘管承压能力的措施之一。

第十一章　保温与绝热

125 管道保温与保冷材料施工及选用上有何要求?

【规范条文】

《通风与空调工程施工规范》GB 50738—2011

13.3.5　空调水系统管道与设备绝热层施工应符合下列规定：

1　绝热材料粘接时，固定宜一次完成，并应按胶粘剂的种类，保持相应的稳定时间。

2　绝热材料厚度大于80mm时，应采用分层施工，同层的拼缝应错开，且层间的拼缝应相压，搭接间距不应小于130mm。

3　绝热管壳的粘贴应牢固，铺设应平整；每节硬质或半硬质的绝热管壳应用防腐金属丝捆扎或专用胶带粘贴不少于2道，其间距宜为300mm ~ 350mm，捆扎或粘贴应紧密，无滑动、松弛与断裂现象。

4　硬质或半硬质绝热管壳用于热水管道时拼接缝隙不应大于5mm，用于冷水管道时不应大于2mm，并用粘接材料勾缝填满；纵缝应错开，外层的水平接缝应设在侧下方。

5　松散或软质保温材料应按规定的密度压缩其体积，疏密应均匀；毡类材料在管道上包扎时，搭接处不应有空隙。

6　管道阀门、过滤器及法兰部位的绝热结构应能单独拆卸，且不应影响其操作功能。

7　补偿器绝热施工时，应分层施工，内层紧贴补偿器，外层需沿补偿方向预留相应的补偿距离。

8　空调冷热水管道穿楼板或穿墙处的绝热层应连续不间断。

13.3.6　防潮层与绝热层应结合紧密，封闭良好，不应有虚粘、气泡、皱褶、裂缝等缺陷，并应符合下列规定：

1　防潮层（包括绝热层的端部）应完整，且封闭良好。水平管道防潮层施工时，纵向搭接缝应位于管道的侧下方，并顺水；立管的防潮层施工时，应自下而上施工，环向搭接缝应朝下。

2　采用卷材防潮材料螺旋形缠绕施工时，卷材的搭接宽度宜为30mm ~ 50mm。

3　采用玻璃钢防潮层时，与绝热层应结合紧密，封闭良好，不应有虚粘、气泡、皱褶、裂缝等缺陷。

4　带有防潮层、隔汽层绝热材料的拼缝处，应用胶带密封，胶带的宽度不应小于50mm。

13.3.7 保护层施工应符合下列规定：

1 采用玻璃纤维布缠裹时，端头应采用卡子卡牢或用胶粘剂粘牢。立管应自下而上，水平管道应从最低点向最高点进行缠裹。玻璃纤维布缠裹应严密，搭接宽度应均匀，宜为1/2布宽或30mm～50mm，表面应平整，无松脱、翻边、皱褶或鼓包。

2 采用玻璃纤维布外刷涂料作防水与密封保护时，施工前应清除表面的尘土、油污，涂层应将玻璃纤维布的网孔堵密。

3 采用金属材料作保护壳时，保护壳应平整，紧贴防潮层，不应有脱壳、皱褶、强行接口现象，保护壳端头应封闭；采用平搭接时，搭接宽度宜为30mm～40mm；采用凸筋加强搭接时，搭接宽度宜为20mm～25mm；采用自攻螺钉固定时，螺钉间距应匀称，不应刺破防潮层。

4 立管的金属保护壳应自下而上进行施工，环向搭接缝应朝下；水平管道的金属保护壳应从管道低处向高处进行施工，环向搭接缝口应朝向低端，纵向搭接缝应位于管道的侧下方，并顺水。

13.4.4 风管绝热层采用保温钉固定时，应符合下列规定：

1 保温钉与风管、部件及设备表面的连接宜采用粘接，结合应牢固，不应脱落。

2 固定保温钉的胶粘剂宜为不燃材料，其粘结力应大于$25N/cm^2$。

3 矩形风管与设备的保温钉分布应均匀，保温钉的长度和数量可按本规范第13.3.4条的规定执行。

4 保温钉粘结后应保证相应的固化时间，宜为12h～24h，然后再铺覆绝热材料。

5 风管的圆弧转角段或几何形状急剧变化的部位，保温钉的布置应适当加密。

13.4.6 绝热层施工应满足设计要求，并应符合下列规定：

1 绝热层与风管、部件及设备应紧密贴合，无裂缝、空隙等缺陷，且纵、横向的接缝应错开。绝热层材料厚度大于80mm时，应采用分层施工，同层的拼缝应错开，层间的拼缝应相压，搭接间距不应小于130mm。

2 阀门、三通、弯头等部位的绝热层宜采用绝热板材切割预组合后，再进行施工。

3 风管部件的绝热不应影响其操作功能。调节阀绝热要留出调节转轴或调节手柄的位置，并标明启闭位置，保证操作灵活方便。风管系统上经常拆卸的法兰、阀门、过滤器及检测点等应采用能单独拆卸的绝热结构，其绝热层的厚度不应小于风管绝热层的厚度，与固定绝热层结构之间的连接应严密。

4 带有防潮层的绝热材料接缝处，宜用宽度不小于50mm的粘胶带粘贴，不应有胀裂、皱褶和脱落现象。

5 软接风管宜采用软性的绝热材料，绝热层应留有变形伸缩的余量。

6 空调风管穿楼板和穿墙处套管内的绝热层应连续不间断，且空隙处应用不燃材料进行密封封堵。

13.4.7 绝热材料粘接固定应符合下列规定：

1 胶粘剂应与绝热材料相匹配，并应符合其使用温度的要求；

2 涂刷胶粘剂前应清洁风管与设备表面，采用横、竖两方向的涂刷方法将胶粘剂均匀地涂在风管、部件、设备和绝热材料的表面上；

3 涂刷完毕，应根据气温条件按产品技术文件的要求静放一定时间后，再进行绝热材料的粘接；

4 粘接宜一次到位，并加压，粘接应牢固，不应有气泡。

《建筑节能工程施工质量验收标准》GB 50411—2019

9.2.9 供暖管道保温层和防潮层的施工应符合下列规定：

1 保温材料的燃烧性能、材质及厚度等应符合设计要求。

2 保温管壳的捆扎、粘贴应牢固，铺设应平整。硬质或半硬质的保温管壳每节至少应采用防腐金属丝、耐腐蚀织带或专用胶带捆扎2道，其间距为300mm～350mm，且捆扎应紧密，无滑动、松弛及断裂现象。

3 硬质或半硬质保温管壳的拼接缝隙不应大于5mm，并应用粘结材料勾缝填满；纵缝应错开，外层的水平接缝应设在侧下方。

4 松散或软质保温材料应按规定的密度压缩其体积，疏密应均匀，搭接处不应有空隙。

5 防潮层应紧密粘贴在保温层上，封闭良好，不得有虚粘、气泡、褶皱、裂缝等缺陷；防潮层外表面搭接应顺水。

6 立管的防潮层应由管道的低端向高端敷设，环向搭接缝应朝向低端；纵向搭接缝应位于管道的侧面，并顺水。

7 卷材防潮层采用螺旋形缠绕的方式施工时，卷材的搭接宽度宜为30mm～50mm。

8 阀门及法兰部位的保温应严密，且能单独拆卸并不得影响其操作功能。

10.2.8 空调风管系统及部件的绝热层和防潮层施工应符合下列规定：

1 绝热材料的燃烧性能、材质、规格及厚度等应符合设计要求；

2 绝热层与风管、部件及设备应紧密贴合，无裂缝、空隙等缺陷，且纵、横向的接缝应错开；

3 绝热层表面应平整，当采用卷材或板材时，其厚度允许偏差为5mm；采用涂抹或其他方式时，其厚度允许偏差为10mm；

4 风管法兰部位绝热层的厚度，不应低于风管绝热层厚度的80%；

5 风管穿楼板和穿墙处的绝热层应连续不间断；

6 防潮层（包括绝热层的端部）应完整，且封闭良好，其搭接缝应顺水；

7 带有防潮层隔气层绝热材料的拼缝处，应用胶带封严，粘胶带的宽度不应小于50mm；

8 风管系统阀门等部件的绝热，不得影响其操作功能。

10.2.9 空调水系统管道、制冷剂管道及配件绝热层和防潮层的施工，应符合下列规定：

1 绝热材料的燃烧性能、材质、规格及厚度等应符合设计要求。

2 绝热管壳的捆扎、粘贴应牢固，铺设应平整。硬质或半硬质的绝热管壳每节至少应用防腐金属丝、耐腐蚀织带或专用胶带捆扎2道，其间距为300mm～350mm，且捆扎应紧密，无滑动、松弛及断裂现象。

3 硬质或半硬质绝热管壳的拼接缝隙，保温时不应大于5mm、保冷时不应大于2mm，并用粘结材料勾缝填满；纵缝应错开，外层的水平接缝应设在侧下方。

4 松散或软质保温材料应按规定的密度压缩其体积，疏密应均匀，搭接处不应有空隙。

5 防潮层与绝热层应结合紧密，封闭良好，不得有虚粘、气泡、褶皱、裂缝等缺陷。

6 立管的防潮层应由管道的低端向高端敷设，环向搭接缝应朝向低端；纵向搭接缝应位于管道的侧面，并顺水。

7 卷材防潮层采用螺旋形缠绕的方式施工时，卷材的搭接宽度宜为30mm～50mm。

8 空调冷热水管穿楼板和穿墙处的绝热层应连续不间断，且绝热层与穿楼板和穿墙处的套管之间应用不燃材料填实，不得有空隙；套管两端应进行密封封堵。

9 管道阀门、过滤器及法兰部位的绝热应严密，并能单独拆卸，且不得影响其操作功能。

【问题解答】

一、保温材料

1）在平均温度为298K（25℃）时，热导率值不应大于0.08W/（m·K），并有在使用密度和使用温度范围下的热导率方程式或图表。

2）密度不大于300kg/m^3。

3）除软质、半硬质、散状材料外，硬质无机成型制品的抗压强度不应小于0.30MPa，有机成型制品的抗压强度不应小于0.20MPa。

4）必须注明最高使用温度。

5）必要时须注明材料燃烧性能级别、含水率、吸湿率、热膨胀系数、收缩率、抗折强度、腐蚀性及耐腐蚀性等性能。

二、保冷材料

1）泡沫塑料及其制品25℃时的热导率不应大于0.044W/（m·K），密度不应大于60kg/m^3，吸水率不应大于4%，并应具有阻燃性能，氧指数不应小于30%，硬质成型制品的抗压强度不应小于0.15MPa。

2）泡沫橡塑制品0℃时的热导率不应大于0.036W/（m·K），密度不应大于95kg/m^3，真空吸水率不应大于10%。

3）泡沫玻璃及其制品25℃时的热导率不应大于0.064W/（m·K），密度不应大于180kg/m^3，吸水率不应大于0.5%。

4）应注明最低使用温度及线膨胀系数或线收缩率。

5）应具有良好的化学稳定性，对设备和管道无腐蚀作用，当遭受火灾时，不会大量逸散有毒气体。

6）耐低温性能好，在低温情况下使用时不易变脆。

三、绝热层施工

绝热层拼缝处的散热量比绝热材料的散热量大 30% ~ 40%，因此，绝热层分层除了便于施工外，还由于施工中错缝、压缝，使通过缝隙向外散失的热量或外部水汽通过绝热材料缝隙向内渗透的路线受到阻碍，从而达到节能效果，并因此可延长绝热层的使用寿命，减少维修费用。

硬质或半硬质制品绝热层拼缝的质量验收应符合下列规定：

1）保温层拼缝宽度不得大于 5mm，保冷层拼缝宽度不得大于 2mm。

2）同层应错缝，上、下层应压缝，搭接长度宜大于 100mm。

四、防潮层材料的性能要求

1）抗蒸汽渗透性好，防水防潮力强，吸水率不大于 1%。

2）绝热工程所使用有机材料的燃烧性能应符合设计要求，阻燃型绝热材料及其制品的氧指数不应小于 30%。

3）化学稳定性好、无毒或低毒耐腐蚀，并不得对绝热层和保护层材料产生腐蚀或溶解作用。

4）防潮层材料在夏季不软化、不起泡、不流淌，低温使用中不脆化、不开裂、不脱落。

5）涂抹型防潮层材料软化温度不低于 65℃，黏结强度不小于 0.15MPa；挥发物含量不大于 30%。

五、保护层材料的性能要求

室外绝热管道及设备以及屋面绝热管道及设备应设有保护层。其他需要设置保护层的场合应符合设计要求。有些为了美观或遮丑而设置保护层是不可取的。

1）保护层材料应具有一定的强度。在使用环境下不软化、不脆裂，外表整齐美观，抗老化，使用寿命长（至少应达到经济使用年限），重要工程或难检修部位保护层材料使用寿命应在 10 年以上。

2）保护层材料应有防水、防潮、抗大气腐蚀性能，且不燃或难燃（氧指数应大于或等于 30%），化学稳定性好，对接触的防潮层或绝热层不产生腐蚀或溶解作用。

3）储存或输送易燃、易爆物料的设备和管道，以及与其邻近的管道，其保护层必须采用不燃性材料。

4）应无毒、无臭、外观美观、便于施工和检修。

六、黏结剂、密封剂和耐磨剂的主要性能要求

1）保冷用黏结剂能在使用的低温范围内保持良好的黏结性，黏结强度在常温时大于 0.15MPa，软化温度大于 65℃。泡沫玻璃用黏结剂在 −190℃时的黏结强度应大于 0.05MPa。

2）对金属壁不腐蚀，对保冷材料不熔解。

3）固化时间短、密封性好、长期使用（至少在经济使用年限内）不开裂。

4）有明确的使用温度范围和有关性能数据。

5）泡沫玻璃用耐磨剂，在温度变化或机械振动情况下，能防止泡沫玻璃与金属外壁、保冷材料界面之间产生磨损。

粘结剂产品如果质量低劣，将会造成黏结强度降低，耐热性能差，使绝热结构受振动或受热后产生松动脱落而损坏，影响使用寿命。由于泡沫玻璃制品性脆，与工作接触面在热胀冷缩和摩擦作用下，易于磨损脱落，而采用耐磨剂的作用是使泡沫玻璃制品在深冷及高温工况下使用时仍能长期保持绝热层的完好性。密封剂主要使用于保冷工程绝热制品缝口的密封及金属护壳搭接缝的填充，防止水分和湿气进入绝热层。

七、保护层材料

保护层材料包括金属、非金属及复合保护层材料几大类。金属保护层材料的品种和规格是实现金属保护层功能的前提，非金属保护层材料的品种、规格是通过施工环节来体现设计效果的首要条件，因此应首先符合设计要求或相关标准的有关规定。

1）在电极电位不同的金属之间将产生接触腐蚀，尤其是奥氏体不锈钢，如与镀锌钢材、镀镉钢材或碳钢直接接触会加速前者的应力腐蚀。

2）绝热结构的工作环境，如近海湿空气中含有不同程度的盐分，厂房周围的氯、苯及其他酸碱性物质等有害气体对镀锌钢材、铝合金等金属保护层会产生腐蚀。

3）金属保护层材料的厚度和型式是由设计者按照设备和管道的直径、位置及其室内外布置等来选定的。既要考虑选材的经济性，更要考虑金属保护层的刚度和牢固性。

4）抹面保护层的工艺外观和长期安全使用效果，除受施工人员技术操作水平的影响外，其质量与技术性能还取决于所采用原材料的化学成分、物理性能及其配料比例。

126 管道保温与绝热有何区别？

【规范条文】

《建筑节能与可再生能源利用通用规范》GB 55015—2021

6.3.1 供暖通风空调系统节能工程采用的材料、构件和设备施工进场复验应包括下列内容：

1 散热器的单位散热量、金属热强度；

2 风机盘管机组的供冷量、供热量、风量、水阻力、功率及噪声；

3 绝热材料的导热系数或热阻、密度、吸水率。

《建筑节能工程施工质量验收标准》GB 50411—2019

9.2.2 供暖节能工程使用的散热器和保温材料进场时，应对其下列性能进行复验，复验应为见证取样检验：

1 散热器的单位散热量、金属热强度；

2 保温材料的导热系数或热阻、密度、吸水率。

10.2.2　通风与空调节能工程使用的风机盘管机组和绝热材料进场时，应对其下列性能进行复验，复验应为见证取样检验。

1　风机盘管机组的供冷量、供热量、风量、水阻力、功率及噪声；

2　绝热材料的导热系数或热阻、密度、吸水率。

【问题解答】

一、现行有关绝热材料标准

1）国家标准《建筑绝热用玻璃棉制品》GB/T 17795—2019。

2）国家标准《绝热用玻璃棉及其制品》GB/T 13350—2017。

3）国家标准《绝热用岩棉、矿渣棉及其制品》GB/T 11835—2016。

4）国家标准《绝热用硅酸铝棉及其制品》GB/T 16400—2015。

5）国家标准《硅酸钙绝热制品》GB/T 10699—2015。

6）国家标准《绝热用聚异氰脲酸酯制品》GB/T 25997—2020。

7）国家标准《硅酸盐复合绝热涂料》GB/T 17371—2008。

8）国家标准《建筑绝热用硬质聚氨酯泡沫塑料》GB/T 21558—2008。

9）国家标准《柔性泡沫橡塑绝热制品》GB/T 17794—2021。

10）行业标准《泡沫玻璃绝热制品》JC/T 647—2014。

11）行业标准《复合硅酸盐绝热制品》JC/T 990—2006。

以上标准中，《建筑绝热用玻璃棉制品》GB/T 17795—2019 与《绝热用玻璃棉制品》GB/T 13350—2017 有何区别呢？前者适用于建筑围护结构绝热制品和通风管道绝热制品，后者适用于水管道及设备绝热制品。

二、现行有关绝热材料技术标准

1）国家标准《工业设备及管道绝热工程设计规范》GB 50264—2013。

2）国家标准《设备及管道绝热设计导则》GB/T 8175—2008（替代《设备及管道保温设计导则》GB/T 8175—1987 和《设备及管道保冷设计导则》GB/T 15586—1995）。

3）国家标准《设备及管道绝热技术通则》GB/T 4272—2008。

4）国家标准《设备及管道绝热效果的测试与评价》GB/T 8174—2008。

5）国家标准《工业设备及管道绝热工程施工规范》GB 50126—2008。

6）行业标准《城镇供热直埋蒸汽管道技术规程》CJJ 104—2014。

三、保温

为减少设备、管道及其附件向周围环境散热或降低表面温度，在其外表面采取的包覆措施。

四、保冷

为减少周围环境中的热量传入低温设备及管道内部，防止低温设备及管道外壁表面凝露，在其外表面采取的包覆措施。

五、绝热

绝热是保温与保冷的统称，设置绝热的目的主要是防止设备和管道向周围环境散发或吸收热量，具体如下：

1）减少设备、管道及其附件的热（冷）量损失，提高热输送效率。

2）减少管道、设备热量损失，而且可以提高生产能力。

3）保证操作人员安全，改善劳动条件，防止烫伤和减少热量散发到操作区。

4）控制热量损失，满足末端设备所需要的温度。

5）防止设备、管道内液体的冻结。

6）防止设备、管道的表面结露。

127 绝热材料进场验收时有哪些要求？

【规范条文】

《通风与空调工程施工质量验收规范》GB 50243—2016

10.2.2 风管和管道的绝热层、绝热防潮层和保护层，应采用不燃或难燃材料，材质、密度、规格与厚度应符合设计要求。

10.2.3 风管和管道的绝热材料进场时，应按现行国家标准《建筑节能工程施工质量验收规范》GB 50411 的规定进行验收。

《建筑节能与可再生能源利用通用规范》GB 55015—2021

6.3.1 供暖通风空调系统节能工程采用的材料、构件和设备施工进场复验应包括下列内容：

1 散热器的单位散热量、金属热强度；

2 风机盘管机组的供冷量、供热量、风量、水阻力、功率及噪声；

3 绝热材料的导热系数或热阻、密度、吸水率。

【问题解答】

绝热材料进场后，首先对外观质量进行检查，并核查其性能检测报告等质量证明文件；确认合格后，还应对绝热材料性能进行复试，复试为见证取样送检；当复验的结果不合格时，该材料、构件和设备不得使用。

一、抽样方法

检验批抽样样本应随机抽取，并应满足分布均匀、具有代表性的要求。

二、复验内容

绝热材料复验内容为：导热系数或热阻、密度、吸水率。绝热材料的燃烧性能不属于复验内容，属于进场检验内容。

绝热材料的燃烧性能检验，采取现场检验的方法，对绝热材料进行燃烧试验；通过试验，检测材料的不燃或难燃性能。

三、复验数量

要求同厂家、同材质的绝热材料复验次数不得少于 2 次。在同一工程项目中，同厂家、同类型、同规格的绝热材料，当获得建筑节能产品认证、具有节能标识或连续三次见证取样检验均一次检验合格时，其检验批的容量可扩大一倍，且仅可扩大一倍。扩大检验批后的检验中出现不合格情况时，应按扩大前的检验批重新验收，且该产品不得再次扩大检验批容量。

128 绝热材料施工前应具备哪些条件?

【规范条文】

《通风与空调工程施工规范》GB 50738—2011

13.1.1　防腐与绝热施工前应具备下列施工条件：

1　防腐与绝热材料符合环保及防火要求，进场检验合格；

2　风管系统严密性试验合格；

3　空调水系统管道水压试验、制冷剂管道系统气密性试验合格。

《通风与空调工程施工质量验收规范》GB 50243—2016

10.1.1　空调设备、风管及其部件的绝热工程施工应在风管系统严密性检验合格后进行。

10.1.2　制冷剂管道和空调水系统管道绝热工程的施工，应在管路系统强度和严密性检验合格和防腐处理结束后进行。

【问题解答】

风管与部件及空调设备绝热工程施工的前提条件是在风管系统严密性检验合格后才能进行，风管系统的严密性检验是指对风管系统所进行的外观质量与漏风量的检验。

空调制冷剂管道和空调水系统管道绝热施工的前提条件是在管道系统强度和严密性试验合格后才能进行。

严格按照以上工序施工是为了防止系统强度和严密性试验不合格时，不容易查找位置，甚至不容易发现问题，同时造成增加维修难度。对于制冷剂管道和空调水系统管道而言，管道防腐处理完成后方可进行绝热工程施工，否则将造成管道锈蚀直至渗漏的后果。因此空调设备、风管、空调水管道等绝热工程禁止在系统强度和严密性试验之前施工。

129 洁净室风管绝热材料有什么特殊要求?

【规范条文】

《通风与空调工程施工质量验收规范》GB 50243—2016

10.2.4　洁净室（区）内的风管和管道的绝热层，不应采用易产尘的玻璃纤维和短纤维矿棉等材料。

【问题解答】

一、绝热材料类型

常用的绝热材料包括下列类型：

1）板材：岩棉板、铝箔岩棉板、超细玻璃棉毡、铝箔超细玻璃棉板、自熄性聚苯乙烯泡沫塑料板、阻燃聚氨酯泡沫塑料板、发泡橡塑板、铝镁质隔热板等。

2）管壳制品：岩棉、矿渣棉、玻璃棉、硬聚氨酯泡沫塑料管壳、铝箔超细玻璃棉管壳、发泡橡塑管壳、聚苯乙烯泡沫塑料管壳、预制瓦块（泡沫混凝土、珍珠岩、蛭石）等。

3）卷材：聚苯乙烯泡沫塑料、岩棉、发泡橡塑、铝箔超细玻璃棉等。

二、洁净室管道绝热材料要求

洁净室控制的主要对象就是空气中的浮尘数量，室内风管与管道的绝热材料如采用易产生的材料（如玻璃纤维、短纤维矿棉等），显然对洁净室内的洁净度达标不利，因此规定不应采用易产尘的材料。

130 设备铭牌标志、需经常操作的阀门等部件如何进行防腐绝热施工？

【规范条文】

《通风与空调工程施工规范》GB 50738—2011

13.1.2 空调设备绝热施工时，不应遮盖设备铭牌，必要时应将铭牌移至绝热层的外表面。

《通风与空调工程施工质量验收规范》GB 50243—2016

10.3.2 设备、部件、阀门的绝热和防腐涂层，不得遮盖铭牌标志和影响部件、阀门的操作功能；经常操作的部位应采用能单独拆卸的绝热结构。

《建筑节能与可再生能源利用通用规范》GB 55015—2021

6.3.8 供暖空调系统绝热工程施工应在系统水压试验和风管系统严密性检验合格后进行，并应符合下列规定：

1 绝热材料性能及厚度应对照图纸进行核查；

2 绝热层与管道、设备应贴合紧密且无缝隙；

3 防潮层应完整，且搭接缝应顺水；

4 管道穿楼板和穿墙处的绝热层应连续不间断；

5 阀门、过滤器、法兰部位的绝热应严密，并能单独拆卸，且不得影响其操作功能；

6 冷热水管道及制冷剂管道与支、吊架之间应设置绝热衬垫，其厚度不应小于绝

热层厚度。

【问题解答】

空调工程施工中，一些空调设备或风管与管道的部件需要进行油漆修补或重新涂刷。在此类操作中应注意对设备标志的保护与对风口等的转动轴、叶片活动面的防护，以免造成标志无法辨认或叶片粘连影响正常使用等问题。

阀门、三通、弯头等部位的绝热层宜采用绝热板材切割预组合后，再进行施工。

风管部件的绝热不应影响其操作功能。调节阀绝热要留出调节转轴或调节手柄的位置，并标明启闭位置，保证操作灵活方便。

风管系统上经常拆卸的法兰、阀门、过滤器及检测点等应采用能单独拆卸的绝热结构，其绝热层的厚度不应小于风管绝热层的厚度，与固定绝热层结构之间的连接应严密。

关于阀门、过滤器、法兰部位的绝热施工，《建筑节能与可再生能源利用通用规范》GB 55015—2021 作为全文强制性标准做了明确规定：绝热层应严密，并能单独拆卸的绝热层施工；必须遵照执行。

实际工程中很多是为了遮丑，或为了图方便，把阀门、法兰及软接头包在一起。在工程中要绝对禁止这样做。

第十二章 防火封堵

131 防火封堵材料有哪些?

【规范条文】

《防火封堵材料》GB 23864—2009

4.1.1 防火封堵材料按用途可分为:孔洞用防火封堵材料、缝隙用防火封堵材料、塑料管道用防火封堵材料三个大类:

孔洞用防火封堵材料是指用于贯穿性结构孔洞的密封和封堵,以保持结构整体耐火性能的防火封堵材料。

缝隙用防火封堵材料是指用于防火分隔构件之间或防火分隔构件与其他构件之间(如:伸缩缝、沉降缝、抗震缝和构造缝隙等)缝隙的密封和封堵,以保持结构整体耐火性能的防火封堵材料。

塑料管道用防火封堵材料是指用于塑料管道穿过墙面、楼地板等孔洞时,用以保持结构整体耐火性能所使用的防火封堵材料及制品。

4.1.2 防火封堵材料按产品的组成和形状特征可分为下列类型:

柔性有机堵料:以有机材料为粘接剂,使用时具有一定柔韧性或可塑性,产品为胶泥状物体;

无机堵料:以无机材料为主要成分的粉末状固体,与外加剂调和使用时,具有适当的和易性;

阻火包:将防火材料包装制成的包状物体,适用于较大孔洞的防火封堵或电缆桥架的防火分隔(阻火包亦称耐火包或防火包);

阻火模块:用防火材料制成的具有一定形状和尺寸规格的固体,可以方便地切割和钻孔,适用于孔洞或电缆桥架的防火封堵;

防火封堵板材:用防火材料制成的板材,可方便地切割和钻孔,适用于大型孔洞的防火封堵;

泡沫封堵材料:注入孔洞后可以自行膨胀发泡并使孔洞密封的防火材料;

缝隙封堵材料:置于缝隙内,用于封堵固定或移动缝隙的固体防火材料;

防火密封胶:具有防火密封功能的液态防火材料;

阻火包带:用防火材料制成的柔性可缠绕卷曲的带状产品,缠绕在塑料管道外表面,并用钢带包覆或其他适当方式固定,遇火后膨胀挤压软化的管道,封堵塑料管道因燃烧或软化而留下的孔洞。

【问题解答】

防火封堵的意义在于火灾发生后,其能有效地限制火灾和火灾中产生的有毒烟气的蔓延，从而保护起火源以外区域的人员和设备的安全。

防火封堵的基本原理是封堵材料起膨胀吸热和隔热作用，遇火膨胀以密封可燃物燃烧所留下的缝隙，阻止火灾和火灾中产生的有毒气体和烟雾的蔓延；吸热和隔热以降低贯穿物背火面的温度，防止背火面可燃物自燃。

防火封堵是用防火封堵材料密封电缆或管道穿过墙体或楼板形成的孔洞，防止火灾蔓延到起火源相邻的区域，达到保护人员和设备安全的目的。

防火封堵用于封堵各种贯穿物，如电缆、风管、水管等穿过墙壁、楼板时形成的各种开口以及电缆桥架的防火分隔，以免火势通过这些开口及缝隙蔓延，具有优良的防火功能，便于更换。

一、防火封堵材料按用途分类

1. 孔洞用防火封堵材料

由于建筑功能和建筑内部用途的需要，需要安装各种管道，如供冷（热）空调水管道、通风和空气调节系统管道、给排水管道、热力管道，以及其他输送各类介质的管道和电线电缆等。

管线需要贯穿建筑中具有耐火性能要求的楼板和防火墙、防火隔墙等防火分隔构件或结构形成贯穿孔口，以及建筑施工或安装设备所留下的预留开口、管线竖井在楼层位置的开口等，为了保持建筑防火功能完整性，需要对这些贯穿孔口进行防火封堵，封堵时采用孔洞用防火封堵材料。

2. 缝隙用防火封堵材料

建筑缝隙包括抗震缝、沉降缝、伸缩缝以及在建筑中楼板和墙体之间、墙体之间、楼板之间的缝隙等。此外，建筑中还存在外墙与建筑幕墙、保温层、装饰层之间的空腔，这些也属于建筑缝隙封堵的对象。封堵这些建筑缝隙时，应使用缝隙用防火封堵材料。

3. 塑料管道用防火封堵材料

塑料管道热熔点低，当发生火灾时很容易被融化，形成穿墙（板）空洞。因此，需要对塑料管道在穿墙（板）部位进行防火封堵，采用专用塑料管道用防火封堵材料。

二、防火封堵材料按形状分类

1. 柔性有机堵料

柔性有机堵料以有机材料为粘接剂，使用时具有一定柔韧性或可塑性，产品为胶泥状物体。柔性有机堵料是以有机合成树脂为粘接剂，添加防火剂、填料等经辗压而成。该堵料长久不固化，可塑性很好，可以任意地进行封堵。这种堵料主要应用在建筑管道和电线电缆贯穿孔洞的防火封堵工程中，并与无机堵料、阻火包配合使用。

柔性有机堵料理化性能参数有外观、表观密度、腐蚀性、耐水性、耐油性、耐酸性、耐湿热性、耐冻融循环等。

2. 无机堵料

无机堵料是以无机材料为主要成分的粉末状固体，与外加剂调和使用时，具有适当的和易性。

无机堵料又叫速固型堵料，它是以无机黏结剂为基料，并配以无机耐火材料、阻燃剂等制成的。使用时，在现场按比例加水调制。无机堵料不仅耐火极限高，而且具备相当高的机械强度，无毒无味，施工方便，固化速度快，具有很好的防火和水密、气密性能。

无机堵料属于不燃材料，在高温和火焰作用下，基本不发生体积变化而形成一层坚硬致密的保护层，其热导率较低，有显著的防火隔热效果。无机堵料在固化前有较好的流动性和分散性，对于多根电缆束状敷设和层状敷设的场合，采用现场浇注这类堵料的方法，可以有效地堵塞和密封电缆与电缆之间、电缆与壁板之间各种微小空隙，使各电缆之间相互隔绝，阻止火焰和有毒气体及浓烟扩散。无机堵料主要应用于各类管道和电线电缆贯穿孔洞，尤其应用于较大的孔洞、楼层间孔洞的防火封堵。

无机堵料理化性能参数有外观、表观密度、初凝时间、抗压强度、腐蚀性、耐水性、耐油性、耐湿热性、耐冻融循环等。

3. 阻火包

阻火包是将防火材料包装制成的包状物体，适用于较大孔洞的防火封堵或电缆桥架的防火分隔（阻火包也称耐火包或防火包）。

阻火包外层采用由编织紧密、经特殊处理的耐用玻璃纤维布制成袋状，内部填充特种耐火、隔热材料和膨胀材料。阻火包具有不燃性，耐火极限可达 4h 以上，在较高温度下膨胀和凝固。阻火包封堵以后，形成一种隔热、隔烟的密封，且防火抗潮性好，不含石棉等有毒物成分。阻火包适用于电缆贯穿孔洞处的防火封堵，特别适用于需经常更换或增减电缆的场合或施工工程中暂时性的防火措施。

阻火包理化性能参数有外观、表观密度、抗跌落性、耐水性、耐油性、耐酸性、耐湿热性、耐冻融循环、膨胀性能等。

4. 阻火模块

阻火模块是用防火材料制成的具有一定形状和尺寸规格的固体，可以方便地切割和钻孔，适用于孔洞或电缆桥架的防火封堵。

阻火模块是由无机材料制成的一种具有一定形状和规格的产品，可塑性较强，可以根据使用环境需求进行切割和钻孔，广泛应用于孔洞以及电线、电缆桥架的封堵。

阻火模块理化性能参数有外观、表观密度、抗压强度、腐蚀性、耐水性、耐油性、耐酸性、耐湿热性、耐冻融循环、膨胀性能等。

5. 防火封堵板材

防火封堵板材是用防火材料制成的板材，可方便地切割和钻孔，适用于大型孔洞的防火封堵。

防火封堵板材具有在高温条件下不燃、不爆、不变形，耐油，耐水，耐腐蚀，机械强度高，使用方便等特点。

防火封堵板材除了用于空洞的防火封堵，也用作大型商场、酒店、宾馆、文体会馆、封闭式服装市场、轻工市场、影剧院等公共场所室内装饰防火阻燃工程的防火阻燃材料。

防火封堵板材理化性能参数有外观、抗弯强度、耐水性、耐油性、耐酸性、耐湿热性、耐冻融循环等。

6. 泡沫封堵材料

泡沫封堵材料是注入孔洞后可以自行膨胀发泡并使孔洞密封的防火材料。

泡沫封堵材料是由基料和催化剂组成，即时发泡，迅速膨胀密封孔洞。膨胀泡沫短时间内即可凝固硬化；性能稳定、持久，不破裂。

泡沫封堵材料理化性能参数包括外观、表观密度、初凝时间、腐蚀性、耐水性、耐油性、耐酸性、耐湿热性、耐冻融循环、膨胀性能等。

7. 缝隙封堵材料

缝隙封堵材料是置于缝隙内，用于封堵固定或移动缝隙的固体防火材料。

建筑缝隙的防火封堵应根据建筑缝隙的位置、伸缩率、宽度和深度以及使用防火封堵材料或组件的环境温度和湿度条件、防水要求等，选用合适的防火封堵材料或组件。

缝隙封堵材料理化性能参数有外观、表观密度、耐水性、耐油性、耐酸性、耐湿热性、耐冻融循环、膨胀性能等。

8. 防火密封胶

防火密封胶是具有防火密封功能的液态防火材料。防火密封胶具有一定的密封性，还具有一定的防火性，具有密封与防火的双重性能。防火密封胶材料理化性能参数与缝隙封堵材料理化性能参数要求是一样的。

9. 阻火包带

阻火包带是用防火材料制成的柔性可缠绕卷曲的带状产品，缠绕在塑料管道外表面，并用钢带包覆或其他适当方式固定，遇火后膨胀挤压软化的管道，封堵塑料管道因燃烧或软化而留下的孔洞。

阻火包带与阻火包不同。阻火包带材料理化性能参数包括外观、表观密度、耐水性、耐油性、耐酸性、耐湿热性、耐冻融循环、膨胀性能。

132 选择防火封堵材料的基本原则有哪些？

【规范条文】

《建筑防火封堵应用技术标准》GB/T 51410—2020

3.0.1 防火封堵组件的防火、防烟和隔热性能不应低于封堵部位建筑构件或结构的防火、防烟和隔热性能要求，在正常使用和火灾条件下，应能防止发生脱落、移位、变形和开裂。

【问题解答】

选择防火封堵组件时，要考虑防火封堵组件作为该构件或结构整体的一部分，也需要达到该构件或结构的相应耐火要求；应具有与封堵部位构件或结构相适应的耐受火焰、高温烟气和其他热作用的性能。

在确定防火封堵方式时，要考虑不同防火封堵材料之间、防火封堵材料与建筑缝隙以及背衬材料之间、防火封堵材料与被贯穿体、贯穿物之间等的协调工作性能，使防火封堵组件能够适应建筑振动、温度应力、变形等正常使用条件和火灾时高温、热风压等的作用，能在使用过程中保持其稳定性，不发生脱落、位移和开裂等情况。

133 选择防火封堵材料时应注意哪些问题？

【规范条文】

《建筑防火封堵应用技术标准》GB/T 51410—2020

3.0.2 建筑防火封堵材料应根据封堵部位的类型、缝隙或开口大小以及耐火性能要求等确定，并应符合下列规定：

1 对于建筑缝隙，宜选用柔性有机堵料、防火密封胶、防火密封漆等及其组合；

2 对于环形间隙较小的贯穿孔口，宜选用柔性有机堵料、防火密封胶、泡沫封堵材料、阻火包带、阻火圈等及其组合；

3 对于环形间隙较大的贯穿孔口，宜选用无机堵料、阻火包、阻火模块、防火封堵板材、阻火包带、阻火圈等及其组合。

3.0.3 建筑防火封堵的背衬材料应为不燃材料，并宜结合防火封堵部位的特点、防火封堵材料及封堵方式选用。当背衬材料采用矿物棉时，矿物棉的容重不应低80kg/m^3，熔点不应小于1 000℃，并应在填塞前将自然状态的矿物棉预先压缩不小于30%后再挤入相应的封堵位置。

3.0.4 当采用无机堵料时，无机堵料的厚度应与贯穿孔口的厚度一致，封堵后的缝隙应采用有机防火封堵材料填塞，且填塞深度不应小于15mm。

3.0.5 当采用柔性有机堵料时，柔性有机堵料的填塞深度应与建筑缝隙或环形间隙的厚度一致，长度应为建筑缝隙或环形间隙的全长。当配合矿物棉等背衬材料使用时，柔性有机堵料的填塞深度不应小于15mm，长度应为建筑缝隙或环形间隙的全长，建筑缝隙或环形间隙的内部应采用矿物棉等背衬材料完全填塞。

3.0.6 当采用防火密封胶时，应配合矿物棉等背衬材料使用，防火密封胶的填塞深度不应小于15mm，长度应为建筑缝隙或环形间隙的全长，建筑缝隙或环形间隙的内部应采用矿物棉等背衬材料完全填塞。当建筑缝隙或环形间隙的宽度大于或等于50mm时，防火密封胶的填塞深度不应小于25mm。

3.0.7 当采用防火密封漆时，其涂覆厚度不宜小于3mm，干厚度不应小于2mm，长度应为建筑缝隙的全长，宽度应大于建筑缝隙的宽度，并应在建筑缝隙的内部用矿物棉等背衬材料完全填塞。防火密封漆的搭接宽度不应小于20mm。

3.0.8 当采用阻火包或阻火模块时，应交错密实堆砌，并应在封堵后采用有机防火封堵材料封堵相应部位的缝隙。

3.0.9 当采用防火封堵板材时，板材周边及搭接处应采用有机防火封堵材料封堵；当采用盖板式安装时，板材的周边还应采用金属锚固件固定，锚固件的间距不宜大于150mm。

3.0.10 当采用泡沫封堵材料时，其封堵厚度应与贯穿孔口的厚度一致。

3.0.11 当采用阻火包带或阻火圈时，对于水平贯穿部位，应在该部位的两侧分别设置阻火包带或阻火圈；对于竖向贯穿部位，宜在该部位下侧设置阻火包带或阻火圈；对于腐蚀性场所的贯穿部位，宜采用阻火包带。

3.0.12 当防火封堵组件及贯穿物的刚性不足时，应在水平贯穿部位两侧或竖向贯穿部位下侧采用钢丝网、不燃性板材或支架等支撑固定。钢丝网、不燃性板材或支架等支撑及其与墙体、楼板或其他结构间的固定件应采取防火保护措施。

3.0.13 当被贯穿体具有空腔结构时，应采取防止防火封堵材料或组件变形影响封堵效果的措施。

【问题解答】

一、基本要求

选择防火封堵材料主要应注意如下问题：

1. 防松动

防火封堵组件及贯穿物的刚性不足时，需要采取加固措施，如设置支架、承托板等。当采用防火封堵板材进行封堵时，要确保贯穿物、被贯穿体及防火封堵板材的整体性和刚性良好。盖板式防火封堵板材的锚固件、加固支架等辅助材料，均要根据材质情况采取涂防火涂料等防火保护措施。

2. 防脱落

被贯穿体的类型大多是混凝土楼板、砖石砌块墙体等实体结构，也有些是防火板或石膏板与轻钢龙骨或木龙骨、内部填塞岩棉等构造的轻质墙体等，有的还具有一定的空腔结构，包括预制空心板等。

对于具有空腔结构的构件，要采取防止防火封堵材料或组件因脱落、变形后降低封堵效果的措施，如在轻质隔墙贯穿孔口部位增设内部支撑、设置穿墙套管等。

3. 防损坏

防火封堵材料或组件与被贯穿体之间的连接不是结构上的强连接，虽具有一定承载力，但构造上只考虑承受其自身的重量。因此，楼板上的贯穿孔口，无论尺寸大小，都要采取防护措施，防止防火封堵组件因外部荷载的作用而发生脱落、位移和开裂等现象，从而影响封堵效果。对于面积较小的封堵部位，可采用设置盖板等防护措施；对于面积较大的封堵部位，需考虑采用设置栏杆等防护措施。此外，要设置必要的警示标志。

二、柔性有机堵料适用场合

柔性有机堵料属于有机防火封堵材料。

柔性有机堵料适用于建筑缝隙及贯穿孔口的环形间隙的防火封堵。

由于建筑缝隙、贯穿孔口的环形间隙的宽度有大有小，宽度小的缝隙（间隙）可在缝隙（间隙）内直接填塞柔性有机堵料进行封堵；宽度较大的缝隙（间隙）需与矿物棉等不燃性背衬材料配合使用进行封堵。

当在缝隙（间隙）内部全部填塞柔性有机堵料或与矿物棉等不燃背衬材料配合使用进行封堵时，柔性有机堵料要完全塞满缝隙（间隙）且密实平整，填塞深度不应小于 15mm，且需根据缝隙（间隙）宽度填塞适当深度的柔性有机堵料。

缝隙（间隙）越宽，柔性有机堵料需填塞的深度越深，才能满足防火、防烟和隔热要求。

三、无机堵料适用场合

无机堵料属于无机防火封堵材料，是以无机材料为主要成分的粉末状固体，与外加剂调和使用时，具有适当的和易性，不同于一般的水泥砂浆等建筑材料。

无机堵料适用于面积较大的贯穿孔口、电缆沟的防火隔墙等部位的封堵。

当封堵贯穿孔口时，无机堵料的厚度应与贯穿孔口的厚度一致，对较大的孔口封堵时，需采取合适的刚度增强措施。

当用于电缆沟防火隔墙部位时，采用无机堵料封堵后在贯穿部位留下的缝隙，需配合使用具有膨胀性的防火封堵材料进行封闭处理，其填塞深度不应小于 15mm。

四、阻火包、阻火模块适用场合

阻火包及阻火模块适用于较大贯穿孔口、电缆沟的防火隔墙等部位的封堵。

作为成型材料，要交错进行堆砌，确保其稳固，封堵厚度需根据贯穿部位的大小和耐火性能来确定。

对于采用阻火包等封堵后留下的缝隙，需采用柔性有机堵料、防火密封胶等有机防火封堵材料进行封堵处理。柔性有机堵料、防火密封胶等封堵材料的厚度、搭接宽带、封闭长度等均要符合相应产品的技术要求且不能低于现行国家标准的规定。

五、防火封堵板材适用场合

防火封堵板材适用于面积较大的贯穿孔口及空开口的防火封堵。

根据防火封堵板材的安装方式，分嵌入式安装和盖板式安装两种。

嵌入式安装的防火封堵板材，通常用柔性有机堵料或防火密封胶等有机防火封堵材料将板材与孔口周边缝隙紧密填塞；盖板式安装的防火封堵板材，通常采用金属锚固件将板材锚固在孔口上，并用柔性有机堵料或防火密封胶等将板材周边及搭接处的缝隙紧密填塞。

在防火封堵板材与贯穿物的连接部位要根据贯穿物的类型以及封堵部位的弹性和膨胀性需要，采用与之相适应的有机防火封堵材料进行封堵。

六、防火密封胶适用场合

防火密封胶属于有机防火封堵材料。

防火密封胶适用于主要用于各类防火门窗粘结密封、幕墙工程各层阻燃密封；各类门窗玻璃安装阻燃密封等。

防火密封胶的填塞深度需要与缝隙（间隙）的宽度相适应，才能达到较好的防火、防烟和隔热要求。

在填塞时，防火密封胶要完全封闭缝隙（间隙），不允许间断。

为了保证防火密封胶粘接稳固以及封堵组件的耐火性能，还要在缝隙（间隙）内部填塞密实的矿物棉作为背衬材料。

对于防火密封胶的填塞深度，不同产品的要求可能有差异。具体设计和施工时，还需根据相应的产品技术要求来确定，但至少要达到 15mm。

七、防火密封漆适用场合

防火密封漆属于缝隙用防火封堵材料，具有较好的弹性，其弹性变形能力一般不小于 50%。

防火密封漆适用于缝隙位移变形要求高的防火封堵。

为了保证防火密封漆粘接稳固及封堵组件的耐火性能，需要在缝隙内部填塞密实的矿物棉作为背衬材料。

根据常见的防火密封漆的性能和测试情况，湿涂覆厚度不小于 3mm 时，基本可以保证其干厚度不小于 2mm。防火密封漆之间以及防火密封漆与缝隙周边相连接部位也要可靠搭接，搭接宽度不能小于 20mm，确保其变形时不会脱落。

防火密封漆的厚度、搭接宽带、封闭长度等均要符合相应产品的技术要求，且不能低于国家现行标准的规定。

八、泡沫封堵材料适用场合

泡沫封堵材料为有机防火封堵材料，具有较好的流动性。

泡沫封堵材料适用于电缆及各种管道的组合贯穿等复杂工况和封堵操作空间较小的贯穿孔口的防火封堵。

泡沫封堵材料要完全填满贯穿孔口，其厚度需与贯穿孔口的厚度一致。

九、阻火圈及阻火包带适用场合

阻火圈或阻火包带适用于塑料管穿墙机楼板时的防火封堵。

阻火圈或阻火包带安装时，是将阻火圈或阻火包带套在或缠绕在硬聚氯乙烯等塑料管道外壁上。火灾时，阻火圈或阻火包带的阻燃膨胀芯材受热迅速膨胀后挤压管道，使贯穿孔口被封堵，起到阻止火势和烟气沿烧蚀的管道蔓延的作用。

阻火圈或阻火包带有明装和暗装两种安装方式，但水平贯穿墙体等的孔口的封堵应在墙的两侧都设置阻火圈或阻火包带，竖向贯穿楼板等的孔口的封堵宜在楼板下侧设置阻火圈或阻火包带。

134 管道及孔洞防火封堵应注意哪些问题？

【规范条文】

《建筑防火封堵应用技术标准》GB/T 51410—2020

5.2.1 熔点不低于1 000℃且无绝热层的金属管道贯穿具有耐火性能要求的建筑结构或构件时，贯穿孔口的防火封堵应符合下列规定：

1 环形间隙应采用无机或有机防火封堵材料封堵；或采用矿物棉等背衬材料填塞并覆盖有机防火封堵材料；或采用防火封堵板材封堵，并在管道与防火封堵板材之间的缝隙填塞有机防火封堵材料。

2 贯穿部位附近存在可燃物时，被贯穿体两侧长度各不小于1.0m范围内的管道应采取防火隔热措施。

5.2.2 熔点不低于1 000℃且有绝热层的金属管道贯穿具有耐火性能要求的建筑结构或构件时，贯穿孔口的防火封堵应符合下列规定：

1 当绝热层为熔点不低于1 000℃的不燃材料或贯穿部位未采取绝热措施时，防火封堵应符合本标准第5.2.1条的规定。

2 当绝热层为可燃材料，但被贯穿体两侧长度各不小于1.0m范围内的管道绝热层为熔点不低于1 000℃的不燃材料时，防火封堵应符合本标准第5.2.1条的规定。

3 当不符合本条第1款、第2款的规定时，环形间隙应采用矿物棉等背衬材料填塞并覆盖膨胀性的防火封堵材料；或采用防火封堵板材封堵，并在管道与防火封堵板材之间的缝隙填塞膨胀性的防火封堵材料。在竖向贯穿部位的下侧或水平贯穿部位两侧的管道上，还应设置阻火圈或阻火包带。

5.2.3 熔点低于1 000℃的金属管道贯穿具有耐火性能要求的建筑结构或构件时，其贯穿孔口防火封堵应符合下列规定：

1 当为单根管道贯穿时，环形间隙应采用矿物棉等背衬材料填塞并覆盖膨胀性的防火封堵材料。对于公称直径大于50mm的管道，在竖向贯穿部位的下侧或水平贯穿部位两侧的管道上还应设置阻火圈或阻火包带。

2 当为多根管道贯穿时，应符合本条第1款的规定；或采用防火封堵板材封堵，并在管道与防火封堵板材之间的缝隙填塞膨胀性的防火封堵材料。每根管道均应设置阻火圈或阻火包带。

3 当在无绝热层的管道贯穿部位附近存在可燃物时，被贯穿体两侧长度各不小于1.0m范围内的管道还应采取防火隔热防护措施。

5.2.4 塑料管道贯穿具有耐火性能要求的建筑结构或构件时，贯穿部位的环形间隙应采用矿物棉等背衬材料填塞并覆盖膨胀性的防火封堵材料；或采用防火封堵板材封堵，并在管道与防火封堵板材之间的缝隙填塞膨胀性的防火封堵材料。对于公称直径大于50mm的管道，还应在竖向贯穿部位的下侧或水平贯穿部位两侧的管道上设置阻火圈或阻火包带。

5.2.5 耐火风管贯穿部位的环形间隙宜采用具有弹性的防火封堵材料封堵；或采用矿物棉等背衬材料填塞并覆盖具有弹性的防火封堵材料；或采用防火封堵板材封堵，并在风管与防火封堵板材之间的缝隙填塞具有弹性的防火封堵材料。

5.2.6 管道井、管沟、管窿防火分隔处的封堵应采用矿物棉等背衬材料填塞并覆盖有机防火封堵材料；或采用防火封堵板材封堵，并在管道与防火封堵板材之间的缝隙填塞有机防火封堵材料。

《建筑给水排水设计标准》GB 50015—2019

4.4.10 金属排水管道穿楼板和防火墙的洞口间隙、套管间隙应采用防火材料封堵。塑料排水管设置阻火装置应符合下列规定：

1 当管道穿越防火墙时应在墙两侧管道上设置；

2 高层建筑中明设管径大于或等于 *dn*110 排水立管穿越楼板时，应在楼板下侧管道上设置；

3 当排水管道穿管道井壁时，应在井壁外侧管道上设置。

【问题解答】

一、选用的基本原则

工程管道根据材质的不同，一般分为三类：

1）金属管道。金属管道有钢管、铸铁管、铜管、不锈钢管、钢板风管等，为不燃材料管道；熔点大于1 000℃。

2）复合管道。复合风管熔点小于1 000℃。

3）塑料管等。塑料管道熔点小于1 000℃。

管道穿越被贯穿体时，要根据不同的管道类型、管径，被贯穿体类型（混凝土楼板、混凝土、砌块、轻质防火分隔墙体），环形间隙大小，贯穿孔口大小等，选用不同的防火封堵措施，防火封堵材料应符合产品的使用要求。

二、背衬材料的选用

背衬材料采用填塞矿物棉时，矿物棉需经压缩处理，且压缩后的容重不应低于100kg/m^3。在矿物棉的上面需采用柔性有机堵料、泡沫封堵材料或防火密封胶将缝隙全部填塞密实。

三、管道穿过空腔贯穿体时的防火封堵

当被贯穿体内有空腔时，要采用柔性有机堵料等密度较小的防火封堵材料，不能采用无机堵料等密度较大的防火封堵材料，防止防火封堵材料或组件在空腔里脱落、变形而影响封堵效果。

四、金属水管穿越贯穿体时缝隙的防火封堵

1. 管道未设置绝热层

无绝热层且设置套管的金属水管，穿越防火隔墙及楼板时，应采用无机防火封堵材料或有机防火封堵材料封堵；或采用矿物棉等背衬材料填塞并覆盖有机防火封堵材料；或采用防火封堵板材封堵，并在管道与防火封堵板材之间的缝隙填塞有机防火封堵材料。

2. 管道设置绝热层

设置绝热层的金属水管穿越防火隔墙及楼板时均要求设置套管，要求绝热层穿过套管时应连续不间断，绝热材料一般为难燃或不燃材料。

对绝热层与套管间的缝隙进行防火封堵时，一般采用矿物棉等背衬材料填塞并覆盖有机防火封堵材料进行封堵。

五、塑料管道穿越贯穿体时缝隙的防火封堵

1. 穿墙体或楼板设置套管时

贯穿部位的环形间隙应采用矿物棉等背衬材料填塞并覆盖膨胀性的防火封堵材料；同时，对于公称直径大于 50mm 的管道，在墙体两侧或楼板下设置阻火圈。

2. 穿墙体或楼板未设置套管时

对于公称直径大于 50mm 的管道，在墙体两侧或楼板下设置阻火圈。

3. 污水排水塑料管道

1）污水排水塑料管道穿过穿越防火墙时两侧均应设置阻火圈。

2）污水排水塑料管道穿楼板时设置阻火圈应同时满足 3 个条件：一是高层建筑；二是明装管道；三是管径大于或等于 *dn*110。

六、通风管道穿越贯穿体时缝隙的防火封堵

耐火风管贯穿部位的环形间隙宜采用具有弹性的防火封堵材料封堵；或采用矿物棉等背衬材料填塞并覆盖具有弹性的防火封堵材料；或采用防火封堵板材封堵，并在风管与防火封堵板材之间的缝隙填塞具有弹性的防火封堵材料。

135 防火封堵施工技术要点有哪些？

【规范条文】

《建筑防火封堵应用技术标准》GB/T 51410—2020

6.1.2 施工前，施工单位应做好下列准备工作：

1 应按设计文件和相应产品的技术说明确认并修整现场条件，制定具体的施工方案，并经监理单位审核批准后组织实施；

2 应逐一查验防火封堵材料、辅助材料的适用性、技术说明；

3　当被贯穿体类型和厚度、贯穿孔口尺寸、贯穿物类型和数量等现场条件与设计要求不一致时，施工单位应告知设计单位，并由设计单位出具变更设计文件；

4　应根据工艺要求和现场情况准备施工机械、工具和安全防护设施等必要的作业条件。对施工现场可能产生的危害制定应急预案，并进行交底、培训和必要的演练。

6.1.3　施工期间，应根据现场情况采取防止污染地面、墙面及建筑其他构件或结构表面的防护措施。

6.1.4　对重要工序和关键部位应加强质量检查，并应按照本标准附录 A 填写施工过程检查记录，宜同时留存图像资料。隐蔽工程中的防火封堵应在隐蔽工程封闭前进行中间验收，并应按照本标准附录 B 填写相应的隐蔽工程质量验收记录。

6.2.1　封堵作业前，应清理建筑缝隙、贯穿孔口、贯穿物和被贯穿体的表面，去除杂物、油脂、结构上的松动物体，并应保持干燥。需要养护的封堵部位应在封堵作业后按照产品使用要求进行养护，并应在养护期间采取防止外部扰动的措施。

6.2.2　背衬材料采用矿物棉时，应按下列规定进行施工：

1　矿物棉压缩不应小于自然状态的 30%，且压缩后的矿物棉厚度应稍大于封堵部位缝隙的宽度，并应符合本标准第 3.0.3 条的规定；

2　压实后的矿物棉应顺挤压面塞入封堵部位，矿物棉应靠其回胀力阻止脱落，并应与待封堵部位的表面齐平；

3　填塞的矿物棉应经监理人员验证其阻止脱落的性能后方能进行下一步的防火封堵施工。

6.2.3　无机堵料应按下列顺序和要求进行施工：

1　在封堵部位应设置临时或永久性的挡板；

2　应按照产品使用要求加水均匀搅拌无机堵料；

3　将搅拌后的无机堵料灌注到封堵的部位，并抹平表面；

4　应在无机堵料养护周期满后再封堵无机堵料与贯穿物、被贯穿体之间的缝隙，并应符合本标准第 3.0.4 条的规定。

6.2.4　柔性有机堵料和防火密封胶应按下列顺序和要求进行施工：

1　应按照本标准第 6.2.2 条的规定采用矿物棉填塞封堵部位；

2　应采用挤胶枪等工具填入堵料，抹平表面，并应符合本标准第 3.0.5 条和第 3.0.6 条的规定。

6.2.5　防火密封漆应按下列顺序和要求进行施工：

1　应按照本标准第 6.2.2 条的规定采用矿物棉填塞封堵部位；

2　应采用刷子或喷涂设备等均匀涂覆堵料，厚度、搭接宽度均应符合本标准第 3.0.7 条的规定。

6.2.6　阻火模块、阻火包应按下列顺序和要求进行施工：

1　阻火模块应交错堆砌，并应按照产品使用要求牢固粘接；

2　应封堵阻火模块、阻火包与贯穿物、被贯穿体之间的缝隙，并应符合本标准第 3.0.8 条的规定。

6.2.7 防火封堵板材应按下列顺序和要求进行施工：

1 应按封堵部位的形状和尺寸剪裁板材，并应对切割边进行钝化处理；

2 应在板材安装后按照相应产品的使用技术要求封堵板材与贯穿物、被贯穿体之间的缝隙，并应符合本标准第 3.0.9 条的规定。

6.2.8 泡沫封堵材料应按下列顺序和要求进行施工：

1 在封堵部位应设置临时或永久性的挡板；

2 应按本标准第 3.0.10 条的规定将混合后的材料灌注到封堵的部位。

6.2.9 阻火圈应按下列顺序和要求进行施工：

1 应按照设计要求在管道贯穿部位的环形间隙内紧密填塞防火封堵材料；

2 应将阻火圈套在贯穿管道上；

3 应采用膨胀螺栓将阻火圈固定在建筑结构或构件上。

6.2.10 阻火包带应按下列顺序和要求进行施工：

1 应按照产品使用要求将阻火包带缠绕到贯穿物上，并应缓慢推入贯穿部位的环形间隙内，或在阻火包带外采用具有防火性能的专用箍圈固定；

2 应采用具有膨胀性的柔性有机堵料或防火密封胶封堵贯穿部位的环形间隙，并应符合本标准第 3.0.5 条和第 3.0.6 条的规定。

《建筑防烟排烟系统技术标准》GB 51251—2017

6.3.4 风管的安装应符合下列规定：

1 风管的规格、安装位置、标高、走向应符合设计要求，且现场风管的安装不得缩小接口的有效截面。

2 风管接口的连接应严密、牢固，垫片厚度不应小于 3mm，不应凸入管内和法兰外；排烟风管法兰垫片应为不燃材料，薄钢板法兰风管应采用螺栓连接。

3 风管吊、支架的安装应按现行国家标准《通风与空调工程施工质量验收规范》GB 50243 的有关规定执行。

4 风管与风机的连接宜采用法兰连接，或采用不燃材料的柔性短管连接。当风机仅用于防烟、排烟时，不宜采用柔性连接。

5 风管与风机连接若有转弯处宜加装导流叶片，保证气流顺畅。

6 当风管穿越隔墙或楼板时，风管与隔墙之间的空隙应采用水泥砂浆等不燃材料严密填塞。

7 吊顶内的排烟管道应采用不燃材料隔热，并应与可燃物保持不小于 150mm 的距离。

《通风与空调工程施工规范》GB 50738—2011

3.2.3 管道穿越墙体和楼板时，应按设计要求设置套管，套管与管道间应采用阻燃材料填塞密实；当穿越防火分区时，应采用不燃材料进行防火封堵。

《通风与空调工程施工质量验收规范》GB 50243—2016

6.2.2 当风管穿过需要封闭的防火、防爆的墙体或楼板时，必须设置厚度不小于 1.6mm 的钢制防护套管；风管与防护套管之间应采用不燃柔性材料封堵严密。

【问题解答】

关于防火封堵，不同的规范有不同的表述。《建筑防火封堵应用技术标准》

GB/T 51410—2020 明确规定了各防火封堵材料的施工顺序和技术要求。施工时，应按该标准要求进行施工。施工技术要点归纳如下：

一、施工位置应干净

进行防火封堵施工时，要根据现场情况及时清除贯穿孔口或建筑缝隙内的油迹和松散物等，防止这些附着物降低防火封堵材料的附着力。同时，也要清除贯穿物和被贯穿体上的油污、松散物等，使防火封堵材料与贯穿物和被贯穿体紧密粘接。

二、位置牢靠

检查连接在被贯穿体上的附件，如吊夹、吊架、支撑套管等，确保这些附件牢固地连接在被贯穿体上。

三、满足耐火极限要求

防火封堵材料的形状和厚度要根据产品使用要求和构造图纸进行填塞，并满足相应部位的耐火极限要求。

四、阻火圈或阻火包固定牢固

管道贯穿孔口使用阻火圈或阻火包带进行封堵时要注意，安装部位需位于墙体两侧或楼板下侧；对于多种类型贯穿物混合穿越被贯穿体的部位，在有防火封堵板材或相应防火封堵组件中如采用阻火圈或阻火包带，要按产品使用要求进行安装，保证遇火时不脱落。

五、表面平整、密实

施工完成后，要将那些不属于防火封堵组件的辅助材料清除，并采用适当方法清理贯穿孔口和环形间隙附近多余的防火封堵材料，使防火封堵组件表面平整、光洁、无裂纹，并填塞密实。

第十三章　管道与设备标识

136 如何对管道进行标识？

【规范条文】

《工业管道的基本识别色、识别符号和安全标识》GB 7231—2003

4.2　基本识别色标识方法

工业管道的基本识别色标识方法，使用方应从以下五种方法中选择。应用举例见附录 A（标准的附录）。

a）管道全长上标识；

b）在管道上以宽为 150mm 的色环标识；

c）在管道上以长方形的识别色标牌标识；

d）在管道上以带箭头的长方形识别色标牌标识；

e）在管道上以系挂的识别色标牌标识。

4.3　当采用 4.2 中 b），c），d），e）方法时，二个标识之间的最小距离应为 10m。

4.4　4.2 中 c），d），e）的标牌最小尺寸应以能清楚观察识别色来确定。

4.5　当管道采用 4.2 中 b），c），d），e）基本识别色标识方法时，其标识的场所应该包括所有管道的起点、终点、交叉点、转弯处、阀门和穿墙孔两侧等的管道上和其他需要标识的部位。

《建筑给水排水及采暖工程施工质量验收规范》GB 50242—2002

12.2.3　中水供水管道严禁与生活饮用水给水管道连接，并应采取下列措施：

1　中水管道外壁应涂浅绿色标志；

2　中水池（箱）、阀门、水表及给水栓均应有“中水”标志。

12.2.4　中水管道不宜暗装于墙体和楼板内。如必须暗装于墙槽内时，必须在管道上有明显且不会脱落的标志。

《通风与空调工程施工规范》GB 50738—2011

13.1.3　防腐与绝热施工完成后，应按设计要求进行标识，当设计无要求时，应符合下列规定：

1　设备机房、管道层、管道井、吊顶内等部位的主干管道，应在管道的起点、终点、交叉点、转弯处，阀门、穿墙管道两侧以及其他需要标识的部位进行管道标识。直管道上标识间隔宜为 10m。

2　管道标识应采用文字和箭头。文字应注明介质种类，箭头应指向介质流动方向。文字和箭头尺寸应与管径大小相匹配，文字应在箭头尾部。

3　空调冷热水管道色标宜用黄色，空调冷却水管道色标宜用蓝色，空调冷凝水管道及空调补水管道的色标宜用淡绿色，蒸汽管道色标宜用红色，空调通风管道色标宜为白色，防排烟管道色标宜为黑色。

《建筑给水排水与节水通用规范》GB 55020—2021

8.1.9　给水、排水、中水、雨水回用及海水利用管道应有不同的标识，并应符合下列规定：

1　给水管道应为蓝色环；

2　热水供水管道应为黄色环、热水回水管道应为棕色环；

3　中水管道、雨水回用和海水利用管道应为淡绿色环；

4　排水管道应为黄棕色环。

【问题解答】

对管道进行标识，起源于工业管道。

工业管道标识可以明确管道名称，识别管道内的流体介质，预知管道危险性，避免在生产作业时、设备检修时发生误判断，防止误操作、误碰设备，预防事故的发生，提高管道操作、维护的效率。

以前大型公共建筑较少，建筑设备管道较为简单，没有专门的标准要求对管道进行标识。随着城市的发展，尤其是近二十多年来大型公共建筑越来越多，建筑设备专业系统也越来越复杂，为了便于系统安装调试及运行管理，也应对各管道系统进行标识。

一、工业管道标识

1. 管道识别符号

管道流体介质名称、流向和主要工艺参数等组成管道识别符号。

流体介质的工作压力、温度、流速等主要工艺参数的标识，使用方可按需自行确定采用。

2. 管道标识位置

当不采用管道全长进行标识时，应在管道的起点、终点、交叉点、转弯处、阀门和穿墙孔两侧等的管道上和其他需要标识的部位。在通长的管道上，色环安装间隔为10m。

3. 管道标识基本识别色

根据管道内物质的一般性能，分为八类，并相应规定了8种基本识别色和相应的颜色标准编号及色样。

4. 管道色标标识方法

工业管道的基本识别色标识方法，应从以下五种方法中选择：

1）在管道全长上标识。

2）在管道上以宽为150mm的色环标识。

3）在管道上以长方形的识别色标牌标识。

4）在管道上以带箭头的长方形识别色标牌标识。

5）在管道上以系挂的识别色标牌标识。

管道标识采用带箭头的色环来表示，其宽度根据管道的直径而定，在两个带箭头的色环标识之间应注明管道使用的名称。管道上标识的字体或字母，以及箭头的最小尺寸应以能清楚观察识别符号来确定。当采用标牌进行标识时，标牌最小尺寸应以能清楚观察识别色来确定。

5. 管道标识色环分类

管道标识色环分为包裹式、自粘式和铝制不锈钢制色环。根据现场实际情况选择相应的管道色环，当通过喷漆进行管道色环标识时，则需要制作管道标识模板。

6. 管道标识色环尺寸

管道标识以宽为150mm的色环表示，考虑到管径的大小和管道的高低，以及离操作面的远近，可以根据现场情况对管道色环的大小、尺寸做相应的调整，但必须起到安全警示作用。

7. 危险化学品管道标识

管道内的流体介质，凡属《化学品分类和危险性公示通则》GB 13690—2009所列的危险化学品，其管道应设置危险管道色环。

制作方法：色环总宽度为200mm，其中中间150mm宽采用黄色，在黄色两侧各有25mm宽黑色。

8. 消防管道标识

必须在消防管道色环上标识“消防专用”识别符号，也可以将压力一起做在管道色环上，尺寸应以能清楚观察识别的原则来确定。

二、建筑设备管道标识

1. 管道标识三要素

管道标识的三要素：一是识别色标；二是管道名称；三是介质流向。所有管道标识都必须注明识别色、介质名称和流向，这就是管道标识的基本组成。

2. 管道标识位置

设备机房、管道层、管道井、吊顶内等部位的主干管道应在管道的起点、终点、交叉点、转弯处，阀门、穿墙管道两侧以及其他需要标识的部位进行管道标识。

直管道上标识间隔宜为10m。管道标识应采用文字和箭头，文字应注明介质种类，箭头应指向介质流动方向。文字及箭头尺寸应与管径相匹配，文字应在箭头尾部。

3. 管道标识识别色

管道标识识别色参考表13–1。

表13–1 管道标识识别色

序号	管道名称	色标	管道注字名称
1	生活给水	蓝	生活给水
2	生活热水供（回）	黄（棕）	生活热水供（回）
3	中水	浅绿	中水

表 13–1（续）

序号	管道名称	色标	管道注字名称
4	供暖供（回）水	红（橙）	供暖供（回）水
5	排水	黄棕色	排水
6	雨水回用	淡绿色	雨水回用
7	空调冷（热）水	黄	空调冷（热）水
8	空调冷却水	蓝	空调冷却水
9	空调补水	淡绿	空调补水
10	空调冷凝水	淡绿	空调冷凝水
11	蒸汽	红	蒸汽
12	空调送（回、排）风	白	空调送（回、排）风
13	消防正压送风	黑	消防正压送风
14	消防排烟	黑	消防排烟
15	消防给水	红	消防
16	消防自动喷水	红	自动喷水

137 消防系统标识有哪些规定?

【规范条文】

《消防设施通用规范》GB 55036—2023

2.0.10　消防设施上或附近应设置区别于环境的明显标识，说明文字应准确、清楚且易于识别，颜色、符号或标志应规范。手动操作按钮等装置处应采取防止误操作或被损坏的防护措施。

《消防给水及消火栓系统技术规范》GB 50974—2014

12.3.6　消防水泵接合器的安装应符合下列规定：

1　消防水泵接合器的安装，应按接口、本体、连接管、止回阀、安全阀、放空管、控制阀的顺序进行，止回阀的安装方向应使消防用水能从消防水泵接合器进入系统，整体式消防水泵接合器的安装，应按其使用安装说明书进行；

2　消防水泵接合器的设置位置应符合设计要求；

3　消防水泵接合器永久性固定标志应能识别其所对应的消防给水系统或水灭火系统，当有分区时应有分区标识；

4 地下消防水泵接合器应采用铸有“消防水泵接合器”标志的铸铁井盖，并应在其附近设置指示其位置的永久性固定标志；

5 墙壁消防水泵接合器的安装应符合设计要求。设计无要求时，其安装高度距地面宜为0.7m；与墙面上的门、窗、孔、洞的净距离不应小于2.0m，且不应安装在玻璃幕墙下方；

6 地下消防水泵接合器的安装，应使进水口与井盖底面的距离不大于0.4m，且不应小于井盖的半径；

7 消火栓水泵接合器与消防通道之间不应设有妨碍消防车加压供水的障碍物；

8 地下消防水泵接合器井的砌筑应有防水和排水措施。

12.3.7 市政和室外消火栓的安装应符合下列规定：

1 市政和室外消火栓的选型、规格应符合设计要求；

2 管道和阀门的施工和安装，应符合现行国家标准《给水排水管道工程施工及验收规范》GB 50268、《建筑给水排水及采暖工程施工质量验收规范》GB 50242 的有关规定；

3 地下式消火栓顶部进水口或顶部出水口应正对井口。顶部进水口或顶部出水口与消防井盖底面的距离不应大于0.4m，井内应有足够的操作空间，并应做好防水措施；

4 地下式室外消火栓应设置永久性固定标志；

5 当室外消火栓安装部位火灾时存在可能落物危险时，上方应采取防坠落物撞击的措施；

6 市政和室外消火栓安装位置应符合设计要求，且不应妨碍交通，在易碰撞的地点应设置防撞设施。

12.3.24 架空管道外应刷红色油漆或涂红色环圈标志，并应注明管道名称和水流方向标识。红色环圈标志，宽度不应小于20mm，间隔不宜大于4m，在一个独立的单元内环圈不宜少于2处。

12.3.25 消防给水系统阀门的安装应符合下列要求：

1 各类阀门型号、规格及公称压力应符合设计要求；

2 阀门的设置应便于安装维修和操作，且安装空间应能满足阀门完全启闭的要求，并应作出标志；

3 阀门应有明显的启闭标志；

4 消防给水系统干管与水灭火系统连接处应设置独立阀门，并应保证各系统独立使用。

《自动喷水灭火系统施工及验收规范》GB 50261—2017

3.2.8 阀门及其附件的现场检验应符合下列要求：

1 阀门的商标、型号、规格等标志应齐全，阀门的型号、规格应符合设计要求。

2 阀门及其附件应配备齐全，不得有加工缺陷和机械损伤。

3 报警阀除应有商标、型号、规格等标志外，尚应有水流方向的永久性标志。

4 报警阀和控制阀的阀瓣及操作机构应动作灵活、无卡涩现象，阀体内应清洁、无异物堵塞。

5　水力警铃的铃锤应转动灵活、无阻滞现象；传动轴密封性能好，不得有渗漏水现象。

6　报警阀应进行渗漏试验。试验压力应为额定工作压力的2倍，保压时间不应小于5min，阀瓣处应无渗漏。

3.2.9　压力开关、水流指示器、自动排气阀、减压阀、泄压阀、多功能水泵控制阀、止回阀、信号阀、水泵接合器及水位、气压、阀门限位等自动监测装置应有清晰的铭牌、安全操作指示标志和产品说明书；水流指示器、水泵接合器、减压阀、止回阀、过滤器、泄压阀、多功能水泵控制阀应有水流方向的永久性标志；安装前应进行主要功能检查。

4.5.2　消防水泵接合器的安装应符合下列规定：

1　应安装在便于消防车接近的人行道或非机动车行驶地段，距室外消火栓或消防水池的距离宜为15m～40m。

2　自动喷水灭火系统的消防水泵接合器应设置与消火栓系统的消防水泵接合器区别的永久性固定标志，并有分区标志。

3　地下消防水泵接合器应采用铸有“消防水泵接合器”标志的铸铁井盖，并应在附近设置指示其位置的永久性固定标志。

4　墙壁消防水泵接合器的安装应符合设计要求。设计无要求时，其安装高度距地面宜为0.7m；与墙面上的门、窗、孔、洞的净距离不应小于2.0m，且不应安装在玻璃幕墙下方。

5.1.18　配水干管、配水管应做红色或红色环圈标志。红色环圈标志，宽度不应小于20mm，间隔不宜大于4m，在一个独立的单元内环圈不宜少于2处。

《建筑防烟排烟系统技术标准》GB 51251—2017

6.1.5　防烟、排烟系统中的送风口、排风口、排烟防火阀、送风风机、排烟风机、固定窗等应设置明显永久标识。

【问题解答】

消防系统标识均为永久性标识，严禁采用粘贴标记进行标识。

一、管道标识

1. 消火栓系统管道标识

消防架空管道外应刷红色油漆或涂红色环圈标识，并应注明管道名称和水流方向标识。

红色环圈标识，宽度不应小于20mm，间隔不宜大于4m，在一个独立的单元内环圈不宜少于2处。

2. 自动喷水消防管道标识

配水干管、配水管应做红色或红色环圈标识。

红色环圈标识，宽度不应小于20mm，间隔不宜大于4m，在一个独立的单元内环圈不宜少于2处。

二、设备及阀部件标识

1. 消防水泵接合器

自动喷水灭火系统的消防水泵接合器应设置与消火栓系统的消防水泵接合器区别的永久性固定标识，并有分区标识。消防水泵接合器永久性固定标识应能识别其所对应的消防给水系统或水灭火系统，当有分区时应有分区标识。

地下消防水泵接合器应采用铸有“消防水泵接合器”标识的铸铁井盖，并应在其附近设置指示其位置的永久性固定标识。

2. 地下消火栓

地下式室外消火栓应设置永久性固定标识。

3. 状态标识

1）阀门的设置应便于安装维修和操作，且安装空间应能满足阀门完全启闭的要求，并应做出标识。

2）阀门应有明显的启闭标识。

3）压力开关、水流指示器、自动排气阀、减压阀、泄压阀、多功能水泵控制阀、止回阀、信号阀、水泵接合器及水位、气压、阀门限位等自动监测装置应有清晰的铭牌、安全操作指示标识。

4. 水流方向标识

报警阀除应有商标、型号、规格等标识外，尚应有水流方向的永久性标识。

水流指示器、水泵接合器、减压阀、止回阀、过滤器、泄压阀、多功能水泵控制阀应有水流方向的永久性标识。

三、防排烟系统标识

防排烟系统中的管道、送风口、排烟口、排烟防火阀、送风风机、排烟风机等一般采用红色符号或文字，喷涂在管道、阀部件及设备上，严禁采用粘贴方式进行标识。

第十四章　调试与验收

138 通风与空调系统试运行与调试如何进行?

【规范条文】

《通风与空调工程施工规范》GB 50738—2011

16.1.1　通风与空调系统安装完毕投入使用前，必须进行系统的试运行与调试。包括设备单机试运转与调试、系统无生产负荷下的联合试运行与调试。

16.1.2　试运行与调试前应具备下列条件:

1　通风与空调系统安装完毕，经检查合格；施工现场清理干净，机房门窗齐全，可以进行封闭。

2　试运转所需用的水、电、蒸汽、燃油燃气、压缩空气等满足调试要求。

3　测试仪器和仪表齐备，检定合格，并在有效期内；其量程范围、精度应能满足测试要求。

4　调试方案已批准。调试人员已经过培训，掌握调试方法，熟悉调试内容。

16.1.3　通风与空调系统试运行与调试应由施工单位负责，监理单位监督，供应商、设计、建设等单位参与配合。试运行与调试也可委托给具有调试能力的其他单位实施。试运行与调试应做好记录，并应提供完整的调试资料和报告。

《通风与空调工程施工质量验收规范》GB 50243—2016

11.1.1　通风与空调工程竣工验收的系统调试，应由施工单位负责，监理单位监督，设计单位与建设单位参与和配合。系统调试可由施工企业或委托具有调试能力的其他单位进行。

11.1.2　系统调试前应编制调试方案，并应报送专业监理工程师审核批准。系统调试应由专业施工和技术人员实施，调试结束后，应提供完整的调试资料和报告。

11.1.3　系统调试所使用的测试仪器应在使用合格检定或校准合格有效期内，精度等级及最小分度值应能满足工程性能测定的要求。

11.2.1　通风与空调工程安装完毕后应进行系统调试。系统调试应包括下列内容:

1　设备单机试运转及调试。

2　系统非设计满负荷条件下的联合试运转及调试。

【问题解答】

一、调试单位

通风与空调工程竣工验收系统调试的责任单位是施工方。

调试单位除了施工方参加以外，还应有设计单位的参与；因为工程系统调试是实现设计功能的必要过程和手段，除应提供工程设计的性能参数外，还应对调试过程中出现的问题提供明确的修改意见。

参加系统调试的还应有监理和建设单位的人员。监理和建设单位参加调试是职责所在，既可起到工程的协调作用，又有助于工程的管理和质量的验收。

有的施工企业本身不具备工程系统调试的能力，则可以委托具有相应调试能力的其他单位或施工企业进行系统调试。

二、调试方案

通风与空调工程的系统调试是一项技术性很强的工作，调试的质量会直接影响到工程系统功能的实现。

系统调试前应编制调试方案，并经监理审核通过后施行。调试方案是专项方案的一种。

调试方案可指导调试人员按规定的程序、正确方法与进度实施调试，同时也利于监理对调试过程的监督。调试方案应包括现场安全措施与事故应急处理方案。通风与空调系统安装完毕，其是否能正常运行处于未知状态，应预先考虑好应急方案，以确保调试过程中人身与设备的安全。

调试方案一般应包括编制依据、系统概况、进度计划、调试准备与资源配置计划、采用的调试方法及工艺流程、调试施工安排、其他专业配合要求、安全操作和环境保护措施等基本内容。

三、调试用仪器仪表

调试所需仪器和仪表一般包括声级计、温度计、湿度计、热球风速仪、叶轮式风速仪、倾斜式微压差计、毕托管、超声波流量计、钳形电流表、转速表等。调试所用仪表和仪器应检测合格并在有效期内。

139 风机单机试运转的方法及要求有哪些？

【规范条文】

《通风与空调工程施工规范》GB 50738—2011

16.2.2 风机试运转可按表 16.2.2 的要求进行。

表 16.2.2 风机试运转与调试要求

项目	方法和要求
试运转前检查	1 检测风机电机绕组对地绝缘电阻应大于 0.5MΩ； 2 风机及管道内应清理干净； 3 风机进、出口处柔性短管连接应严密，无扭曲； 4 检查管道系统上阀门，按设计要求确定其状态； 5 盘车无卡阻，并关闭所有人孔门

表 16.2.2（续）

项目	方法和要求
试运转与调试	1 启动时先"点动"，检查电动机转向正确；各部位应无异常现象，当有异常现象时，应立即停机检查，查明原因并消除； 2 用电流表测量电动机的启动电流，待风机正常运转后，再测量电动机的运转电流，运转电流值应小于电机额定电流值； 3 额定转速下的试运转应无异常振动与声响，连续试运转时间不应少于 2h； 4 风机应在额定转速下连续运转 2h 后，测定滑动轴承外壳最高温度不超过 70℃，滚动轴承外壳温度不超过 75℃

《通风与空调工程施工质量验收规范》GB 50243—2016

11.2.2 设备单机试运转及调试应符合下列规定：

1 通风机、空气处理机组中的风机，叶轮旋转方向应正确、运转应平稳、应无异常振动与声响，电机运行功率应符合设备技术文件要求。在额定转速下连续运转 2h 后，滑动轴承外壳最高温度不得大于 70℃，滚动轴承不得大于 80℃。

11.3.1 设备单机试运转及调试应符合下列规定：

2 风机、空气处理机组、风机盘管机组、多联式空调（热泵）机组等设备运行时，产生的噪声不应大于设计及设备技术文件的要求。

【问题解答】

一、试运转前的检查

1）检测风机电机绕组对地绝缘电阻应大于 0.5MΩ。

2）风机及管道内应清理干净。

3）风机进、出口处柔性短管连接应严密，无扭曲。

4）检查管道系统上阀门，按设计要求确定其状态。

5）盘车无卡阻，并关闭所有人孔门。

二、试运转与调试

1）启动时先"点动"，检查电动机转向是否正确；各部位应无异常现象，当有异常现象时，应立即停机检查，查明原因并消除。

2）用电流表测量电动机的启动电流，待风机正常运转后，再测量电动机的运转电流，运转电流值应小于电机额定电流值。

3）额定转速下的试运转应无异常振动与声响，连续试运转时间不应少于 2h。

4）风机应在额定转速下连续运转 2h 后，测定滑动轴承外壳最高温度不超过 70℃，滚动轴承外壳温度不超过 75℃。

三、规范之间的差异

《通风与空调工程施工规范》GB 50738—2011 中，规定滚动轴承风机外壳最高温度不得大于75℃，与《通风与空调工程施工质量验收规范》GB 50243—2016的描述不一致，在实际工程中，以《通风与空调工程施工规范》GB 50738—2011为准。

140 空气处理机组试运转及调试的方法及要求有哪些？

【规范条文】

《通风与空调工程施工规范》GB 50738—2011

16.2.3 空气处理机组试运转与调试可按表16.2.3的要求进行。

表16.2.3 空气处理机组试运转与调试要求

项目	方法与要求
试运转前检查	1 各固定连接部位应无松动； 2 轴承处有足够的润滑油，加注润滑油的种类和剂量应符合产品技术文件的要求； 3 机组内及管道内应清理干净； 4 用手盘动风机叶轮，观察有无卡阻及碰擦现象；再次盘动，检查叶轮动平衡，叶轮两次应停留在不同位置； 6 机组进、出风口处的柔性短管连接应严密，无扭曲； 7 风管调节阀门启闭灵活，定位装置可靠； 8 检测电机绕组对地绝缘电阻应大于0.5MΩ； 9 风阀、风口应全部开启；三通调节阀应调到中间位置；风管内的防火阀应放在开启位置；新风口、一次回风口前的调节阀应开启到最大位置
试运转	1 启动时先“点动”，检查叶轮与机壳有无摩擦和异常声响，风机的旋转方向应与机壳上箭头所示方向一致； 2 用电流表测量电动机的启动电流，待风机正常运转后，再测量电动机的运转电流，运转电流值应小于电机额定电流值；如运转电流值超过电机额定电流值时，应将总风量调节阀逐渐关小，直至降到额定电流值； 3 额定转速下的试运转应无异常振动与声响，连续试运转时间不应少于2h

《通风与空调工程施工质量验收规范》GB 50243—2016

11.2.2 设备单机试运转及调试应符合下列规定：

1 通风机、空气处理机组中的风机，叶轮旋转方向应正确、运转应平稳、应无异常振动与声响，电机运行功率应符合设备技术文件要求。在额定转速下连续运转2h后，滑动轴承外壳最高温度不得大于70℃，滚动轴承不得大于80℃。

11.3.1 设备单机试运转及调试应符合下列规定：

2 风机、空气处理机组、风机盘管机组、多联式空调（热泵）机组等设备运行时，产生的噪声不应大于设计及设备技术文件的要求。

【问题解答】

空气处理机组调试主要内容是风机调试。

一、试运转前检查

1）检查机组各固定连接部位应无松动。

2）轴承处应有足够的润滑油，加注润滑油的种类和剂量应符合产品技术文件的要求。

3）机组内及管道内应清理干净。

4）用手盘动风机叶轮，检查有无卡阻及碰擦现象；再次盘动，检查叶轮动平衡，叶轮两次应停留在不同位置。

5）机组进、出风口处的柔性短管连接应严密，无扭曲。

6）风管调节阀门应启闭灵活，定位装置可靠。

7）检测电机绕组对地绝缘电阻应大于 0.5MΩ。

8）风阀、风口应全部开启，三通调节阀应调到中间位置，风管内的防火阀应处于开启位置，新风口、一次回风口前的调节阀应开启到最大位置。

二、试运转

1）启动时先“点动”，检查叶轮与机壳有无摩擦和异常声响，风机的旋转方向应与机壳上箭头所示方向一致。

2）用电流表测量电动机的启动电流，待风机正常运转后，再测量电动机的运转电流，运转电流值应小于电机额定电流值；如运转电流值超过电机额定电流值，应将总风量调节阀逐渐关小，直至降到额定电流值。

3）额定转速下的试运转应无异常振动与声响，连续试运转时间不应少于 2h。

4）测试空调机组的噪声值，检查是否设计及设备技术文件的要求。

141 水泵单机试运转的方法及要求有哪些？

【规范条文】

《通风与空调工程施工规范》GB 50738—2011

16.2.1 水泵试运转与调试可按表 16.2.1 的要求进行。

表 16.2.1 水泵试运转与调试要求

项目	方法与要求
试运转前检查	1 各固定连接部位应无松动； 2 各润滑部位加注润滑剂的种类和剂量应符合产品技术文件的要求；有预润滑要求的部位应按规定进行预润滑； 3 各指示仪表、安全保护装置及电控装置均应灵敏、准确、可靠； 4 检查水泵及管路系统上阀门的启闭状态，使系统形成回路；阀门应启闭灵活； 5 检测水泵电机对地绝缘电阻应大于 0.5MΩ； 6 确认系统已注满循环介质

表 16.2.1（续）

项目	方法与要求
试运转与调试	1 启动时先"点动"，观察水泵电机旋转方向应正确； 2 启动水泵后，检查水泵紧固连接件有无松动，水泵运行有无异常振动和声响；电动机的电流和功率不应超过额定值； 3 各密封处不应泄漏。在无特殊要求的情况下，机械密封的泄漏量不应大于 10mL/h；填料密封的泄漏量不应大于 60mL/h； 4 水泵应连续运转 2h 后，测定滑动轴承外壳最高温度不超过 70℃，滚动轴承外壳温度不超过 75℃； 5 试运转结束后，应检查所有紧固连接部位，不应有松动

《通风与空调工程施工质量验收规范》GB 50243—2016

11.2.2 设备单机试运转及调试应符合下列规定：

2 水泵叶轮旋转方向应正确，应无异常振动和声响，紧固连接部位应无松动，电机运行功率应符合设备技术文件要求。水泵连续运转 2h 滑动轴承外壳最高温度不得超过 70℃，滚动轴承不得超过 75℃。

11.3.1 设备单机试运转及调试应符合下列规定：

3 水泵运行时壳体密封处不得渗漏，紧固连接部位不应松动，轴封的温升应正常，普通填料密封的泄漏水量不应大于 60mL/h，机械密封的泄漏水量不应大于 5mL/h。

11.3.3 空调系统非设计满负荷条件下的联合试运转及调试应符合下列规定：

1 空调水系统应排除管道系统中的空气，系统连续运行应正常平稳，水泵的流量、压差和水泵电机的电流不应出现 10% 以上的波动。

《风机、压缩机、泵安装工程施工及验收规范》GB 50275—2010

4.1.10 泵试运转应符合下列要求：

1 试运转的介质宜采用清水；当泵输送介质不是清水时，应按介质的密度、比重折算为清水进行试运转，流量不应小于额定值的 20%；电流不得超过电动机的额定电流；

2 润滑油不得有渗漏和雾状喷油；轴承、轴承箱和油池润滑油的温升不应超过环境温度 40℃，滑动轴承的温度不应大于 70℃；滚动轴承的温度不应大于 80℃；

3 泵试运转时，各固定连接部位不应有松动；各运动部件运转应正常，无异常声响和摩擦；附属系统的运转应正常；管道连接应牢固、无渗漏；

4 轴承的振动速度有效值应在额定转速、最高排出压力和无气蚀条件下检测，检测及其限值应符合随机技术文件的规定；无规定时，应符合本规范附录 A 的规定；

5 泵的静密封应无泄漏；填料函和轴密封的泄漏量不应超过随机技术文件的规定。

A.0.1 选用的测量仪器应能直接测取振动速度的有效值，并应符合下列要求：

1 风机和泵的测量仪器的频率范围宜为 10Hz～1 000Hz。风机和泵的转速小于或等于 600r/min 时，其测量仪器频率范围的下限宜为 2Hz；测量允许偏差为指示值

的 ±10%；

2 压缩机的测量仪器的频率范围为 2Hz～3 000Hz，测最允许偏差为指示值的 ±5%。

【问题解答】

《通风与空调工程施工规范》GB 50738—2011、《通风与空调工程施工质量验收规范》GB 50243—2016 及《风机、压缩机、泵安装工程施工及验收规范》GB 50275—2010 对水泵试运转调试均做出了规定。前两者基本一致，后者一般适用于工业水泵安装。

建筑水泵安装后试运转与调试应按照《通风与空调工程施工规范》GB 50738—2011、《通风与空调工程施工质量验收规范》GB 50243—2016 的规定进行。

一、试运转前检查

1）水泵各固定连接部位无松动。

2）各润滑部位加注润滑剂的种类和剂量应符合产品技术文件的要求，有预润滑要求的部位应按规定进行预润滑。

3）各指示仪表、安全保护装置及电控装置均应灵敏、准确、可靠。

4）检查水泵及管道系统上阀门的启闭状态，使系统形成回路，阀门应启闭灵活。

5）水泵电机对地绝缘电阻应大于 0.5MΩ。

6）确认系统已注满循环介质。

二、试运转与调试

1）启动时先“点动”，检查水泵电机旋转方向是否正确。

2）启动水泵后，检查水泵紧固连接件是否有松动，水泵运行是否有异常振动和声响。

3）正常运行后检测电动机的电流和功率不应超过额定值。

4）检测水泵流量及电流值不应小于额定值的 10%。

5）水泵不运行时，各密封处不应泄露；运行时，在无特殊要求的情况下，机械密封的泄漏量不应大于 5mL/h，填料密封的泄漏量不应大于 60mL/h。

6）水泵应连续运转 2h 后，测定滑动轴承外壳最高温度不超过 70℃，滚动轴承外壳温度不超过 75℃。

7）试运转结束后，应检查所有紧固连接部位，不应有松动。

三、规范之间的差异

1. 机械密封的泄漏量

《通风与空调工程施工规范》GB 50738—2011 要求：“机械密封的泄漏量不应大于 10mL/h；填料密封的泄漏量不应大于 60mL/h”。

《通风与空调工程施工质量验收规范》GB 50243—2016 要求：“普通填料密封的泄漏水量不应大于 60mL/h，机械密封的泄漏水量不应大于 5mL/h”。

《风机、压缩机、泵安装工程施工及验收规范》GB 50275—2010 要求：“泵的静密封应无泄漏；填料函和轴密封的泄漏量不应超过随机技术文件的规定”。

2. 电流、流量偏差

《通风与空调工程施工规范》GB 50738—2011 要求：“电动机的电流和功率不应超过额定值”；未明确偏差要求。

《通风与空调工程施工质量验收规范》GB 50243—2016 要求：“电机运行功率应符合设备技术文件要求”，“水泵的流量、压差和水泵电机的电流不应出现 10% 以上的波动”。

《风机、压缩机、泵安装工程施工及验收规范》GB 50275—2010 要求：“流量不应小于额定值的 20%；电流不得超过电动机的额定电流”。

142 冷却塔设备试运转的方法及要求有哪些?

【规范条文】

《通风与空调工程施工规范》GB 50738—2011

16.2.4 冷却塔试运转与调试可按表 16.2.4 的要求进行。

表 16.2.4 冷却塔试运转与调试要求

项目	方法与要求
试运转前检查	1 冷却塔内应清理干净，冷却水管道系统应无堵塞； 2 冷却塔和冷却水管道系统已通水冲洗，无漏水现象； 3 自动补水阀动作灵活、准确； 4 校验冷却塔内补水、溢水的水位； 5 检测电机绕组对地绝缘电阻应大于 0.5MΩ； 6 用手盘动风机叶片，应灵活，无异常现象
试运转	1 启动时先“点动”，检查风机的旋转方向应正确； 2 运转平稳后，电动机的运行电流不应超过额定值，连续运转时间不应少于 2h； 3 检查冷却水循环系统的工作状态，并记录运转情况及有关数据，包括喷水的偏流状态，冷却塔出、入口水温，喷水量和吸水量是否平衡，补给水和集水池情况； 4 测量冷却塔的噪声。在塔的进风口方向，离塔壁水平距离为一倍塔体直径（当塔形为矩形时，取当量直径：$D=1.13\sqrt{a\cdot b}$，a、b 为塔的边长）及离地面高度 1.5m 处测量噪声，其噪声应低于产品铭牌额定值； 5 试运行结束后，应清洗冷却塔集水池及过滤器

《通风与空调工程施工质量验收规范》GB 50243—2016

11.2.2 设备单机试运转及调试应符合下列规定：

3 冷却塔风机与冷却水系统循环试运行不应小于 2h，运行应无异常。冷却塔本体应稳固、无异常振动。冷却塔中风机的试运转尚应符合本条第 1 款的规定。

11.3.1 设备单机试运转及调试应符合下列规定：

4 冷却塔运行产生的噪声不应大于设计及设备技术文件的规定值，水流量应符合设计要求。冷却塔的自动补水阀应动作灵活，试运转工作结束后，集水盘应清洗干净。

【问题解答】

一、试运转前检查

1）冷却塔内应清理干净，冷却水管道系统应无堵塞。

2）冷却塔和冷却水管道系统已通水冲洗，无漏水现象。

3）自动补水阀动作灵活、准确。

4）校验冷却塔内补水、溢水的水位。

5）检测电机绕组对地绝缘电阻应大于 0.5MΩ。

6）用手盘动风机叶片，应灵活，无异常现象。

二、试运转

1）启动时先“点动”，检查风机的旋转方向是否正确。

2）运转平稳后，电动机的运行电流不应超过额定值，连续运转时间不应少于 2h。

3）检查冷却水循环系统的工作状态，并记录运转情况及有关数据，包括喷水的偏流状态，冷却塔出、入口水温，喷水量和吸水量是否平衡，补给水和集水池情况。

4）测量冷却塔的噪声。在塔的进风口方向，离塔壁水平距离为一倍塔体直径（当塔形为矩形时，取当量直径 $D=1.13\sqrt{a \cdot b}$，a、b 为塔的边长）及离地面高度 1.5m 处测量噪声，其噪声应低于产品铭牌额定值。

5）试运行结束后，应清洗冷却塔集水池及过滤器。

143 风机盘管试运转及调试的方法及要求有哪些？

【规范条文】

《通风与空调工程施工规范》GB 50738—2011

16.2.5　风机盘管机组试运转与调试可按表 16.2.5 的要求进行。

表 16.2.5　风机盘管机组试运转与调试要求

项目	方法与要求
试运转前检查	1　电机绕组对地绝缘电阻应大于 0.5MΩ； 2　温控（三速）开关、电动阀、风机盘管线路连接正确
试运转与调试	1　启动时先“点动”，检查叶轮与机壳有无摩擦和异常声响； 2　将绑有绸布条等轻软物的测杆紧贴风机盘管的出风口，调节温控器高、中、低档转速送风，目测绸布条迎风飘动角度，检查转速控制是否正常； 3　调节温控器，检查电动阀动作是否正常，温控器内感温装置是否按温度要求正常动作

《通风与空调工程施工质量验收规范》GB 50243—2016

11.3.1 设备单机试运转及调试应符合下列规定：

1 风机盘管机组的调速、温控阀的动作应正确，并应与机组运行状态一一对应，中档风量的实测值应符合设计要求。

2 风机、空气处理机组、风机盘管机组、多联式空调（热泵）机组等设备运行时，产生的噪声不应大于设计及设备技术文件的要求。

【问题解答】

一、试运转前检查

1）检测电机绕组对地绝缘电阻应大于 0.5MΩ。

2）温控（三速）开关、电动阀、风机盘管线路连接应正确。

二、试运转与调试

1）启动时先“点动”，检查叶轮与机壳有无摩擦和异常声响。

2）将绑有绸布条等轻软物的测杆紧贴风机盘管的出风口，调节温控器高、中、低档转速送风，目测绸布条迎风飘动角度，检查转速控制是否正常。

3）调节温控器，检查电动阀动作是否正常，温控器内感温装置是否按温度要求正常工作。

4）测试风机盘管的噪声值是否符合设计及设备技术文件的要求。很多工程忽视了噪声指标，尤其是酒店内的风机盘管。

144 电动调节阀、电动防火阀、防排烟风阀（口）、挡烟垂壁、排烟窗等试运转的方法及要求有哪些？

【规范条文】

《通风与空调工程施工规范》GB 50738—2011

16.2.9 电动调节阀、电动防火阀、防排烟风阀（口）调试可按表 16.2.9 的要求进行。

表 16.2.9 电动调节阀、电动防火阀、防排烟风阀（口）调试要求

项目	方法与要求
调试前检查	1 执行机构和控制装置应固定牢固； 2 供电电压、控制信号和与阀门接线方式符合系统功能要求，并应符合产品技术文件的规定
调试	1 手动操作执行机构，无松动或卡涩现象； 2 接通电源，查看信号反馈是否正常； 3 终端设置指令信号，查看并记录执行机构动作情况。执行机构动作应灵活、可靠，信号输出、输入正确

《通风与空调工程施工质量验收规范》GB 50243—2016

11.2.2　设备单机试运转及调试应符合下列规定：

6　电动调节阀、电动防火阀、防排烟风阀（口）的手动、电动操作应灵活可靠，信号输出应正确。

【问题解答】

一、电动调节阀、电动防火阀、防排烟风阀（口）调试

1）调试前检查阀门执行机构和控制装置应固定牢固，供电电压、控制信号和阀门接线方式应符合系统功能要求，并应符合产品技术文件的规定。

2）调试时，手动操作执行机构，无松动或卡涩现象。

3）接通电源，查看信号反馈是否正常。

4）终端设置指令信号，查看并记录执行机构动作情况，执行机构动作应灵活、可靠，信号输出、输入正确。

5）排烟防火阀调试时，模拟火灾，相应区域火灾报警后，同一防火分区内排烟管道上的其他阀门应联动关闭；阀门关闭后的状态信号应能反馈到消防控制室；排烟防火阀关闭后应能联动相应的风机停止。

6）常闭送风口、排烟阀或排烟口调试时，模拟火灾，相应区域火灾报警后，同一防火分区的常闭送风口和同一防烟分区内的排烟阀或排烟口应联动开启；阀门开启后的状态信号应能反馈到消防控制室；阀门开启后应能联动相应的风机启动。

二、活动挡烟垂壁调试

1）手动操作挡烟垂壁按钮进行开启、复位试验，挡烟垂壁应灵敏、可靠地启动与到位后停止，下降高度应符合设计要求。

2）模拟火灾，相应区域火灾报警后，同一防烟分区内挡烟垂壁应在60s以内联动下降到设计高度。

3）挡烟垂壁下降到设计高度后应能将状态信号反馈到消防控制室。

三、自动排烟窗调试

1）手动操作排烟窗开关进行开启、关闭试验，排烟窗动作应灵敏、可靠。

2）模拟火灾，相应区域火灾报警后，同一防烟分区内排烟窗应能联动开启；完全开启时间应符合规定。

3）与消防控制室联动的排烟窗完全开启后，状态信号应反馈到消防控制室。

145 空调风系统测试和调整包括哪些内容？

【规范条文】

《通风与空调工程施工质量验收规范》GB 50243—2016

11.2.3　系统非设计满负荷条件下的联合试运转及调试应符合下列规定：

1　系统总风量调试结果与设计风量的允许偏差应为 –5% ~ +10%，建筑内各区域的压差应符合设计要求。

2　变风量空调系统联合调试应符合下列规定：

1）系统空气处理机组应在设计参数范围内对风机实现变频调速；

2）空气处理机组在设计机外余压条件下，系统总风量应满足本条文第 1 款的要求，新风量的允许偏差应为 0 ~ +10%；

3）变风量末端装置的最大风量调试结果与设计风量的允许偏差应为 0 ~ +15%；

4）改变各空调区域运行工况或室内温度设定参数时，该区域变风量末端装置的风阀（风机）动作（运行）应正确；

5）改变室内温度设定参数或关闭部分房间空调末端装置时，空气处理机组应自动正确地改变风量；

6）应正确显示系统的状态参数。

11.3.2　通风系统非设计满负荷条件下的联合试运行及调试应符合下列规定：

1）系统经过风量平衡调整，各风口及吸风罩的风量与设计风量的允许偏差不应大于 15%。

2）设备及系统主要部件的联动应符合设计要求，动作应协调正确，不应有异常现象。

3）湿式除尘与淋洗设备的供、排水系统运行应正常。

【问题解答】

系统风量的测试和调整包括通风机性能的测试、风口风量的测试、系统风量测试和调整等内容。

一、通风机性能的测试

1. 风压和风量测试

通风机风量和风压的测量截面位置应选择在靠近通风机出口且气流均匀的直管段上，按气流方向，宜在局部阻力之后大于或等于 4 倍矩形风管边长尺寸（圆形风管直径），以及局部阻力之前大于或等于 1.5 倍矩形风管边长尺寸（圆形风管直径）的支管段上。当测量截面的气流不均匀时，应增加测量截面上测点数量。

测试通风机的全压时，应分别测出风口端和吸风口端测定截面的全压平均值。

通风机的风量为吸入口端风量和出风口端风量的平均值，且通风机前后的风量之差不应大于 5%，否则应重测或更换测量截面。

2. 转速的测试

通风机的转速测试宜采用转速表直接测量通风机主轴转速，重复测量三次，计算平均值。

现场无法用转速表直接测量通风机转速时，宜根据实测电动机转速按下式换算出通风机的转速：

$$n_1=n_2D_2/D_1$$

式中：n_1——通风机的转速（r/min）；

n_2——电动机的转速（r/min）；
D_1——通风机皮带轮直径（mm）；
D_2——电动机皮带直径（mm）。

3. 输入功率的测试

输入功率宜采用功率表测试电机输入功率。

采用电流表、电压表测试时，应按下式计算电机输入功率：

$$P=\sqrt{3}\ V \cdot I \cdot \eta/1\ 000$$

式中：P——电机输入功率（kW）；
V——实测线电压（V）；
I——实测线电流（A）；
η——电机功率因数，取 0.8～0.85。

输入功率应小于电机额定功率，超过时应分析原因，并调整风机运行工况达到设计值。

二、送（回）风口风量的测试

1）百叶风口宜采用风量罩测试风口风量。

2）可采用辅助风管法求取风口断面的平均风速，再乘以风口净面积得到风口风量值；辅助风管的内截面应与风口相同，长度等于风口长边的 2 倍。

3）采用叶轮风速仪贴近风口测定风量时，应采用匀速移动测量法或定点测量法。匀速移动测量法测试次数不应少于 3 次，定点测量法的测点不应少于 5 个。

三、系统风量的测试和调整

1. 系统风量的测试和调整步骤

按设计要求调整送风和回风各干、支管道及各送（回）风口的风量，在风量达到平衡后，进一步调整通风机的风量，使其满足系统的要求，调整后各部分调节阀不变动，重新测试各处的风量。应使用红油漆在风阀的把柄处做标记，并将风阀位置固定。

2. 绘制风管系统草图

根据系统的实际安装情况，绘制出系统单线草图供测试时使用。草图上，应标明风管尺寸、测量截面位置、风阀的位置、送（回）风口的位置以及各种设备规格、型号等。在测量截面处应注明截面的设计风量、面积。

3. 测量截面的选择

风管的风量宜用热球式风速仪测量。测量截面的位置应选择在气流均匀处，按气流方向，应选择在局部阻力之后大于或等于 5 倍矩形风管长边尺寸（圆形风管直径），以及局部阻力之前大于或等于 2 倍矩形风管长边尺寸（圆形风管直径）的直管段上，当测量截面上的气流不均匀时，应增加测量截面上的测点数量。

4. 风管内风量的计算

断面平均风速应为各测点风速测量值的平均值，风管实测风量应按下式计算：

$$L=3\,600F\cdot V$$

式中：L——风管风量（m^3/h）。

F——风管测试断面面积（m^2）。

V——风管测试断面平均风速（m/s）。

四、试运行时间

通风系统非设计工况下的联合试运行与调试应在设备单机试运转与调试合格后进行，连续试运行不应少于 2h。

146 通风与空调系统联合试运行与调试内容有哪些？

【规范条文】

《通风与空调工程施工质量验收规范》GB 50243—2016

11.1.2 系统调试前应编制调试方案，并应报送专业监理工程师审核批准。系统调试应由专业施工和技术人员实施，调试结束后，应提供完整的调试资料和报告。

【问题解答】

一、系统调试前的检查内容

1. 监测与控制系统

监控设备的性能应符合产品技术文件要求，电气保护装置应整定正确，控制系统应进行模拟动作试验。

2. 风管系统

通风与空调设备和管道内清理干净，风量调节阀、防火阀及排烟阀的动作正常，送风口和回风口（或排烟口）内的风阀、叶片的开度和角度正常，风管严密性试验合格，空调设备及其他附属部件处于正常使用状态。

3. 空调水系统

系统水压试验、冲洗合格，管道上阀门的安装方向和位置均正确，阀门启闭灵活，冷凝水系统已完成通水试验，排水通畅。

4. 功能系统

提供通风与空调系统运行所需的电源、燃油、燃气等供能系统及辅助系统已调试完毕，其容量及安全性能等满足调试使用要求。

二、联合试运行与调试内容

1. 调试时间

空调系统非设计工况下的联合试运行与调试应在设备单机试运转与调试合格后进行，连续试运行不应少于 8h。

联合试运行与调试不在制冷期或采暖期时，仅做不带冷（热）源的试运行与调试，并应在第一个制冷期或采暖期内补做。

2. 系统总风量测试

应分别对每个通风与空调系统总风量及各风口风量进行测试，并调节风量调节阀使系统达到平衡，各风口风量符合规范要求。

3. 系统总水量测试

分别测试空调冷（热）水系统、冷却水系统的总流量，地源（水源）热泵换热器流量。

4. 循环水泵（冷冻水、冷却水）运行情况

测试水泵的流量、压差和水泵电机的电流。

5. 各机组流量

多台制冷机或冷却塔并联运行时，测试各台制冷机及冷却塔的水流量。

测试各空调机组流量，并调节各调节阀，使空调机组流量符合规范要求。

6. 机组出口水温

测试制冷（热泵）机组进出口处的水温、地源（水源）热泵换热器的水温。

7. 室温及湿度

测试舒适空调与恒温、恒湿空调室内的空气温度、相对湿度及波动范围。

8. 各区域压差

对于有压力要求的区域，测试建筑内各区域的空气压差。

9. 噪声

测试室内（包括净化区域）噪声。

10. 气流组织

对于有气流组织的房间，测试压差有要求的房间、厅堂与其他相邻房间之间的气流流向应正确。

11. 空调自控

空调自控调试是空调调试的重要组成部分。监控设备与系统中的检测元件和执行机构应正常沟通，应正确显示系统运行的状态，并应完成设备的连锁、自动调节和保护等功能。

147 通风与空调系统非设计满负荷条件下联合试运行如何进行？偏差如何确定？

【规范条文】

《通风与空调工程施工质量验收规范》GB 50243—2016

11.2.1　通风与空调工程安装完毕后应进行系统调试。系统调试应包括下列内容：

1　设备单机试运转及调试。

2　系统非设计满负荷条件下的联合试运转及调试。

11.2.3　系统非设计满负荷条件下的联合试运转及调试应符合下列规定：

1 系统总风量调试结果与设计风量的允许偏差应为 -5%～+10%，建筑内各区域的压差应符合设计要求。

2 变风量空调系统联合调试应符合下列规定：

1）系统空气处理机组应在设计参数范围内对风机实现变频调速；

2）空气处理机组在设计机外余压条件下，系统总风量应满足本条第 1 款的要求，新风量的允许偏差应为 0～+10%；

3）变风量末端装置的最大风量调试结果与设计风量的允许偏差应为 0～+15%；

4）改变各空调区域运行工况或室内温度设定参数时，该区域变风量末端装置的风阀（风机）动作（运行）应正确；

5）改变室内温度设定参数或关闭部分房间空调末端装置时，空气处理机组应自动正确地改变风量；

6）应正确显示系统的状态参数。

3 空调冷（热）水系统、冷却水系统的总流量与设计流量的偏差不应大于 10%。

4 制冷（热泵）机组进出口处的水温应符合设计要求。

5 地源（水源）热泵换热器的水温与流量应符合设计要求。

6 舒适空调与恒温、恒湿空调室内的空气温度、相对湿度及波动范围应符合或优于设计要求。

11.3.2 通风系统非设计满负荷条件下的联合试运行及调试应符合下列规定：

1 系统经过风量平衡调整，各风口及吸风罩的风量与设计风量的允许偏差不应大于 15%。

2 设备及系统主要部件的联动应符合设计要求，动作应协调正确，不应有异常现象。

3 湿式除尘与淋洗设备的供、排水系统运行应正常。

11.3.3 空调系统非设计满负荷条件下的联合试运转及调试应符合下列规定：

1 空调水系统应排除管道系统中的空气，系统连续运行应正常平稳，水泵的流量、压差和水泵电机的电流不应出现 10% 以上的波动。

2 水系统平衡调整后，定流量系统的各空气处理机组的水流量应符合设计要求，允许偏差应为 15%；变流量系统的各空气处理机组的水流量应符合设计要求，允许偏差应为 10%。

3 冷水机组的供回水温度和冷却塔的出水温度应符合设计要求；多台制冷机或冷却塔并联运行时，各台制冷机及冷却塔的水流量与设计流量的偏差不应大于 10%。

4 舒适性空调的室内温度应优于或等于设计要求，恒温恒湿和净化空调的室内温、湿度应符合设计要求。

5 室内（包括净化区域）噪声应符合设计要求，测定结果可采用 Nc 或 dB（A）的表达方式。

6 环境噪声有要求的场所，制冷、空调设备机组应按现行国家标准《采暖通风与空气调节设备噪声声功率级的测定 工程法》GB 9068 的有关规定进行测定。

7 压差有要求的房间、厅堂与其他相邻房间之间的气流流向应正确。

【问题解答】

一、非设计满负荷条件下的联合试运行

设计满负荷条件是指在建筑室内设备与人和室外自然环境都处于最大负荷的条件，在现实工程建设交工验收阶段很难实现。

联合试运行阶段均是非设计满负荷工况；而设计图纸给出的参数基本上是按冷、热满负荷条件下计算出来的。

空调系统调试受季节性影响很大，系统非设计满负荷条件下的联合试运转及调试，首先要确定调试现状条件的设计要求。

1. 风量调试

风量调试不受季节影响，也不受空调负荷的影响。

系统总风量调试结果与设计风量的允许偏差应为 –5% ~ +10%，建筑内各区域的压差应符合设计要求。

2. 空调冷冻水调试

冷冻水（无负荷常温水）不受工况和环境参数影响，可进行常温下水力平衡调试。空调冷（热）水系统总流量与设计流量的偏差不应大于 10%。

水系统平衡调整后，定流量系统的各空气处理机组的水流量应符合设计要求，允许偏差应为 15%；变流量系统的各空气处理机组的水流量应符合设计要求，允许偏差应为 10%。

3. 空调冷却水调试

空调冷却水调试受季节影响，冬天无法正常调试。其他季节，不受负荷工况影响，可以进行调试；但只是对循环水量进行调试。

冷却水系统的总流量与设计流量的偏差不应大于 10%。

4. 电流值测试

空调水系统应排除管道系统中的空气，系统连续运行应正常平稳，水泵的流量、压差和水泵电机的电流不应出现 10% 以上的波动。

5. 供回水温度调试

冷水机组的供回水温度和冷却塔的出水温度，应根据当时的负荷情况和环境参数，由设计给出具体的要求；这是最初的设计图纸中无法找到的。多台制冷机或冷却塔并联运行时，各台制冷机及冷却塔的水流量与设计流量的偏差不应大于 10%。

6. 环境噪声测试

环境噪声有要求的场所，制冷、空调设备机组应符合现行国家标准《声环境质量标准》GB 3096—2008、《社会生活环境噪声排放标准》GB 22337—2008、《民用建筑隔声设计规范》GB 50118—2010 及《建筑环境通用规范》GB 55016—2021 等的有关规定。

《采暖通风与空气调节设备噪声声功率级的测定　工程法》GB/T 9068—1988 已实施很久，目前还是现行标准，测试时可参考。环境噪声测试应根据测试时对应的设备运行工况进行，并出具当时工况下环境噪声值。

7. 气流组织测试

气流组织测试不受季节影响。压差有要求的房间、厅堂与其他相邻房间之间的气流流向应正确。

二、允许偏差值

1. 定风量系统

1）系统总风量偏差：与设计风量的允许偏差应为 –5% ~ +10%。

2）风口及吸风罩的风量与设计风量的偏差不应大于 15%，正负偏差应为 –15% ~ +15%。

2. 变风量系统

1）新风量与设计风量允许偏差应为 0 ~ +10%，不允许有负偏差。

2）末端装置的最大风量与设计风量的允许偏差应为 0 ~ +15%，不允许有负偏差。

3. 定流量水系统

1）空调冷（热）水系统、冷却水系统的总流量与设计流量的偏差不应大于 10%，正负偏差 –10% ~ +10%。

2）水泵流量、压差、电流三个参数变化幅度不应大于 10%，正负偏差应为 –10% ~ +10%。

3）单台制冷机及冷却塔的水流量与设计流量的偏差不应大于 10%，正负偏差应为 –10% ~ +10%。

4）单台空气处理机组的水流量与设计流量允许偏差为 15%，正负偏差应为 –15% ~ +15%。

4. 变流量水系统

空气处理机组的水流量与设计流量允许偏差为 10%，正负偏差应为 –10% ~ +10%。

148 洁净空调系统的试运行与调试有哪些特殊要求？

【规范条文】

《通风与空调工程施工质量验收规范》GB 50243—2016

11.2.5 净化空调系统除应符合本规范第 11.2.3 条的规定外，尚应符合下列规定：

1 单向流洁净室系统的系统总风量允许偏差应为 0 ~ +10%，室内各风口风量的允许偏差应为 0 ~ +15%。

2 单向流洁净室系统的室内截面平均风速的允许偏差应为 0 ~ +10%，且截面风速不均匀度不应大于 0.25。

3 相邻不同级别洁净室之间和洁净室与非洁净室之间的静压差不应小于 5Pa，洁净室与室外的静压差不应小于 10Pa。

4 室内空气洁净度等级应符合设计要求或为商定验收状态下的等级要求。

5 各类通风、化学实验柜、生物安全柜在符合或优于设计要求的负压下运行应正常。

检查数量：第 3 款，按Ⅰ方案；第 1、2、4、5 款，全数检查。

检查方法：检查、验证调试记录，按本规范附录 E 进行测试校核。

【问题解答】

一、试运行前检查内容

1）洁净空调系统试运行前，应全面清扫系统和房间。

2）试运行前应在新风、回风的吸入口处和粗、中效过滤器前设置临时用过滤器，对系统进行保护，待系统稳定后再撤去。

二、调试要求

调试应在系统试运行 24h 后，并达到稳定状态时进行。调试人员应穿洁净工作服，无关人员不应进入。

三、检测要求

洁净室的洁净度检测应在空态或静态下进行。检测时，人员不宜多于 3 人，且应穿与洁净室洁净度等级相适应的洁净工作服。

149 通风与空调系统调试与调适有何区别?

【规范条文】

《建筑节能与可再生能源利用通用规范》GB 55015—2021

6.3.12　当建筑面积大于 100 000m^2 的公共建筑采用集中空调系统时，应对空调系统进行调适。

《空调通风系统运行管理标准》GB 50365—2019

5.2.1　大型或功能复杂的公共建筑应进行空调通风系统调适。

5.2.3　空调通风系统的调适应包括项目立项、资料收集、检查与测试、分析诊断、整改实施和效果验证六个阶段。

5.2.4　项目立项阶段应明确调适范围、目标、预期的费用和时间周期，并应组建调适团队、明确团队各方的职责。

5.2.5　资料收集阶段应收集系统调适所需要的相关技术资料，并应制定现场检查测试方案。

5.2.6　检查与测试阶段应包括对系统和设备的使用和运行现状检查及对设备的性能检测。

5.2.7　分析诊断阶段应依据资料查阅、检查和性能测试的结果，分析存在的问题．制定整改措施。

5.2.8　整改实施阶段应制定整改实施方案，确定具体实施单位，并应在整改后开展系统调适。

5.2.9 效果验证阶段应对整改后室内环境的改善情况和各项节能措施的节能效果进行分析和评价。

《绿色建筑运行维护技术规范》JGJ/T 391—2016

4.1.3 综合效能调适应包括夏季工况、冬季工况以及过渡季节工况的调适和性能验证。

4.2.1 综合效能调适应包括现场检查、平衡调试验证、设备性能测试及自控功能验证、系统联合运转、综合效果验收等过程。

4.2.2 平衡调试验证阶段应进行空调风系统与水系统平衡验证，平衡合格标准应符合现行国家标准《建筑节能工程施工质量验收规范》GB 50411 的有关规定。

4.2.3 自控系统的控制功能应工作正常，符合设计要求。

4.2.4 主要设备实际性能测试与名义性能相差较大时，应分析其原因，并应进行整改。

4.2.5 综合效果验收应包括建筑设备系统运行状态及运行效果的验收，使系统满足不同负荷工况和用户使用的需求。

4.2.6 综合效能调适报告应包含施工质量检查报告，风系统、水系统平衡验证报告，自控验证报告，系统联合运转报告，综合效能调适过程中发现的问题日志及解决方案。

《变风量空调系统工程技术规程》JGJ 343—2014

7.2.1 变风量末端装置的综合效能调适可包括下列内容：

1 一次风阀开度与室内温控器之间的控制逻辑验证；

2 热水阀启停与室内温控器之间的控制逻辑验证；

3 一次风阀开度与一次风风量之间的控制逻辑验证；

4 一次风阀开度与室内温度和设定温度之间的控制逻辑验证。

7.2.2 变风量空调系统的综合效能调适可包括下列内容：

1 送风静压设定值与风机频率之间的控制逻辑验证；

2 静压点处静压值的测定与调整；

3 系统送风温度的测定与调整；

4 空气处理机组冷热水调节阀动作符合性验证；

5 自力式流量平衡阀或自力式压差控制阀的控制逻辑验证；

6 新风调节阀自控逻辑验证及新风系统平衡调试；

7 系统联合运行情况及功能验证。

7.2.12 系统综合效能调适及功能验证应符合下列要求：

1 选择验证项目应包括室内温度测试、变风量末端装置一次风量、系统总风量、系统静压测试、空气处理机组频率测试、系统送风温度测试、空气处理机组水阀开度测试、系统总水量测试、系统供回水压差测试、水泵频率测试、供回水温度测试、冷水机组功率测试；

2 功能验证应在接近最不利室外温度气象条件下，随机挑选若干个空气处理机组对应的系统，将系统所带的变风量末端装置室内温控装置的设定温度进行分段调整，分段进行项目验证。夏季工况和冬季工况的判断应针对单风道型和风机动力型等不同的末端形式分别加以判定。

【问题解答】

一、调试

调试是在非设计满负荷条件下，通过对建筑设备系统测试、调整和平衡，使系统达到非设计满负荷条件下的设计状态。设计满负荷工况条件是指在建筑室内设备与人和室外自然环境都处于设计参数最大负荷条件下的状况。

调试是系统安装完成后确认系统各部分联合运转正常的工作环节；是对各个系统在安装、单机试运转、性能检测、系统联合试运转的整个过程中，采用规定的方法完成监测、调整和平衡工作；是工程竣工交用前一项重要的施工工序；是一项阶段性工作。

二、调适

目前我国机电系统建设主要采用的是以各种施工验收标准为依据的验收机制，主要由施工单位根据国家相关施工验收标准的要求，在竣工阶段前进行系统调试工作，是在非设计满负荷条件下进行的。而空调设备与系统的实际性能、不同设备和系统之间的匹配性以及自控功能的验证在不同负荷工况下是无法继续验证和调试的。

实际使用期间，空调系统的实际运行能效与设计预期存在比较大的差异。这就要对空调系统在不同负荷下进行调试，使其能效始终在最佳状态。

调适是在建筑设备竣工后运行过程中对建筑各个系统在现场检查、平衡验证、设备性能测试及自控功能验证、系统联合运转、综合效果测试验证的整个体系过程进行管理的控制方法；是建筑正常投入使用后在各典型季节性工况和部分负荷工况下，通过验证和调整，确保各用能系统可以按设计要求实现相应的控制动作，保证建筑正常高效运转；是对不同环境状态工况条件下的调试；是通过调试使系统运行均处于当时环境参数下最高效、最节能的运行状态；是持续性工作；是绿色低碳运行的一项重要工作，是有效降低建筑碳排放的重要手段。

150 通风与空调系统功能检验与节能性能检验有何区别？

【规范条文】

《建筑节能工程施工质量验收标准》GB 50411—2019

10.2.11　通风与空调系统安装完毕，应进行通风机和空调机组等设备的单机试运转和调试，并应进行系统的风量平衡调试，单机试运转和调试结果应符合设计要求；系统的总风量与设计风量的允许偏差不应大于10%，风口的风量与设计风量的允许偏差不应大于15%。

17.2.1　供暖节能工程、通风与空调节能工程、配电与照明节能工程安装调试完成后，应由建设单位委托具有相应资质的检测机构进行系统节能性能检验并出具报告。受季节影响未进行的节能性能检验项目，应在保修期内补做。

17.2.2 供暖节能工程、通风与空调节能工程、配电与照明节能工程的设备系统节能性能检测应符合表 17.2.2 的规定。

表 17.2.2 设备系统节能性能检测主要项目及要求

序号	检测项目	抽样数量	允许偏差或规定值
1	室内平均温度	以房间数量为受检样本基数，最小抽样数量按本标准第 3.4.3 条的规定执行，且均匀分布，并具有代表性；对面积大于 $100m^2$ 的房间或空间，可按每 $100m^2$ 划分为多个受检样本。公共建筑的不同典型功能区域检测部位不应少于 2 处	冬季不得低于设计计算温度 2℃，且不应高于 1℃； 夏季不得高于设计计算温度 2℃，且不应低于 1℃
2	通风、空调（包括新风）系统的风量	以系统数量为受检样本基数，抽样数量按本标准第 34.3 条的规定执行，且不同功能的系统不应少于 1 个	符合现行国家标准《通风与空调工程施工质量验收规范》GB 50243 有关规定的限值
3	各风口的风量	以风口数量为受检样本基数，抽样数量按本标准第 3.4.3 条的规定执行，且不同功能的系统不应少于 2 个	与设计风量的允许偏差不大于 15%
4	风道系统单位风量耗功率	以风机数量为受检样本基数，抽样数量按本标准第 3.4.3 条的规定执行，且均不应少于 1 台	符合现行国家标准《公共建筑节能设计标准》GB 50189 规定的限值
5	空调机组的水流量	以空调机组数量为受检样本基数，抽样数量按本标准第 3.4.3 条的规定执行	定流量系统允许偏差为 15%，变流量系统允许偏差为 10%
6	空调系统冷水、热水、冷却水的循环流量	全数检测	与设计循环流量的允许偏差不大于 10%
7	室外供暖管网水力平衡度	热力入口总数不超过 6 个时，全数检测；超过 6 个时，应根据各个热力入口距热源距离的远近，按近端、远端、中间区域各抽检 2 个热力入口	0.9 ~ 1.2
8	室外供暖管网热损失率	全数检测	不大于 10%
9	照度与照明功率密度	每个典型功能区域不少于 2 处，且均匀分布，并具有代表性	照度不小于设计值的 90%，照明功率密度值不应大于设计值

《通风与空调工程施工质量验收规范》GB 50243—2016

11.2.2　设备单机试运转及调试应符合下列规定：

1　通风机、空气处理机组中的风机，叶轮旋转方向应正确、运转应平稳、应无异常振动与声响，电机运行功率应符合设备技术文件要求。在额定转速下连续运转2h后，滑动轴承外壳最高温度不得大于70℃，滚动轴承不得大于80℃。

2　水泵叶轮旋转方向应正确，应无异常振动和声响，紧固连接部位应无松动，电机运行功率应符合设备技术文件要求。水泵连续运转2h滑动轴承外壳最高温度不得超过70℃，滚动轴承不得超过75℃。

3　冷却塔风机与冷却水系统循环试运行不应小于2h，运行应无异常。冷却塔本体应稳固、无异常振动。冷却塔中风机的试运转尚应符合本条第1款的规定。

4　制冷机组的试运转除应符合设备技术文件和现行国家标准《制冷设备、空气分离设备安装工程施工及验收规范》GB 50274的有关规定外，尚应符合下列规定：

1）机组运转应平稳、应无异常振动与声响；

2）各连接和密封部位不应有松动、漏气、漏油等现象；

3）吸、排气的压力和温度应在正常工作范围内；

4）能量调节装置及各保护继电器、安全装置的动作应正确、灵敏、可靠；

5）正常运转不应少于8h。

5　多联式空调（热泵）机组系统应在充灌定量制冷剂后，进行系统的试运转，并应符合下列规定：

1）系统应能正常输出冷风或热风，在常温条件下可进行冷热的切换与调控；

2）室外机的试运转应符合本条第4款的规定；

3）室内机的试运转不应有异常振动与声响，百叶板动作应正常，不应有渗漏水现象，运行噪声应符合设备技术文件要求；

4）具有可同时供冷、热的系统，应在满足当季工况运行条件下，实现局部内机反向工况的运行。

6　电动调节阀、电动防火阀、防排烟风阀（口）的手动、电动操作应灵活可靠，信号输出应正确。

7　变风量末端装置单机试运转及调试应符合下列规定：

1）控制单元单体供电测试过程中，信号及反馈应正确，不应有故障显示；

2）启动送风系统，按控制模式进行模拟测试，装置的一次风阀动作应灵敏可靠；

3）带风机的变风量末端装置，风机应能根据信号要求运转，叶轮旋转方向应正确，运转应平稳，不应有异常振动与声响；

4）带再热的末端装置应能根据室内温度实现自动开启与关闭。

8　蓄能设备（能源塔）应按设计要求正常运行。

11.2.3　系统非设计满负荷条件下的联合试运转及调试应符合下列规定：

1　系统总风量调试结果与设计风量的允许偏差应为−5%～+10%，建筑内各区域的压差应符合设计要求。

2　变风量空调系统联合调试应符合下列规定：

1）系统空气处理机组应在设计参数范围内对风机实现变频调速；

2）空气处理机组在设计机外余压条件下，系统总风量应满足本条第 1 款的要求，新风量的允许偏差应为 0～+10%；

3）变风量末端装置的最大风量调试结果与设计风量的允许偏差应为 0～+15%；

4）改变各空调区域运行工况或室内温度设定参数时，该区域变风量末端装置的风阀（风机）动作（运行）应正确；

5）改变室内温度设定参数或关闭部分房间空调末端装置时，空气处理机组应自动正确地改变风量；

6）应正确显示系统的状态参数。

3　空调冷（热）水系统、冷却水系统的总流量与设计流量的偏差不应大于 10%。

4　制冷（热泵）机组进出口处的水温应符合设计要求。

5　地源（水源）热泵换热器的水温与流量应符合设计要求。

6　舒适空调与恒温、恒湿空调室内的空气温度、相对湿度及波动范围应符合或优于设计要求。

11.2.7　空调制冷系统、空调水系统与空调风系统的非设计满负荷条件下的联合试运转及调试，正常运转不应少于 8h，除尘系统不应少于 2h。

11.3.2　通风系统非设计满负荷条件下的联合试运行及调试应符合下列规定：

1　系统经过风量平衡调整，各风口及吸风罩的风量与设计风量的允许偏差不应大于 15%。

2　设备及系统主要部件的联动应符合设计要求，动作应协调正确，不应有异常现象。

3　湿式除尘与淋洗设备的供、排水系统运行应正常。

11.3.3　空调系统非设计满负荷条件下的联合试运转及调试应符合下列规定：

1　空调水系统应排除管道系统中的空气，系统连续运行应正常平稳，水泵的流量、压差和水泵电机的电流不应出现 10% 以上的波动。

2　水系统平衡调整后，定流量系统的各空气处理机组的水流量应符合设计要求，允许偏差应为 15%；变流量系统的各空气处理机组的水流量应符合设计要求，允许偏差应为 10%。

3　冷水机组的供回水温度和冷却塔的出水温度应符合设计要求；多台制冷机或冷却塔并联运行时，各台制冷机及冷却塔的水流量与设计流量的偏差不应大于 10%。

4　舒适性空调的室内温度应优于或等于设计要求，恒温恒湿和净化空调的室内温、湿度应符合设计要求。

5　室内（包括净化区域）噪声应符合设计要求，测定结果可采用 Nc 或 dB（A）的表达方式。

6　环境噪声有要求的场所，制冷、空调设备机组应按现行国家标准《采暖通风与空气调节设备噪声声功率级的测定　工程法》GB 9068 的有关规定进行测定。

7　压差有要求的房间、厅堂与其他相邻房间之间的气流流向应正确。

【问题解答】

一、功能检验

通风与空调系统功能检验是指系统施工完成以后为使其达到使用功能而进行的试验。单机试运行及非设计工况下联合试运行与调试，均属于功能检验。通风与空调工程系统使用功能应达到以下要求：

1）风机：叶轮旋转方向应正确，运转应平稳，应无异常振动与声响，电机运行功率应符合设备技术文件要求；在额定转速下连续运转 2h 后，滑动轴承外壳最高温度不得大于 70℃，滚动轴承不得大于 75℃。

2）水泵：叶轮旋转方向应正确，应无异常振动和声响，紧固连接部位应无松动，电机运行功率应符合设备技术文件要求。水泵连续运转 2h 后，滑动轴承外壳最高温度不得超过 70℃，滚动轴承不得超过 75℃。

3）制冷机组：运转应平稳，应无异常振动与声响，各连接和密封部位不应有松动、漏气、漏油等现象，能量调节装置及各保护继电器、安全装置的动作应正确、灵敏、可靠。

4）多联式空调（热泵）机组系统：能正常输出冷风或热风，在常温条件下可进行冷热的切换与调控，室内机的试运转不应有异常振动与声响，百叶板动作应正常，不应有渗漏水现象，具有可同时供冷、热的系统，应在满足当季工况运行条件下，实现局部内机反向工况的运行。

5）电动调节阀、电动防火阀、防排烟风阀（口）：手动、电动操作应灵活可靠，信号输出应正确。

6）变风量末端装置：控制单元信号及反馈应正确，风阀动作应灵敏可靠。带风机的变风量末端装置，风机应能根据信号要求运转，叶轮旋转方向应正确，运转应平稳，无异常振动与声响，带再热的末端装置应能根据室内温度实现自动开启与关闭。

二、节能性能检验

通风与空调系统功能检验与性能检验主要从材料设备、节能、系统运行等几个方面进行规定。

1. 材料设备性能检验

1）散热器：单位散热量、金属热强度。

2）风机盘管：供冷量、供热量、风量、水阻力、功率及噪声。

3）保温、绝热材料：导热系数或热阻、密度、吸水率。

2. 系统节能性能检验

1）室内平均温度：冬季不得低于设计计算温度 2℃，且不应高于 1℃；夏季不得高于设计计算温度 2℃，且不应低于 1℃。

2）系统风量：系统总风量调试结果与设计风量的允许偏差应为 −5% ~ +10%，建筑内各区域的压差应符合设计要求。

3）风口的风量：与设计风量的偏差不应大于 15%。

4）风道系统单位风量耗功率：空调风系统和通风系统的风量大于 10 000m³/h 时，风道系统单位风量耗功率（W_s）不宜大于表 14–1 的数值。风道系统单位风量耗功率（W_s）应按下式计算：

$$W_s=P/(3\,600\eta_{CD}\eta_F)$$

式中：W_s——风道系统单位风量耗功率 [W/（m³/h）]（表 14–1）；

P——空调机组的余压或通风系统风机的风压（Pa）；

η_{CD}——电机及传动效率（%），η_{CD} 取 0.855；

η_F——风机效率（%），按设计图中标注的效率选择。

表 14–1　风道系统单位风量耗功率 W_s[W/（m³/h）]

系统型式	W_s 限值
机械通风系统	0.27
新风新	0.24
办公建筑定风量系统	0.27
办公建筑变风量系统	0.29
商业、酒店建筑全空气系统	0.30

5）空调机组的水流量：定流量系统允许偏差为 15%，变流量系统允许偏差为 10%。

6）空调系统冷水、热水、冷却水的循环流量：与设计循环流量的允许偏差为 10%。

151 如何理解风道系统单位耗功率？

【规范条文】

《建筑节能工程施工质量验收标准》GB 50411—2019

17.2.2　供暖节能工程、通风与空调节能工程、配电与照明节能工程的设备系统节能性能检测应符合表 17.2.2 的规定。

表 17.2.2　设备系统节能性能检测主要项目及要求

序号	检测项目	抽样数量	允许偏差规定值
1	室内平均温度	以房间数量为受检样本基数，最小抽样数量按本标准第 3.4.3 条的规定执行，且均匀分布，并具有代表性；对面积大于 100m² 的房间或空间，可按每 100m² 划分为多个受检样本，公共建筑的不同典型功能区域检测部位不应少于 2 处	冬季不得低于设计计算温度 2℃，且不应高于 1℃； 夏季不得高于设计计算温度 2℃，且不应低于 1℃

表 17.2.2（续）

序号	检测项目	抽样数量	允许偏差规定值
2	通风、空调（包括新风）系统的风量	以系统数量为受检样本基数，抽样数量按本标准第 3.4.3 条的规定执行，且不同功能的系统不应少于 1 个	符合现行国家标准《通风与空调工程施工质量验收规范》GB 50243 有关规定的限值
3	各风口的风量	以风口数量为受检样本基数，抽样数量按本标准第 3.4.3 条的规定执行，且不同功能的系统不应少于 2 个	与设计风量的允许偏差不大于 15%
4	风道系统单位风量耗功率	以风机数量为受检样本基数，抽样数量按本标准第 3.4.3 条的规定执行，且均不应少于 1 个	符合现行国家标准《公共建筑节能设计标准》GB 50189 规定的限值
5	空调机组的水流量	以空调机组数量为受检样本基数，抽样数量按本标准第 3.4.3 条的规定执行	定流量系统允许偏差为 15%，变流量系统允许偏差为 10%
6	空调系统冷水、热水、冷却水的循环流量	全数检测	与设计循环流量的允许偏差不大于 10%
7	室外供暖管网水力平衡度	热力入口总数不超过 6 个时，全数检测；超过 6 个时，应根据各个热力入口距热源距热源距离的远近，按近端、远端、中间区域各抽检 2 个热力入口	0.9 ~ 1.2
8	室外供暖管网热损失率	全数检测	不大于 10%
9	照度与照明功率密度	每个典型功能区域不少于 2 处，且均匀分布，并具有代表性	照度不小于设计值 90%，照明功率密度值不应大于设计值

【问题解答】

关于风管和风道的概念，《通风与空调工程施工质量验收规范》GB 50243 在 2002 年版及 2016 年版中都有明确的规定。

风管：采用金属、非金属薄板或其他材料制作而成，用于空气流通的管道。

风道：采用混凝土、砖等建筑材料砌筑而成，用于空气流通的通道。

《公共建筑节能设计标准》GB 50189—2015 中用风道系统单位风量耗功率是不妥的，应该是风管系统单位风量耗功率。

一、风道系统单位风量耗功率

为什么用风道系统单位风量耗功率代替风机单位风量耗功率？

空调机组内各功能段的设置，不同品牌，其阻力有所不同；同样的风机，因机组内阻力不同，机组外余压是不一样的；也就是说，要得到同样的余压，有些机组要就选择大型号的风机，能效水平就会有差别。

对于空调机组送回风系统，计算空调机组风机的单位风量耗功率是不准确的，用空调机组的余压（或实际风量）计算更能真实反映系统能耗。

考核空调机组能效水平，不能用风机单位风量耗功率这个参数作为代表。需要指出的是，W_s 指的是实际消耗功率而不是风机所配置的电机的额定功率，不能简单地用设备额定功率除以额定风量得到。

二、风机系统单位风量耗功率

对于独立的送排风系统，因为风机直接与管道连接，可以用风机单位风量耗功率表示。测试计算风机实际输入功率及实际风量，可以直接计算单位风量耗功率。

三、空调系统单位风量耗功率

可以测试机组余压，简单用《公共建筑节能设计标准》GB 50189—2015 给出的公式进行计算；也可以测试空调机组出口风量及实际机组输入功率进行计算。空调系统单位风量耗功率用风管系统单位风量耗功率表述更为准确。

152 观感质量验收如何进行？

【规范条文】

《通风与空调工程施工质量验收规范》GB 50243—2016

12.0.6 通风与空调工程各系统的观感质量应符合下列规定：

1 风管表面应平整、无破损，接管应合理。风管的连接以及风管与设备或调节装置的连接处不应有接管不到位、强扭连接等缺陷。

2 各类阀门安装位置应正确牢固，调节应灵活，操作应方便。

3 风口表面应平整，颜色应一致，安装位置应正确，风口的可调节构件动作应正常。

4 制冷及水管道系统的管道、阀门及仪表安装位置应正确，系统不应有渗漏。

5 风管、部件及管道的支、吊架形式、位置及间距应符合设计及本规范要求。

6 除尘器、积尘室安装应牢固，接口应严密。

7 制冷机、水泵、通风机、风机盘管机组等设备的安装应正确牢固；组合式空气调节机组组装顺序应正确，接缝应严密；外表面不应有渗漏。

8 风管、部件、管道及支架的油漆应均匀，不应有透底返锈现象，油漆颜色与标志应符合设计要求。

9 绝热层材质、厚度应符合设计要求，表面应平整，不应有破损和脱落现象；室外防潮层或保护壳应平整、无损坏，且应顺水流方向搭接，不应有渗漏。

10　消声器安装方向应正确，外表面应平整、无损坏。

11　风管、管道的软性接管位置应符合设计要求，接管应正确牢固，不应有强扭。

12　测试孔开孔位置应正确，不应有遗漏。

13　多联空调机组系统的室内、室外机组安装位置应正确，送、回风不应存在短路回流的现象。

检查数量：按Ⅱ方案。

检查方法：尺量、观察检查。

12.0.7　净化空调系统的观感质量检查除应符合本规范第 12.0.6 条的规定外，尚应符合下列规定：

1　空调机组、风机、净化空调机组、风机过滤器单元和空气吹淋室等的安装位置应正确，固定应牢固，连接应严密，允许偏差应符合本规范有关条文的规定。

2　高效过滤器与风管、风管与设备的连接处应有可靠密封。

3　净化空调机组、静压箱、风管及送回风口清洁不应有积尘。

4　装配式洁净室的内墙面、吊顶和地面应光滑平整，色泽应均匀，不应起灰尘。

5　送回风口、各类末端装置以及各类管道等与洁净室内表面的连接处密封处理应可靠严密。

检查数量：按Ⅰ方案。

检查方法：尺量、观察检查。

【问题解答】

一、检查内容

观感质量检查内容为明装未被隐蔽的项目。

二、检查数量

《通风与空调工程施工质量验收规范》GB 50243—2016 规定：产品合格率大于或等于 95% 的抽样评定方案，应定为第Ⅰ抽样方案（以下简称Ⅰ方案），主要适用于主控项目；产品合格率大于或等于 85% 的抽样评定方案，应定为第Ⅱ抽样方案（以下简称Ⅱ方案），主要适用于一般项目。观感质量检查内容没有区分主控项目和一般项目。因此，《通风与空调工程施工质量验收规范》GB 50243—2016 给出检查数量方法是不妥的。

观感质量可以按表 14–2 进行抽检。

表 14–2　观感质量抽检数量

序号	观感抽检项目	质量标准	抽检数量
1	明装风管表面及风管连接	风管表面应平整、无破损，接管应合理。风管的连接以及风管与设备或调节装置的连接处不应有接管不到位、强扭连接等缺陷	按各自总量 10% 进行抽查，且不少于 10 处；不足 10 处应全数检查

表 14–2（续）

序号	观感抽检项目	质量标准	抽检数量
2	风阀安装	各类阀门安装位置应正确牢固，调节应灵活，操作应方便	按各自总量10%进行抽查，且不少于10处；不足10处应全数检查
3	风口安装	风口表面应平整，颜色应一致，安装位置应正确，风口的可调节构件动作应正常	
4	制冷机阀门及水管道阀门	制冷及水管道系统的管道、阀门及仪表安装位置应正确，系统不应有渗漏	按各自总量10%进行抽查，且不少于10处；不足5处应全数检查
5	风管及部件的支架安装	风管、部件及管道的支、吊架形式、位置及间距应符合设计及规范要求	按各自总量10%进行抽查，且不少于10处；不足10处应全数检查
6	除尘器安装	除尘器、积尘室安装应牢固，接口应严密	按各自总量10%进行抽查，且不少于10处；不足5处应全数检查
7	空调设备安装	制冷机、水泵、通风机、风机盘管机组等设备的安装应正确牢固；组合式空气调节机组组装顺序应正确，接缝应严密；室外表面不应有渗漏	
8	风管、部件及支架防腐	风管、部件、管道及支架的油漆应均匀，不应有透底返锈现象，油漆颜色与标志应符合设计要求	按各自总量10%进行抽查，且不少于10处；不足10处应全数检查
9	绝热层、防潮层及保护层	绝热层材质、厚度应符合设计要求，表面应平整，不应有破损和脱落现象；室外防潮层或保护壳应平整、无损坏，且应顺水流方向搭接，不应有渗漏	
10	消声器安装	消声器安装方向应正确，外表面应平整、无损坏	按各自总量10%进行抽查，且不少于10处；不足5处应全数检查
11	软接头安装	风管、管道的软性接管位置应符合设计要求，接管应正确牢固，不应有强扭	
12	测试孔位置	测试孔开孔位置应正确，不应有遗漏	
13	多联机安装	多联空调机组系统的室内、室外机组安装位置应正确，送、回风不应存在短路回流的现象	

三、观感质量判定方法

观感质量检查以观察、触摸或简单量测的方式进行观感质量验收，并结合验收人的主观判断，检查结果并不给出“合格”或“不合格”的结论，而是综合给出“好”“一般”“差”的质量评价结果。观感质量结果没有“合格”或“不合格”之分，只有“好”“一般”“差”。

各子分部观感质量检查记录中的质量评价结果填写“好”“一般”或“差”，可由各方协商确定，也可按以下原则确定：项目检查点中有1处或多于1处“差”可评价为“差”，有60%及以上的检查点“好”可评价为“好”，其余情况可评价为“一般”。

四、检查时间

分部或子分部工程验收时要完成观感质量检验验收工作。对于隐蔽的工程不再进行观感质量检验，在其隐蔽前已对施工项目内容进行隐蔽验收。

第十五章 施工资料分类与收集

153 通风与空调工程施工资料有哪些?

【规范条文】

《建筑工程资料管理规程》JGJ/T 185—2009

3.0.3 工程资料的形成应符合下列规定:

1 工程资料形成单位应对资料内容的真实性、完整性、有效性负责;由多方形成的资料,应各负其责;

2 工程资料的填写、编制、审核、审批、签认应及时进行,其内容应符合相关规定;

3 工程资料不得随意修改;当需修改时,应实行划改,并由划改人签署;

4 工程资料的文字、图表、印章应清晰。

4.1.1 工程资料可分为工程准备阶段文件、监理资料、施工资料、竣工图和工程竣工文件5类。

4.1.4 施工资料可分为施工管理资料、施工技术资料、施工进度及造价资料、施工物资资料、施工记录、施工试验记录及检测报告、施工质量验收记录、竣工验收资料8类。

《建设工程文件归档规范》GB/T 50328—2014

3.0.5 勘察、设计、施工、监理等单位应将本单位形成的工程文件立卷后向建设单位移交。

《建设工程项目管理规范》GB 50326—2017

8.3.4 技术管理规划应是承包人根据招标文件要求和自身能力编制的、拟采用的各种技术和管理措施,以满足发包人的招标要求。项目技术管理规划应明确下列内容:

1 技术管理目标与工作要求;

2 技术管理体系与职责;

3 技术管理实施的保障措施;

4 技术交底要求,图纸自审、会审,施工组织设计与施工方案,专项施工技术,新技术的推广与应用,技术管理考核制度;

5 各类方案、技术措施报审流程;

6 根据项目内容与项目进度需求,拟编制技术文件、技术方案、技术措施计划及责任人;

7 新技术、新材料、新工艺、新产品的应用计划;

8 对设计变更及工程洽商实施技术管理制度;

9 各项技术文件、技术方案、技术措施的资料管理与归档。

【问题解答】

一、施工管理资料

施工管理资料包括以下内容：

1）施工现场质量管理检查记录。

2）分包单位资质报审记录。

3）施工日志。

二、施工技术资料

施工技术资料包括以下内容：

1）工程技术文件报审记录（施工组织设计、施工方案、专项方案）。

2）危险性较大分部分项工程施工方案专家论证记录。

2）技术交底记录。

3）图纸会审计录。

4）设计变更通知单。

5）工程洽商记录（技术核定单）。

三、施工进度及造价资料

施工进度及造价资料包括以下内容：

1）工程开工报审表。

2）工程复工报审表。

3）施工进度计划报审表。

4）月度人、机、料动态表。

5）工程延期申请表。

6）工程款支付申请表。

7）工程变更费用报审表。

8）费用索赔申请表。

四、施工物资资料

施工物资资料包括以下资料：

1）材料、构配件进场检验记录。

2）设备开箱检验记录。

3）设备及管道附件试验记录。

五、施工记录

施工记录包括以下资料：

1）隐蔽工程验收记录。

2）施工检查记录。

3）交接检查记录。

六、施工试验记录及检测报告

施工试验记录及检测报告记录包括以下资料：

1）灌水、满水试验记录。

2）强度及严密性试验记录。

3）通水试验记录。

4）冲洗、吹洗试验记录。

5）风管漏风检测记录。

6）设备单机试运转记录。

7）系统试运转调试记录。

七、施工质量验收记录

施工质量验收记录包括以下资料：

1）检验批质量验收记录。

2）分项工程质量验收记录。

3）分部（子分部）工程质量验收记录。

4）建筑节能分部工程质量验收记录表。

八、竣工验收资料

竣工验收资料包括以下资料：

1）工程质量竣工验收记录。

2）质量控制资料核查记录。

3）安全和功能检验资料核查及主要功能抽查记录。

4）观感质量检查记录。

154 通风与空调工程竣工验收资料有哪些？

【规范条文】

《通风与空调工程施工质量验收规范》GB 50243—2016

12.0.5 通风与空调工程竣工验收资料应包括下列内容：

1 图纸会审记录、设计变更通知书和竣工图。

2 主要材料、设备、成品、半成品和仪表的出厂合格证明及进场检（试）验报告。

3 隐蔽工程验收记录。

4 工程设备、风管系统、管道系统安装及检验记录。

5 管道系统压力试验记录。

6 设备单机试运转记录。

7 系统非设计满负荷联合试运转与调试记录。

8 分部（子分部）工程质量验收记录。

9 观感质量综合检查记录。

10 安全和功能检验资料的核查记录。

11 净化空调的洁净度测试记录。

12 新技术应用论证资料。

《建筑节能工程施工质量验收标准》GB 50411—2019

18.0.6 建筑节能工程验收资料应单独组卷，验收时应对下列资料进行核查：

1 设计文件、图纸会审记录、设计变更和洽商；

2 主要材料、设备、构件的质量证明文件，进场检验记录，进场复验报告，见证试验报告；

3 隐蔽工程验收记录和相关图像资料；

4 分项工程质量验收记录，必要时应核查检验批验收记录；

5 建筑外墙节能构造现场实体检验报告或外墙传热系数检验报告；

6 外窗气密性能现场实体检验报告；

7 风管系统严密性检验记录；

8 现场组装的组合式空调机组的漏风量测试记录；

9 设备单机试运转及调试记录；

10 设备系统联合试运转及调试记录；

11 设备系统节能性能检验报告；

12 其他对工程质量有影响的重要技术资料。

《建筑防烟排烟系统技术标准》GB 51251—2017

8.1.4 工程竣工验收时，施工单位应提供下列资料：

1 竣工验收申请报告；

2 施工图、设计说明书、设计变更通知书和设计审核意见书、竣工图；

3 工程质量事故处理报告；

4 防烟、排烟系统施工过程质量检查记录；

5 防烟、排烟系统工程质量控制资料检查记录。

【问题解答】

一、质量控制资料

1. 施工依据

图纸会审记录、设计变更通知单、工程变更洽商记录。

2. 材料进场检记录

原材料和设备出厂合格证书及进场检验、试验报告。

3. 强度及严密性试验记录

制冷、空调、水管道强度试验和严密性试验记录。

4. 隐蔽工程验收记录

隐蔽工程检查验收记录。

5. 制冷设备运行调试记录

冷冻站内制冷设备运行调试记录。

6. 通风与空调系统运行调试记录

通风与空调系统调试记录，包括风系统和水循环系统。

7. 施工记录

隐蔽工程检查记录，明装管道和设备、器具安装检查记录；交接检查记录等。

8. 质量验收记录

分项、分部工程质量验收记录。

9. 新技术应用记录

新技术论证、备案及施工记录。

二、安全和功能资料

1）通风与空调系统试运行记录。

2）风量、温度测试记录。

3）空气能量回收装置测试记录。

4）洁净室洁净度测试记录。

5）制冷机组试运行调试记录。

三、工程竣工资料

1. 竣工图及各项设计文件

包括图纸会审纪要、设计变更、洽商等。

2. 施工技术资料

施工组织设计、施工方案、专项施工方案、系统调试方案等，以及各分项工程技术交底。

3. 物资检验和试验

包括材料进场检验记录、设备开箱检验记录、复试记录。

4. 施工记录

（1）管道及设备安装及检验记录

明装管道、器具及设备安装应进行安装检查，并形成记录。

1）通风与空调设备安装记录。

2）明装风管系统安装记录。

3）明装水管道系统安装记录。

（2）隐蔽工程验收记录

隐蔽工程验收记录包括风管、水管、设备安装隐蔽检查记录。

（3）交接检查记录

1）上下工序不同工种之间交接检查记录。

2）水泵基础土建施工与设备安装的交接检查记录。
3）管道施工完成与吊顶装饰之间的交接检查记录。

5. 施工试验

1）风管加工工艺性试验。
2）风管安装严密性试验。
3）设备及阀部件强度及严密性试验。
4）敞口箱罐灌水试验。
5）密闭容器及风机盘管强度试验。
6）电动执行机构动作试验。
7）水管道分段、分层及系统强度及严密性试验。
8）冲洗试验。

6. 系统调试

1）单机试运行。
2）风系统调试。
3）水系统调试。
4）空气参数调试。
5）防排烟系统调试。

7. 质量验收记录

检验批、分项工程、子分部、分部工程质量验收记录。

四、防烟、排烟系统工程质量控制资料

1）施工图、设计说明、设计变更通知书和设计审核意见书、竣工图。
2）施工过程检验、测试记录。
3）系统调试记录。

155 施工资料填写要注意哪些问题?

【规范条文】

《建筑工程资料管理规程》JGJ/T 185—2009

3.0.1 工程资料应与建筑工程建设过程同步形成，并应真实反映建筑工程的建设情况和实体质量。

3.0.3 工程资料的形成应符合下列规定：

1 工程资料形成单位应对资料内容的真实性、完整性、有效性负责；由多方形成的资料，应各负其责；

2 工程资料的填写、编制、审核、审批、签认应及时进行，其内容应符合相关规定；

3 工程资料不得随意修改；当需修改时，应实行划改，并由划改人签署；

4 工程资料的文字、图表、印章应清晰。

【问题解答】

工程资料是建筑工程中一项非常重要的组成部分，对工程质量具有否决权。

一、施工资料的重要性

建筑工程资料是建筑建设活动中形成的原始的、图物相符的、有保存价值的真实记录和实际反映。由于工程项目一般都具有隐蔽性，所以对于工程质量的检查以及规范，就要通过资料来具体体现。一个工程项目资料的完整与质量，直接影响到这个工程项目的竣工使用，所以工程资料的管理是一个建筑工程中非常重要的组成环节。

工程从建设项目的提出、筹备、勘探、设计、施工到竣工投入使用等过程中形成的文件材料、图纸、图表、计算材料、声像材料等资料，都属于工程资料收集、整理、归档的范围。工程资料是记载建筑工程施工活动全过程的一项重要内容。任何一个工程，如果技术资料不符合有关标准规定，则判定该工程不合格，对工程质量具有否决权，足见工程资料的重要性。

二、施工资料的及时性

建筑工程资料的管理是具有动态性的，伴随着施工进程在不断地发生。及时性是做好工程施工资料的前提。

工程资料是对建筑实物质量情况的真实反映。因此，要求资料必须按照建筑物施工的进度及时填报、整理。施工中的“自检、互检和交接检”的三检制度，工程材料进场复试和试验使得质量管理体系要求工程施工资料的整理必须及时，这是施工时严格控制的质量环节。质量控制、进度控制和资金控制也同样要求工程技术资料必须整理及时，为领导决策提供依据，为工程项目科学管理提供保障。向监理单位和政府监督机关及时报送各项工程技术施工资料，也是评定工程质量的重要部分。因此，工程技术资料的整理应杜绝拖沓滞后、闭门造车的现象和应付突击式的心理。

三、施工资料的真实性

工程资料是对该工程进行检查、维护、管理、使用以及为以后的改扩建施工提供最真实、最原始的依据。一旦失真，将会造成极大的问题。

资料的整理应该本着实事求是、客观准确的原则。所有资料的整理应与施工过程同步。工程材料使用前必须有出厂合格证和必要的复试，试验合格后报监理审核同意才能在工程中使用。施工检验记录必须到现场实测检查，不得闭门乱填。测试记录必须准确无误，严禁私自更改测量数据。严格遵守隐蔽工程检查制度，所有需隐蔽的工程必须经监理审核同意隐蔽后方可进入下一道工序的施工。

四、施工资料的准确性

工程资料的编制及填写要严格按照国家相关法律法规及建筑施工规范和设计图纸的要求进行。

施工组织设计、方案和技术安全交底、施工作业指导书等要符合图纸及规范要求。

分项工程质量评定的填写应规范化，不能使用模棱两可的词语表述，保证项目内容填写详细具体。分项工程质量评定应根据主控项目必须全部合格和一般项目必须符合要求的规定进行。

五、施工资料的完整性

不完整的工程资料将会导致片面性，不能系统、全面地了解单位工程的质量状况。工程资料是核定工程质量等级的重要依据，根据建筑工程质量验收评定标准要求，工程技术保证资料必须基本齐全。否则，视为不合格工程，不能交付使用。

附　　录

附录 A　施工过程记录填写

附表 A–1　通风与空调系统施工检查记录

<table>
<tr><td colspan="2">施工检查记录
表 C5–2</td><td>编　　号</td><td>08–C5–004</td></tr>
<tr><td>工程名称</td><td>× × × 工程</td><td>检查项目</td><td>通风管道制作</td></tr>
<tr><td>检查部位</td><td>加工场地</td><td>检查日期</td><td>× × 年 × 月 × 日</td></tr>
<tr><td colspan="4">依据：
施工图纸（施工图纸号＿＿设 02＿＿）
设计变更 / 洽商（编号＿＿/＿＿）和有关规范、规程
主要材料或设备＿＿镀锌钢板、角钢＿＿
规格 / 型号：＿＿700 × 400、1 000 × 400、600 × 320＿＿</td></tr>
<tr><td colspan="4">检查内容：
1. 使用材料为镀锌钢板厚度 δ=1.0mm，角钢使用 L30 × 3、L25 × 3，制作的规格尺寸符合设计要求。
2. 风管矩形尺寸规整，风管表面平整，镀锌层均匀无划伤。
3. 角钢法兰与风管连接采用镀锌铆钉铆接，翻边平整，翻边量大于 6mm。
4. 制作的风管采用按扣式咬口，咬口严密、平整，无孔洞及胀裂等缺陷。

申报人：　　× × ×</td></tr>
<tr><td colspan="4">检查意见：

经检查，风管制作符合设计要求及施工质量验收规范的规定，同意验收。</td></tr>
<tr><td colspan="4">复查意见：

复查人：　　　　复查日期：</td></tr>
<tr><td>施工单位</td><td colspan="3">× × × 公司</td></tr>
<tr><td>专业技术负责人</td><td colspan="2">专业质检员</td><td>专业工长</td></tr>
<tr><td>× × ×</td><td colspan="2">× × ×</td><td>× × ×</td></tr>
</table>

本表由施工单位填写并保存。

附表 A–2 通风与空调系统施工检查记录

<table>
<tr><td colspan="2">施工检查记录
表 C5–2</td><td>编 号</td><td>08–C5–008</td></tr>
<tr><td>工程名称</td><td>××× 工程</td><td>检查项目</td><td>通风管道安装</td></tr>
<tr><td>检查部位</td><td>FP–2 防排烟系统</td><td>检查日期</td><td>×× 年 × 月 × 日</td></tr>
<tr><td colspan="4">依据：
施工图纸（施工图纸号 设 03 ）
设计变更 / 洽商（编号 / ）和有关规范、规程
主要材料或设备 镀锌钢板、角钢
规格 / 型号： 700 × 400、1 000 × 400</td></tr>
<tr><td colspan="4">检查内容：
1. 风管采用法兰连接，中间垫料使用专用防火垫料。
2. 风管支吊架采用角钢，用 ϕ10 膨胀螺栓固定在楼板下。风管尺寸 700mm × 400mm 吊架间距 4m。风管尺寸 1 000mm × 400mm，吊架间距 3m。
3. 防火阀安装位置距墙表面 200mm 便于操作，并单独设吊架。
4. 风管距楼板下 350mm 安装。
5. 风管安装平整，螺栓的穿入方向一致，拧紧后的法兰垫料厚度均匀一致且不超过 2mm。
6. 每个直管段均设置防晃支架。

申报人： ×××</td></tr>
<tr><td colspan="4">检查意见：

经检查，风管安装符合设计要求及施工质量验收规范的规定，同意验收。</td></tr>
<tr><td colspan="4">复查意见：

复查人： 复查日期：</td></tr>
<tr><td>施工单位</td><td colspan="3">××× 公司</td></tr>
<tr><td>专业技术负责人</td><td colspan="2">专业质检员</td><td>专业工长</td></tr>
<tr><td>×××</td><td colspan="2">×××</td><td>×××</td></tr>
</table>

本表由施工单位填写并保存。

附表 A–3　通风与空调系统施工检查记录

施工检查记录 表 C5–2		编　　号	08–C5–012
工程名称	× × × 工程	检查项目	通风机安装
检查部位	地下二层	检查日期	× × 年 × 月 × 日
依据： 施工图纸（施工图纸号　防设 –02、防设 –03　） 设计变更 / 洽商（编号　/　）和有关规范、规程 主要材料或设备　通风机 规格 / 型号：　4–72–11 2.8A			
检查内容： 1. 风机型号、风机基础、支架、减振装置符合施工图纸要求。 2. 安装位置正确、平正、转动灵活。 3. 风机叶轮回转平衡与机壳无摩擦，叶轮转动时其端部与吸气短管的间隙均匀。 4. 叶轮的旋转方向与所示箭头方向一致。 5. 用水平仪检查风机的轮轴是否水平，测量轴的水平度误差不大于 1mm/m。 6. 找平找正后将斜垫铁点焊固定。 7. 机壳调整好后，拧紧地脚螺栓并有防松装置。 申报人：　× × ×			
检查意见： 经检查，风机安装符合设计要求及施工质量验收规范的规定，同意验收。			
复查意见： 复查人：　　复查日期：			

施工单位	× × × 公司	
专业技术负责人	专业质检员	专业工长
× × ×	× × ×	× × ×

本表由施工单位填写并保存。

附表 A-4 通风与空调系统隐蔽工程验收记录

隐蔽工程验收记录 表 C5-1		编　　号	08-C5-003
工程名称	××× 工程		
隐检项目	空调水管道安装	隐检日期	×× 年 × 月 × 日
隐检部位	一层　1-35 轴交 A-G 轴线　21m　标高		

隐检依据：

施工图图号＿＿空施 -3＿＿，设计变更 / 洽商（编号＿＿/＿＿）及有关国家现行标准等。

主要材料名称及规格 / 型号：＿＿镀锌钢管　*DN*40 ~ *DN*20＿＿

隐检内容：

1. 空调水管道采用镀锌钢管，规格 *DN*40 ~ *DN*20 均为丝扣连接，明露丝接部分刷防锈漆。

2. 管道起始点标高为 2.55m，末端标高为 2.65。管道坡度为 5‰，均无倒坡、平坡。各管道甩口均正确。

3. 管道支架采用角钢 ∟30 × 3，吊架吊杆为 ϕ10，采用 ϕ8 膨胀螺栓固定在楼板下，支、吊架间距为 4m，防腐良好。

4. 管道穿墙体设置钢制套管，并与墙体饰面齐平；套管尺寸满足绝热层施工要求。

5. 阀门为铜截止阀，安装位置、高度、进出口方向符合要求，连接牢固紧密。

6. 水压试验结果合格。

（贴图，或附图）

申报人：　　×××

检查意见：

经检查，水压试验结果合格，另见记录 08-C6-×××；空调水管道安装符合设计要求及施工质量验收规范的规定，同意验收。

检查结论：☑同意隐检　　□不同意，修改后进行复查

复查结论：

复查人：　　　　复查日期：

签字栏	建设（监理）单位	施工单位	××× 公司	
		专业技术负责人	专业质检员	专业工长
	×××	×××	×××	×××

本表由施工填写，建设单位、施工单位、城建档案馆各保存一份。

附表 A-5　通风与空调系统（冷凝水）通水试验记录

<table>
<tr><td colspan="2">灌（满）水试验记录
表 C6-18</td><td>编　　号</td><td colspan="3">08-C6-002</td></tr>
<tr><td>工程名称</td><td>×××工程</td><td>试验日期</td><td colspan="3">××年×月×日</td></tr>
<tr><td>试验项目</td><td>空调冷凝水管通水试验</td><td>试验部位</td><td colspan="3">首层</td></tr>
<tr><td>材　　质</td><td>热镀锌钢管</td><td>规　　格</td><td colspan="3">DN20 ~ DN125</td></tr>
<tr><td colspan="6">试验要求：
封堵冷凝水管道最低处，由该系统风机盘管接水盘向该管段内注水，水位应高于风机盘管接水盘最低点。
充满水后观察 15min，检查管道及接口；应确认无渗漏后，从管道最低处泄水，排水畅通，同时应检查各盘管接水盘，无存水为合格。</td></tr>
<tr><td colspan="6">试验记录：
封堵冷凝水管道最低处，由该系统风机盘管接水盘向该管段内注水，水位高于风机盘管接水盘最低点。充满水后观察 15min，检查管道及接口无渗漏，从管道最低处泄水，排水畅通，同时检查各盘管接水盘，无存水。</td></tr>
<tr><td colspan="6">试验结论：
经检查，空调冷凝水通水试验符合设计及施工验收规范要求，同意验收。</td></tr>
<tr><td rowspan="3">签字栏</td><td rowspan="2">建设（监理）单位</td><td>施工单位</td><td colspan="3">×××公司</td></tr>
<tr><td>专业技术负责人</td><td>专业质检员</td><td colspan="2">专业工长</td></tr>
<tr><td>×××</td><td>×××</td><td>×××</td><td colspan="2">×××</td></tr>
</table>

本表由施工单位填写并保存。

附表 A-6 通风与空调系统强度及严密性试验记录

<table>
<tr><td colspan="2">强度及严密性试验记录
表 C6-19</td><td>编　号</td><td colspan="2">08-C6-003</td></tr>
<tr><td>工程名称</td><td>×××工程</td><td>试验日期</td><td colspan="2">××年×月×日</td></tr>
<tr><td>试验项目</td><td>空调水系统</td><td>试验部位</td><td colspan="2">分路铜阀门</td></tr>
<tr><td>材　质</td><td>铜</td><td>规　格</td><td colspan="2">DN50、DN80</td></tr>
<tr><td colspan="5">试验要求：
阀门公称压力为 1.6MPa，非金属密封，强度试验为公称压力的 1.5 倍即 2.4MPa。严密性试验压力为公称压力的 1.1 倍即 1.76MPa，强度试验持续时间不少于 5min。严密性试验持续时间为 15s；试验压力在试验时间内应保持不变，且壳体填料及阀瓣密封面无渗漏。</td></tr>
<tr><td colspan="5">试验记录：
试验从上午 9：00 开始。DN50 铜阀门共 10 只；DN80 铜阀门共 16 只；逐一试验。先将阀板紧闭，从阀的一端引入压力升压至严密度试验压力 1.8MPa，试验时间 15s，压力无下降，再从另一端引入压力，反方向的一端检查其严密性，压力也无变化，无渗漏；封堵一端口，全部打开闸板，从另一端引入压力，升压至强度试验压力 2.4MPa 进行观察。试验结果，所有试验阀门壳体填料均无渗漏，壳体均无变形，没有压降。试验至 11：30 结束。</td></tr>
<tr><td colspan="5">试验结论：
经检查，阀门强度及严密性试验符合设计及施工验收规范的要求，同意验收。</td></tr>
<tr><td rowspan="3">签字栏</td><td rowspan="2">建设（监理）单位</td><td>施工单位</td><td colspan="2">×××公司</td></tr>
<tr><td>专业技术负责人</td><td>专业质检员</td><td>专业工长</td></tr>
<tr><td>×××</td><td>×××</td><td>×××</td><td>×××</td></tr>
</table>

本表由施工单位填写，建设单位、施工单位、城建档案馆各保存一份。

附表 A-7　通风与空调系统强度及严密性试验记录

<table>
<tr><td colspan="2">强度及严密性试验记录
表 C6-19</td><td>编　　号</td><td colspan="2">08-C6-005</td></tr>
<tr><td>工程名称</td><td>× × × 工程</td><td>试验日期</td><td colspan="2">× × 年 × 月 × 日</td></tr>
<tr><td>试验项目</td><td>空调水系统综合试压</td><td>试验部位</td><td colspan="2">全系统（1 ~ 12 层）</td></tr>
<tr><td>材　　质</td><td>镀锌钢管</td><td>规　　格</td><td colspan="2">DN20 ~ DN100</td></tr>
<tr><td colspan="5">试验要求：
地下一层导管处工作压力为 0.7MPa，试验压力不应小于工作压力的 1.5 倍，即 1.05MPa。在试验压力下稳压 10min，压力下降不得大于 0.02MPa，再将系统压力降至工作压力 0.7MPa，外观检查无渗漏为合格。</td></tr>
<tr><td colspan="5">试验记录：
试验压力表设置在地下一层，12 层导管设置排气阀，管道充满水后，9：30 开始缓慢加压至 9：45 分，表压升至 0.4MPa 时，发现 5 层有一处阀门渗漏，泄压后更换阀门，待管道重新补满水后进行加压，10：20 升至试验压力 1.05MPa，观察 10min 至 10：30，表压降为 1.04MPa（压降 0.01MPa），再将压力降为 0.7MPa，持续检查至 10：45，管道及各连接处无渗漏。</td></tr>
<tr><td colspan="5">试验结论：
经检查，空调水系统综合试验符合设计及施工质量验收规范要求，同意验收。</td></tr>
<tr><td rowspan="3">签字栏</td><td rowspan="2">建设（监理）单位</td><td>施工单位</td><td colspan="2">× × × 公司</td></tr>
<tr><td>专业技术负责人</td><td>专业质检员</td><td>专业工长</td></tr>
<tr><td>× × ×</td><td>× × ×</td><td>× × ×</td><td>× × ×</td></tr>
</table>

本表由施工单位填写，建设单位、施工单位、城建档案馆各保存一份。

附表 A–8 通风与空调系统设备单机试运转记录

<table>
<tr><td colspan="3">设备单机试运转记录
表 C6–2</td><td>编 号</td><td colspan="2">08–C6–001</td></tr>
<tr><td>工程名称</td><td colspan="2">××× 工程</td><td>试运转时间</td><td colspan="2">×× 年 × 月 × 日</td></tr>
<tr><td>设备部位图号</td><td>通施 7</td><td>设备名称</td><td>新风机组</td><td>规格型号</td><td>SDK–5WS</td></tr>
<tr><td>试验单位</td><td>××× 公司</td><td>设备所在系统</td><td>新风系统</td><td>额定数据</td><td>5 000m³/h</td></tr>
</table>

序号	试验项目	试验记录	试验结论
1	风机启动	点动电动机，各部位无异常现象和摩擦声响	合格
2	运转过程中有无异常噪声	无异常噪声	合格
3	额定负荷运转	连续运转 2h 无异常	合格
4	轴承温度	运行 2h 后测轴温 62℃	合格
5	电机运行功率	符合设备技术文件要求	合格

试运转结论：

风机叶轮旋转方向正确，运转平稳，无异常振动与声响，电机运行功率符合设备技术文件要求；额定转速下连续运转 2h 后，轴温 62℃。符合设计及施工质量验收规范要求，同意验收。

<table>
<tr><td rowspan="3">签字栏</td><td rowspan="2">建设（监理）单位</td><td>施工单位</td><td colspan="2">××× 公司</td></tr>
<tr><td>专业技术负责人</td><td>专业质检员</td><td>专业工长</td></tr>
<tr><td>×××</td><td>×××</td><td>×××</td><td>×××</td></tr>
</table>

本表由施工单位填写，建设单位、施工单位、城建档案馆各保存一份。

附表 A–9　低压风管加工工艺性强度试验记录

<table>
<tr><td colspan="2">强度及严密性试验记录
表 C6–19</td><td>编　　号</td><td>08–C6–004</td></tr>
<tr><td>工程名称</td><td>× × × 工程</td><td>试验日期</td><td>× × 年 × 月 × 日</td></tr>
<tr><td>试验项目</td><td>空调系统风管强度试验（低压）</td><td>试验部位</td><td></td></tr>
<tr><td>材　　质</td><td>镀锌钢板</td><td>规　　格</td><td>500 × 300 × 2 000</td></tr>
<tr><td colspan="4">试验要求：
按风管系统的分类和材质分别进行试验，不得少于 3 件及 $15m^2$，在 1.5 倍工作压力下接缝处无开裂。
本空调系统工作压力为 350Pa（低压系统）。
风管材质为镀锌钢板，采用法兰连接。
批量加工前，预先加工该规格 5 段风管，共计 $16m^2$ 进行强度试验。
试验压力为工作压力的 1.5 倍，为 525Pa，在试验压力下稳压 10min，风管的咬口及连接处无开裂现象为合格。</td></tr>
<tr><td colspan="4">试验记录：
连接好 5 段风管，两端进行封堵严密，然后连接好漏风测试仪，缓慢调节风机变频器使风管内压力升至 525Pa，稳压 10min 后观察，风管的咬口及连接处没有张口、开裂等损坏现象。</td></tr>
<tr><td colspan="4">试验结论：
经检查，风管的强度试验方法及结果均符合设计及施工质量验收规范的规定，同意安装。</td></tr>
</table>

<table>
<tr><td rowspan="3">签字栏</td><td rowspan="2">建设（监理）单位</td><td>施工单位</td><td colspan="2">× × × 公司</td></tr>
<tr><td>专业技术负责人</td><td>专业质检员</td><td>专业工长</td></tr>
<tr><td>× × ×</td><td>× × ×</td><td>× × ×</td><td>× × ×</td></tr>
</table>

本表由施工单位填写并保存。

附表 A-10 中压风管加工工艺性强度试验记录

<table>
<tr><td colspan="2">强度及严密性试验记录
表 C6-19</td><td>编　号</td><td>08-C6-006</td></tr>
<tr><td>工程名称</td><td>××× 工程</td><td>试验日期</td><td>×× 年 × 月 × 日</td></tr>
<tr><td>试验项目</td><td>排烟系统风管强度试验
（中压）</td><td>试验部位</td><td></td></tr>
<tr><td>材　质</td><td>镀锌钢板</td><td>规　格</td><td>500×400×2 000</td></tr>
<tr><td colspan="4">试验要求：
按风管系统的分类和材质分别进行试验，不得少于 3 件及 15m²，在 1.5 倍工作压力下接缝处无开裂。
本排烟系统工作压力为 650Pa（中压系统）。
风管材质为镀锌钢板，采用法兰连接。
批量加工前，预先加工该规格 5 段风管共计 18m² 进行强度试验。
试验压力为工作压力的 1.5 倍，为 975Pa，在试验压力下稳压 10min，风管的咬口及连接处无开裂现象为合格。</td></tr>
<tr><td colspan="4">试验记录：
连接好 5 段风管，两端进行封堵严密，然后连接好漏风测试仪，缓慢调节风机变频器使风管内压力升至 975Pa，稳压 10min 后观察，风管的咬口及连接处没有张口、开裂等损坏现象。</td></tr>
<tr><td colspan="4">试验结论：
经检查，风管的强度试验方法及结果均符合设计及施工质量验收规范的规定，强度试验合格。</td></tr>
</table>

<table>
<tr><td rowspan="3">签字栏</td><td rowspan="2">建设（监理）单位</td><td>施工单位</td><td colspan="2">××× 公司</td></tr>
<tr><td>专业技术负责人</td><td>专业质检员</td><td>专业工长</td></tr>
<tr><td>×××</td><td>×××</td><td>×××</td><td>×××</td></tr>
</table>

本表由施工单位填写并保存。

附表 A-11 高压风管加工工艺性强度试验记录

<table>
<tr><td colspan="2">强度及严密性试验记录
表 C6-19</td><td>编　　号</td><td>08-C6-008</td></tr>
<tr><td>工程名称</td><td>× × × 工程</td><td>试验日期</td><td>× × 年 × 月 × 日</td></tr>
<tr><td>试验项目</td><td>净化空调系统风管强度试验（高压）</td><td>试验部位</td><td></td></tr>
<tr><td>材　　质</td><td>镀锌钢板</td><td>规　　格</td><td>600 × 400 × 2 000</td></tr>
<tr><td colspan="4">试验要求：
按风管系统的分类和材质分别进行试验，不得少于 3 件及 15m²，在 1.5 倍工作压力下接缝处无开裂。
本空调系统工作压力为 1 800Pa（高压系统）。
风管材质为镀锌钢板，采用法兰连接。
批量加工前，预先加工该规格 5 段风管共计 20m² 进行强度试验。
试验压力为工作压力的 1.5 倍，为 2 700Pa，在试验压力下稳压 10min，风管的咬口及连接处无开裂现象为合格。</td></tr>
<tr><td colspan="4">试验记录：
连接好 5 段风管，两端进行封堵严密，然后连接好漏风测试仪，缓慢调节风机变频器使风管内压力升至 2 700Pa，稳压 10min 后观察，风管的咬口及连接处无张口、开裂等损坏现象。</td></tr>
<tr><td colspan="4">试验结论：
经检查，风管的强度试验方法及结果均符合设计及施工质量验收规范的规定，强度试验合格。</td></tr>
</table>

<table>
<tr><td rowspan="3">签字栏</td><td rowspan="2">建设（监理）单位</td><td>施工单位</td><td colspan="2">× × × 公司</td></tr>
<tr><td>专业技术负责人</td><td>专业质检员</td><td>专业工长</td></tr>
<tr><td>× × ×</td><td>× × ×</td><td>× × ×</td><td>× × ×</td></tr>
</table>

本表由施工单位填写并保存。

附表 A–12 低压风管加工工艺性漏风检测记录

<table>
<tr><td colspan="2">风管漏风检测记录
表 C6–40</td><td>编　号</td><td>08–C6–003</td></tr>
<tr><td>工程名称</td><td>× × × 工程</td><td>试验日期</td><td>× × 年 × 月 × 日</td></tr>
<tr><td>系统名称</td><td>空调系统（低压）</td><td>工作压力（Pa）</td><td>320</td></tr>
<tr><td>系统总面积（m²）</td><td></td><td>试验压力（Pa）</td><td>320</td></tr>
<tr><td>试验总面积（m²）</td><td>16</td><td>系统检测分段数</td><td>5</td></tr>
<tr><td colspan="4">试验记录：
500 × 300 × 2 000 风管 5 节，在强度试验合格的基础上进行严密性漏风量测试。
工作压力为 320Pa，试验压力为 320Pa，面积为 16m²，允许漏风量 $Q_1 \leqslant 0.105\,6P^{0.65}$。
$Q_1 \leqslant 4.49m^3/(m^2 \cdot h)$。
经过试验，实际测试漏风量为 1.88m³/（m²·h），小于允许最大值。</td></tr>
<tr><td>系统允许漏风量［m³/（m²·h）］</td><td>4.50</td><td>实测系统漏风量［m³/（m²·h）］</td><td>1.88</td></tr>
<tr><td colspan="4">检测结论：
经测试，漏风量试验结果符合设计要求及施工验收规范规定，同意验收。</td></tr>
</table>

<table>
<tr><td rowspan="3">签字栏</td><td rowspan="2">建设（监理）单位</td><td>施工单位</td><td colspan="2">× × × 公司</td></tr>
<tr><td>专业技术负责人</td><td>专业质检员</td><td>专业工长</td></tr>
<tr><td>× × ×</td><td>× × ×</td><td>× × ×</td><td>× × ×</td></tr>
</table>

本表由施工单位填写并保存。

附表 A–13　中压风管加工工艺性漏风检测记录

<table>
<tr><td colspan="2">风管漏风检测记录
表 C6–40</td><td>编　　号</td><td>08–C6–003</td></tr>
<tr><td>工程名称</td><td>× × × 工程</td><td>试验日期</td><td>× × 年 × 月 × 日</td></tr>
<tr><td>系统名称</td><td>排烟系统（中压）</td><td>工作压力（Pa）</td><td>650</td></tr>
<tr><td>系统总面积（m^2）</td><td></td><td>试验压力（Pa）</td><td>650</td></tr>
<tr><td>试验总面积（m^2）</td><td>18</td><td>系统检测分段数</td><td>5</td></tr>
<tr><td colspan="4">试验记录：
500 × 400 × 2 000 风管 5 节，在强度试验合格的基础上进行严密性漏风量测试。
工作压力为 320Pa，试验压力为 650Pa，面积为 16m^2，允许漏风量 $Q_m \leqslant 0.035\ 2P^{0.65}$。
$Q_1 \leqslant 2.37m^3/(m^2 \cdot h)$。
经过试验，实际测试漏风量为 1.68$m^3/(m^2 \cdot h)$，小于允许最大值。</td></tr>
<tr><td>系统允许漏风量
[$m^3/(m^2 \cdot h)$]</td><td>2.37</td><td>实测系统漏风量
[$m^3/(m^2 \cdot h)$]</td><td>1.67</td></tr>
<tr><td colspan="4">检测结论：
经检查，试验结果符合设计要求及施工验收规范规定，同意验收。</td></tr>
</table>

<table>
<tr><td rowspan="3">签字栏</td><td rowspan="2">建设（监理）单位</td><td>施工单位</td><td colspan="2">× × × 公司</td></tr>
<tr><td>专业技术负责人</td><td>专业质检员</td><td>专业工长</td></tr>
<tr><td>× × ×</td><td>× × ×</td><td>× × ×</td><td>× × ×</td></tr>
</table>

本表由施工单位填写并保存。

附表 A–14　通风与空调系统风管漏风检测记录

<table>
<tr><td colspan="2">风管漏风检测记录
表 C6–40</td><td>编　号</td><td>08–C6–003</td></tr>
<tr><td>工程名称</td><td>×××工程</td><td>试验日期</td><td>××年×月×日</td></tr>
<tr><td>系统名称</td><td>排烟系统（中压）</td><td>工作压力（Pa）</td><td>650</td></tr>
<tr><td>系统总面积（m^2）</td><td>200</td><td>试验压力（Pa）</td><td>650</td></tr>
<tr><td>试验总面积（m^2）</td><td>92</td><td>系统检测分段数</td><td>5</td></tr>
<tr><td colspan="4">检测区段描述：
排烟系统工作压力为 650Pa，属于中压系统，允许漏风量 $Q_m \leqslant 0.0352P^{0.65}$，即：$Q_m \leqslant 2.37m^3/(m^2 \cdot h)$。
排烟系统风管漏风量测试共抽样检测 5 段主风管，分别是：
Ⅰ段：四节 $20m^2$，试验压力为 650Pa，测试漏风量为 $30m^3/h$；单位面积漏风量为 $1.50m^3/(m^2 \cdot h)$。
Ⅱ段：四节 $20m^2$，试验压力为 650Pa，测试漏风量为 $35m^3/h$；单位面积漏风量为 $1.75m^3/(m^2 \cdot h)$。
Ⅲ段：四节 $18m^2$，试验压力为 650Pa，测试漏风量为 $25m^3/h$；单位面积漏风量为 $1.39m^3/(m^2 \cdot h)$。
Ⅳ段：四节 $18m^2$，试验压力为 650Pa，测试漏风量为 $28m^3/h$；单位面积漏风量为 $1.56m^3/(m^2 \cdot h)$。
Ⅴ段：三节 $16m^2$，试验压力为 650Pa，测试漏风量为 $32m^3/h$；单位面积漏风量为 $2.00m^3/(m^2 \cdot h)$。</td></tr>
<tr><td>系统允许漏风量［$m^3/(m^2 \cdot h)$］</td><td>2.37</td><td>实测系统平均漏风量［$m^3/(m^2 \cdot h)$］</td><td>1.64</td></tr>
<tr><td colspan="4">检测结论：
经检查，每段风管实际漏风量均小于最大允许值，试验结果符合设计要求及施工验收规范规定，试验合格。</td></tr>
</table>

<table>
<tr><td rowspan="3">签字栏</td><td rowspan="2">建设（监理）单位</td><td>施工单位</td><td colspan="2">×××公司</td></tr>
<tr><td>专业技术负责人</td><td>专业质检员</td><td>专业工长</td></tr>
<tr><td>×××</td><td>×××</td><td>×××</td><td>×××</td></tr>
</table>

本表由施工单位填写并保存。

附录 B　质量验收记录填写

附表 B–1　风管与配件产成品检验批质量验收记录

编号　× × ×

单位（子单位）工程名称	× × × 工程	分部（子分部）工程名称	通风与空调 / 送风系统	分项工程名称	风管与配件制作
施工单位	× × ×	项目负责人	× × ×	检验批容量	风管面积：1 200m^2 风管：150 件
分包单位	× × ×	分包单位项目负责人	× × ×	检验批部位	地下一层，1 ~ 9/A ~ E 轴
施工依据	《通风与空调工程施工规范》GB 50738—2011、《通风与空调工程施工质量验收规范》GB 50243—2016	验收依据	《通风与空调工程施工质量验收规范》GB 50243—2016，《建筑工程施工质量验收统一标准》GB 50300—2013		

	设计要求及质量验收规范的规定		施工单位质量评定记录	监理（建设）单位验收记录						
				单项检验批产品数量（N）	单项抽样样本数（n）	检验批汇总数量 ΣN	抽样样本汇总数量 Σn	单项或汇总 Σ 抽样检验不合格数量	评判结果	备注
主控项目	1	风管强度与严密性工艺检测（第 4.2.1 条）	全部合格	12	2	462	26	0	合格	按《建筑工程施工质量验收统一标准》GB 50300—2013 进行抽样

附表 B-1（续）

		设计要求及质量验收规范的规定	施工单位质量评定记录	监理（建设）单位验收记录						
				单项检验批产品数量（N）	单项抽样样本数（n）	检验批汇总数量ΣN	抽样样本汇总数量Σn	单项或汇总Σ抽样检验不合格数量	评判结果	备注
主控项目	2	钢板风管性能及厚度（第 4.2.3 条第 1 款）	全部合格	150	8			0	合格	
	3	铝板与不锈钢板性能及厚度（第 4.2.3 条第 1 款）	/						/	
	4	风管的连接（第 4.1.5 条，第 4.2.3 条第 2 款）	全部合格	150	8			1	合格	
	5	风管的加固（第 4.2.3 条第 3 款）	全部合格	150	8	462	26	0	合格	
	6	防火风管（第 4.2.2 条）	/						/	
	7	净化空调系统风管（第 4.1.7 条，第 4.2.7 条）	/						/	按《建筑工程施工质量验收统一标准》GB 50300—2013 进行抽样
	8	镀梓钢板不得焊接（第 4.1.5 条）	/						/	
		……								
一般项目	1	法兰风管（第 4.3.1 条第 1 款）	全部合格	150	8			1	合格	
	2	无法兰风管（第 4.3.1 条第 2 款）	/						/	
	3	风管的加固（第 4.3.1 条第 3 款）	全部合格	150	8	336	22	0	合格	
	4	焊接风管（第 4.3.1 条第 1 款第 3、4、6 项）	/						/	

附表 B-1（续）

		设计要求及质量验收规范的规定	施工单位质量评定记录	监理（建设）单位验收记录						
				单项检验批产品数量（N）	单项抽样样本数（n）	检验批汇总数量ΣN	抽样样本汇总数量Σn	单项或汇总Σ抽样检验不合格数量	评判结果	备注
一般项目	5	铝板或不锈钢板风管（第 4.3.1 条第 1 款第 8 项）	/			336	22		/	按《建筑工程施工质量验收统一标准》GB 50300—2013进行抽样
	6	圆形弯管（第 4.3.5 条）	/						/	
	7	矩形风管导流片（第 4.3.6 条）	全部合格	18	3			0	合格	
	8	风管变径管（第 4.3.7 条）	全部合格	18	3			0	合格	
	9	净化空调系统风管（第 4.3.4 条）	/						/	
		……								
施工单位检查结果评定	主控项目全部合格，一般项目也全部合格，满足规范规定要求。 专业工长：××× 项目专业质量检查员：××× ××年×月×日									
监理单位验收结论	主控项目风管连接样本数为 8 个，一个不合格；一般项目法兰风管样本数为 8，1 个不合格；其他项目全部合格；不合格项已全部修复完毕。符合规范规定，验收合格。 专业监理工程师：××× ××年×月×日									

附表 B-2　风管部件与消声器产成品检验批质量验收记录

编号 ×××

单位（子单位）工程名称	××× 工程	分部（子分部）工程名称	通风与空调 / 送风系统	分项工程名称	部件制作
施工单位	×××	项目负责人	×××	检验批容量	部件：62 件 风阀：6 件 风口：14 件
分包单位	×××	分包单位项目负责人	×××	检验批部位	地下一层，1～9/A～E 轴
施工依据	《通风与空调工程施工规范》GB 50738—2011、《通风与空调工程施工质量验收规范》GB 50243—2016	验收依据	《通风与空调工程施工质量验收规范》GB 50243—2016，《建筑工程施工质量验收统一标准》GB 50300—2013		

		设计要求及质量验收规范的规定	施工单位质量评定记录	监理（建设）单位验收记录						
				单项检验批产品数量（N）	单项抽样样本数（n）	检验批汇总数量ΣN	抽样样本汇总数量Σn	单项或汇总Σ抽样检验不合格数量	评判结果	备注
主控项目	1	外购部件验收（第 5.2.1 条，第 5.2.2 条）	全部合格	62	5	94	13	0	合格	按《建筑工程施工质量验收统一标准》GB 50300—2013 进行抽样
	2	各类风阀验收（第 5.2.3 条）	全部合格	6	2			0	合格	
	3	防火阀、排烟阀（口）（第 5.2.4 条）	全部合格	14	2			0	合格	
	4	防爆风阀（第 5.2.5 条）	—						—	
	5	消声器、消声弯管（第 5.2.6 条）	全部合格	6	2			0	合格	
	6	防排烟系统柔性短管（第 5.2.7 条）	全部合格	6	2			0	合格	

附表 B–2（续）

主控项目		设计要求及质量验收规范的规定	施工单位质量评定记录	监理（建设）单位验收记录						
				单项检验批产品数量（N）	单项抽样样本数（n）	检验批汇总数量ΣN	抽样样本汇总数量Σn	单项或汇总Σ抽样检验不合格数量	评判结果	备注
		……								
一般项目	1	风管部件及法兰（第 5.3.1 条）	全部合格	62	5	108	15	0	合格	按《建筑工程施工质量验收统一标准》GB 50300—2013进行抽样
	2	各类风阀验收（第 5.3.2 条）	全部合格	6	2			0	合格	
	3	各类风罩（第 5.3.3 条）	全部合格	14	2			0	合格	
	4	各类风帽（第 5.3.4 条）	—						—	
	5	各类风口（第 5.3.5 条）	全部合格	14	2			0	合格	
	6	消声器与消声静压箱（第 5.3.6 条）	全部合格	6	2			0	合格	
	7	柔性短管（第 5.3.7 条）	全部合格	6	2			0	合格	
	8	空气过滤器及框架（第 5.3.8 条）	—						—	
	9	电加热器（第 5.3.9 条）	—						—	
	10	检查门（第 5.3.10 条）	—						—	
		……								
施工单位检查结果评定	主控项目全部合格，一般项目满足规范规定要求。 专业工长： ××× 项目专业质量检查员： ××× ×× 年 × 月 × 日									
监理单位验收结论	主控项目及一般项目无不合格项，验收合格。 专业监理工程师： ××× ×× 年 × 月 × 日									

附表 B–3　风管系统安装检验批质量验收记录

编号　×××

<table>
<tr><td colspan="2">单位（子单位）工程名称</td><td colspan="3">×××工程</td><td colspan="2">分部（子分部）工程名称</td><td>通风与空调/送风系统</td><td>分项工程名称</td><td colspan="2">风管系统安装</td></tr>
<tr><td colspan="2">施工单位</td><td colspan="3">×××</td><td colspan="2">项目负责人</td><td>×××</td><td>检验批容量</td><td colspan="2">风管 1 200m²</td></tr>
<tr><td colspan="2">分包单位</td><td colspan="3">×××</td><td colspan="2">分包单位项目负责人</td><td>×××</td><td>检验批部位</td><td colspan="2">地下一层，1～9/A～E 轴</td></tr>
<tr><td colspan="2">施工依据</td><td colspan="3">《通风与空调工程施工规范》GB 50738—2011、《通风与空调工程施工质量验收规范》GB 50243—2016</td><td colspan="2">验收依据</td><td colspan="4">《通风与空调工程施工质量验收规范》GB 50243—2016,《建筑工程施工质量验收统一标准》GB 50300—2013</td></tr>
<tr><td colspan="3" rowspan="2">设计要求及质量验收规范的规定</td><td rowspan="2">施工单位质量评定记录</td><td colspan="7">监理（建设）单位验收记录</td></tr>
<tr><td>单项检验批产品数量（N）</td><td>单项抽样样本数（n）</td><td>检验批汇总数量ΣN</td><td>抽样样本汇总数量Σn</td><td>单项或汇总Σ抽样检验不合格数量</td><td>评判结果</td><td>备注</td></tr>
<tr><td rowspan="5">主控项目</td><td>1</td><td>风管支、吊架安装（第 6.2.1 条）</td><td>合格率 96%</td><td>100</td><td>10</td><td rowspan="5">212</td><td rowspan="5">25</td><td>1</td><td>合格</td><td rowspan="5">自检全部合格时按《建筑工程施工质量验收统一标准》GB 50300—2013 抽样</td></tr>
<tr><td>2</td><td>风管穿越防火、防爆墙体或楼板（第 6.2.2 条）</td><td>—</td><td></td><td></td><td></td><td>—</td></tr>
<tr><td>3</td><td>风管内严禁其他管线穿越（第 6.2.3 条）</td><td>全数检查合格</td><td></td><td></td><td></td><td>合格</td></tr>
<tr><td>4</td><td>高于 60℃风管系统（第 6.2.4 条）</td><td>—</td><td></td><td></td><td></td><td>—</td></tr>
<tr><td>5</td><td>风管部件安装（第 6.2.7 条第 1、3、4、5 款）</td><td>合格率 95%</td><td>70</td><td>8</td><td>1</td><td>合格</td></tr>
</table>

附表 B-3（续）

		设计要求及质量验收规范的规定	施工单位质量评定记录	监理（建设）单位验收记录						
				单项检验批产品数量（N）	单项抽样样本数（n）	检验批汇总数量ΣN	抽样样本汇总数量Σn	单项或汇总Σ抽样检验不合格数量	评判结果	备注
主控项目	6	风口的安装（第 6.2.8 条）	全部合格	30	5	212	25	0	合格	自检全部合格时按《建筑工程施工质量验收统一标准》GB 50300—2013 抽样
	7	风管严密性检验（第 6.2.9 条）	全部合格	12	2			0	合格	
	8	病毒实验室风管安装（第 6.2.12 条）	—						—	
一般项目	1	风管的支、吊架（第 6.3.1 条）	合格率 90%	100	4	158	17	1	合格	
	2	风管系统的安装（第 6.3.2 条）	合格率 90%	12	3			0	合格	
	3	含凝结水或其他液体风管（第 6.3.3 条）	—						—	
	4	柔性短管安装（第 6.3.5 条）	全部合格	6	2			0	合格	
	5	非金属风管安装（第 6.3.1 条第 1、2、3 款）	—						—	
	6	复合材料风管安装（第 6.3.7 条）	—						—	
	7	风阀的安装（第 6.3.8 条第 1、2、3 款）	全部合格	6	2			0	合格	

附表 B-3（续）

		设计要求及质量验收规范的规定	施工单位质量评定记录	监理（建设）单位验收记录						
				单项检验批产品数量（N）	单项抽样样本数（n）	检验批汇总数量$\sum N$	抽样样本汇总数量$\sum n$	单项或汇总∑抽样检验不合格数量	评判结果	备注
一般项目	8	排风口、吸风罩（柜）安装（第 6.3.9 条）	全部合格	14	2	158	17	0	合格	自检全部合格时按《建筑工程施工质量验收统一标准》GB 50300—2013 抽样
	9	风帽安装（第 6.3.10 条）	—						—	
	10	消声器及静压箱安装（第 6.3.11 条）	全部合格	6	2			0	合格	
	11	风管内过滤器安装（第 6.3.12 条）	全部合格	14	2			0	合格	
施工单位检查结果评定	风管系统安装，施工记录齐全，均符合设计和通风与空调施工质量验收规范要求；主控项目自检合格率均大于或等于 95%，一般项目自检合格率均大于 85%；该检验批自检合格。 专业工长：××× 项目专业质量检查员：××× × 年 × 月 × 日									
监理单位验收结论	主控项目检验批量 212 个，抽样样本 25 个，一般项目检验批数 158 个，抽样样本 17 个，每项样本不合格数均小于或等于 1 个，抽样检验符合通风与空调施工施工质量验收规范合格的规定，且抽样样本不合格项已全部修复完毕，判定该检验批合格，通过验收。 专业监理工程师：××× ×× 年 × 月 × 日									

参 考 文 献

史新华.建筑水暖及空调工程施工质量控制［M］.北京：中国计划出版社，2006.